E-Book PLUS⁺
E-Book inside

Mit folgendem persönlichen Code erhalten
Sie die Ausgabe dieses Buches als

- **E-Book PLUS⁺** (ePub 3.0-Format)
- **E-Book** (pdf-Format)

zum kostenlosen Download:

aj2x6-p56r3-
01800-a0140

Registrieren Sie sich unter
www.hanser-fachbuch.de/ebookinside
und nutzen Sie das

- **E-Book PLUS⁺** mit interaktiven Elementen auf Ihrem iPad/iPad mini
- **E-Book** auf Ihrem Rechner*, Tablet-PC und E-Book-Reader.

Weiteres Zusatzmaterial finden Sie
kostenlos zum Download.

* Systemvoraussetzungen:
Internet-Verbindung und Adobe® Reader®

Back/Weigel

Design for Six Sigma

Stephan Back/Hermann Weigel

DESIGN FOR SIX SIGMA

Kompaktes Wissen
Konkrete Umsetzung
Praktische Arbeitshilfen

HANSER

Autoren und Verlag haben alle Texte in diesem Buch mit großer Sorgfalt erarbeitet. Dennoch können Fehler nicht ausgeschlossen werden. Eine Haftung des Verlages oder der Autoren, gleich aus welchem Rechtsgrund, ist ausgeschlossen. Die in diesem Buch wiedergegebenen Bezeichnungen können Warenzeichen sein, deren Benutzung durch Dritte für deren Zwecke die Rechte der Inhaber verletzen kann.

FSC www.fsc.org MIX Papier aus verantwortungsvollen Quellen FSC® C014889

Bibliografische Information der Deutschen Nationalbibliothek

Die Deutsche Nationalbibliothek verzeichnet diese Publikation in der Deutschen Nationalbibliografie; detaillierte bibliografische Daten sind im Internet über <http://dnb.d-nb.de> abrufbar.

http://www.hanser-fachbuch.de

Lektorat: Lisa Hoffmann-Bäuml
Herstellung: Thomas Gerhardy
Satz: Kösel Media GmbH, Krugzell
Umschlaggestaltung: Stephan Rönigh
Druck & Bindung: Friedrich Pustet, Regensburg
Printed in Germany

ISBN 978-3-446-44046-3
E-Book-ISBN 978-3-446-44075-3

Vorwort

Six Sigma und Design for Six Sigma gehören heute zu den wichtigsten Methoden, um systematisch fehlerfreie Produkte und Prozesse zu erhalten. Ihre Entstehungsgeschichte und Evolution, die Wege zur Einführung und die erzielten Erfolge sind in zahlreichen Publikationen beschrieben.

Fehlerfreie Produkte und Prozesse sind durch Abstellen entdeckter Fehler oder durch Vermeiden möglicher Fehler erreichbar. Das Vermeiden möglicher Fehler ist die Kernaufgabe eines Entwicklungsprozesses.

Entwicklungsprozesse für heutige Produkte sind durch die Vielzahl an länderspezifischen, technischen, normativen und gesetzlichen Anforderungen oftmals sehr komplexe und länderspezifische Vorgehensweisen.

In unserer langjährigen Praxis waren wir immer wieder mit dem Bedürfnis von Entwicklungsmitarbeitern und Projektleitern konfrontiert, möglichst einfache und leicht verständliche Hilfsmittel praxisgerecht zur Verfügung zu stellen, um damit eine systematische und strukturierte Abarbeitung von Arbeitspaketen für eine Meilensteinerreichung sicherzustellen und die Dokumentation zu erleichtern.

Aus diesen Anforderungen entstand nach Analyse der Kundenbedürfnisse die Idee für das nun vorliegende Buch. Damit sollen wesentliche und nützliche Werkzeuge auf einfache und möglichst leicht verständliche Art beschrieben und in einen aufeinander aufbauenden Zusammenhang gebracht werden.

In diesem Buch haben wir bewusst die üblichen Design-for-Six-Sigma-Phasenmodelle vermieden. Vielmehr orientiert sich der Inhalt an den zentralen Fragen – den Leitfragen – eines Entwicklungsprojekts, denen wir die notwendigen Hilfsmittel zugeordnet haben.

Wir wünschen dem geneigten Leser viel Erfolg bei der Anwendung der dargestellten Werkzeuge und viele fehlerfreie Neuentwicklungen!

Langenau und Augsburg, im Frühjahr 2014

Stephan Back und Hermann Weigel

Inhalt

Mit E-Book PLUS⁺

Zu diesem Werk erhalten Sie ein kostenloses E-Book PLUS⁺(siehe den vorne eingedruckten Code). Das E-Book PLUS⁺ ist mit interaktiven Elementen ausgestattet. Sie können die in diesem Buch enthaltenen Arbeitshilfen direkt im E-Book PLUS⁺ öffnen und Sie finden am Ende von Kapitel 1 und 2 interaktive Frage- und Antwortelemente.

Das E-Book PLUS⁺ lässt sich bequem auf Ihrem iPad nutzen. Sollten Sie kein iPad besitzen, dann können Sie sich das E-Book auch als pdf-Datei herunterladen (siehe ebenfalls den vorne eingedruckten Code). Die Zusatzmaterialien finden Sie in diesem Fall auf unserer Homepage zum Download unter *www.hanser-fachbuch.de/9783446440463* unter Extras. Sie benötigen zum Bearbeiten dieser Dateien das Kennwort „DesignforSixSigma“ (einzugeben unter „Arbeitsmappe schützen“).

1 Einführung in Six Sigma

Ein ideales Produkt erfüllt alle Anforderungen, die an das Produkt gestellt werden, und wird pünktlich zu genau bekannten Kosten geliefert. In der Realität entstehen bei der Erfüllung von Anforderungen an ein Produkt oder eine Leistung aber oftmals Abweichungen von diesen Forderungen – es entstehen Fehler unterschiedlicher Art. Wenn sie bemerkt werden, führen diese Fehler zu Unzufriedenheit beim Nutzer oder Empfänger eines Produkts oder einer Leistung. Als Folge solcher Fehler werden entweder teure Abhilfemaßnahmen notwendig oder aber der Kunde wendet sich bei bestehenden Alternativen einem anderen Anbieter zu. Das heißt für einen Fertigungsbetrieb oder einen Dienstleister, dass jeder Fehler bei einer Leistungserbringung zu einem wirtschaftlichen Schaden führt.

Offensichtliche und nicht ganz so offensichtliche Folgen von Fehlern sind Garantie- und Kulanzaufwände, unnötiger Energieverbrauch oder Materialverschwendung, demotivierte Mitarbeiter, erhöhte Fluktuation, Maschinenengpässe, verlorene Aufträge und vieles andere mehr. Je nach Schwere oder Häufigkeit von Fehlleistungen kann dann die Existenzgrundlage eines Betriebs gefährdet sein.

HINWEIS: Der wirtschaftliche Erfolg eines Unternehmens oder einer Organisation gerade in Zeiten von nur gering differenzierten Angeboten kann nur erhalten oder sogar noch gesteigert werden, wenn Kunden mit der reibungslos erbrachten Leistung möglichst zufrieden sind und sie vielleicht noch weiterempfehlen. Die Vision der maximalen Kundenzufriedenheit kann also nur durch absolut fehlerfreie Produkte oder Dienstleistungen erreicht werden.

Die sogenannte Null-Fehler-Strategie soll diese Vision umsetzen. Als Maßzahl für den Erfolg der Null-Fehler-Strategie dient die Fehlerwahrscheinlichkeit. Das Ziel der Null-Fehler-Strategie ist es, die Wahrscheinlichkeit für einen Fehler so klein zu machen, dass praktisch keine Fehler mehr entstehen (Bild 1.1).

In der Realität ist jedes Ergebnis mit einer Variation behaftet – um einen Zielwert existiert immer ein Unsicherheitsbereich. Dieser Unsicherheitsbereich lässt sich durch eine Verteilung versinnbildlichen. Der Mittelwert der Verteilung stellt den zu erreichenden Zielwert dar und mit der Standardabweichung als Maß für die Variation beschreibt man den Unsicherheitsbereich um den Zielwert herum. Das Ziel von Six Sigma besteht darin, die Unsicherheit um den Zielwert sehr klein zu machen (auch: die Variation zu reduzieren).

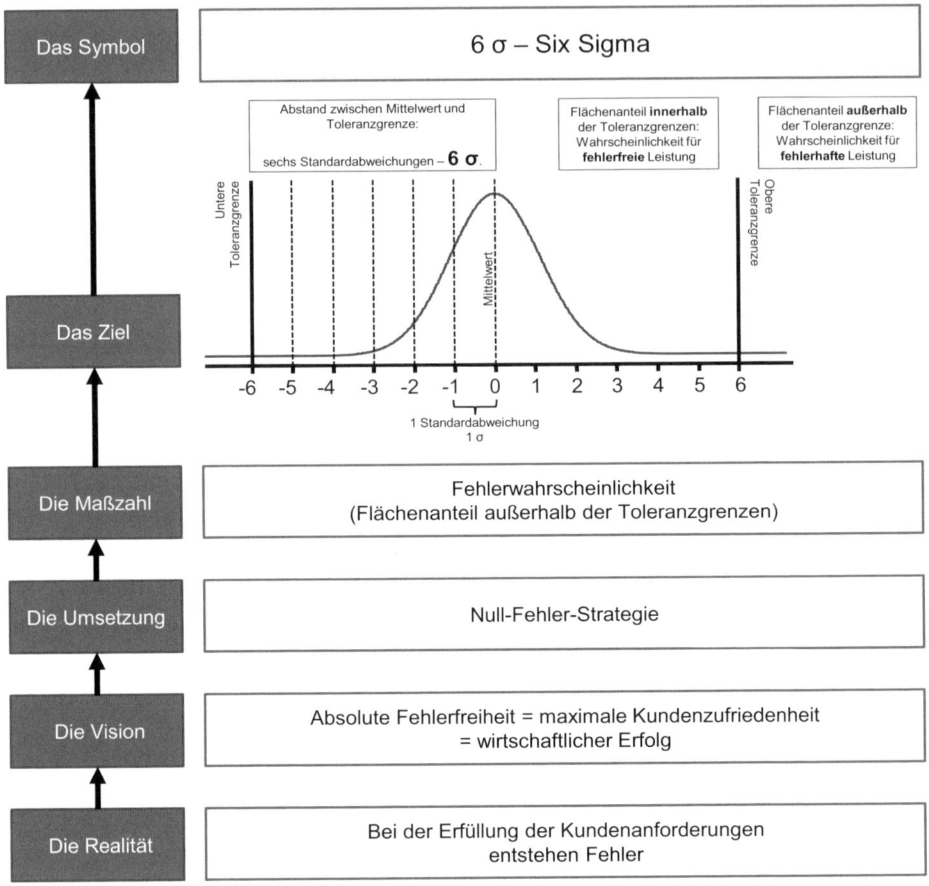

Bild 1.1 Von der Realität über die Null-Fehler-Strategie zu Six Sigma

Wenn wie in Bild 1.1 diese Verteilung gegen Kundenakzeptanzkriterien (untere und obere Toleranzgrenzen) verglichen wird, so erhalten Sie einen Flächenanteil der Verteilung innerhalb der Toleranzgrenzen und einen Flächenanteil außerhalb der Toleranzgrenzen. Der Flächenanteil innerhalb der Toleranzgrenzen symbolisiert die Wahrscheinlichkeit einer fehlerfreien Leistung. Der Flächenanteil außerhalb der Toleranzgrenzen steht hingegen für die Wahrscheinlichkeit, mit der ein Fehler auftritt. Für eine Null-Fehler-Strategie muss der Flächenanteil außerhalb der Toleranzgrenzen – die Fehlerwahrscheinlichkeit – möglichst klein sein.

Je weiter die Toleranzgrenzen vom Mittelwert entfernt sind, desto kleiner wird der Flächenanteil außerhalb der Toleranzgrenzen: Die Fehlerwahrscheinlichkeit sinkt. Diesen Abstand misst man in Einheiten der Standardabweichung „σ" (der griechische Buchstabe „sigma"). Bei einem Abstand der Toleranzgrenzen von sechs Standardabweichungen (Six Sigma) ist der Flächenanteil außerhalb der Toleranzgrenzen vernachlässigbar klein. Damit ist praktisch Fehlerfreiheit erreicht und somit das Ziel der Null-Fehler-Strategie.

Six Sigma vereint mehrere Grundprinzipien:

- die strukturierte und standardisierte Vorgehensweise,
- die Prozessorientierung,
- der ganzheitliche Blick auf die Bedürfnisse von Kunden (Leistungsempfängern),
- der Nachweis der Wirkkette,
- die Integration in die Arbeitsaufgabe und die Unterstützung bei der Anwendung.

Im Folgenden sollen diese Punkte kurz näher erläutert werden.

Die strukturierte und standardisierte Vorgehensweise

Die Vorgehensweise nach Six Sigma zeichnet sich vor allem durch zwei Dinge aus:

- eine Struktur von aufeinander aufbauenden Projektphasen,
- ein Standard von Werkzeugen und Methoden.

Das strenge Gerüst der Projektphasen sorgt dafür, dass alle relevanten Fragestellungen für die Lösung der Aufgabenstellung tatsächlich beantwortet werden und daraus die korrekten Schlüsse gezogen werden können. Die Fragestellungen innerhalb der einzelnen Projektphasen werden mit einer standardisierten Kette von aufeinander aufbauenden und sich teilweise ergänzenden Methoden und Werkzeugen beantwortet. Damit unterstützt die Methodik die fachliche Expertise von Six-Sigma-Anwendern in hohem Maße.

Die Prozessorientierung

Das Prinzip der Prozessorientierung ist in Bild 1.2 dargestellt. Durch einen Prozess werden Eingangsgrößen in Ergebnisgrößen umgewandelt. Eingangsgrößen werden in diesem Zusammenhang auch Ursache, Input, Stellhebel oder Faktor genannt, Ergebnisgrößen bezeichnet man auch als Wirkung, Ergebnis, Output oder Response.

Anhand der Ergebnisgröße erkennt der Leistungsempfänger, ob das Ergebnis fehlerhaft ist oder seinen Erwartungen entspricht.

Bild 1.2 Der Grundgedanke von Six Sigma: Ein Prozess wandelt Eingangsgrößen (Stellhebel) in Ergebnisgrößen um

Jedes Ereignis und jede Tätigkeit in einem Unternehmen sind als Teil eines Prozesses zu begreifen. Bei der Problemlösung ist diese Perspektive in den Mittelpunkt zu stellen. So werden Fehler nie isoliert oder personenzentriert betrachtet, sondern immer in den Zusammenhang des Prozesses und seiner Randbedingungen gestellt, in dem sie auftreten. Damit erfüllt der Grundgedanke von Six Sigma eine wesentliche Voraussetzung moderner Unternehmensführung.

Der ganzheitliche Blick auf die Bedürfnisse von Kunden (Leistungsempfängern)

Ausgangspunkt eines jeden Six-Sigma-Projekts ist immer die Frage, wer der Kunde (Leistungsempfänger) des betrachteten Prozesses ist (gemeint sind sowohl Endkunden als auch interne Kunden im Unternehmen) und welches Ergebnis erwartet wird. Diese Erwartung in ein messbares Ziel zu überführen und den Prozess so zu verbessern, dass er die Erwartung maximal erfüllt, steht im Fokus der Methode.

Jeder Kunde eines Prozesses verlangt die Erfüllung seiner Bedürfnisse in den Kategorien „vereinbarte Anforderungen", „pünktliche Fertigstellung und Lieferung" sowie „möglichst günstiger Preis" (Bild 1.3). Erst wenn alle drei Kategorien zur Zufriedenheit des Leistungsempfängers erfüllt sind, ist das Ziel „Qualität" erreicht.

Bild 1.3
Das Qualitätsdreieck: Die geforderten Leistungsmerkmale werden zum vereinbarten Zeitpunkt pünktlich zum korrekten Preis erbracht

Die Verbesserung in einer der drei Kategorien darf nicht zu einer Verschlechterung in einer anderen Kategorie führen, so dass sich eine kontinuierliche Steigerung der Prozessleistung ergibt.

Der Nachweis der Wirkkette

Der Messung und Analyse von Prozessdaten kommt bei Six Sigma eine besondere Bedeutung zu. „Keine Aufgabenstellung ist nachhaltig gelöst, wenn der Zusammenhang aus Ursache und Wirkung nicht vollständig verstanden wurde" lautet ein Grundsatz. Genau das macht den großen Erfolg und die Nachhaltigkeit der Verbesserungen bei Six Sigma aus und dazu gehören zuverlässige und regelmäßig erhobene Kennzahlen.

Der Umgang mit Daten, beginnend mit der richtigen Datenerhebung und Messung von Prozessen und schließlich die zielführende Analyse der gewonnenen Daten sind ein zentraler Gegenstand jeder Six-Sigma-Ausbildung. Nur durch die Konzentration auf eine verlässliche Datenlage ist ein einwandfreier Nachweis einer Ursache-Wirkungs-Beziehung möglich.

Mit dieser Konzentration auf Daten ist nicht gemeint, dass die Methode nur bei technischen oder Produktionsprozessen greift. Auch im administrativen Bereich und in Dienstleistungsunternehmen wird Six Sigma mit großem Erfolg eingesetzt – Prozesse und Daten gibt es schließlich auch dort.

Die Integration in die Arbeitsaufgabe und die Unterstützung bei der Anwendung

Six Sigma ist keine Verbesserungsmethode, bei der externe Berater in Unternehmen Projekte durchführen. Vielmehr werden bereits in der Startphase der Einführung von Six Sigma unternehmenseigene Mitarbeiter zu Six-Sigma-Experten ausgebildet und systematisch mit der Durchführung von Verbesserungsprojekten betraut. Je nach Intensität und Anspruch der Ausbildung und der Rolle in der Organisation zum Beispiel als Green Belts, Black Belts oder Master Black Belts.

Dadurch bleibt das enorme Prozesswissen, welches durch die Anwendung von Six Sigma aufgebaut wird, im Unternehmen erhalten und es wird vertieft. Zudem werden durch das bewusste Messen und Beobachten von Prozessen alle Teile eines Unternehmens dazu angeregt, sich kontinuierlich mit der eigenen Leistung auseinanderzusetzen und diese bei Bedarf schon zu verbessern, bevor ein Kunde sich beschwert.

Zahlreiche Unternehmen berichten von einem regelrechten Kulturwandel, da auch außerhalb der durchgeführten Six-Sigma-Projekte ein sachlicherer Umgang mit Fehlern und Verbesserungen Einzug hält: Anstatt rasch auf der Grundlage von Bauchgefühl und Erfahrungswissen Lösungen zu implementieren, wird vor Entscheidungen nach Daten gefragt und erst auf Basis von Messungen und Fakten geurteilt. Vielleicht ist gerade das der wichtigste Grund für den überragenden Erfolg der Methode:

> **HINWEIS:** Es werden nicht nur einzelne Prozesse isoliert verbessert, sondern der Umgang einer ganzen Organisation mit ihren Abläufen, Ergebnissen und Kunden. ■

Während und nach der Ausbildung werden Green und Black Belts in der Anwendung der Methodik durch Master Black Belts oder besonders geeignete Black Belts weiterentwickelt und unterstützt. Damit ist eine gleichbleibend hohe Qualität der Projekte und die Einhaltung der Six-Sigma-Standards gewährleistet.

1.1 Klassisches Six Sigma nach DMAIC

Das klassische Six Sigma wurde ab Ende der 1980er-Jahre von Ingenieuren bei Motorola entwickelt. Diese fassten ihre Standards bei der Problemlösung und Prozessverbesserung zu einer universellen Vorgehensweise zusammen. Sie kann im Prinzip überall dort angewendet werden, wo ein Prozess, ein Produkt oder eine Dienstleistung nicht das gewünschte Ergebnis erreicht. Das klassische Six Sigma dient dazu, Fehler und Fehlleistungen an bestehenden Prozessen oder Produkten zu reduzieren, indem es die Wirkkette der Fehlerentstehung analysiert und dann die Fehlerursache beseitigt.

Jedes Six-Sigma-Projekt wird in einer festen Struktur mit fünf Projektphasen abgearbeitet. Diese fünf Phasen, nach deren Anfangsbuchstaben die Methode bisweilen auch als „DMAIC" bezeichnet wird, sind (Bild 1.4):

- D – Define:
  Die Problemstellung oder die neue Anforderung an ein Produkt und der zugehörige Prozess sowie die Ziele werden aus Sicht des Kunden beschrieben.
- M – Measure:
  Daten zum Problem und zu den in Frage kommenden Einflussgrößen werden erhoben und die Verlässlichkeit der Daten wird sichergestellt.
- A – Analyse:
  Die Wirkkette zwischen Problem und Ursachen beziehungsweise Einflussgrößen wird anhand der erhobenen Daten zweifelsfrei nachgewiesen.
- I – Improve:
  Eine Problemlösung wird gefunden und implementiert, die Prozessverbesserung wird anhand von Daten belegt.
- C – Control:
  Die dauerhafte Wirksamkeit der Lösung wird durch Standardisierung und Prozessüberwachung sichergestellt und nachgewiesen.

Die Vorgehensweise der Problemlösung bei Six Sigma ist keine grundsätzlich neue Methode und gleicht in vielem dem klassischen kontinuierlichen Verbesserungsprozess (KVP, Bild 1.4). Viele der verwendeten Analysetechniken wie beispielsweise die Pareto-Analyse oder die diversen statistischen Methoden sind bekannte und bewährte Verfahren. Die große Weiterentwicklung und damit der Unterschied zum KVP bestehen im strukturierten und systematischen Einsatz dieser Werkzeuge. Zudem existiert durch die Projektstruktur ein roter Faden, der die Verwendung der Methoden verbindet und damit einem Problem im Prozess auf die Spur kommt und es dauerhaft löst. Zusammen mit der unterstützenden Organisation ergibt sich die Stärke dieser Methodik.

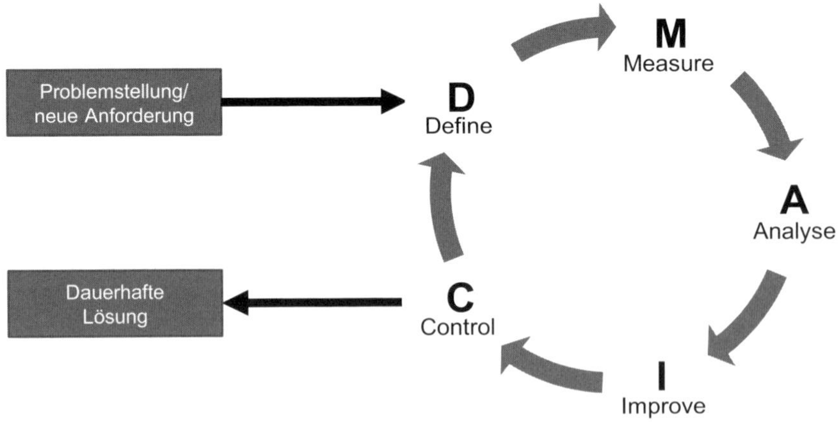

Bild 1.4 DMAIC-Zyklus als Ausdruck einer kontinuierlichen Verbesserung

1.2 Design for Six Sigma (DFSS)

Das klassische Six Sigma nach der DMAIC-Vorgehensweise (Bild 1.4) hat zum Ziel, Fehler und Fehlleistungen in bestehenden Produkten und Prozessen durch dauerhafte Lösungen drastisch zu reduzieren.

Hingegen ist ein Produktentstehungsprozess (PEP, auch: product generation process, PGP) kein kreisförmiger, sondern ein gerichteter Vorgang, der mit der Freigabe eines Entwicklungsergebnisses endet (Bild 1.5). Der Zweck von Design for Six Sigma (DFSS) besteht in diesem Zusammenhang darin, den Entwicklungsprozess so zu unterstützen, dass aus der geordneten Aufnahme der Kundenanforderungen praktisch fehlerfreie Entwicklungsergebnisse entstehen. Tabelle 1.1 hebt den Unterschied zwischen DMAIC und DFSS hervor.

Tabelle 1.1 Unterschiedliche Zielrichtung des klassischen Six Sigma nach DMAIC und des Ansatzes nach Design for Six Sigma (DFSS)

	Design for Six Sigma (DFSS)	Klassisches Six Sigma nach DMAIC
Ziel	Fehler und Fehlleistungen von vornherein vermeiden	Fehler und Fehlleistungen abstellen
Ansatz	Neue Prozesse und Produkte	Bestehende Prozesse und Produkte
Vorgehensweise	Sicheres Einstellen der Wirkkette, damit kein Fehler entsteht	Analyse der Wirkkette, die zu dem Fehler führt und Beseitigen der Fehlerursache

Dabei können zahlreiche Methoden aus dem klassischen DMAIC-Zyklus auch bei der Entwicklung neuer Produkte und Prozesse eingesetzt werden, denn datenbasierte Entscheidungen werden auch hier getroffen.

In Bild 1.5 erkennen Sie die zeitliche Abfolge von gerichtetem Entwicklungsprozess für Neuprodukte und der Vorgehensweise nach DMAIC für die Weiterentwicklung eines bestehenden Prozesses oder Produkts aufgrund einer Notwendigkeit, wie zum Beispiel einer neuen Kundenanforderung, oder aufgrund einer bestehenden Fehlleistung.

Im Gegensatz zur klassischen Six-Sigma-Vorgehensweise nach DMAIC (Bild 1.4) sind die Phasen und Vorgehensweisen innerhalb von Design for Six Sigma (DFSS) weit weniger standardisiert. Während Ursachensuche und Einführung von Gegenmaßnahmen branchenübergreifend vergleichbar sind, bestehen zwischen unterschiedlichen Branchen deutlich unterschiedliche Vorgehensweisen in der Produktentwicklung.

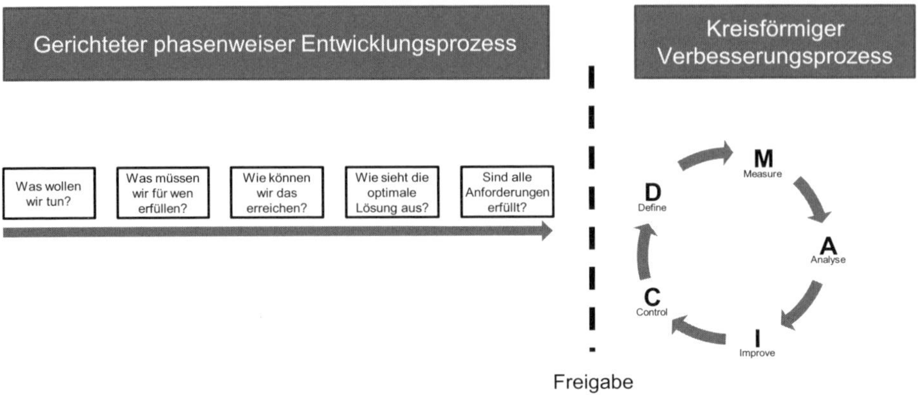

Bild 1.5 Aufeinanderfolge von DFSS für fehlerfreie Produkte und klassischem Six Sigma nach DMAIC, zur Beseitigung von Fehlern oder Weiterentwicklung von Produkten und Prozessen

Auch erfordert die Komplexität moderner, nach Meilensteinschritten gegliederter Entwicklungsprozesse eine höhere Flexibilität einer methodischen Vorgehensweise. Dies führt zu einer reichhaltigen Auswahl unterschiedlicher Phasenmodelle, von denen einige in Bild 1.6 dargestellt sind.

DMADV	DMADOV	DICOV	IDOV	DCCDI	DMEDI
Define	Define	Define	Identify	Define	Define
Measure	Measure	Identify	Design	Customer	Measure
Analyse	Analyse	Charac-terize	Optimize	Concept	Explore
Design	Design	Optimize	Validate	Design	Develop
Validate	Optimize	Validate		Implement	Implement
	Validate				

Bild 1.6 Einige DFSS-Phasenmodelle (Aufzählung nicht vollständig)

Die Aufgabe des geschulten Anwenders besteht dann darin, innerhalb des Entwicklungsprozesses aus den zur Auswahl stehenden Methoden für die spezielle Fragestellung die nützliche und zielführende Anwendung auszusuchen und korrekt anzuwenden.

Die Modelle sollen im Folgenden kurz beschrieben werden.

DMADV und DMADOV

Die Vorgehensweise nach DMAD(O)V wird vor allem bei der Weiterentwicklung von Produkten und Prozessen genannt. Dabei werden zunächst (Define) die Projektziele und Wünsche interner und externer Kunden festgehalten, dann (Measure) werden die Kundenbedürfnisse ermittelt und Spezifikationen des Endprodukts ermittelt. Danach (Analyse) werden die Möglichkeiten von Prozessen und Konzepten analysiert, wie die Kundenbedürfnisse und Spezifikationen erreicht werden können, und es werden (Design) Produkt und Prozess so ausgearbeitet, dass die Kundenbedürfnisse tatsächlich erreicht werden können. Zum Schluss (Validate) wird die Leistungsfähigkeit des neuen Produkts dauerhaft nachgewiesen. In der Variante nach DMADOV wird vor dem dauerhaften Nachweis noch ein Optimierungszyklus eingeschoben.

DICOV

Die Vorgehensweise nach DICOV wird hauptsächlich bei der Neugestaltung von Produkten und Prozessen genannt. In der Phase „Define" wird der Projektauftrag mit Zielen und Zuständigkeiten festgelegt, in der Phase „Identify" werden die Kundenanforderungen analysiert sowie die kritischen Eigenschaften des Endprodukts oder Prozesses spezifiziert. In der Phase „Characterize" werden Designkonzepte aus Kundenanforderungen abgeleitet, bewertet und dann ausgewählt. In der Phase „Optimize" werden dann der Prozess oder das Design zum Leben erweckt und gegebenenfalls die Fähigkeit von Prototypen bewertet und in der Phase „Validate" wird schließlich die dauerhafte Prozess- oder Produktfähigkeit bestätigt und überwacht.

IDOV

Bei der Vorgehensweise nach IDOV werden in der Phase „Identify" die Kundenwünsche und Spezifikationen ermittelt. Die Phase „Design" übersetzt die kritischen Kundenanforderungen in funktionelle Bedürfnisse, aus denen alternative Lösungen abgeleitet werden und die beste Lösung ausgewählt wird. In der Phase „Optimize" werden unterschiedliche Werkzeuge und Modelle genutzt, um die voraussichtliche Leistung zu berechnen und Produktdesign oder Herstellprozess zu optimieren. Die Phase „Validate" dient dafür sicherzustellen, dass das endgültige Design die Kundenanforderungen dauerhaft erfüllt.

DCCDI

In der Variante DCCDI wird in der Phase „Define" das Projektziel festgelegt. Danach werden in der Phase „Customer" Kundengruppen und Kundenbedürfnisse ermittelt und strukturiert. In der Phase „Concept" werden Konzeptvorschläge entwickelt, bewertet und ausgewählt. Das beste Konzept wird dann in der Phase „Design" so ausgearbeitet, dass Kundenbedürfnisse und Prozesserfordernisse erfüllt werden. In der Phase „Implement" erfolgt schließlich die Einführung des Produkts.

DMEDI

Die Vorgehensweise nach DMEDI ist eine weitere DFSS-Vorgehensweise, wenn es noch keine bestehende Prozessdefinition, keine Ergebnisgrößen oder Kundenanforderungen gibt. In der Phase „Define" werden Auftrag und Projektziel definiert und Ressourcen und Hindernisse klar benannt. Die Aufgabe der Phase „Measure" besteht in der Ermittlung der Kunden und ihrer erfolgskritischen Bedürfnisse. Die Phase „Explore" dient dazu, Designkonzepte für den neuen Prozess oder Service vorzulegen und eventuell bereits ein grobes Design zu erstellen. Wie in den anderen DFSS-Varianten besteht die Aufgabe der Phase „Develop" darin, das beste Designkonzept auszuarbeiten und eventuell bereits zu optimieren. In der abschließenden Phase „Implement" wird die dauerhafte Leistungsfähigkeit des ausgearbeiteten Konzepts bestätigt.

Aus diesem Grund haben wir in diesem Buch bewusst auf die Verwendung eines bestimmten Phasenmodells verzichtet. Stattdessen soll die für die Aufgabenstellung bestimmende Leitfrage das Motiv für die Auswahl bestimmter Methoden oder Werkzeuge sein.

1.3 Das Zusammenspiel von Six Sigma und Lean – Lean Six Sigma (LSS)

Lean Six Sigma vereint die beiden sehr erfolgreichen Prozessverbesserungsansätze Lean und Six Sigma. Unter Lean versteht man hierbei eine Methodenlandschaft, die dem Ziel dient, alle Arten von Verschwendung in Prozessen zu reduzieren.

Unter Verschwendung versteht man alle Handlungen und Materialflüsse, die dem Produkt keinen Wert hinzufügen oder sogar Wert vernichten. Dazu gehören die in Bild 1.7 gezeigten Oberbegriffe.

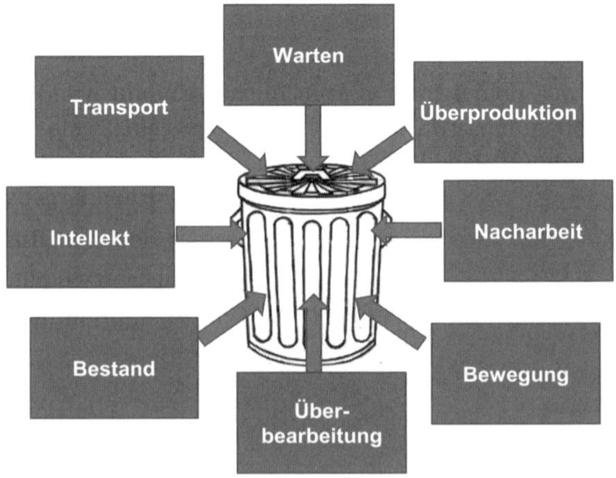

Bild 1.7 Die acht Arten der Verschwendung

Lean konzentriert sich dabei vor allem darauf, die Abläufe zwischen einzelnen Wertschöpfungsschritten möglichst „glatt" und widerstandsfrei zu gestalten, damit ein sogenannter Fluss zustande kommt. Die Methoden dazu sind in der einschlägigen Literatur hinreichend beschrieben.

Six Sigma hingegen konzentriert sich auf die fehlerfreie Bearbeitung oder Messung innerhalb eines Wertschöpfungsschritts. Häufig sind solche Fehler innerhalb eines Bearbeitungsschritts die Ursache für Bestände und Wartezeiten, da sich zum Beispiel nachfolgende Prozessschritte einen Arbeitsvorrat anlegen.

Durch diese Art der Bevorratung wird aber der Prozessfehler sozusagen „unsichtbar". Erst wenn Bestände gesenkt und Wartezeiten verkürzt werden, können auch die zugrunde liegenden Unzulänglichkeiten von Herstellprozessen oder Produktdesign erkannt und konsequent verbessert werden.

Insofern bedingen sich Lean und Six Sigma gegenseitig, wie in Bild 1.8 gezeigt ist. Sie sind eigentlich nicht voneinander zu trennen und verfolgen mit ihren unterschiedlichen Ansätzen dasselbe Ziel – fehlerfreie Produkte zum richtigen Zeitpunkt zu liefern.

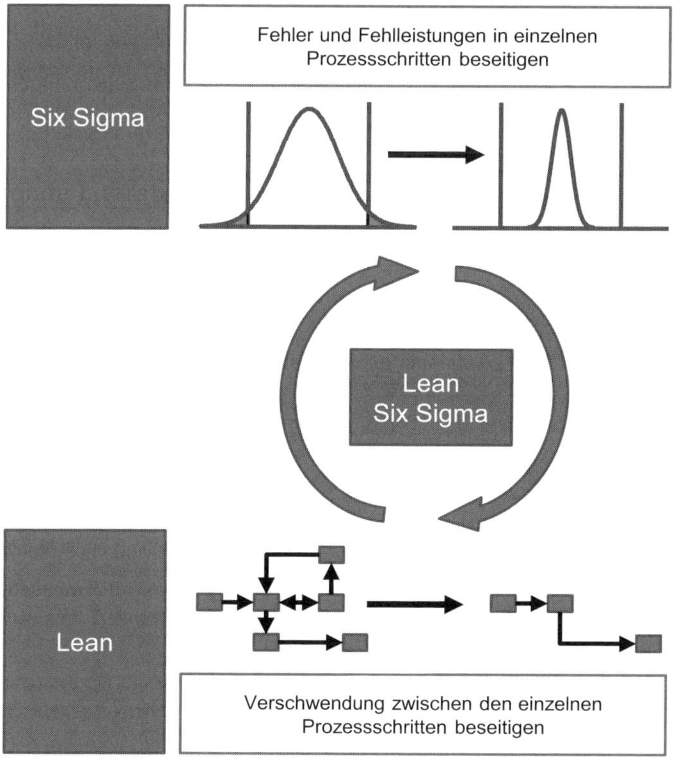

Bild 1.8 Lean und Six Sigma – Lean Six Sigma

Das Wichtigste in Kürze

Maximale Kundenzufriedenheit kann nur durch absolut fehlerfreie Produkte oder Dienstleistungen erreicht werden. Daher empfiehlt es sich, eine Null-Fehler-Strategie zu implementieren. Six Sigma, Design for Six Sigma und Lean sind drei Methoden mit dem gleichen Ziel, und zwar fehlerfreie Produkte zum richtigen Zeitpunkt zu liefern:

- Six Sigma konzentriert sich in erster Linie auf die fehlerfreie Bearbeitung oder Messung innerhalb eines Wertschöpfungsschritts.
- Design for Six Sigma bezieht sich auf den Produktentstehungsprozess. Fehler und Fehlleistungen sollen von vornherein vermieden werden.
- Lean konzentriert sich vor allem darauf, dass die Abläufe zwischen den einzelnen Wertschöpfungsschritten optimal fließen, also möglichst „glatt“ und widerstandsfrei sind.
- Lean Six Sigma kombiniert Lean und Six Sigma mit dem Ziel, Fehler innerhalb und zwischen den Wertschöpfungsschritten möglichst auf Null zu reduzieren.

Six Sigma vereint mehrere Grundprinzipien:

- die strukturierte und standardisierte Vorgehensweise,
- die Prozessorientierung,
- der ganzheitliche Blick auf die Bedürfnisse von Kunden (Leistungsempfängern),
- der Nachweis der Wirkkette,
- die Integration in die Arbeitsaufgabe und die Unterstützung bei der Anwendung.

In einem klassischen Six-Sigma-Projekt durchläuft jedes Projekt fünf Phasen, und zwar Define (Beschreibung der Anforderung aus Sicht des Kunden), Measure (Erhebung der Daten), Analyse (Nachweis der Wirkkette), Improve (Ermittlung und Implementierung der Problemlösung) sowie Control (Sicherstellung der dauerhaften Wirksamkeit). ■

Weiterführende Literatur

George, M. L.: Lean Six Sigma, McGraw Hill, 2002.

Pyzdek, T.: The Six Sigma Handbook, McGraw Hill, 2009.

Harry, M., Schroeder, R.: Six Sigma: Prozesse optimieren, Null-Fehler-Qualität schaffen, Rendite radikal steigern, Campus Verlag, 2000.

Magnusson, K.: Six Sigma umsetzen: Die neue Qualitätsstrategie für Unternehmen, Carl Hanser Verlag, 2001.

Friberg, N., Kowansky, E.: How NOT To Implement Six Sigma: A manager's guide to ensuring the failure of the world's greatest Quality Improvement and Waste Reducing Machine, Xlibris, 2006.

Ginn, D./Varner, E.: The Design for Six Sigma Memory Jogger, Goal/Qpc, 2004.

Gamweger, J./Jöbstl, O./Strohrmann, M./Suchowerskyj, W.: Design for Six Sigma, Carl Hanser Verlag, München, 2009.

Breyfogle, F. W.: Implementing Six Sigma, John Wiley & Sons, 2. Auflage 2003.

Wappis, J./Jung, B.: Taschenbuch Null-Fehler-Management, Umsetzung von Six Sigma, Carl Hanser Verlag, München, 2013.

Lunau, S./Roenpage, O./Staudter, C./Meran, R./John, A./Beernaert, C.: Six Sigma + Lean Toolset, Springer Verlag, Berlin, 2007.

Kaufmann, U.: Praxisbuch Lean Six Sigma, Carl Hanser Verlag, München, 2012.

2 Design for Six Sigma – praktische Vorgehensweise

2.1 Methodengestützte Entwicklung mit Design for Six Sigma (DFSS)

Aus den 1950er- und 1960er-Jahren datieren die ersten ernst zu nehmenden Ansätze, Entwicklungsprozesse zu systematisieren. Dies geschah hauptsächlich in dem zu dieser Zeit wichtigsten Entwicklungssegment, der mechanischen Konstruktion. In den 1970er- und 1980er-Jahren entstanden neue Anforderungen durch den Siegeszug der Elektronik und Mikroelektronik und dann, ab den1990er-Jahren, zunehmend auch die Integration von Software bis zu der heutzutage weit verbreiteten Integration von Mechanik, Elektronik und Software in modernen mechatronischen Systemen.

Bild 2.1 zeigt die wesentlichen Elemente in einem Entwicklungsprozess. Die meisten Unternehmen besitzen eine mehr oder weniger detailliert ausgearbeitete Strategie, mit welchen Produkten sie in welchen Märkten erfolgreich sein wollen. Von großer Bedeutung ist auch die Ermittlung der (tatsächlichen) Kundenanforderungen und Kundenwünsche, die einen ganz wesentlichen Input für den durchzuführenden Entwicklungsprozess liefern. Schließlich müssen auch entsprechende personelle und finanzielle Ressourcen zur Verfügung gestellt werden.

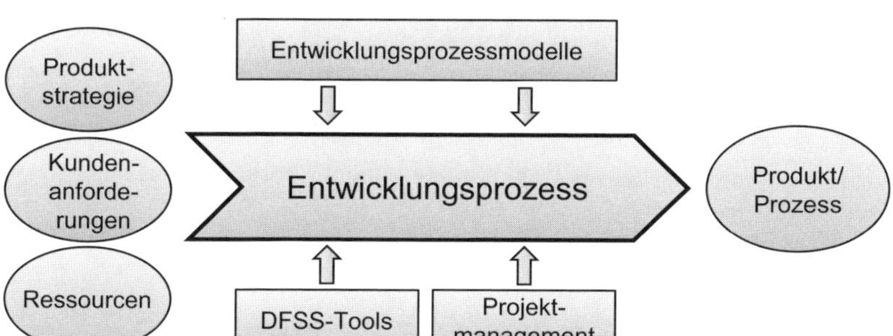

Bild 2.1 Wesentliche Elemente im Entwicklungsprozess

Bezüglich der konkreten Vorgehensweise in einem Entwicklungsprojekt gibt es nur relativ wenige detailliert beschriebene und allgemein gültige Vorgehensweisen und Entwicklungsprozessmodelle. Das liegt daran, dass für verschiedene Produkte, Branchen und Märkte verschiedenartige Anforderungen und Rahmenbedingungen herrschen.

Es macht einen großen Unterschied, ob Sie eine einfache Komponente, wie beispielsweise ein einfaches Mechanik-Frästeil, für ein Gehäuse entwickeln oder eine Komponente, wie beispielsweise einen Scheinwerfer, oder eben ein komplexes System, wie einen Pkw. Und es ist ganz entscheidend, ob Ihr Produkt in geringen Stückzahlen, evtl. noch mit einer hohen Anzahl von Varianten, oder eben als Massenprodukt in hohen Stückzahlen hergestellt wird.

Weitere Einflussfaktoren auf den Entwicklungsprozess sind, ob das Produkt als billiger „Wegwerfartikel" vermarktet wird oder als teure Komponente, die ihre Funktion hundertprozentig erfüllen muss, wie beispielsweise ein Kunstherz. Oder aber, wie kurz oder lang die Produktlebenszyklen sind, die bei Mobiltelefonen heute eher unter einem Jahr liegen, bei Flugzeugen jedoch im Zeithorizont von 20 bis 30 Jahren.

Aufgrund der sehr unterschiedlichen Anforderungen und Rahmenbedingungen finden sich aktuell in den Unternehmen eine Vielzahl praktizierter Entwicklungsansätze, die von nahezu keinen konkreten Vorgaben bezüglich der Entwicklungsvorgehensweise bis zu sehr detailliert ausgearbeiteten Entwicklungsrichtlinien, inklusive der zu erfüllenden Dokumentation und einem entsprechenden Entwicklungs-Controlling reichen. Nachfolgend sind einige allgemein gültig formulierte Entwicklungsprozessmodelle kurz dargestellt.

Die grundsätzlichen Entwicklungsphasen, Fragestellungen und zu erfüllenden Aufgaben sind jedoch oft sehr ähnlich, unabhängig davon, ob ein komplexes System oder eine einfache Komponente, ob ein Produkt für hohe oder geringe Stückzahlen, in vielen oder wenigen Varianten hergestellt werden wird. Deshalb haben wir in diesem Buch die Anwendung der Design-for-Six-Sigma-Tools und Werkzeuge nicht speziell für ein konkretes Entwicklungsprozessmodell, sondern möglichst allgemeingültig für die im Laufe des Entwicklungsprozesses typischerweise vorkommenden Fragestellungen und Aufgaben dargestellt.

Erfolgreiche Entwicklungsprojekte erfordern zusätzlich auch ein entsprechendes Projektmanagement. Schließlich muss nicht nur ein funktionierendes Produkt, das alle Kundenanforderungen erfüllt, entstehen, sondern es müssen auch die geplanten Termine und die geplanten Ressourcen bezüglich Personal und Kosten eingehalten werden. Hierzu sei auf die entsprechende Projektmanagement-Literatur verwiesen.

2.2 Entwicklungsprozessmodelle

2.2.1 Meilensteinmodell (Stage-Gate-Modell)

Entwicklungsprozessmodelle, die mit Meilensteinen arbeiten, haben in der Praxis eine weite Verbreitung. Der Entwicklungsprozess wird dabei in die wesentlichen Teilaufgaben zerlegt. Am Ende einer bestimmten Teilaufgabe müssen bestimmte Zwischenergebnisse vorliegen. Wenn diese Ergebnisse vorliegen, ist ein entsprechender Meilenstein erfüllt und der Entwicklungsprozess gelangt in die nächste Stufe. Zur Abfrage und Verifizierung werden oft detaillierte Meilenstein-Checklisten verwendet. Solange die geforderten Ergebnisse jedoch nicht vollständig vorliegen, kann das Projekt nicht in die nächste Stufe fortschreiten. Es werden erst noch entsprechende Ergänzungen oder Nachbesserungen verlangt. Bild 2.2 zeigt das Prinzip eines solchen Meilenstein-Entwicklungsprozessmodells. Je nach Detaillierungsgrad des Modells sind die Hauptphasen nochmals in eine Reihe von Unterphasen zerlegt, die dann auch wieder mit zu erfüllenden Meilensteinen versehen sind.

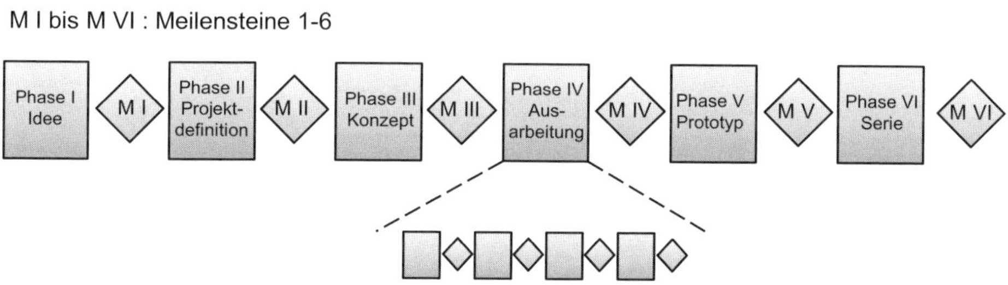

Bild 2.2 Prinzip eines Meilenstein-Entwicklungsprozessmodells

In der Praxis erfüllen diese Modelle nur dann ihren Zweck, wenn bei Fehlen oder Nichterfüllung einzelner Punkte der jeweilige Meilenstein auch tatsächlich als nicht erfüllt gewertet wird. Das nicht unübliche „Durchwinken" einzelner mangelhafter Punkte kann im weiteren Projektverlauf zu gravierenden Qualitätsproblemen oder Zeitverzögerungen und damit Kostensteigerungen führen. Manchmal ist es aus Zeitgründen unter Umständen dennoch sinnvoll, die nächste Phase zu beginnen, auch wenn bestimmte Punkte der vorherigen Phase noch nicht ausreichend erfüllt sind, sofern das Vorliegen des fehlenden Ergebnisses keine Voraussetzung oder Arbeitsgrundlage für die nächste Phase darstellt.

2.2.2 V-Modell

Ein weiteres, häufig verwendetes Entwicklungsprozessmodell ist das sogenannte V-Modell. Die ersten Ideen dazu stammen aus den späten 1970er-Jahren. 1992 wurde im Auftrag des Bundesministeriums des Inneren ein erstes V-Modell entwickelt. Haupteinsatzbereich des Modells war zunächst die Entwicklung von Software. Inzwischen wurde das Modell mehrfach überarbeitet und angepasst. Neben dem Einsatz zur Softwareentwicklung wird das Modell heute auch vielfach zur Entwicklung mechatronischer und anderer Komponenten eingesetzt. Für die Entwicklung solcher Komponenten existiert beispielsweise der VDI-Standard 2206 „Entwicklungsmethodik für mechatronische Systeme" (Bild 2.3).

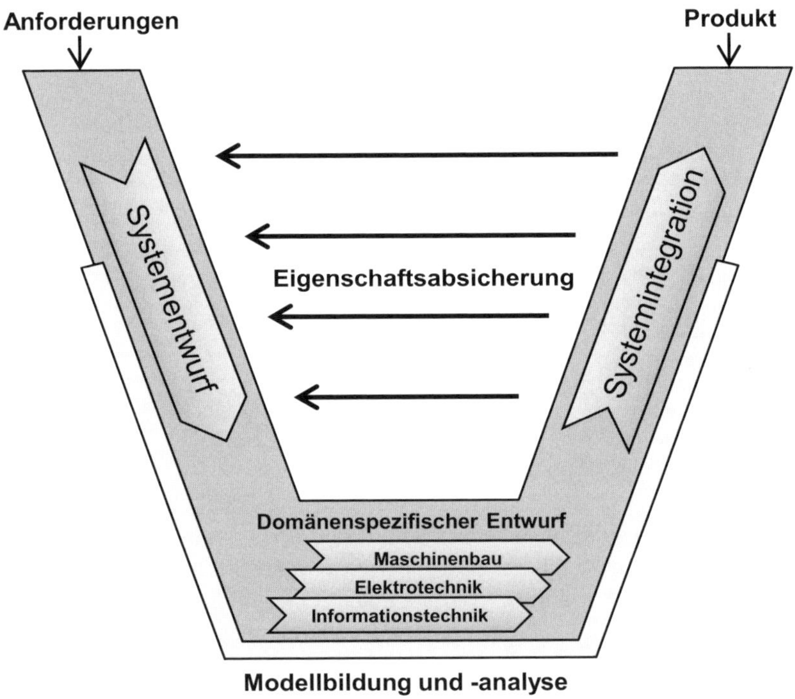

Bild 2.3 Das V-Modell für die Entwicklung mechatronischer Systeme (nach VDI 2206)

Auch bei dem V-Modell beginnt der Entwicklungszyklus mit der möglichst genauen Definition und Präzisierung der Anforderungen. Anschließend wird das System in seine Teilfunktionen zerlegt. Auf Basis dieser Teilfunktionen werden verschiedene Lösungskonzepte erarbeitet und bewertet. Dann erfolgt eine domänenspezifische Ausarbeitung der konkreten Lösungskonzepte. Die einzelnen ausgearbeiteten domänenspezifischen Lösungen werden dann im Rahmen der Systemintegration zusammengeführt. Dabei wird auch das Zusammenwirken der einzelnen Komponenten im System untersucht. Auf jeder Ebene der Systemintegration wird über geeignete Testverfahren die Erfüllung der Funktionen und Eigenschaften abgesichert. Am Ende des V-Zyklus steht das zu entwickelnde Produkt.

Bei einem zu entwickelnden System wird also das V-Modell sowohl auf Systemebene als auch auf Modulebene und schließlich auf Komponentenebene mit immer wieder den gleichen Prozessschritten durchlaufen. Ebenso kann das V-Modell verschiedene Reifegrade bezüglich des Produkts beschreiben, indem jeder Durchlauf des V-Modells das Produkt auf einen höheren Reifegrad bringt (Bild 2.4).

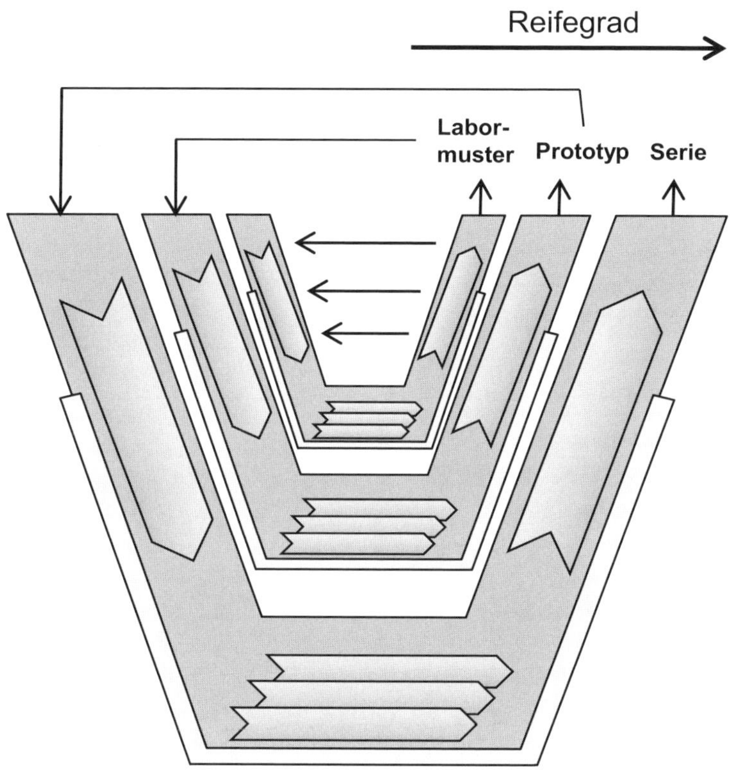

Bild 2.4 V-Modell als Makrozyklus zur Erhöhung des Reifegrads

Für die Verwendung in der Entwicklungspraxis sollte das generische V-Modell auf die Anforderungen und Bedürfnisse des jeweiligen Unternehmens angepasst werden.

2.3 Entwicklung von Produkten

Die weitaus größte Anzahl der Entwicklungsvorgänge wird sich mit der Entwicklung von Dienstleistungen oder industriellen Produkten befassen. Dabei werden die allermeisten wiederum die Entwicklung einer konkreten (Teil-)Komponente oder eines Bauteils bzw. einzelner Teilaufgaben in einem Dienstleistungsprozess zum Ziel haben. Wenn wir ein komplexeres System entwickeln, besteht dieses ebenfalls aus vielen Einzelkomponenten, die häufig mehr oder weniger separat entwickelt, ggf. auch zugekauft, und dann zu einem System zusammengestellt werden (sog. Systemintegration). Das heißt, auch wenn wir komplexere Systeme und Prozesse entwickeln, durchlaufen wir im Prinzip immer wieder ähnliche Entwicklungsprozesse mit ähnlichen Entwicklungsaufgaben für die jeweiligen Systeme, Komponenten und Teilprozesse (siehe Bild 2.5).

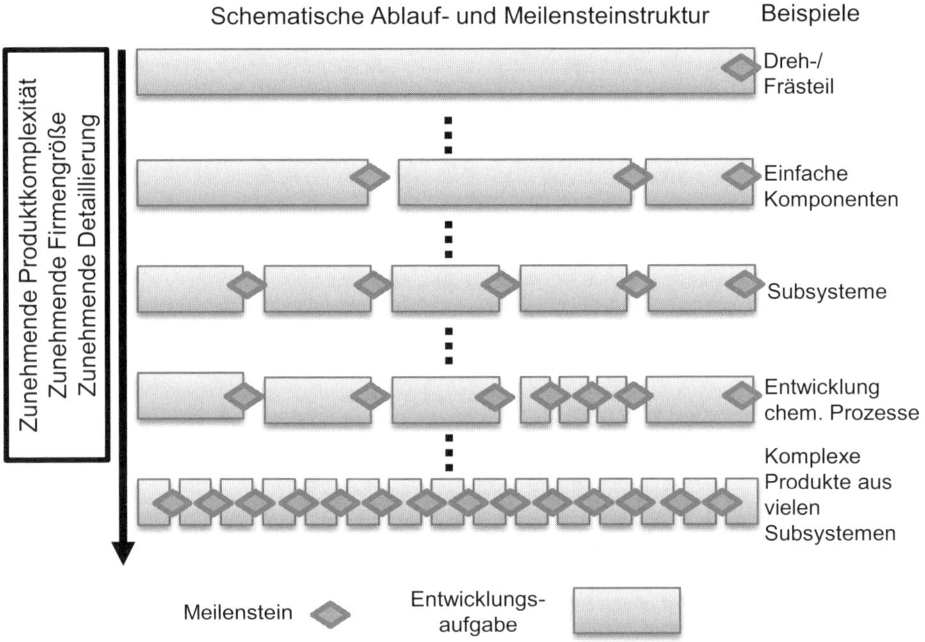

Bild 2.5 Kaskadierung der Entwicklungsaufgaben mit zunehmender Komplexität der Systeme und Prozesse

Die jeweiligen Teilentwicklungsaufgaben werden in der DFSS-Methodik in fünf Phasen unterteilt. Jeder Phase liegt eine entsprechende Leitfrage zu Grunde. Die sich ergebenden Leitfragen und Aufgaben wurden in eine übergeordnete Ebene (Ebene 1) und in eine detailliertere Ebene (Ebene 2) unterteilt.

Aus den Leitfragen ergeben sich die Vorgehensweise im Entwicklungsprozess sowie die daraus abgeleiteten Aufgaben und der Einsatz der DFSS-Tools zur Unterstützung der Aufgabenabarbeitung.

2.3.1 Leitfragen und Aufgaben Ebene 1

In den fünf wesentlichen Entwicklungsphasen stellen sich folgende Leitfragen (Bild 2.6):

- Phase 1: „Was wollen wir tun?“
- Phase 2: „Was müssen wir für wen erfüllen?“
- Phase 3: „Wie können wir das erreichen?“
- Phase 4: „Wie sieht die optimale Lösung aus?“
- Phase 5: „Sind alle Anforderungen erfüllt?“

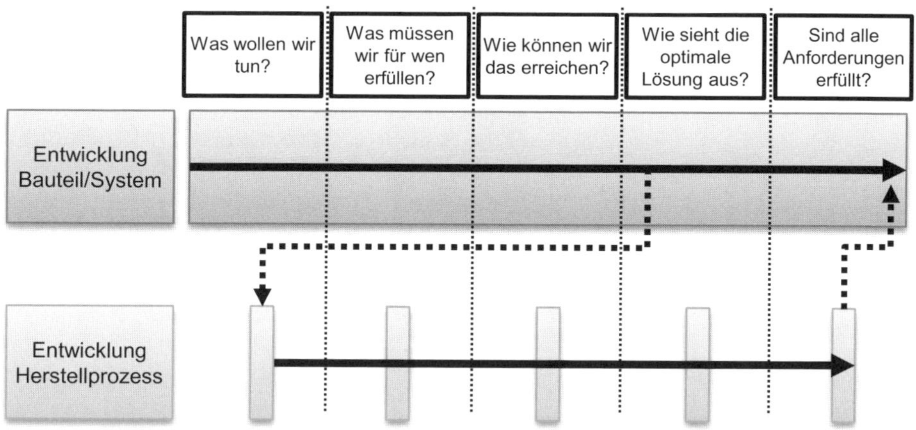

Bild 2.6 Übergeordnete Leitfragen in den fünf wesentlichen Entwicklungsphasen

2.3.2 Toolüberblick je Phase

Für jede Entwicklungsphase stellt die DFSS-Methodik entsprechende Tools als Unterstützung für die Bearbeitung der sich aus den Leitfragen ergebenden Aufgaben zur Verfügung. Häufig werden bestimmte Tools auch in mehreren Entwicklungsphasen verwendet. Bild 2.7 zeigt einen Überblick über die in den jeweiligen Entwicklungsphasen einsetzbaren DFSS-Tools. Die Anwendung dieser Tools wird im Kapitel 3 beschrieben.

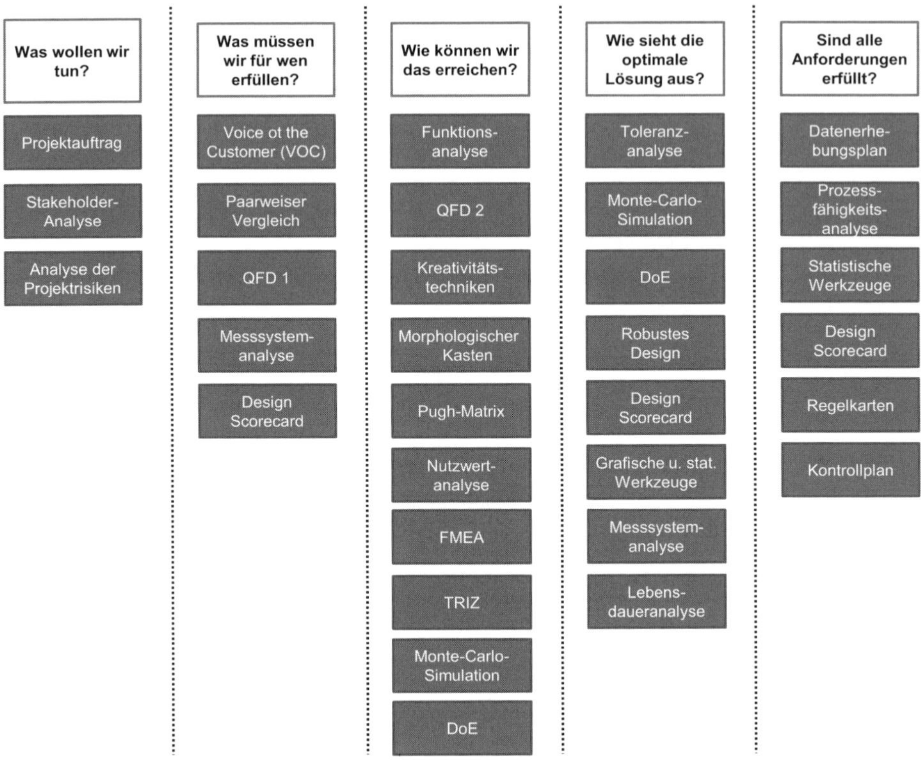

Bild 2.7 Überblick über die Verwendung der DFSS-Tools in den jeweiligen Entwicklungsphasen

2.3.3 Leitfragen und Aufgaben Ebene 2

Hinter jeder Leitfrage der Ebene 1 verbergen sich wiederum eine ganze Reihe weitere detailliertere Fragestellungen, die wir hier als Ebene 2 bezeichnen. Hinter jeder der detaillierten Fragestellungen stehen wiederum eine oder mehrere Unteraufgaben. In dem nachfolgenden Kapitel werden die Leitfragen und Aufgaben der Ebene 2 in der jeweiligen Entwicklungsphase genauer beschrieben.

Phase 1 „Was wollen wir tun?"

In dieser Phase liegt der Fokus auf einer möglichst genauen Klärung der Aufgabenstellung und der Zielstellung (Bild 2.8). Definieren Sie auch möglichst genau, welche Aufgaben mit zum Projekt gehören und welche Aufgaben *nicht* Umfang des Projekts sind. Ferner sollten hier das Kunden- und Projektumfeld sowie die Projektrandbedingungen möglichst genau geklärt werden. Analysieren Sie detailliert, welche Personen und Gruppen welche (vielleicht auch nicht offen ausgesprochenen oder gezeigten) Interessen verfolgen und was das für Ihr Projekt bedeutet. Ebenso empfehlenswert ist eine kurze Analyse der möglichen Projektrisiken. Für die als gravierend erachteten Risiken sollten frühzeitig geeignete Gegenmaßnahmen ergriffen werden. Bereits in dieser Phase muss auch ein geeignetes projektbegleitendes Projektmanagement und Projektcontrolling installiert werden.

Bild 2.8 Wesentliche Leitfragen und Aufgaben in der Phase „Was wollen wir tun?"

Phase 2 „Was müssen wir für wen erfüllen?"

Kern der zweiten Projektphase ist die vollständige Ermittlung und Quantifizierung der zu erfüllenden Anforderungen (Bild 2.9). Klären Sie zunächst genau, wen Sie im Rahmen Ihres Projekts als Kunden betrachten müssen. Das können neben den eigentlichen Endkunden auch eine Reihe interner Kunden, z.B. die Fertigungs- und Montageabteilungen sein. Auch deren Anforderungen müssen für ein wirtschaftlich möglichst erfolgreiches Produkt berücksichtigt sein.

Ermitteln Sie dann vollständig die Anforderungen Ihrer verschiedenen Kunden und Kundensegmente. Diesem Schritt sollten Sie allergrößte Aufmerksamkeit schenken, da die vollständige und zutreffende Ermittlung der Kundenanforderungen meist ein entscheidender Einflussfaktor auf den technischen und wirtschaftlichen Produkterfolg ist.

Klären Sie ebenso vollständig die einzuhaltenden Projektrandbedingungen. Dann sollte eine sorgfältige Strukturierung sowie Priorisierung der Kundenanforderungen bezüglich ihrer Wichtigkeit erfolgen. Ein weiterer Fokus liegt auf der Definition geeigneter Messgrößen (sogenannte CTQs, Critical-To-Quality-Merkmale), die es uns erlauben, die Erfüllung der Kundenanforderungen vollständig und hinreichend messbar zu machen.

Für diese Messgrößen müssen nun geeignete Zielwerte definiert werden, die die Erfüllung der Kundenanforderungen möglichst genau abbilden. Diese Zielwerte definieren in der Regel auch bereits große Teile der Produktspezifikation („Lastenheft").

Was müssen wir für wen erfüllen?

Leitfrage	Aufgabe	Werkzeug
Wer sind genau die Kunden und Kundensegmente?	Relevante Kunden und Kundensegmente ermitteln	Voice of the Customer (VOC)
Was sind die genauen Anforderungen der Kunden?	Kundenanforderungen detailliert ermitteln	Voice of the Customer (VOC)
Welche Randbedingungen sind einzuhalten?	Technische, gesetzliche, ggf. weitere Randbedingungen ermitteln	Voice of the Customer (VOC)
Welche Anforderungen sind besonders wichtig?	Anforderungen strukturieren und priorisieren	Paarweiser Vergleich, QFD 1
Wie lässt sich die Erfüllung der Kundenanforderungen messbar machen?	Ableiten geeigneter messbarer Produktmerkmale aus den Anforderungen	QFD 1, Messsystemanalyse, Design Scorecard
Welche Produktmerkmale sind besonders wichtig?	Wirkung der Produktmerkmale auf Anforderungen bewerten	QFD 1
Welche Zielwerte müssen für ein erfolgreiches Produkt erreicht werden?	Festlegen von Zielwerten und Toleranzen, Benennen möglicher Zielkonflikte	QFD 1

Bild 2.9 Wesentliche Leitfragen und Aufgaben in der Phase „Was müssen wir für wen erfüllen?"

Phase 3 „Wie können wir das erreichen?"

In Phase drei verlagert sich der Fokus von dem „Was" auf das „Wie". Jetzt geht es zunächst darum, die grundsätzlich für die Erfüllung der Kundenanforderungen benötigten Funktionen sowie deren Interaktionen zu definieren (Bild 2.10). Dazu sollte eine detaillierte Funktionsanalyse durchgeführt werden, bei der ermittelt wird, welche Hauptfunktionen, Unterfunktionen und Hilfsfunktionen für die Erfüllung der Kundenanforderungen grundsätzlich benötigt werden. Durch die Fokussierung auf die eigentlichen Funktionen und nicht bereits auf deren mögliche Ausprägungen und Umsetzungen wird eine intensivere Auseinandersetzung mit dem zu entwickelnden Objekt erzielt und eine häufig vorkommende voreilige Festlegung auf ein scheinbar offensichtlich optimales Lösungskonzept vermieden.

Wie können wir das erreichen?

Leitfrage	Aufgabe	Werkzeug
Welche Funktionen muss das Produkt erfüllen?	Ermittlung der Haupt-, Unter- und Hilfsfunktionen des Produkts	Funktionsanalyse
Wie interagieren die Funktionen?	Analyse der Funktionen und Wechselwirkungen im Gesamt- und Subsystem	Funktionsanalyse
Welche Funktionen sind besonders wichtig?	Wichtigkeit der Funktion für die Erfüllung der Kunden-anforderung bewerten	QFD 2
Welche Zielkonflikte sind zu lösen?	Zielkonflikte herausarbeiten und möglichst durch Innovation lösen	TRIZ
Mit welchen Mitteln können die Funktionen grund-sätzlich umgesetzt werden?	Auflistung aller möglichen Ausprägungen der benötigten Funktionen	Kreativitätstechniken, morphologischer Kasten
Welche Lösungskonzepte lassen sich daraus generieren?	Ableiten möglichst vieler Lösungskonzepte	Morphologischer Kasten
Welche Konzepte erfüllen die Kundenanforderungen und Randbedingungen am besten?	Systematische Analyse der Konzepte bzgl. Erfüllung der Anforderungen und Randbedingungen	Pugh-Matrix, Nutzwertanalyse
Wie weisen wir die Funktionstüchtigkeit der ausgewählten Konzepte nach?	Funktionsfähigkeit durch Simulation und/oder Funktionsmuster beweisen	Monte-Carlo-Simulation, DoE
Welche Risiken besitzen die ausgewählten Konzepte?	Risiken ermitteln und Gegenmaßnahmen für hohe Risiken definieren	FMEA
Wie können die Produkte hergestellt werden und was wird benötigt?	Herstellmöglichkeiten für favorisierte Konzepte ermitteln und vergleichen	Kreativitätstechniken, morphologischer Kasten, Nutzwertanalyse

Bild 2.10 Wesentliche Leitfragen und Aufgaben in der Phase „Wie können wir das erreichen?“

Aus der Auflistung der für jede Funktion möglichen unterschiedlichen Ausprägungen und Umsetzungsmöglichkeiten werden dann möglichst viele verschiedene Designkonzepte, also die Antwort auf die Fragestellung „Wie lässt sich das umsetzen?“, entwickelt. Die erstellten zahlreichen Designkonzepte werden dann bezüglich der Erfüllung der Kundenanforderungen und Projektrandbedingungen systematisch bewertet. Diese Bewertung erfolgt gegebenenfalls in mehreren Stufen. Offensichtlich schwache Designkonzepte werden eliminiert. Die verbleibenden Konzepte können gegebenenfalls bezüglich der ermittelten Schwächen modifiziert und zu neuen Konzepten kombiniert werden.

Als Ergebnis dieses Prozesses sollten einige wenige favorisierte Designkonzepte verbleiben. Diese sollten dann vor einer weiteren Ausarbeitung einer intensiven Risikoanalyse unterzogen werden. Falls technisch umsetzbar, empfiehlt sich der Aufbau von möglichst realitätsnahen Funktionsmustern, um die tatsächliche Funktionsfähigkeit und Anforderungserfüllung der bisher oft nur auf dem Papier oder im Rahmen von Simulationen beurteilten Designkonzepte zu überprüfen.

Phase 4 „Wie sieht die optimale Lösung aus?"

In Phase vier des Entwicklungszyklus erfolgt nun die detaillierte Ausarbeitung eines oder anfangs auch mehrerer erfolgversprechender Designkonzepte (Bild 2.11). Spätestens jetzt sind auch alle Aspekte, die die Teilebeschaffung, Lieferantenqualifikation und Gestaltung der Produktion und Produktionsprozesse betreffen, zu klären.

Eine Kernaufgabe in dieser Phase besteht darin, die sogenannte Transferfunktion $y = f(x_1 \ldots x_n)$ zwischen den Einzelteilen und Komponenten des Systems bzw. der relevanten Parameter für den Herstellungs- und ggf. Montageprozess der Einzelteile zu ermitteln. Es muss also möglichst detailliert herausgefunden werden, welche Komponenten bzw. Komponenteneigenschaften funktionskritisch für das zu entwickelnde System sind und welche eher unkritisch. Für alle wesentlichen Komponenteneigenschaften müssen dann die geeigneten Toleranzen (besser: die erlaubte Streuung) ermittelt werden. Aus Kostengründen sollte das System möglichst so gestaltet werden, dass bei möglichst großer Toleranz der Komponenteneigenschaften (x) trotzdem die Spezifikationen (CTQs, y) des Systems sicher erfüllt werden. Je weniger stark die Streuung einer Spezifikationsgröße (y) durch die Streuung einer Eingangsgröße (x) beeinflusst wird, desto robuster ist das Design.

Nach erfolgter Detailkonstruktion werden dann die ersten Prototypen aufgebaut. Diese sind auf Erfüllung der Kundenanforderungen, Schwachstellen und Optimierungsbedarfe hin zu überprüfen. Dabei ist sowohl auf das sichere Erreichen der Spezifikationsgrößen (CTQs) als auch auf das sichere Erreichen der notwendigen Prozessfähigkeiten und Toleranzen für die wichtigen Komponenteneigenschaften (x) zu achten. Im Rahmen der Produktoptimierung folgen meist einige (möglichst wenige) Optimierungsschleifen. Schließlich sind alle sonstigen für die Serienfertigung erforderlichen Elemente, wie z. B. Produktion- und Prozessdokumente, Freigaben etc. und benötigte Unterstützungsprozesse wie Logistik, Mengenplanung, Service, Ersatzteilmanagement etc. umzusetzen.

Wie sieht die optimale Lösung aus?

Leitfrage	Aufgabe	Werkzeug
Welche Möglichkeiten gibt es, das favorisierte Konzept umzusetzen?	Möglichst einfache Umsetzung ausgewählter Designkonzepte. Aufbau Prototypen	Kreativitätstechniken, Toleranzanalyse
Welche Streuungen werden für Einzelteile erlaubt, damit Funktion gewährleistet ist?	Kritische Funktions-zusammenhänge ermitteln, robustes Design auswählen	Toleranzanalyse, Monte-Carlo-Simulation, DoE, robustes Design, Design Scorecard
Wie sieht das Design jetzt konkret aus?	Detailkonstruktion, Hardware, ggf. Software-Entwicklung und Steuerung	Toleranzanalyse, Monte-Carlo-Simulation
Sind alle Anforderungen des Herstell- und/oder Montageprozesses berücksichtigt?	Fertigungs- /Montage-konzept erstellen incl. Platzbedarfe, Hilfsmittel, Qualifikation Mitarbeiter	Nutzwertanalyse, FMEA
Können mögliche Lieferanten die Anforderungen erfüllen?	Kapazitätsbedarf abschätzen, Lieferanten auswählen und ggf. qualifizieren	Statistische Werkzeuge, Prozessfähigkeitsanalyse, Regelkarten
Können die Kundenanforderungen (am Prototyp) sicher bestimmt werden?	Messsysteme installieren, überprüfen und ggf. verbessern	Messsystemanalyse
Sind die Prototypen ausreichend getestet?	Statistisch belastbare Aussage zu Prototypenverhalten ermitteln	Statistische Werkzeuge, Lebensdaueranalyse
Sind Schwachstellen erkannt, dokumentiert und beseitigt?	Erkannte Schwachstellen beseitigen, FMEA aktualisieren	Statistische Werkzeuge, Lebensdaueranalyse, FMEA
Sind Produktions- und Prozessdokumente vollständig?	Fertigstellen, Freigeben und Verteilen der entsprechenden Dokumente	Kontrollplan

Bild 2.11 Wesentliche Leitfragen und Aufgaben in der Phase „Wie sieht die optimale Lösung aus?“

Phase 5 „Sind alle Anforderungen erfüllt?“

In der finalen Entwicklungsphase steht die Verifizierung der Erfüllung aller Kundenanforderungen im Fokus (Bild 2.12). Dabei sollte versucht werden, möglichst frühzeitig Informationen über die tatsächliche Langzeitprozessfähigkeit für die relevanten Spezifikationsgrößen (y) und Prozess- und Komponenteneigenschaften (x) zu erhalten. Außerdem muss sichergestellt werden, dass alle Überwachungsmaßnahmen implementiert sind und funktionieren. Auch die Lebensdaueranforderungen müssen erfüllt sein. Möglicherweise aufgetauchte Schwächen müssen konsequent und nachhaltig beseitigt werden. Schließlich müssen alle Aspekte bis zum Ende des Produktlebenszyklus, zum Beispiel Service und Ersatzteilversorgung betrachtet sein. Nicht zuletzt sollte im Sinne einer kontinuierlichen Verbesserung die im Laufe des Entwicklungsprojekts gemachte Erfahrung systematisch gesammelt und auf zukünftige Entwicklungsprojekte übertragen werden („lessons learned").

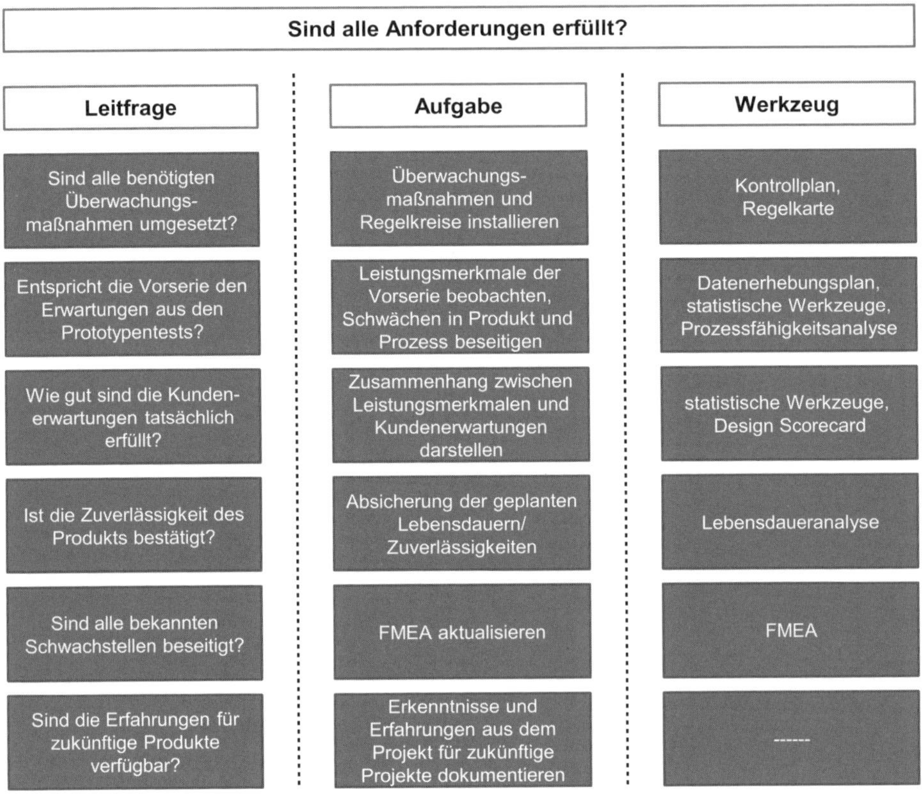

Bild 2.12 Wesentliche Leitfragen und Aufgaben in der Phase „Sind alle Anforderungen erfüllt?"

2.4 Entwicklung von Prozessen

Neben der Entwicklung von Produkten ist die Entwicklung von Prozessen und Verfahren eine der häufigsten Entwicklungsaufgaben. Diese Aufgabe kann im Rahmen einer Produktentwicklung dadurch entstehen, dass es zur Herstellung oder Montage keine geeigneten Prozesse gibt, diese also neu entwickelt werden müssen. Zum anderen gibt es viele Unternehmen, die Produkte nicht selbst entwickeln, sondern als Dienstleister oder Zulieferer Produkte „nur" herstellen oder montieren. Deren Kernkompetenz liegt oft in der Entwicklung effizienter und robuster Prozesse. Daneben ist für viele Unternehmen, die kein Produkt „zum Anfassen“ herstellen, sondern eine Dienstleistung erbringen, die Entwicklung und Gestaltung möglichst effizienter, robuster und fehlerfreier Prozesse ein entscheidender Wettbewerbsfaktor. Dies gilt genauso für die Gestaltung der sogenannten administrativen Prozesse in praktisch allen Unternehmen.

2.4.1 Leitfragen und Aufgaben Ebene 1

Genauso wie bei der Entwicklung von Komponenten und Bauteilen wird die Vorgehensweise zur Entwicklung von Prozessen und Verfahren in fünf wesentliche Phasen eingeteilt. Die jeweiligen Leitfragen für jede der fünf Phasen der Prozessentwicklung sind analog den Leitfragen zur Produktentwicklung:

- Phase 1: „Was wollen wir tun?“
- Phase 2: „Was müssen wir für wen erfüllen?“
- Phase 3: „Wie können wir das erreichen?“
- Phase 4: „Wie sieht die optimale Lösung aus?“
- Phase 5: „Sind alle Anforderungen erfüllt?“

Vergleichen Sie dazu auch Bild 2.6.

2.4.2 Toolüberblick je Phase

Für jede Entwicklungsphase einer Prozessentwicklung stellt die DFSS-Methodik entsprechende Tools als Unterstützung für die Bearbeitung der sich aus den Leitfragen ergebenden Aufgaben zur Verfügung. Häufig werden bestimmte Tools auch in mehreren Entwicklungsphasen verwendet. Bild 2.13 zeigt einen Überblick der anwendbaren DFSS-Tools für jede Entwicklungsphase. Die Anwendung dieser Tools wird in Kapitel 3 beschrieben.

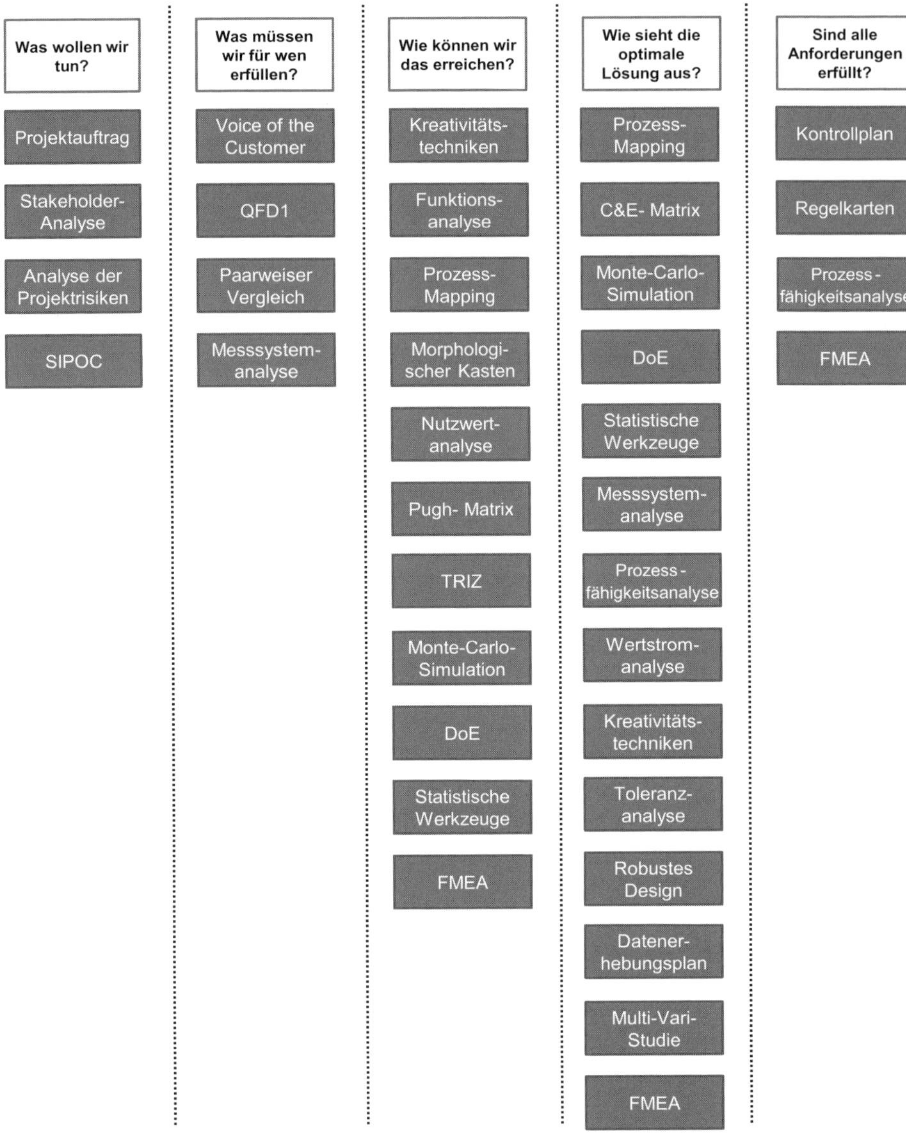

Bild 2.13 Überblick über die Verwendung der DFSS-Tools in den jeweiligen Phasen der Prozessentwicklung

2.4.3 Leitfragen und Aufgaben Ebene 2

Hinter jeder Leitfrage der Ebene 1 verbergen sich wiederum eine Reihe weiterer detaillierterer Fragestellungen, die wir hier als Ebene 2 bezeichnen wollen. Hinter jeder der detaillierten Fragestellungen stehen wiederum eine oder mehrere Unteraufgaben. In dem nachfolgenden Abschnitt wollen wir uns jetzt die Leitfragen und Aufgaben der Ebene 2 in der jeweiligen Entwicklungsphase einer Prozessentwicklung genauer ansehen.

Phase 1 „Was sollen wir tun?“

In der ersten Projektphase liegt der Fokus auf einer möglichst genauen Klärung der Aufgabenstellung und der Zielstellung (Bild 2.14). Klären Sie auch möglichst genau, was mit zu dem Projektauftrag gehört und was *nicht* Gegenstand des Projektauftrags ist. Ferner sollten hier das Kunden- und Projektumfeld sowie die Projektrandbedingungen möglichst genau dargestellt werden. Definieren Sie genau, wen Sie im Rahmen Ihrer Projektaufgabenstellung und Projektzielstellung als Kunden betrachten müssen. Gerade bei Prozessentwicklungsprojekten sind häufig eher „interne“ Kunden als die eigentlichen Endkunden (des Produkts) betroffen. Klären Sie weiterhin, welche Personen und welche Gruppen im Rahmen des Projekts welche (auch möglicherweise nicht offen geäußerten) Interessen verfolgen. Empfehlenswert ist auch eine kurze Analyse der möglichen Projektrisiken. Für als gravierend erachtete Risiken sollten frühzeitig geeignete Gegenmaßnahmen ergriffen werden. Auch in dieser Phase muss ein geeignetes projektbegleitendes Projektmanagement und Projektcontrolling installiert werden.

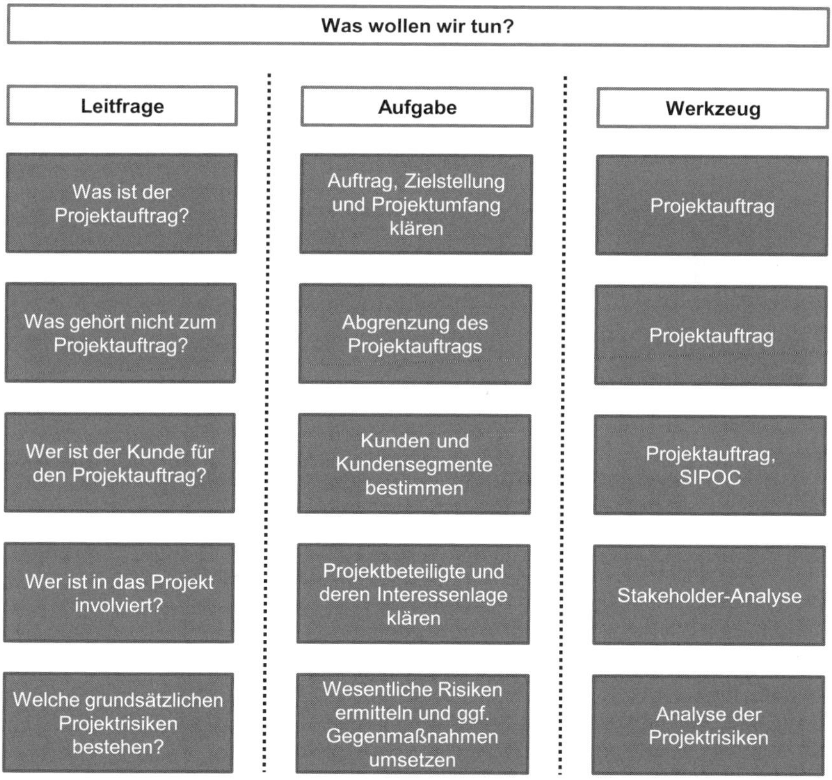

Bild 2.14 Wesentliche Leitfragen und Aufgaben in der Phase „Was wollen wir tun?“

Phase 2 „Was müssen wir für wen erfüllen?“

Kern der zweiten Projektphase ist die vollständige Ermittlung und Quantifizierung der zu erfüllenden Anforderungen und Randbedingungen (Bild 2.15). Dieser Schritt ist zentral und sollte sehr sorgfältig durchgeführt werden, da die vollständige und zutreffende Ermittlung der Kundenanforderungen ein entscheidender Einflussfaktor auf den technischen und wirtschaftlichen Projekterfolg darstellt. Hier sollte auch bereits eine geeignete Strukturierung und Priorisierung bezüglich der Wichtigkeit der Anforderungen erfolgen. Ein weiterer Fokus liegt auf der Übersetzung der häufig unspezifisch formulierten und schwer messbaren Kundenanforderungen in geeignete und hinreichende Messgrößen (CTQs, Critical To Qualities) sowie die Definition der entsprechenden Zielwerte für diese Messgrößen. Ebenso müssen die Schaffung und die Überprüfung geeigneter Messsysteme betrachtet werden.

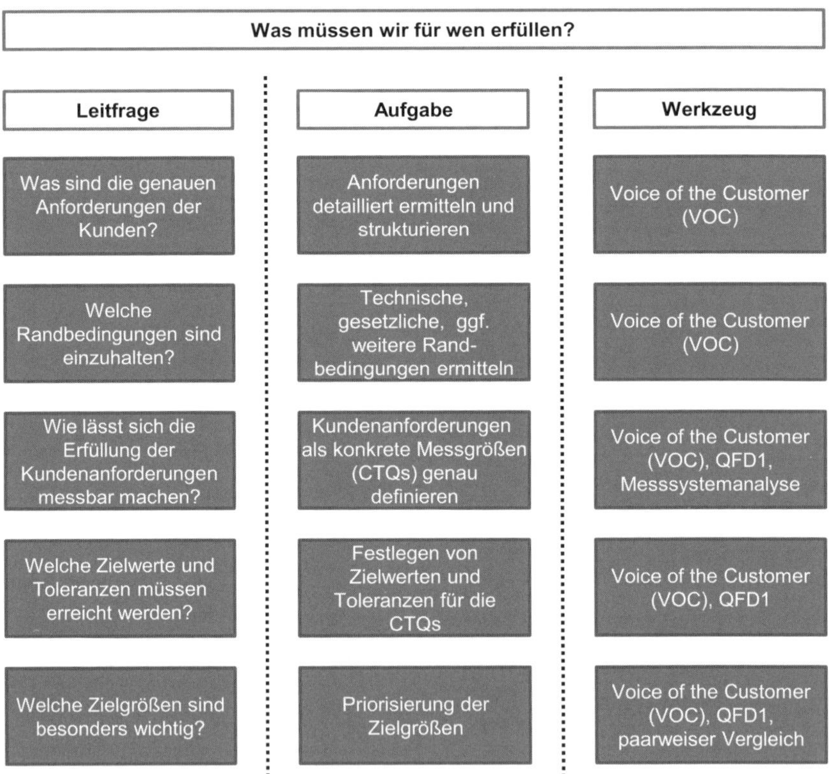

Bild 2.15 Wesentliche Leitfragen und Aufgaben in der Phase „Was müssen wir für wen erfüllen?“

Phase 3 „Wie können wir das erreichen?“

In Phase drei verlagert sich der Fokus von dem „Was“ auf das „Wie“. Jetzt geht es zunächst darum, die grundsätzlich für die Erfüllung der Kundenanforderungen benötigten Prozessfunktionen, Prozessschritte und Aktionen zu definieren (Bild 2.16).

Bild 2.16 Wesentliche Leitfragen und Aufgaben in der Phase „Wie können wir das erreichen?“

Achten Sie dabei darauf, dass anfangs vor allem die vom Prozess grundsätzlich zu erfüllenden Aufgaben und Funktionen ermittelt und diskutiert werden und nicht bereits schon konkrete (möglicherweise bereits existierende und scheinbar offensichtliche) Lösungskonzepte. Dann werden für die grundsätzlich zu erfüllenden Funktionen und

Aufgaben möglichst viele verschiedene Ausprägungsmöglichkeiten, also wie kann es jetzt konkret umgesetzt werden, gesammelt und strukturiert. Daraus werden dann wiederum möglichst viele verschiedene Prozesskonzepte entwickelt. Die Prozesskonzepte werden nun bezüglich der Erfüllung der Kundenanforderungen und Projektrandbedingungen systematisch bewertet.

Als Ergebnis dieses Prozesses sollten dann einige favorisierte Prozesskonzepte ausgewählt werden. Zusätzlich werden die möglichen Risiken der favorisierten Prozesskonzepte sorgfältig analysiert. Die verbleibenden Prozesskonzepte sollten dann, falls technisch realisierbar, im Labormaßstab als Versuchsprozess aufgebaut werden, um die grundsätzliche Funktionsfähigkeit soweit möglich zu verifizieren.

Phase 4 „Wie sieht die optimale Lösung aus?“

In Phase vier des Entwicklungszyklus erfolgt nun die detaillierte Ausarbeitung eines oder anfangs auch mehrerer Prozesskonzepte (Bild 2.17). Spätestens jetzt sind auch alle Aspekte der Prozess- und Maschineneignung zu klären.

Genauso wie bei der Produktentwicklung ist auch bei der Prozessentwicklung eine Kernaufgabe in dieser Phase, die Transferfunktion $y = f(x_1 \ldots x_n)$ zwischen den Eingangsgrößen, also den einzustellenden Prozessparametern und den (nur mehr oder weniger kontrollierbaren) Störgrößen, und dem relevanten Prozessergebnis (CTQ, y) möglichst detailliert zu ermitteln. Es muss also möglichst genau herausgefunden werden, in welcher Weise die Prozesseingangsgrößen auf die Prozessergebnisgrößen wirken. Nur dadurch ist die Gestaltung eines möglichst kostengünstigen und robusten Prozesses möglich, denn nur bei kritischen Eingangsvariablen werden enge Toleranzen gesetzt. Die unkritischen Eingangsvariablen erhalten größere Toleranzbereiche und bieten damit Potenziale für Kosteneinsparungen.

Nach Installation des Prozesses, eventuell zunächst im Labor- oder Prototypmaßstab, können dann die ersten Musterteile und Prototypen hergestellt werden. Diese sind auf Erfüllung der Kundenanforderungen, Schwachstellen und Optimierungsbedarfe hin zu überprüfen. Dann folgen meist (möglichst wenige) Optimierungsschleifen zur Verbesserung und Sicherstellung der Langzeitprozessfähigkeit und Verifizierung der Richtigkeit der gesetzten Toleranzen. Schließlich sind alle sonstigen für die Serienfertigung erforderlichen Elemente, wie z. B. Produktions- und Prozessdokumente, Freigaben, und benötigte Unterstützungsprozesse, wie Logistik, Mengenplanung, Infrastruktur, Wartung und Instandhaltung, Ersatzteilmanagement etc., umzusetzen.

Wie sieht die optimale Lösung aus?

Leitfrage	Aufgabe	Werkzeug
Was sind die möglichen Einflussgrößen auf den Prozess?	Alle potenziell relevanten Einflussgrößen auf den Prozess systematisch sammeln	Prozess-Mapping
Welche Prozessparameter und Störgrößen sind besonders wichtig?	Zusammenhang zwischen Einflussgrößen und Prozessergebnissen ermitteln, y=f(x)	C&E-Matrix, Datenerhebungsplan, Monte-Carlo-Simulation, DoE, statistische Werkzeuge
Können mögliche Lieferanten die Anforderungen an Zeit, Menge, Qualität erfüllen?	Lieferanten auswählen, ggf. qualifizieren, Qualität, Lieferzeiten und Kapazitäten ermitteln	Statistische Werkzeuge, Wertstromanalyse, Messsystemanalyse, Prozessfähigkeitsanalyse
Können Lieferanten und eigene Fertigung die Zielgrößen sicher messen?	Messsysteme installieren, Unsicherheiten für wichtigste Parameter bestimmen & verbessern	Messsystemanalyse
Wie wird der Prozess konkret gestaltet?	Umsetzung des ausgewählten Konzepts, Maschinen, Fläche, Mitarbeiter bereitstellen	Wertstromanalyse, Kreativitätstechniken
Welche max. Toleranzen der kritischen und unkrit. Einflussgrößen können zugelassen werden?	Kritische Funktionszusammenhänge und Toleranzen für robusten Prozess ermitteln	Toleranzanalyse, Monte-Carlo-Simulation, DoE, robustes Design
Ist der Prozess ausreichend getestet?	Detaillierten Testplan bzgl. kritischer Parameter aufstellen und abarbeiten	Datenerhebungsplan, Multi-Vari-Studie, statistische Werkzeuge, DoE
Sind Schwachstellen erkannt, dokumentiert und beseitigt?	Erkannte Schwachstellen beseitigen, FMEA aktualisieren	Statistische Werkzeuge, Prozessfähigkeitsanalyse FMEA
Sind Produktions- und Prozessdokumente vollständig?	Fertigstellen, Freigeben und Verteilen der entsprechenden Dokumente	------

Bild 2.17 Wesentliche Leitfragen und Aufgaben in der Phase „Wie sieht die optimale Lösung aus?“

Phase 5 „Sind alle Anforderungen erfüllt?“

In der finalen Phase der Prozessentwicklung steht die Verifizierung der Erfüllung aller Kundenanforderungen und Randbedingungen im Fokus (Bild 2.18). Dabei sollte versucht werden, möglichst frühzeitig Informationen über die tatsächliche Langzeitprozessfähigkeit für die Prozessergebnisse (CTQs) einerseits sowie für die kritischen Prozessparameter andererseits zu erhalten. Hier stellen Sie sicher, dass alle Überwachungsmaßnahmen implementiert sind und funktionieren. Möglicherweise aufgetretene Schwächen müssen spätestens jetzt konsequent und nachhaltig beseitigt werden. Außerdem müssen geeignete Maßnahmen, z.B. kontinuierliche Schulung der Mitarbeiter oder kontinuierliche Wartung an den Anlagen, eingeführt werden, die eine gleichbleibend hohe Prozessfähigkeit über die gesamte Prozesslebensdauer sicherstellen. Schließlich müssen alle Aspekte bis zum Ende der Prozesslaufzeit, zum Beispiel Service und Ersatzteilversorgung, betrachtet werden. Nicht zuletzt sollte im Sinne einer kontinuierlichen Verbesserung die im Laufe des Entwicklungsprojekts gemachte Erfahrung auf zukünftige Entwicklungsprojekte übertragen werden („lessons learned“).

Sind alle Anforderungen erfüllt?

Leitfrage	Aufgabe	Werkzeug
Wie gut erfüllt der Prozess die Kundenanforderungen und Randbedingungen?	Leistungsmerkmale beobachten, Schwachstellen ermitteln und beseitigen	Kontrollplan, Regelkarten, Prozessfähigkeitsanalyse
Wie wird der Prozess überwacht?	Kontrollplan inkl. Prüf- und Überwachungsmaßnahmen festlegen	Kontrollplan, Regelkarten
Sind alle Mitarbeiter ausreichend geschult?	Schulungskonzept erstellen und Mitarbeiter kontinuierlich schulen	------
Sind die eingeführten Prozessüberwachungen effektiv und effizient?	Überwachungsmaßnahmen und Nachhaltigkeit der Prozessergebnisse überprüfen	Kontrollplan, Prozessfähigkeitsanalyse
Sind alle bekannten Schwachstellen beseitigt?	Letzte Schwachstellen beseitigen, FMEA aktualisieren	FMEA
Sind die Erfahrungen für zukünftige Entwicklungsprojekte verfügbar?	Erkenntnisse und Erfahrungen aus dem Projekt für zukünftige Projekte dokumentieren	------

Bild 2.18 Wesentliche Leitfragen und Aufgaben in der Phase „Sind alle Anforderungen erfüllt?“

Das Wichtigste in Kürze

Für verschiedene Produkte, Branchen und Märkte herrschen verschiedenartige Anforderungen und Rahmenbedingungen. Daher reichen die praktizierten Entwicklungsansätze von nahezu keinen Vorgaben bezüglich der Entwicklungsvorgehensweise bis zu sehr detailliert ausgearbeiteten Entwicklungsrichtlinien (inklusive Dokumentation und Entwicklungs-Controlling). Das Meilensteinmodell und das V-Modell sind dabei zwei allgemeingültige Vorgehensweisen:

- Bei einem Meilensteinmodell (Stage-Gate-Modell) wird der Entwicklungsprozess in die wesentlichen Teilaufgaben zerlegt. Am Ende einer bestimmten Teilaufgabe müssen bestimmte Zwischenergebnisse vorliegen. Wenn diese Ergebnisse vorliegen, ist ein entsprechender Meilenstein erfüllt und der Entwicklungsprozess gelangt in die nächste Stufe.
- Beim V-Modell durchläuft das zu entwickelnde System auf Systemebene, auf Modulebene und auf Komponentenebene immer wieder die gleichen Prozessschritte. Das V-Modell ist auch ein Reifegradmodell, da jeder Durchlauf des V-Modells das Produkt auf einen höheren Reifegrad bringt.

Die DFSS-Methodik lässt sich in fünf Phasen unterteilen, denen jeweils eine Leitfrage zu Grunde liegt:

- Phase 1: „Was wollen wir tun?"
- Phase 2: „Was müssen wir für wen erfüllen?"
- Phase 3: „Wie können wir das erreichen?"
- Phase 4: „Wie sieht die optimale Lösung aus?"
- Phase 5: „Sind alle Anforderungen erfüllt?"

Aus den Leitfragen ergeben sich die Vorgehensweise im Entwicklungsprozess sowie die daraus abgeleiteten Aufgaben und der Einsatz der DFSS-Tools zur Unterstützung der Aufgabenabarbeitung.

Weiterführende Literatur

Schäppi, B.; Andreasen, M. M.; Kirchgeorg, M.; Radermacher, F. J.: Handbuch Produktentwicklung, Carl Hanser Verlag, München, 2005.

VDI – Verein Deutscher Ingenieure: Richtlinie VDI 2206; Entwicklungsmethodik für mechatronische Systeme, Beuth Verlag, 2004.

Cooper, R. G.: Top oder Flop in der Produktentwicklung, Wiley-VCH Verlag, 2010.

Gusig, L.-O.; Kruse, A. u. a.: Fahrzeugentwicklung im Automobilbau, Carl Hanser Verlag 2010.

3 Design for Six Sigma-Tools

In diesem Abschnitt wird jetzt die Anwendung der einzelnen Design for Six Sigma (DFSS)-Tools näher beschrieben. Typischerweise werden in einem DFSS-Entwicklungsprojekt sowohl sehr spezifische Werkzeuge, wie beispielsweise Quality Function Deployment (QFD) oder die Pugh-Matrix, als auch eine Reihe „normaler" Six-Sigma-Tools, wie Messsystemanalyse oder Ermittlung der Prozessfähigkeit, verwendet. Da der Schwerpunkt dieses Buchs auf den spezifischen Werkzeugen innerhalb eines DFSS-Projekts liegt, werden nur diese in den folgenden Kapiteln detailliert beschrieben. Für die „allgemeineren" Six-Sigma-Tools wurde aus Umfangsgründen eine eher überblicksmäßige Darstellung gewählt, ohne zu sehr ins Detail zu gehen. Für den interessierten Leser sei auf die in dem jeweiligen Kapitel angegebene weiterführende Literatur verwiesen.

Die Reihenfolge der Tools in diesem Kapitel entspricht in etwa der Reihenfolge ihrer Verwendung in einem Entwicklungsprojekt nach der DFSS-Methodik. Allerdings können die Reihenfolge und die Intensität der Anwendung durch die Vielzahl der möglichen verschiedenen praktischen Anwendungen auch deutlich abweichen. Weiterhin gibt es Tools, die typischerweise nur in einer Entwicklungsphase verwendet werden, wohingegen andere Tools in mehreren Entwicklungsphasen benötigt werden. Welches Tool in welcher Entwicklungsphase verwendet wird, ist für die Produktentwicklung detailliert im Abschnitt 2.2. und für die Prozessentwicklung im Abschnitt 2.3. beschrieben.

HINWEIS: In der ePub3-Datei finden Sie eine Vielzahl weiterer Beispiele für die Anwendung der hier beschriebenen DFSS-Tools. Außerdem sind in dieser Datei für viele der hier beschriebenen Tools entsprechende EXCEL-Vorlagen für die eigene Verwendung integriert. Ebenfalls integriert ist ein Fragenkatalog mit den Leitfragen zu den einzelnen Phasen des Entwicklungsprozesses nebst den detaillierten Fragestellungen und einem Hinweis, welches Werkzeug sich jeweils anbietet (Fragenkatalog mit Toolüberblick).

Sollten Sie das ePub3-Format nicht nutzen können, finden Sie alle weiterführenden Arbeitshilfen einschließlich des Fragenkatalogs zum Download unter *www.hanser-fachbuch.de/9783446440463* unter Extras. Sie benötigen zum Bearbeiten dieser Dateien das Kennwort „DesignforSixSigma" (einzugeben unter „Arbeitsmappe schützen").

3.1 Projektauftrag

3.1.1 Einsatzbereiche und Zielstellung

Der Projektauftrag kommt vor allem in zwei Phasen zum Einsatz: zunächst bei der Definition des genauen Auftrags für das Entwicklungsprojekt oder Arbeitspaket innerhalb eine Projekts und der Definition der zu erreichenden Ziele und schließlich beim Abschluss des Auftrags, wenn die erreichten Ergebnisse final mit den Zielzahlen verglichen werden.

Mit dem Projektauftrag vereinen Sie die Planung und den zeitlichen Ablauf des Projekts mit der Zielstellung für die fachliche Ebene, denn ein Projekt ist ein zeitlich begrenztes, einmaliges Vorhaben mit einem limitierten Budget und klar definierten Zielen sowie einer dafür eigens aufgesetzten Organisation mit klar umrissenen Aufgaben und Rollen (Bild 3.1).

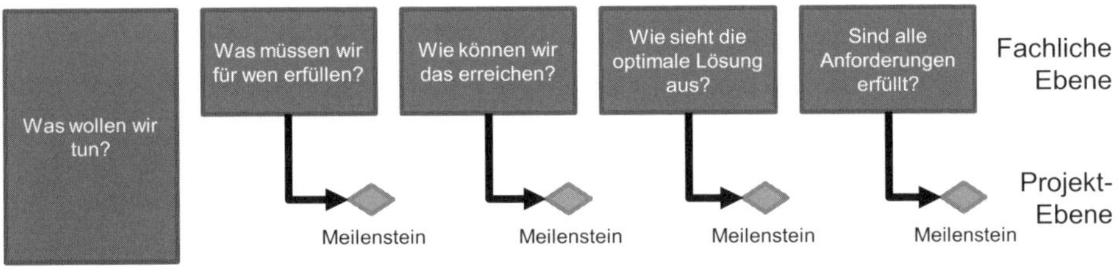

Bild 3.1 Die Phase „Was wollen wir tun?“ verbindet fachliche Ebene und Projektebene.

Das Ziel des Projektauftrags ist es daher, dass nach der Abstimmung mit dem Auftraggeber genau die Rahmenbedingungen (Zeit, Geld, Team) und Verantwortlichkeiten für das Projekt definiert und verbindlich festgeschrieben sind. Ziel des Projektauftrags ist es damit, den häufigsten Grund für ein Scheitern von Projekten zu vermeiden: unklare Anforderungen und Ziele sowie fehlende Ressourcen bei Projektstart.

3.1.2 Das Wichtigste in Kürze

In Bild 3.2 sind wesentliche Bestandteile eines Projektauftrags oder eines Arbeitspakets dargelegt.

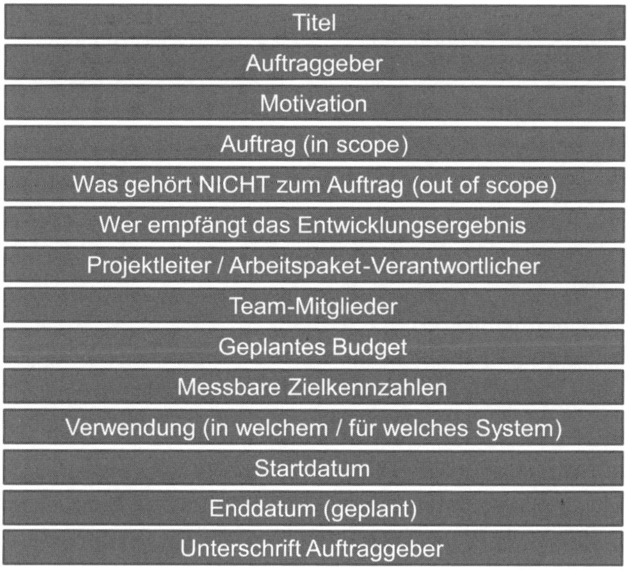

Bild 3.2 Inhalte eines Projektauftrags

- **Titel**

  Geben Sie Ihrem Projekt einen Titel, der einen positiven Bezug zum Auftrag hat. In der Regel ist es dabei hilfreich, auf Abkürzungen zu verzichten.

- **Auftraggeber**

  Nennen Sie den Auftraggeber, denn er ist neben dem Kunden die wichtigste Bezugsperson für die Projektaktivitäten.

- **Motivation**

  Der Erfolg eines Projekts hängt davon ab, welchen positiven Bezug es Außenstehenden vermittelt. Am besten wirkt ein prägnanter Satz, der als Anker zur Unternehmensstrategie oder anderen positiven Entwicklungen im Unternehmen dient. Die prägnante Beschreibung der Motivation hilft Ihnen bei der Darstellung des Auftrags.

- **Auftrag (in scope)**

  Mit dem Auftrag – also das, was der eigentliche Inhalt des Projekts ist – formulieren Sie das abzuliefernde Arbeitsergebnis (ein Werkstück, eine Dienstleistung, eine Software etc.) für die entsprechenden Einsatzbedingungen.

- **Was gehört nicht zum Auftrag (out of scope)**

  Den Auftrag grenzen Sie gegen weitere mögliche Aktivitäten im Umfeld des Projekts ab, die zwar auch wichtig sind, aber eben nicht Teil Ihres Auftrags. Dies hilft Ihnen, Ihre Kräfte auf das Projektziel zu bündeln und nicht in Nebenschauplätzen Zeit, Geld und Kreativität zu verlieren (siehe Kapitel „Analyse Projektrisiken").

  Diese Gedankenarbeit sollten Sie im Laufe eines Entwicklungsprojekts nicht nur einmal zu Beginn erbringen, sondern eigentlich konstant. Bei notwendigen gravierenden

Abweichungen der Tätigkeit vom eigentlichen Projektauftrag setzen Sie sich mit Ihrem Auftraggeber zusammen, um den Aufrag neu zu verhandeln und ggf. neu zu budgetieren.

- **Wer empfängt das Entwicklungsergebnis**

  Wenn Kunde und Auftraggeber nicht die gleichen Personengruppen sind, so überlegen Sie sich genau, wer mit dem Ergebnis Ihrer Entwicklungsleistung später arbeitet (siehe Kapitel „Stakeholder-Analyse“). Dies ist zunächst ein der Entwicklung nachgelagerter Prozessschritt, wie zum Beispiel eine Montage, und dann erst der Endkunde bzw. Verbraucher.

- **Projektleiter/Arbeitspaketverantwortlicher**

  Schreiben Sie dann klipp und klar auf, wer der zentrale Ansprechpartner für diesen Auftrag ist – also Projektleiter oder Arbeitspaketverantwortlicher.

- **Teammitglieder**

  Beschreiben Sie für alle deutlich, wer in dem Projekt oder in dem Arbeitspaket genau mitarbeitet. Eventuell bezeichnen Sie noch die speziellen Kompetenzen der Kollegen, um bei Ressourcenkonflikten argumentieren zu können.

- **Geplantes Budget**

  Ermitteln Sie das voraussichtliche Budget und schreiben Sie es auf, damit es jedem Teammitglied auch bekannt ist. Greifen Sie auf die Erfahrung aus Vorgängerprojekten zurück und falls diese nicht zur Verfügung steht, auf statistische Schätzungen.

- **Messbare Zielkennzahlen**

  Stellen Sie sicher, dass Sie Zielkennzahlen wählen, die unter anderem spezifisch und messbar sind und die Erfüllung der Anforderungen an das Produkt aus Kunden- und Geschäftssicht beschreiben.

- **Verwendung (in welchem/für welches System)**

  Machen Sie sich Gedanken, wofür das Entwicklungsergebnis benötigt wird, seien es übergeordnete Baugruppen oder gar Systeme. Dies gibt Ihnen eine Vorstellung zu Schnittstellen oder Wirkketten.

- **Startdatum und Enddatum**

  Ein realistischer Start- und Zieltermin dürfen nicht fehlen sowie Zwischenmeilensteine nach jeder abgeschlossenen Projektphase. Zwischenmeilensteine dienen der Steuerung eines Projekts, um Klarheit über tatsächlichen Stand und voraussichtliche Fertigstellung zu erlangen.

- **Unterschrift Auftraggeber**

  Zum Schluss sollten Sie sich den Auftrag vom Auftraggeber unterschreiben lassen, um Verbindlichkeit bezüglich Ziel, Team, Budget und Zeitpunkten zu erlangen.

3.1.3 Verwendung der Ergebnisse

Den Projektauftrag können Sie als zentrales Kommunikationsmedium nutzen. Sie nutzen ihn zum Beispiel im Projekt-Kick-off mit Team und Auftraggeber, um die Erwartungen und Ziele nochmals transparent darzustellen und bei Beteiligten ein Gespür für das zur Verfügung stehende Budget zu schaffen. Dafür kann es hilfreich sein, im Rahmen der Diskussionen zu Projektzielen und -umfang bereits das SIPOC-Diagramm (siehe SIPOC-Diagramm) anzufertigen, um zu einer scharfen Abgrenzung des Auftrags zu gelangen und die Zielgrößen zu bestätigen.

3.1.4 Arbeitshilfe

HINWEIS: Es stehen Ihnen zur Verfügung

- Vorlage Projektauftrag
- Beispiel Projektauftrag „Christbaumständer Produkt“
- Beispiel Projektauftrag „Christbaumständer Prozess“
- Beispiel Projektauftrag „Montage Fahrradlampe“

Weiterführende Literatur

DIN 69901-1: Projektmanagement, Projektmanagementsysteme – Teil 1: Grundlagen. Beuth Verlag, Berlin 2009.

DIN 69901-2: Projektmanagement, Projektmanagementsysteme – Teil 2: Prozesse, Prozessmodell. Beuth Verlag, Berlin 2009.

Gusig, L.; Kruse, A. u.a.: Fahrzeugentwicklung im Automobilbau, Carl Hanser Verlag, München 2010.

Pyzdek, T.: The Six Sigma Handbook, McGraw Hill, 2009.

Wappis, J.; Jung, B.: Taschenbuch Null-Fehler-Management, Umsetzung von Six Sigma, Carl Hanser Verlag, München 2013.

www.admincamp.de/konferenz/ac2009.nsf/0/f1dca84063860bf4c12574fe00501b02/$FILE/T1S8-Top_Ten_Projekt_Scheitern.pdf; 18.10.2013.

www.project-roadmap.com/project-portal; 20.10.2013.

3.2 Stakeholder-Analyse

3.2.1 Einsatzbereich und Zielstellung

Die gerne vernachlässigten Vorgänge auf der Gefühlsebene bergen erhebliche Fallstricke für eine Entwicklung, sei es durch Infragestellen liebgewordener Lösungsstrategien, sei es durch Unverträglichkeit von Meinungsführern.

Gerade in der Definitionsphase von Entwicklungsprojekten dient daher die Stakeholder-Analyse (auch: Umfeldanalyse, Interessengruppenanalyse) dazu, die gedachten Interessenslagen Einzelner und Gruppen zu beschreiben und zu vergleichen. Mit diesem Werkzeug machen Sie sich selber Chancen und Risiken des Ihnen übertragenen Vorhabens bewusst.

Das Ziel der Stakeholder-Analyse ist es, aus den beschriebenen Interessenslagen wirksame Maßnahmen zum Abbau von Widerständen oder Bedenken zu ermitteln oder positive Unterstützung zu verstärken.

Mit den Aussagen der Stakeholder-Analyse erhalten Sie Hinweise, auf welche Personengruppen Sie Ihre Kommunikation besonders ausrichten sollten, und sie zeigt Ihnen, bei welchen Interessengruppen Sie im Rahmen der Aufnahme der Anforderungen an das Produkt besondere Sorgfalt walten lassen sollten. Aus der Kombination ähnlicher Interessenslagen von Beteiligten können Sie dann Allianzen für den Erfolg Ihres Vorhabens schmieden.

Im Allgemeinen ist eine Stakeholder-Analyse erst sinnvoll, wenn die Rahmenbedingungen des Projekts festgelegt sind. Gleichzeitig ist die Information zu benachbarten (liefernden bzw. empfangenden) Komponenten und Prozessen von Vorteil. Erst dann sollten Sie damit beginnen, die Unterstützer und Widerstände eines Projekts zu analysieren und zu kategorisieren.

Kunden sind immer Stakeholder, aber nicht alle Stakeholder sind auch Kunden.

3.2.2 Aufbau und Beschreibung

Die Stakeholder-Analyse besteht in einer einfachen Variante aus einer Tabelle, die die Ablaufschritte der eigentlichen Stakeholder-Analyse abbildet (Bild 3.3).

Bild 3.3 Schema einer Stakeholder-Analyse

Nach der (1) Benennung der Stakeholder-Gruppen beschreiben Sie, (2) wen Sie möglicherweise befragen oder als Referenz nutzen können, um (3) zu erfahren, welchen Nutzen Sie von diesem Projekt erwarten könnten, (4) welche positive oder negative Einstellung Sie bei der Personengruppe vermuten und (5) welche Gegenmaßnahmen Sie ergreifen können.

Stakeholder-Gruppe

In Tabelle 3.1 ist eine unvollständige Auswahl möglicher Stakeholder-Gruppen angeboten. Tragen Sie die für Sie relevanten Stakeholder-Gruppen in die erste Spalte ein. In der beigefügten Vorlage (Stakeholder-Analyse-Vorlage) sind bereits typische Stakeholder-Gruppen eingetragen. Streichen Sie diese oder fügen Sie eigene nach Bedarf hinzu.

Tabelle 3.1 Tabellarische Darstellung möglicher Stakeholder-Gruppen

Mögliche Stakeholder-Gruppen	
Management	Lieferant
Projektleiter	IT
Auftraggeber/Sponsor	Personal
System Engineering	Einkauf
Logistik	Fertigung
Messtechnik	Montage

Name des Ansprechpartners

Danach tragen Sie die Person ein, die für Sie als Referenz oder Schlüsselperson besonders geeignet erscheint, als zum Beispiel Meinungsbildner für einen etwaigen Widerstand.

Was macht diese Gruppe zu Stakeholdern?

Tragen Sie hier ein, welche einzelne oder Vielzahl von Themenstellungen diese Stakeholder-Gruppe im Laufe des Entwicklungsprozesses betrifft und damit zu einer Interessengruppe macht. Beispiele sind „empfängt fertige Teile“, „passt ERP-System an“, „muss Projekt bezahlen“, „trifft Entscheidungen“, „verkauft das Produkt“, „legt Regelkarten an“, „darf Prozess aus Entwicklung übernehmen“.

Einstellung zum Projekt

Tragen Sie und zum Beispiel Ihr Vorgesetzter in diese Spalten ein, welche Einstellung die Gruppe beziehungsweise der Vertreter dem Projekt gegenüber einnimmt. Diese kann von „handelt dagegen“ über „spricht dagegen“ zu „spricht dafür“ und „handelt dafür“ reichen. Setzen Sie ein Kreuz in das Ihrer Meinung nach zutreffende Feld.

Maßnahmen

Legen Sie fest, ob bestimmte Gegenmaßnahmen notwendig sind. Schreiben Sie dann auf, welche Gegenmaßnahmen nützlich sein könnten, und auch, wen Sie dafür benötigen. Typische Gegenmaßnahmen können Projektmarketing, mehr Unterstützung aus Management, Lobbying durch nicht dem Projekt angehörende Führungskräfte sein.

3.2.3 Voraussetzungen und notwendiger Input

Eine wesentliche Voraussetzung für eine erfolgreiche Stakeholder-Analyse ist ein vertrauensvolles Verhältnis zu Ihrem Vorgesetzten und ein Gespür dafür, welche „hidden agenda" bestimmte Kollegen besitzen. Sie fahren im Allgemeinen gut damit, wenn Sie sich bewusst machen, dass jeder gerne über bestimmte Richtungen mitbestimmt und jeder „Angst" davor hat, die Kontrolle über sein näheres Umfeld zu verlieren.

Notwendiger Input für eine Stakeholder-Analyse ist nur der Wille, es zu tun, oder die Neugier, eine solche durchführen zu wollen.

3.2.4 Vorgehensweise bei der Anwendung

Eine Stakeholder-Analyse führen Sie am günstigsten mindestens zusammen mit dem Auftraggeber Ihres Projekts durch. Auch Ihr Vorgesetzter oder eine entsprechend positionierte Person Ihres Vertrauens ist dafür geeignet.

Bei der Auswahl der Personen, die an der Stakeholder-Analyse beteiligt sind, sollten Sie große Vorsicht walten lassen, da Sie hier eventuell vermintes Terrain betreten. In manchen Fällen ist bereits der Vorgesetzte kritisch.

Die erarbeiteten Ergebnisse einer Stakeholder-Analyse sind sensible Daten, da persönliche Meinungen zu bestimmten Interessengruppen Eingang finden. Gehen Sie damit sorgfältig um.

3.2.5 Verwendung des Ergebnisses

Die Stakeholder-Analyse produziert mehrere wichtige Ergebnisse. Zum einen haben Sie sich klar gemacht, welche besonderen Zielpunkte für die Kommunikation der Zwischenstände und Arbeitsergebnisse Sie berücksichtigen sollten. Zum anderen haben Sie erarbeitet, wen Sie bei der Analyse der Kundenanforderungen eventuell zusätzlich berücksichtigen sollten.

Zudem können Sie den Projektauftrag anhand der Stakeholder-Anmerkungen überprüfen und gegebenenfalls anpassen.

Für die Analyse der Kundenanforderungen für die Produktrealisierung sollten Sie die Bedürfnisse dieser Stakeholder z. B. mittels 8W-Fragen analysieren und nachfolgend gruppieren (siehe Voice of the Customer (VOC)).

3.2.6 Vor- und Nachteile

Die Stakeholder-Analyse bietet folgende Vorteile:

- Sie machen sich klar, wer offen oder verdeckt Ihrem Projektziel entgegengesetzte Interessen verfolgt.
- Sie können Unterstützer in Kontakt bringen, die im Projekt eigentlich nichts miteinander zu tun gehabt hätten.
- Sie wissen, wer Sie im Konfliktfall unterstützt.
- Durch den Prozessansatz sinkt das Risiko, Stakeholder und damit deren Anforderungen zu übersehen.
- Sie schützen sich vor Überraschungen.

Die Nachteile der Stakeholder-Analyse sind:

- Die Ergebnisse sind (teilweise sehr) vertraulich.
- Sie erfordert zusätzliche Zeit.
- Sie müssen ggf. Ihre eigenen Einstellungen zu bestimmten Stakeholdern überdenken.

3.2.7 Praxisbeispiel

Im Praxisbeispiel ist die Stakeholder-Analyse für die Entwicklung einer Fahrradlampe dargestellt (Bild 3.4).

Stakeholderanalyse

(1) Stakeholder-Gruppe	*(2) Name Ansprechpartner*	*(3) Was macht sie zum Stakeholder?*	*(4) Einstellung zum Projekt*				*(5) Maßnahmen*
			☹☹ Handelt dagegen	☹ Spricht dagegen	☺ spricht dafür	☺☺ handelt dafür	
Endkunde/Nutzer	Testfahrer	bekommen neue Lampen zum Test und stellen Anwenderwissen zur Verfügung				X	
Projektleiter	XYZ	überwacht Budget und Zeitvorgaben, sonnt sich in Erfolg				X	
System Engineering	XYZ	noch ein zu betreuendes Projekt		X			klare Struktur, mit der sie glänzen kann

Bild. 3.4 Darstellung einer ausgefüllten Stakeholder-Analyse (Auszug)

Zunächst wurden einzelne Stakeholder-Gruppen identifiziert und personalisiert und es wurde beschrieben, was sie zu einer Stakeholder-Gruppe macht. Danach wurde zusammen mit dem Vorgesetzten des Projektleiters beschrieben, welche Erwartungen einzelne Stakeholder-Gruppen haben könnten und wer die notwendigen Ansprechpartner sind. Schließlich wurden mögliche Gegenmaßnahmen für Bedenkenträger formuliert.

3.2.8 Typische Fehler bei der Anwendung

Typische Fehler, die bei einer Stakeholder-Analyse auftreten:

- Gern wird die Bezeichnung „Stakeholder-Analyse“ für die Aufnahme der Kundenanforderungen genutzt. Sie dient zunächst aber „nur“ dem Ausloten der Großwetterlage für Ihr Projekt und dem Abschätzen, wer Sie besonders unterstützen könnte oder wer versucht, den Erfolg Ihres Projekts zu verhindern. Eine beliebte Verhinderungsstrategie ist anhand überzogener technischer Anforderungen zu erkennen.
  Als Gegenmaßnahme können Sie versuchen, Unterstützer Ihres Projekts und die Bedenkenträger zu einem Treffen zu bewegen.
  Die Stakeholder-Analyse wird zusammen mit den Stakeholdern erstellt und Sie erhalten nur politisch korrekte Antworten zur Unterstützung und übersehen damit Gegenspieler.
  Dieser Fehler lässt sich umgehen, wenn Sie die Stakeholder-Analyse mit Ihrem Vorgesetzten oder einem Vertrauten in entsprechender Position durchführen, der bestimmte günstige oder bedrohliche politische oder strategische Rahmenbedingungen besser einschätzen kann und mit dem Sie Ihre Kommunikationsstrategie aufstellen können.
- Sie erstellen die Stakeholder-Analyse alleine und Ihre nicht unbedingt korrekte persönliche Meinung von bestimmten Stakeholdern verfälscht das Ergebnis und Sie verpassen Unterstützer oder übersehen Gegenspieler.
  Solche Fehleinschätzungen lassen sich vermeiden oder korrigieren, wenn Sie bemerken, dass Sie sehr viele negative Aussagen formulieren. Dann sollten Sie sich mit der Meinung einer zweiten Person „kalibrieren“.
- Sie erstellen eine Stakeholder-Analyse, ohne die Randbedingungen hinreichend geklärt zu haben, und dadurch machen Sie sich ggf. über die falschen Personengruppen und über falsche Erwartungen Gedanken.

3.2.9 Das Wichtigste in Kürze

Die Stakeholder-Analyse hilft Ihnen, die Bedenkenträger und positiv eingestellte Personen gegenüber Ihrem Entwicklungsprojekt klar zu identifizieren.

Sie können daraus die notwendigen Maßnahmen zum Abbau von Widerständen oder Bedenken formulieren und tatsächliche oder gefühlte Bedenkenträger klar adressieren.

Sie können mit der Stakeholder-Analyse Unterstützer finden und damit Allianzen für den Erfolg des Vorhabens schmieden.

Es hilft Ihnen, frühzeitig relevante Bedenken ernst zu nehmen. Sie können damit verhindern, dass Kollegen oder Beteiligte die Entwicklungsergebnisse ablehnen, weil sie nicht frühzeitig eingebunden wurden.

3.2.10 Verwandte und weiterführende Themen

Spannungsfeldanalyse/Kraftfeldanalyse

Die Spannungsfeldanalyse dient als gruppendynamischer Prozess dazu, aus These, Antithese und folgender Synthese einen Weg zu öffnen, scheinbar schwierige Situationen zu meistern. Zunächst ermitteln Sie, was die Gruppe davon abhalten könnte, ein bestimmtes Ziel (hier: ihr Entwicklungsziel) zu erreichen. Nachdem alle ihre Bedenken und Ideen geäußert haben und diese deutlich auf beispielsweise Flipcharts oder einer Metaplanwand sichtbar sind, stellen Sie den Bedenken die Möglichkeiten gegenüber, was getan werden kann, um die erwarteten Hindernisse zu überwinden. Einerseits können Beteiligte so Bedenken und Ängste äußern, andererseits entstehen eine Ideensammlung, wie „das Eis gebrochen werden kann", und das Ziel, „es trotzdem zu schaffen". Sinnvollerweise werden solche gruppendynamischen Vorgänge durch externe Moderatoren unterstützt.

3.2.11 Arbeitshilfe

HINWEIS: Es steht Ihnen zur Verfügung

- Vorlage Stakeholder-Analyse

Diese Vorlage dient einem groben Überblick und einer kurzen Definition der Gegenmaßnahmen; in dieser können Sie mögliche Stakeholder-Gruppen einer Liste möglicher Stakeholder entnehmen. ■

3.2.12 Weiterführende Literatur

Bundesministerium für Verkehr, Bau und Stadtentwicklung – BMVBS: Handbuch für eine gute Bürgerbeteiligung bei der Planung von Großvorhaben im Verkehrssektor.

Kerth, K.; Asum, H.; Stich, V.: Die besten Strategietools in der Praxis, Carl Hanser Verlag, München 2011.

Lunau, S.; Mollenhauer, J. P.; Staudter, C.; Meran, R.; Hamalides, A.; Roenpage, O.; von Hugo, C.: Design for Six Sigma + Lean Toolset, Springer Verlag, Berlin 2007.

Rosenberg, M. B.: Gewaltfreie Kommunikation, Junfermannsche Verlagsbuchhandlung, Paderborn 2007.

Schulz von Thun, F.: Miteinander reden (Bd. 1 – 3), Rowohlt Verlag, München 1998.

VDI – Verein Deutscher Ingenieure: Richtlinie VDI 7001; Frühe Öffentlichkeitsbeteiligung für Industrie- und Infrastrukturprojekte; Leitfaden für Stakeholder-Management und Kommunikation, Beuth Verlag, Berlin 2012.

Wappis, J.; Jung, B.: Taschenbuch Null-Fehler-Management, Umsetzung von Six Sigma, Carl Hanser Verlag, München, 2013.

Watzlawik, P.: Anleitung zum Unglücklichsein, Piper Verlag, München 1999.

3.3 Analyse der Projektrisiken

3.3.1 Einsatzbereich und Zielstellung

Jedes Projekt unterliegt unplanbaren Einflüssen aus technischen Erkenntnissen, aus organisatorischen Einflüssen oder Änderungen von Randbedingungen.

Daher ist eine Analyse der Projektrisiken zumindest beim Start des Projekts erforderlich und bei jedem Meilenstein ratsam. Sie erhalten sich damit eine schnelle Reaktionsfähigkeit, wenn allgemein bekannte Risiken für den Projekterfolg eintreten und eine Gefahr für den erfolgreichen Abschluss darstellen.

Ziel dieser Analyse ist die Identifizierung der allgemeinen Projektrisiken und bei Bedarf deren Gewichtung. Auf den Erkenntnissen bauen Sie dann entweder die Umgehung oder das Abstellen des Risikos durch entsprechende Maßnahmen auf. Bei Prozessverbesserungsprojekten sollten Sie ebenfalls eine Risikoanalyse in der Phase Improve durchführen, wenn Änderungen am Prozess eingeführt werden. Allgemein birgt jede Änderung eine Unsicherheit, daher sollte eine Risikobetrachtung bei jeder Änderung durchgeführt werden, wenn auch nur in einem den möglichen Gefahren angepassten Umfang.

3.3.2 Aufbau und Beschreibung

Der Aufbau einer Risikoanalyse entspricht im Prinzip der menschlichen Denkstruktur: Was kann geschehen? – Was ist die Ursache? – Was kann ich dafür oder dagegen tun? Darauf folgt die Verbindlichkeit des Projektmanagements: Wer macht was bis wann und wie erkennen Sie, dass es getan wurde?

In Tabelle 3.2 finden Sie eine (unvollständige) Auflistung typischer Projektrisiken.

Tabelle 3.2 Auflistung einiger typischer Projektrisiken

Mögliche Projektrisiken	
Die Zielsetzung ist unklar.	Gegenseitige Abhängigkeiten von Arbeitspaketen sind größer als gedacht.
Das Projektteam ist falsch besetzt.	Das Gesamtziel ist zu unklar.
Die Ausgangssituation ist ungenügend berücksichtigt oder wird zu optimistisch eingeschätzt.	Es wird zu viel Fokus auf technisch interessante Teilprojekte gelegt.
Die Sicherung der Abarbeitungsqualität ist (gewollt) unzureichend.	Die Projektumsetzung wird durch feste Termine gesteuert und ist unflexibel.
Das notwendige technische Know-how liegt nicht vor.	Es werden die falschen Ressourcen verwendet (Minderauslastung).
Das Projekt dauert zu lange.	Es werden die besten Mitarbeiter/Ressourcen überlastet.

Mögliche Projektrisiken	
Die Anwender wurden nicht hinreichend beteiligt.	Verwendung derselben Ressourcen in mehreren Projekten gleichzeitig.
Andere Interessengruppen wurden nicht hinreichend berücksichtigt.	Die Auswirkungen von Änderungen auf den Projektrahmen werden nicht analysiert und eingepflegt.

In Bild 3.5 ist die Vorlage aus dem Begleitmaterial für eine einfache Analyse der Projektrisiken dargestellt.

(1) Mögliches Risiko	(2) Vermutliche Ursache	(3) Gegenmaßnahme	(4) wer	(5) bis wann	(6) erledigt am

Bild 3.5 Darstellung der Vorlage „Analyse der Projektrisiken“ aus dem Begleitmaterial

Mögliches Risiko (1)

Tragen Sie in Spalte 1 der Vorlage ein, was möglicherweise im Laufe des Projekts schiefgehen kann; einige Projektrisiken sind in Tabelle 3.2 bereits dargestellt.

Technische Risiken oder Risiken der Teilelogistik werden besser durch die Fehler-Möglichkeits-Einfluss-Analyse (siehe Kapitel „FMEA“) abgedeckt.

Vermutliche Ursache (2)

In Spalte 2 tragen Sie ein, welche Ursachen Sie dafür vermuten, dass ein Risiko tatsächlich zu einer Gefahr wird. Ein Risiko kann mehrere Ursachen haben. Sie sollten pro Zelle nur eine mögliche Ursache eintragen, da sonst die Maßnahmendefinition nicht mehr eindeutig möglich ist.

Gegenmaßnahme (3)

Die Definition der Maßnahmen, damit eine Ursache für eine potenzielle Gefahr (Risiko) vermieden wird, dokumentieren Sie in Spalte 3. Als Maßnahmen sind dabei alle Tätigkeiten geeignet, durch die entweder die Ursache komplett vermieden wird (zum Beispiel: gesonderte Information für bestimmte Personen, bessere Einbindung in das Projekt, Ressourcen sicherstellen, ...) oder die die negative Auswirkung auf die Entwicklung oder das Projekt mindern (Gefahrenabwehrplan).

Wer macht was bis wann? (4) bis (6)

Schaffen Sie Verbindlichkeit für die Gegenmaßnahmen, indem Sie in Spalte 4 dokumentieren, wer für die Umsetzung der Maßnahme verantwortlich ist und bis wann diese umzusetzen ist (Spalte 5). Tragen Sie dann in Spalte 6 ein, zu welchem Datum die Maßnahme tatsächlich erledigt wurde.

Überprüfen Sie soweit möglich die Wirksamkeit der Maßnahmen oder des Abwehrplans.

3.3.3 Voraussetzungen und notwendiger Input

Wesentliche Voraussetzung für die Analyse der Projektrisiken ist, dass Sie sich überhaupt mit dem Projektablauf und seinen Unwägbarkeiten beschäftigen wollen.

Nutzen Sie Information aus Vorgängerprojekten oder „lessons learned"-Workshops. Wertvolle Hinweise zu Hindernissen bietet die Stakeholder-Analyse (siehe Kapitel „Stakeholder-Analyse"), gerade vor dem Hintergrund von Rankünen und Eifersüchteleien oder aber der Verteilung wertvoller Personal- und Geldressourcen.

Die Vernetzung mit dem Marketing des Produkts ist hilfreich, da hier die Kundensicht eingespeist werden kann und eventuell Änderungen prognostiziert werden können. Auch die Patentsituation bei bestimmten Wettbewerbern kann eine Rolle spielen.

Bei einer solchen Analyse ist daher die Expertise der Vertreter von Marketing, Patentabteilung oder Supply Chain Management hinzuzuziehen.

3.3.4 Vorgehensweise bei der Anwendung

Die Analyse der Projektrisiken sollten Sie nur in einem entsprechend zusammengesetzten Team durchführen, da Sie alleine so viel Information nicht bereithalten können (Bild 3.6).

Am besten führen Sie die Analyse der Projektrisiken in zwei Etappen durch. In der ersten Etappe sammeln Sie zunächst mögliche Risiken. Hierzu können Sie Brainstorming- oder Mindmap-Techniken verwenden oder aber sich an den Erfahrungen anderer Projekte oder ähnlicher Produkte orientieren (siehe auch Tabelle 3.2).

Tragen Sie dann zu jedem Risiko die möglichen Ursachen ein. Beachten Sie dabei, je Ursache nur eine Zeile in der Risikomatrix zu verwenden, denn aus dem Aufbau ergibt sich dann automatisch eine Baumstruktur.

Nachdem Sie allen identifizierten Risiken mögliche Ursachen zugeordnet haben, können Sie sich in der zweiten Etappe an die Definition von Vermeidungsmaßnahmen oder zumindest Linderungsmaßnahmen machen, wenn die Gefahr nicht abzuwenden ist.

Danach machen Sie sich mit dem Team an die Verabredung der Zeitschiene für die Gegenmaßnahme und die Verabredung eventuell notwendiger zusätzlicher Ressourcen.

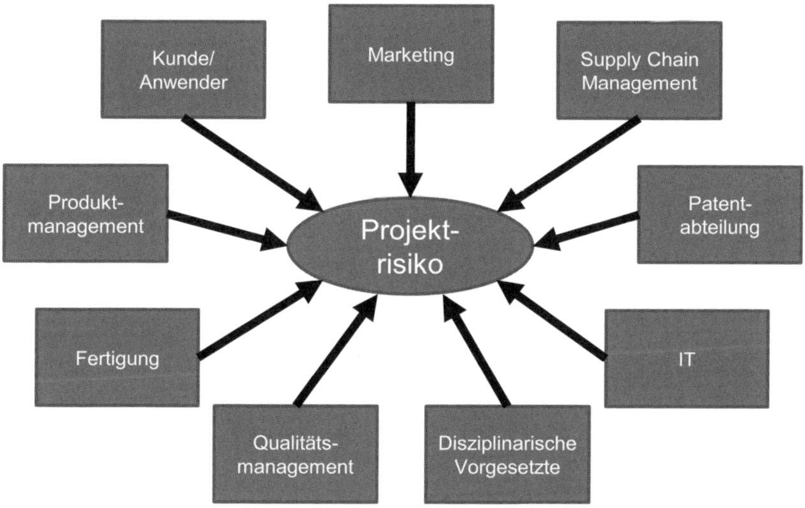

Bild 3.6 Mögliche Inputgeber für Projektrisiken (unvollständige Auflistung)

Denken Sie daran, diese Maßnahmen auch im Projektplan abzubilden, da diese ebenfalls Kapazitäten für die eigentliche Entwicklungsarbeit binden.

3.3.5 Verwendung des Ergebnisses

Das Ergebnis der Risikoanalyse sind in die Projektplanung integrierte Gegenmaßnahmen bezüglich bestimmter Risiken. Dazu gehören zum Beispiel die Planung der Abstellmaßnahmen für eine bestimmte Gefahr oder der Auftrag für eine Planung der Gefahrenabwehr, wenn eine bestimmte Ursache nicht beseitigt werden kann. Weiterhin kann das die Planung einer Informationsstrategie sein oder aber ein Fallback-Plan in der Projektplanung.

3.3.6 Vor- und Nachteile

Die Risikoanalyse bietet folgende Vorteile:

- Sie beschäftigen sich bewusst mit den Dingen, die schief gehen können, und bereiten sich aktiv auf die Gegenreaktion oder Risikoreduzierung vor.
- Sie haben einen Plan in der Schublade, wie Sie schnell auf erwartete, letztendlich aber doch unvorhergesehene Situationen oder Änderungen reagieren können.
- Sie haben im Vorfeld bereits relevante Projektbeteiligte in die Lösungsfindung einbezogen und ein Umfeld geschaffen, damit Gegenmaßnahmen möglichst reibungslos eingeführt werden können.

Die Nachteile der Risikoanalyse sind:

- Die Erstellung einer Risikoanalyse erfordert einen gewissen Aufwand.
- Sie lenken Ihre Gedanken auf das, was nicht passieren soll. Manche Menschen sind dann so konditioniert, dass dann gerade diese Fälle eintreten.
- Maßnahmen der Risikovermeidung sind oft schwer zu vermitteln, da ja noch keine „Schmerzen" entstanden sind.

3.3.7 Praxisbeispiel

Bild 3.7 zeigt ein Beispiel der Analyse der Projektrisiken. In der ersten Spalte wurden mögliche Risiken ermittelt, zum Beispiel „Patente verletzt"; die vermutete Ursache dafür wäre „bei Patentrecherche übersehen" und die Gegenmaßnahme dafür „Patentrecherche ohne Zeitdruck oder Ablenkung (ggf. extern)", womit die Vergabe an einen Patentanwalt gemeint sein könnte. Mit Festlegung des Verantwortlichen, einem Zieltermin und dem Nachweis der Erledigung ist das Risiko zumindest deutlich minimiert.

(1) Mögliches Risiko	(2) Vermutliche Ursache	(3) Gegenmaßnahme	(4) wer	(5) bis wann	(6) erledigt am
Spritzgußteile verspätet	zu lange Lieferketten	lokale Fertiger	XYZ	KW14	...
Patente verletzt	bei Patentrecherche übersehen	Patentrecherche ohne Zeitdruck oder Ablenkung (ggf. extern)	XYZ	KW14	...
Ziel ändert sich	Marketing hat sich verkalkuliert	Testfahrer intensiv befragen und mit Marketing-Idee konfrontieren	XYZ	KW14	KW13

Bild 3.7 Risikoanalyse aus einem Praxisbeispiel des Begleitmaterials (Auszug)

3.3.8 Typische Fehler bei der Anwendung

Typische Fehler bei der Durchführung der Risikoanalyse sind:

- Eingetretene Risiken aus Vorgängerprojekten werden nicht betrachtet.
- Systemische Ursachen werden nicht als solche erkannt und mit unwirksamen Maßnahmen adressiert.
- Aus falscher „political correctness" werden die tatsächlichen Ursachen für Risiken nicht angesprochen.
- Bei der Durchführung werden wesentliche Beteiligte vergessen. Die Risikoanalyse ist unvollständig.
- Es wird gar keine Analyse der Projektrisiken durchgeführt und somit trifft jede Änderung das Projekt unerwartet.
- Gegenmaßnahmen werden nur halbherzig definiert und nicht konsequent umgesetzt. Damit bestehen weiterhin wesentliche Risiken.

3.3.9 Das Wichtigste in Kürze

In der Analyse der Projektrisiken beschäftigt sich das Projektteam mit den allgemeinen Risiken des Projekts und definiert geeignete Maßnahmen, damit bestimmte kritische Ursachen und Gefahren, die den Erfolg des Projekts gefährden können, möglichst vermieden werden.

3.3.10 Verwandte und weiterführende Themen

Fehler-Möglichkeits- und Einfluss-Analyse (FMEA)

Die FMEA ist eine weit verbreitete Methode der strukturierten Risikoanalyse, vor allem in der Entwicklung von Produkten und Prozessen. Ziel ist es, Schwachstellen und Risiken möglichst frühzeitig zu finden und nachhaltig abzustellen, bevor daraus Nachteile oder Schaden entsteht. Sie gliedert sich in die Typen Produkt-FMEA, Design-FMEA und Prozess-FMEA sowie als Unterpunkt die Umwelt-FMEA, zur Analyse umweltrelevanter Produkt- und Prozessrisiken. Die FMEA ist als kontinuierliches Konzept des Lernens und der kontinuierlichen Verbesserung über ein Produkt oder mehrere Produkte hinweg gedacht.

Fehlerbaumanalyse (failure tree analysis – FTA)

In der Fehlerbaumanalyse versucht man, die Wahrscheinlichkeit eines Systemausfalls zu bestimmen. Dabei wird das betrachtete System auf der Basis seiner Komponenten abgebildet, um anschließend die möglichen Fehlerfälle dieser Komponenten zu betrachten und durch UND/ODER-Verknüpfungen zu kombinieren. Diese Methode wird zum Beispiel in der Luftfahrt und Kerntechnik, in der Softwareentwicklung oder der Verfahrenstechnik eingesetzt. Dabei beginnt die Analyse mit einem unerwünschten Ereignis und sucht dann nach den möglichen kritischen Kombinationen von Fehlerfällen oder Ausfällen von Systemkomponenten, die als Folge den Gesamtausfall des Systems verursachen.

3.3.11 Arbeitshilfe

HINWEIS: Es stehen Ihnen zur Verfügung

- Vorlage Analyse Projektrisiken
- Beispiel Analyse Projektrisiken „Christbaumständer“

Weiterführende Literatur

DIN 25424: Fehlerbaumanalyse, Ausgabe 1981-09, Beuth Verlag, Berlin 1981.

DIN 69901-2: Projektmanagement, Projektmanagementsysteme – Teil 2: Prozesse, Prozessmodell.

Kerth, K.; Asum, H.; Stich, V.: Die besten Strategietools in der Praxis, Carl Hanser Verlag, München 2011.

www.admincamp.de/konferenz/ac2009.nsf/0/f1dca84063860bf4c12574fe00501b02/$FILE/T1S8-Top_Ten_Projekt_Scheitern.pdf; 20.10.2013.

www.project-roadmap.com/project-portal; 20.10.2013.

3.4 SIPOC

3.4.1 Einsatzbereiche und Zielstellung

Das Akronym „SIPOC“ steht für die Anfangsbuchstaben der Begriffskette „Supplier-Input-Process-Output-Customer“.

Dieses Werkzeug wird vor allem in der Startphase einer Prozessentwicklung genutzt, wenn es um die Klärung geht „Was will der Kunde?“. Mit einem SIPOC-Diagramm soll der zu entwickelnde Hauptprozess grob dargestellt werden.

Sie skizzieren damit, welche Schritte zum Umfang des zu entwickelnden Prozesses gehören sollen und welche nicht, und definieren die Schnittstellen. Des Weiteren arbeiten Sie damit die wesentlichen technischen Prozessergebnisse heraus sowie die relevanten Eingangsgrößen für den Hauptprozess.

Das Ziel des SIPOC besteht darin, mit den beteiligten Parteien (Lieferanten und Leistungsempfänger) genau definiert zu haben, welchen groben Umfang die Entwicklungsaufgabe besitzt, wo die Schnittstellen liegen und welche messbaren Leistungen an diesen Schnittstellen anfallen. Sie sichern damit das Entwicklungsprojekt gegen „moving targets“ und erreichen Sicherheit bei der weiteren Projektplanung.

3.4.2 Das Wichtigste in Kürze

Idealerweise erarbeiten Sie das SIPOC-Diagramm im ersten Projekttreffen. Nachdem die Prozessgrenzen geklärt sind, füllen Sie das SIPOC-Diagramm der Nummernfolge nach aus (Bild 3.8); die Nummernfolge (1)-(2)-(3)-(4)-(5) der Abarbeitungsschritte ergibt eine Reihenfolge P-C-O-I-S der Anfangsbuchstaben.

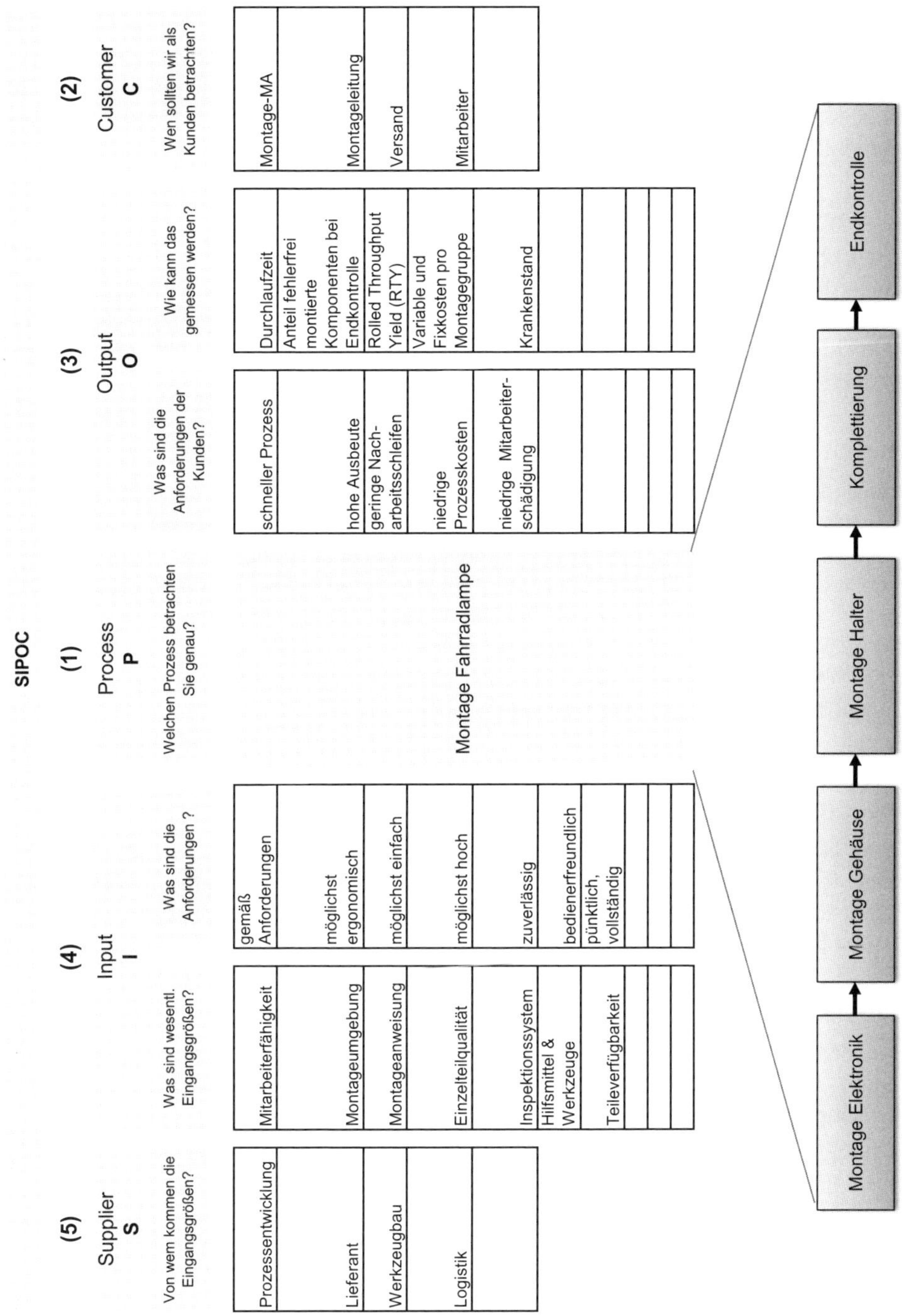

Bild 3.8 SIPOC-Diagramm (aus Beispiel in Begleitmaterial)

Process (1)

Unter (1) – Process – legen Sie mit dem Auftraggeber zusammen genau den Prozess- oder Verfahrensschritt fest, den Sie entwickeln sollen. Diesen teilen Sie in maximal fünf bis sieben wesentliche Unterschritte auf, die Sie zur Erfüllung der Aufgabe benötigen werden.

Customer (2)

Unter (2) – Customer – beschreiben Sie genau, welcher Folgeprozess oder welche Personen die Ergebnisse des von Ihnen zu entwickelnden Prozesses erhalten. Definieren Sie also, wen Sie im Rahmen Ihres Projekts und Ihrer Projektzielstellung als Kunden betrachten müssen. Das sind meist sowohl die Kunden des eigentlichen Prozesses als auch die Auftraggeber für das Projekt.

Output (3)

Unter (3) – Output – formulieren Sie die Anforderungen der Leistungsempfänger und wie diese gemessen werden können. Achten Sie darauf, dass Sie Qualitätsmerkmale des Prozesses nennen und mit messbaren Größen (zum Beispiel: Durchlaufzeit, Prozesskosten oder Ausbeute) beurteilbar machen; so ist der Output eines Montageprozesses zwar eine Baugruppe, aber diese besitzt messbare Merkmale wie Einhaltung der Spezifikationen, verbrauchte Zeit für die Montageschritte etc. Achten Sie darauf, dass Sie nicht zu viele Leistungsmerkmale beschreiben. Bei mehr als zehn Ergebnisgrößen besteht die große Gefahr, dass Sie zu detailliert einsteigen oder aber Messgrößen nicht mehr gleichrangig sind.

Input (4)

Unter (4) – Input – benennen Sie die relevanten Eingangsgrößen, die Sie zur Durchführung des Prozesses benötigen. Diese können Sie auch grob entlang der Kategorien Mensch, Material, Maschine, Messung, Mitwelt, Methode ordnen. Machen Sie diese Auflistung hier nicht zu detailliert, es genügt, die Oberbegriffe einzufügen.

Supplier (5)

Zum Schluss benennen Sie unter (5) – Supplier – die Personen oder Vorgängerprozesse, die diese Eingangsgrößen zur Verfügung stellen und die zur Durchführung des Prozesses notwendig sind.

Während der CTQ-Treiberbaum (siehe Kapitel „Voice of the Customer (VOC)“) auch zur Darstellung von Kundenanforderungen in Produktentwicklungen genutzt wird, fokussiert das SIPOC-Diagramm im Wesentlichen auf die Ergebnisgrößen, die in einer Prozessentwicklung und Prozessverbesserung von Belang sind.

3.4.3 Verwendung der Ergebnisse

Die im SIPOC-Diagramm gesammelten Informationen und Ergebnisse werden auf mehrfache Weise genutzt.

Das SIPOC-Diagramm liefert zunächst eine kompakte Darstellung des zu entwickelnden Prozesses sowie der Anforderungen an die Eingangs- und Ergebnisgrößen sowie die jeweiligen Beteiligten auf Kunden- und Lieferantenseite.

Weiterhin können Sie zusammen mit dem Kunden die in Bild 3.8 unter (3) - Output - beschriebenen Ergebnisgrößen in einem paarweisen Vergleich (siehe Kapitel „Paarweiser Vergleich") priorisieren. Damit besitzen Sie wertvolle Information, auf die Erfüllung welcher Kundenanforderungen Sie besonderen Wert legen sollten.

Diese Information können Sie zur Verfeinerung oder Abgrenzung des Projektauftrags benutzen und für Sie ergibt sich durch die grobe Ablaufbeschreibung eine Überprüfungsmöglichkeit, ob Sie in der Stakeholder-Analyse (siehe Kapitel „Stakeholder-Analyse") alle relevanten Personengruppen für Ihren Auftrag berücksichtigt haben.

Zusätzlich haben Sie bereits Hinweise gesammelt, was von den relevanten Vorprozessen erwartet wird. Dies erleichtert die spätere Kommunikation enorm im Sinne von „wer bekommt was von wem zu welchem Zeitpunkt".

3.4.4 Arbeitshilfe

HINWEIS: Es stehen Ihnen zur Verfügung

- Vorlage SIPOC-Diagramm
- Beispiel SIPOC-Diagramm „Christbaumständer"
- Beispiel SIPOC-Diagramm „Fahrradlampe"

Weiterführende Literatur

Kaufmann, U.: Praxisbuch Lean Six Sigma, Carl Hanser Verlag, München 2012.

Lunau, S.; Roenpage, O.; Staudter, C.; Meran, R.; John, A.; Beernaert, C.: Six Sigma + Lean Toolset, Springer Verlag, Berlin 2007.

Wappis, J.; Jung, B.: Taschenbuch Null-Fehler-Management, Umsetzung von Six Sigma, Carl Hanser Verlag, München 2013.

3.5 Voice of the Customer (VOC)

Viele technisch hervorragende Entwicklungen sind am Markt gescheitert, weil Einsatzbereiche, bestimmte Trends oder eine möglichst breite Anwendbarkeit nicht ausreichend berücksichtigt wurden. Andere Entwicklungen hatten für Firmen peinliche Enthüllungen zur Folge und daraufhin teure Nachentwicklungen, extreme Preisnachlässe oder aufwendige Imagekampagnen.

Ähnliche Fälle kann man auch auf der innerbetrieblichen Ebene beobachten: zum Beispiel ein Lasermessgerät, das aufgrund des Arbeitsschutzes nur geschlossen betrieben werden darf, was aber das Erreichen der Steuereinheit unmöglich macht, oder die teure Hebevorrichtung, die für den Einsatzbereich zu hoch ist, oder eine simple Justierschraube, die nach der Montage nicht mehr erreichbar ist.

In allen diesen Fällen führt mangelhafte Kenntnis und Berücksichtigung der Kundenanforderungen und des Einsatzprozesses zu Nacharbeit, Überarbeitung von Konstruktionen und zu schmerzhaften Zeitverlusten – gerade in einer Zeit, in der „time-to-market" als Wettbewerbsvorteil gilt.

3.5.1 Einsatzbereich und Zielstellung

Um ein erfolgreiches Produkt auf den Markt zu bringen, müssen Sie die Frage „Was will der Kunde?" optimal beantworten. Vor Beginn der Entwicklung eines Produkts oder Prozesses ist es daher unbedingt notwendig, „die Stimme des Kunden" (Voice of the Customer: VOC) genau zu verstehen. Gleiches gilt für die Entwicklung eines Prozesses, bei dem Sie zunächst ebenfalls die unterschiedlichen Anforderungen der Kundengruppen ermitteln.

Damit ist gemeint, dass Sie vor dem Start der tatsächlichen und dann mit erheblichen Aufwänden verbundenen Entwicklungsarbeit die technischen und nichttechnischen Anforderungen der späteren Nutzer systematisch erfassen, strukturieren und analysieren. Diese Anforderungen werden dann so formuliert, dass sie in Kennzahlen für das Endprodukt überführt werden können.

Das Ziel des Ablaufs „Voice of the Customer" (VOC) ist es, die für die Kundengruppen relevanten Leistungsmerkmale des Endprodukts transparent darzulegen und allen Beteiligten bewusst zu machen. Erst damit können sie im Entwicklungsablauf konsequent berücksichtigt werden und die Wahrscheinlichkeit einer erfolgreichen Entwicklung steigt.

Ein Nutzen des VOC-Prozesses ist es, den Unterschied zwischen den originären Kundenanforderungen und den Randbedingungen, unter denen das Projekt stattfindet, klar aufzuzeigen und verständlich zu machen.

Der Ablauf ist in Bild 3.9 schematisch gezeigt.

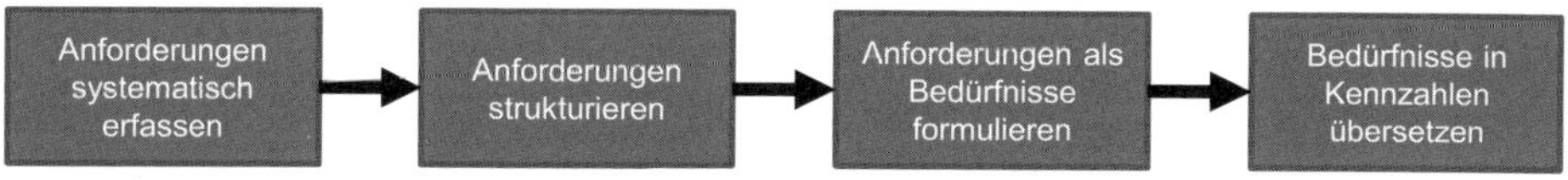

Bild 3.9 Schema des Voice of the Customer (VOC)-Prozesses

Kundenanforderungen und Randbedingungen: unterschiedliche Anforderungsebenen

Die Anforderungen an ein Produkt können grob in zwei Ebenen eingeteilt werden:

- Anforderungen, die vom Kunden oder Endnutzer kommen – „Voice of the Customer" (VOC). Sie lassen sich durch das sogenannte Kano-Modell der Kundenanforderungen vor allem in drei Kategorien einteilen: Leistungsanforderungen, Basisanforderungen und Begeisterungsmerkmale. Eine genauere Beschreibung des Kano-Modells und weitere Literaturangaben können Sie zum Beispiel bei Schäppi et al. (siehe „Weiterführende Literatur") finden.
- Randbedingungen, die für das Produkt gelten oder die es sowieso erfüllen muss – sogenannte „Voice of the Business" (VOB).

Diese Einteilung ist in Bild 3.10 grob skizziert. Die Anforderungsebene der Randbedingungen unterteilt sich in Kategorien wie gesetzliche oder innerbetriebliche Vorgaben, Material-, Raum- oder Exportvorgaben. Das ist die Ebene des Projekts (siehe Kapitel „Projektauftrag").

Diese Anforderungsebene der Kundenanforderung lässt sich, wie in Bild 3.10 gezeigt, nun weiter in Kategorien wie Leistung, Preis etc. gliedern. Das ist die Ebene der technischen Entwicklung.

Bei der Betrachtung der Ebene der technischen Entwicklung sollten Sie sich bewusst sein, worüber der Kunde mit Ihnen spricht – nämlich meist nur über die Anforderungen, die ihm tatsächlich gegenwärtig sind und die er im Entwicklungsergebnis verwirklicht sehen will. Diese Anforderungen heißen „Leistungsanforderungen" und je besser diese erfüllt sind, desto zufriedener ist der Kunde im Allgemeinen mit dem Entwicklungsergebnis; typischerweise stehen Leistungsanforderungen in einem sogenannten Lastenheft. Im Kano-Modell der Kundenzufriedenheit (Bild 3.10) wird dies durch die Linie durch den Ursprung symbolisiert.

Aber es gibt auch Anforderungen, über die der Kunde nicht spricht. Die Erfüllung der sogenannten „Basisanforderungen" werden von ihm stillschweigend vorausgesetzt. Selbst mit der überragenden Erfüllung dieser Basisanforderungen werden Sie mit einem solchen Produkt nicht hervorstechen. Im Gegenteil, wenn eine Basisanforderung nicht erfüllt ist, dann führt dies sofort zu einem dramatischen Absacken der Zufriedenheit und damit der Kaufwahrscheinlichkeit insgesamt. Einige gesetzliche oder sicherheitsrelevante Anforderungen gehören in diese Kategorie. Im Kano-Modell (Bild 3.10) wird dies durch die Kurve unterhalb der Gerade der Leistungsanforderungen gekennzeichnet.

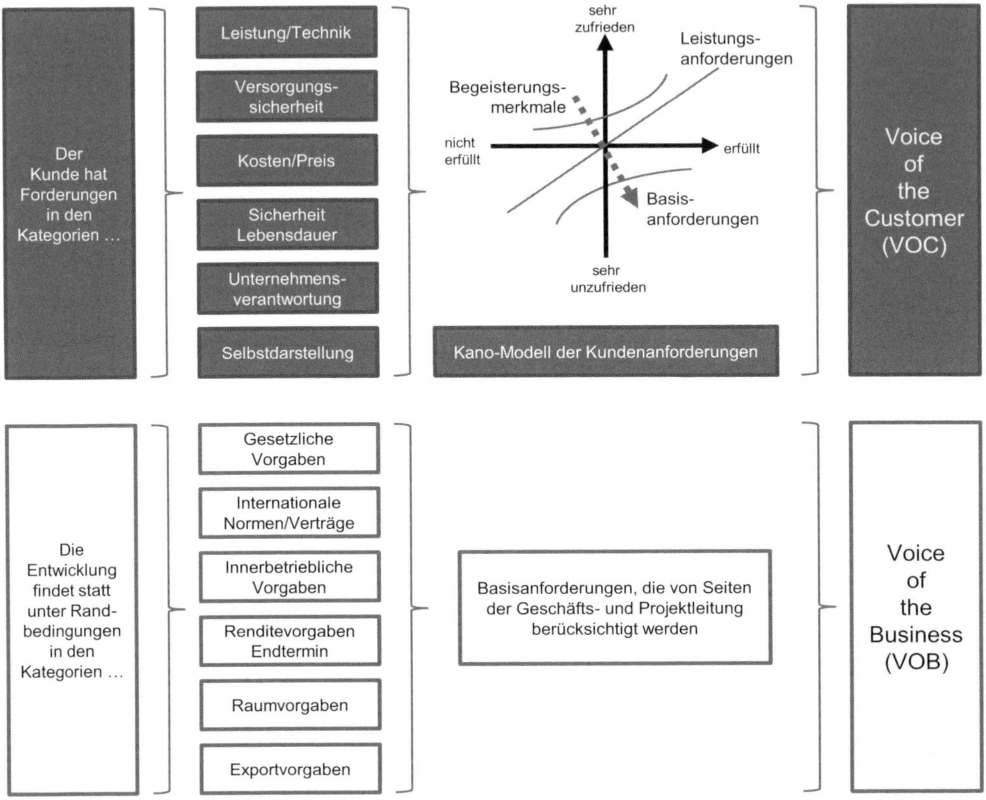

Bild 3.10 Die Abgrenzung von Kundenanforderungen und Rahmenbedingungen – der Unterschied zwischen VOC und VOB

Auch die sogenannten „Begeisterungsmerkmale" werden vom Kunden nicht erwähnt – sie sind ihm nämlich nicht bewusst. Der Kunde erwartet sie nicht, aber wenn er sie entdeckt, dann rufen sie ein „Aha"-Erlebnis hervor – eben „Begeisterung". Durch das Erkennen solcher Merkmale bietet sich die Chance eines Wettbewerbsvorteils, der Kunde wird das Fehlen aber nicht bemerken. Das Kano-Modell (Bild 3.10) symbolisiert dies durch die Kurve oberhalb der Gerade der Leistungsanforderungen.

Im Rahmen eines Multigenerationsplans für ein Produkt können Sie berücksichtigen, dass Begeisterungsanforderungen zu Leistungsanforderungen werden und schließlich zu Basisanforderungen, über die keiner mehr spricht. Beispiele für diese Entwicklung sind die Funköffnung der Autotür, die Zentralverriegelung selber, die Führerscheinklassen, die früher in Bewerbungsunterlagen gefragt waren, der kostenlose WLAN-Hotspot im Hotel.

Ähnlich wie die stillschweigend vorausgesetzten Basisanforderungen sind die geschäftlichen und gesetzlichen Randbedingungen des Projekts zu behandeln. Diese sind wesentlicher Bestandteil der Entwicklungsarbeit, da sich hieraus unter anderem haftungsrechtliche Konsequenzen ableiten können. Daher stammt auch die Bezeichnung „Voice of the Business" (VOB). Diese oftmals branchentypischen Randbedingungen können zum Beispiel durch die Erstellung und Abarbeitung entsprechender Checklisten berücksichtigt werden.

3.5.2 Aufbau und Beschreibung

Den VOC-Ablauf können Sie im Prinzip wie in Bild 3.9 gezeigt in vier Schritte einteilen, die Sie im Rahmen von drei aufeinander aufbauenden Methoden nacheinander ausführen.

Schritt 1: Aufnahme der Kundenanforderungen

Wen können Sie in diesem Zusammenhang als Kunde sehen? Grundsätzlich ist es immer derjenige, der mit dem Entwicklungsergebnis konfrontiert ist und es anwenden soll. Das kann im Business-to-Business-(B2B-)Bereich auf innerbetrieblicher Ebene eine Fertigungsabteilung sein, für die ein Werkzeug konstruiert oder ein Prozess entwickelt wird, oder aber die übergeordnete Baugruppe eines integrierten Systems oder aber im Business-to-Consumer-(B2C-)Bereich eben der Endnutzer, der zum Beispiel ein Gerät kauft und es benutzt.

In Bild 3.11 sind unterschiedliche und vor allem unterschiedlich aufwendige Arten der Ermittlung von Kundenanforderungen dargestellt.

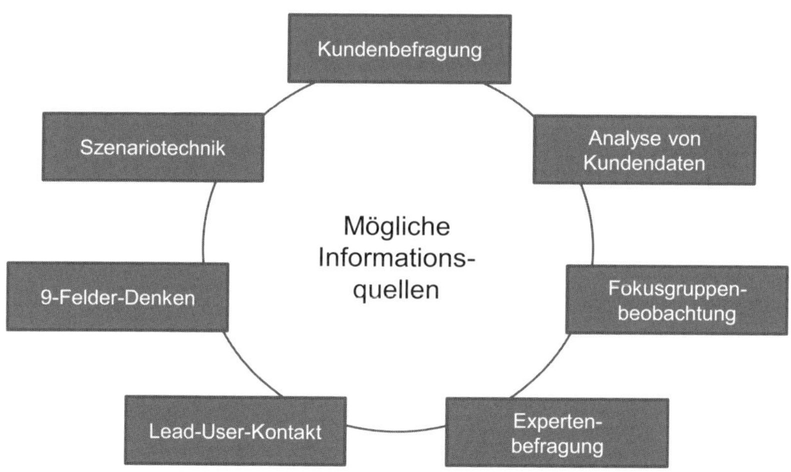

Bild 3.11 Verschiedene Möglichkeiten, Kundenanforderungen strukturiert zu erheben

Die einfachste und direkteste Methode ist die Kundenbefragung. Diese kann „frei Schnauze" stattfinden, was aber den Nachteil mit sich bringt, dass Sie leicht wesentliche Fragen vergessen. Insofern ist der Ansatz der sogenannten 8W-Fragen vorteilhaft, weil Sie hier auf pragmatische Art die relevante Information gleichzeitig abfragen und strukturieren können.

Die Vorlage der 8W-Fragen, die Sie auch im Begleitmaterial finden, ist in Bild 3.12 gezeigt, Sie erkennen dabei zwei Abschnitte. Im ersten Abschnitt wird direkt nach Leistungsmerkmalen, Einsatzbedingungen und Einsatzgrund gefragt. Im zweiten Abschnitt ist der Befragte aufgefordert, seine Gedanken preiszugeben, welche Merkmale ihn zu einer Empfehlung des Produkts oder Entwicklungsergebnisses verleiten; Begeisterungsmerkmale oder aber Merkmale der Kontaktqualität (zum Beispiel leichtes Öffnen einer Verpackung, Freundlichkeit im Service, ...) könnten hier genannt werden. Des Weiteren kann der Befragte auch Dinge nennen, die auf keinen Fall geschehen dürften, daraus lassen sich Basisanforderungen ableiten, die sonst vielleicht übersehen würden, oder aber in positiver Formulierung Begeisterungsmerkmale.

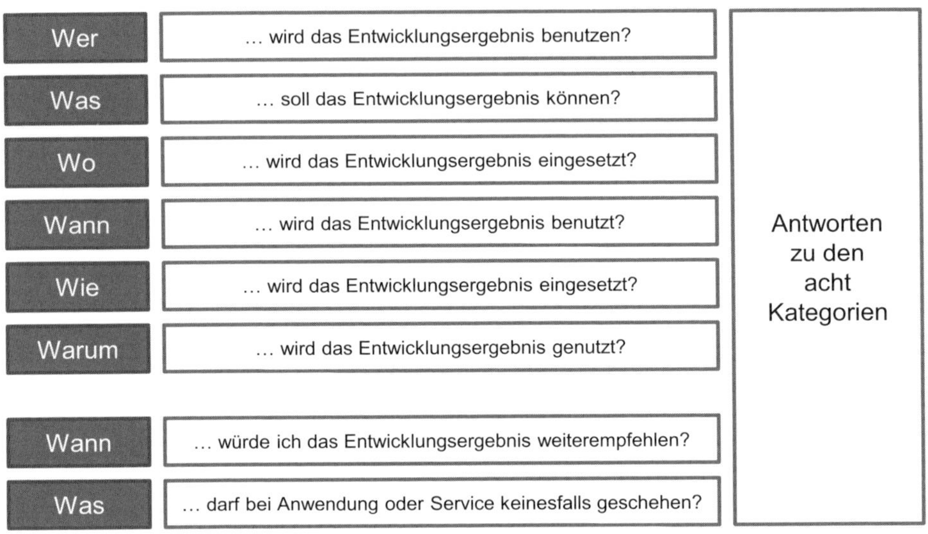

Bild 3.12 Schema des strukturierten Ansatzes der 8W-Fragen

Im Fall der Aufnahme von Endkundenbedürfnissen können Sie möglicherweise auf die Analyse von Kundendaten zurückgreifen. Dies setzt aber voraus, dass Sie sich auf eine gut strukturierte und konsistent ausgefüllte Datenbank verlassen können, was nicht immer der Fall ist. Zudem sind in solchen Fällen oft weitreichende statistische Kenntnisse und eine leistungsfähige Software unabdingbar.

Eine weitere Methode der Anforderungsanalyse ist die Fokusgruppenbeobachtung, die Sie zusammen mit Marketing oder Vertrieb durchführen können. Die Beobachtung selber kann durch Interviewtechniken oder Videoaufnahmen ergänzt werden.

Kombiniert mit der Expertenbefragung zur Trendanalyse oder der Einbindung bestimmter besonders innovationsfreudiger Erstnutzer (der sogenannte Lead-User-Ansatz) können Sie daraus wieder einen Multigenerationsplan des Produkts ableiten oder bestimmte besonders attraktive Varianten.

Auch das aus der Methodenwelt der Theorie der innovativen Problemlösung (TRIZ) (siehe Kapitel „TRIZ") bekannte 9-Felder-Denken hilft, über die Betrachtung von Gegenwart und Vergangenheit auf mögliche zukünftige Entwicklungen und damit Begeisterungsmerkmale zu schließen.

Aus der Analyse der Kundendaten, der Expertenbefragung und dem 9-Felder-Denken können Sie ebenfalls Kundenbedürfnisse ableiten, wenn Endnutzer nicht greifbar sind oder so „verteilt", dass der Aufwand für ihre Befragung überproportional stiege. Sie müssen sich dann aber darüber im Klaren sein, dass diese Bedürfnisabfrage mit großen Fehleinschätzungen behaftet sein kann.

Prinzipiell ist die Kundenbefragung im B2B-Bereich einfacher, da oftmals bereits definierte Schnittstellen, bekannte Ansprechpartner und Erfahrungen aus Vorprojekten vorliegen. Im Endkundengeschäft ist die Erfassung der vielfältigen Anforderungen oftmals schwieriger, da persönliche Vorlieben und Ausdrucksweisen, Herkunft oder Ausbildungsunterschiede die Palette an Anforderungen undeutlich erscheinen lassen.

Seien Sie sich darüber im Klaren, dass Kunden immer Stakeholder sind, aber nicht alle Stakeholder sind Kunden. Der Installateur einer Eingangstür ist genauso Kunde Ihrer Entwicklung, wie der- oder diejenige, die sie danach benutzt, um Haus oder Wohnung zu verschließen. Nur ihre Anforderungen sind sehr unterschiedlich und manchmal widersprüchlich.

Schritt 2 und Schritt 3: Kundenanforderungen strukturieren, analysieren und als Bedürfnisse formulieren

Nach der Abfrage der Kundenanforderungen müssen diese im VOC-Prozess so strukturiert und umformuliert werden, dass sich aus manchmal anscheinend widersprechenden Aussagen ein stimmiges Gesamtbild ergibt.

Das Verfahren des Affinitätsdiagramms liefert eine solche Möglichkeit, wie in Bild 3.13 schematisch gezeigt ist. Darunter versteht man die Zusammenfassung, Strukturierung und logische Ordnung der gesammelten Antworten aus der Kundenbefragung.

Dazu lösen Sie die Antworten von den individuellen Befragungen und bündeln diese zu sinnvollen Gruppen, vergeben passende Überschriften und leiten aus der Bündelung die möglichen Bedürfnisse ab.

Oftmals ist es hilfreich, wenn Sie nach der Identifizierung der Kundenanforderungen diese so formulieren, dass sie der Form „Das Produkt soll ... machen/können/erfüllen!" entsprechen. Damit vermeiden Sie, dass rein technische Anforderungen mit den Anforderungen des Kunden verwechselt werden.

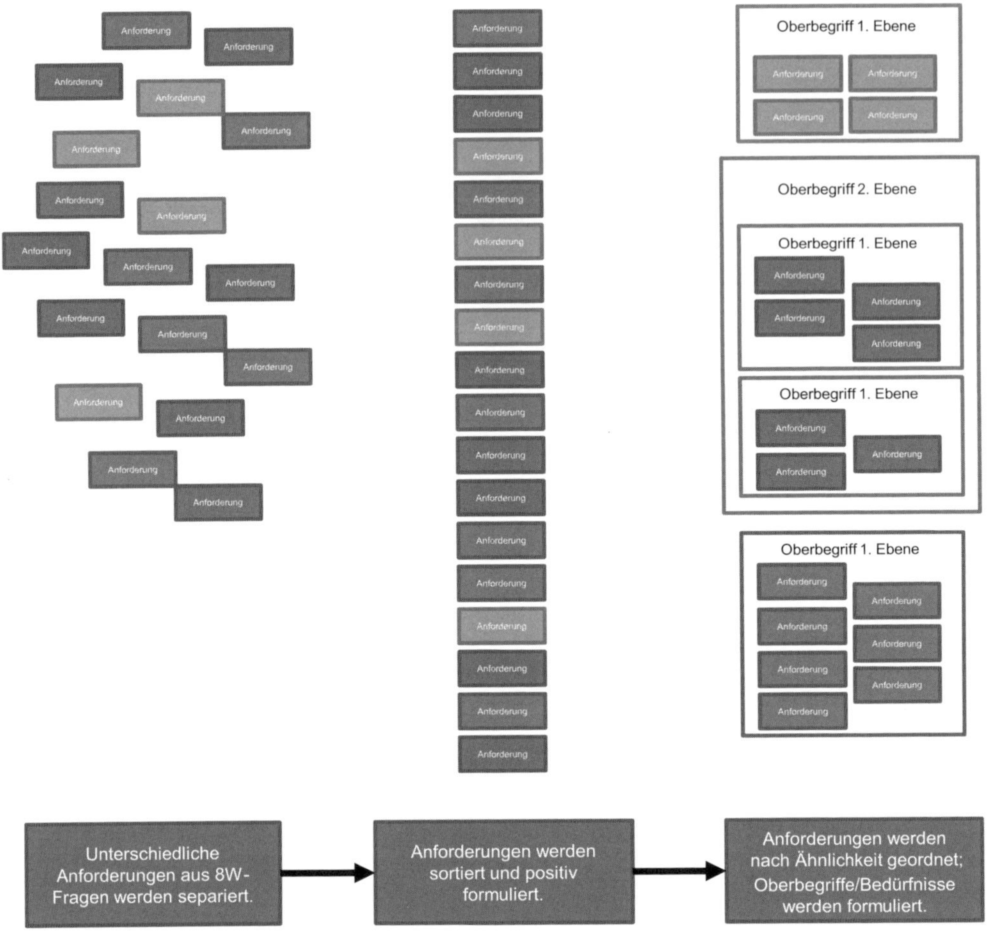

Bild 3.13 Von den unsortierten Äußerungen zu erkennbaren Kundenanforderungen mittels sogenannter Affinitäten

Schritt 4: Bedürfnisse mit Leistungsmerkmalen untersetzen und mit Kennzahlen messbar machen

Der nächste Schritt im VOC-Prozess ist der sogenannte CTQ-Treiberbaum. Als CTQ (critical to quality) werden alle Kennzahlen bezeichnet, die zur Messung der Leistungsmerkmale benutzt und zur Erfüllung der Kundenanforderungen und Kundenzufriedenheit notwendig sind. Das Schema ist in Bild 3.14 gezeigt.

Der CTQ-Treiberbaum ermöglicht es Ihnen, eine transparente Beziehung zwischen den Anforderungen des Kunden und den für Sie relevanten Leistungsdaten des Produkts, den relevanten Messgrößen und ihren Zielwerten darzustellen.

Falls vorhanden, können Sie bereits auf Benchmark-Zahlen zurückgreifen oder aber aus Informationen aus der Kundenbefragung.

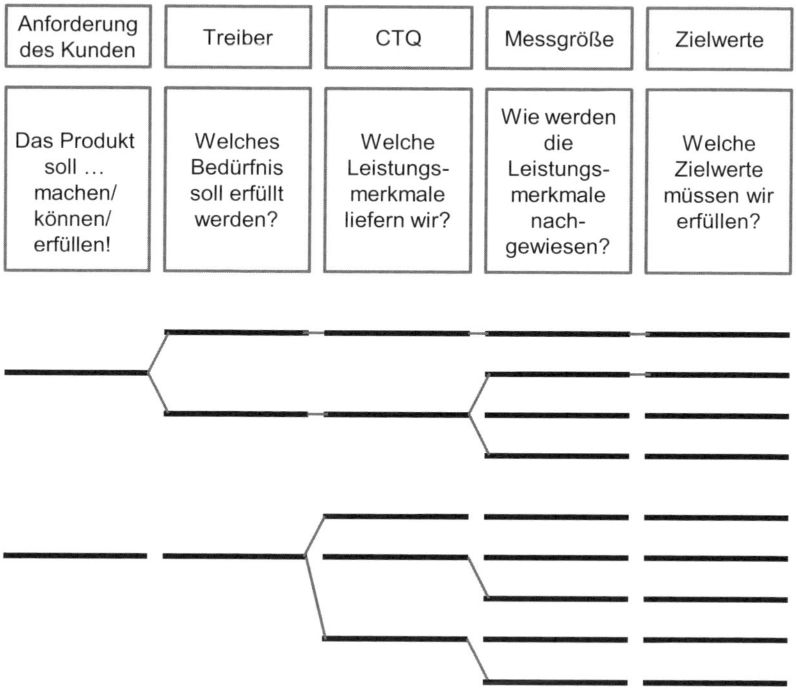

Bild 3.14 Prinzip des CTQ-Treiberbaums (CTQ: critical to quality) und der baumartig aufeinander aufbauenden Ableitung der Zielwerte für Leistungsmerkmale

Nachdem Sie die Anforderungen der Form „Das Produkt soll ... machen/können/erfüllen!" in die Spalte „Anforderung des Kunden" eingetragen haben, überlegen Sie, welche Bedürfnissen hinter den einzelnen Forderungen stehen. Aus den Anforderungen und den Treibern leiten Sie die Leistungsmerkmale ab. Achten Sie darauf, dass eine Kundenanforderung eventuell mit mehreren Leistungsmerkmalen beschrieben werden kann und diese Leistungsmerkmale dann mittels mehrerer Messgrößen. Im CTQ-Treiberbaum bauen Sie somit eine baumartige Struktur auf.

Damit haben Sie eine erneute Kontrollmöglichkeit, ob bis zu diesem Schritt Basisforderungen übersehen wurden. Gleichzeitig entwickeln Sie eine Übersetzungshilfe für die Kriterien, mit denen die Produktleistung beim Abschluss der Entwicklung beurteilt wird – die Zielwerte des Produkts. Diese Zielwerte dienen dann als Spezifikationsmerkmale für ein Lastenheft.

Der VOC-Prozess bei unterschiedlich komplexen Aufgabenstellungen

Bei unterschiedlich komplexen Aufgabenstellungen kann die Abfolge der benutzten Methoden im VOC-Prozess variieren. Diese unterschiedlichen Ausprägungen sind in Bild 3.15 dargestellt.

Bei der Prozessentwicklung sind häufig relativ wenige Kundenanforderungen zu berücksichtigen. Daher reicht es häufig, die Kundenanforderungen anhand eines SIPOC-

Diagramms (siehe Kapitel „SIPOC“) zu ermitteln und dann über einen CTQ-Treiberbaum zu spezifizieren und mittels paarweisen Vergleichs zu gewichten.

Bei der Produktentwicklung gestalten sich die Aufnahme und die Strukturierung der Kundenanforderungen durch zum Beispiel strukturierte Befragung mittels 8W-Fragen und nachfolgende Sortierung durch Affinitätsdiagramm aufwendiger.

Geht es dabei um Produkte oder Bauteile mit relativ wenigen Forderungen, so ist der Weg über den CTQ-Treiberbaum und die anschließende Gewichtung mit dem paarweisen Vergleich zielführend.

Bei komplexen Produkten mit zahlreichen Anforderungen hat sich der Weg über das QFD 1 als eher zielführend herausgestellt, wobei für jede Kundenanforderung mindestens eine Produktkenngröße ermittelt werden muss (siehe Kapitel „Quality Function Deployment (QFD)“).

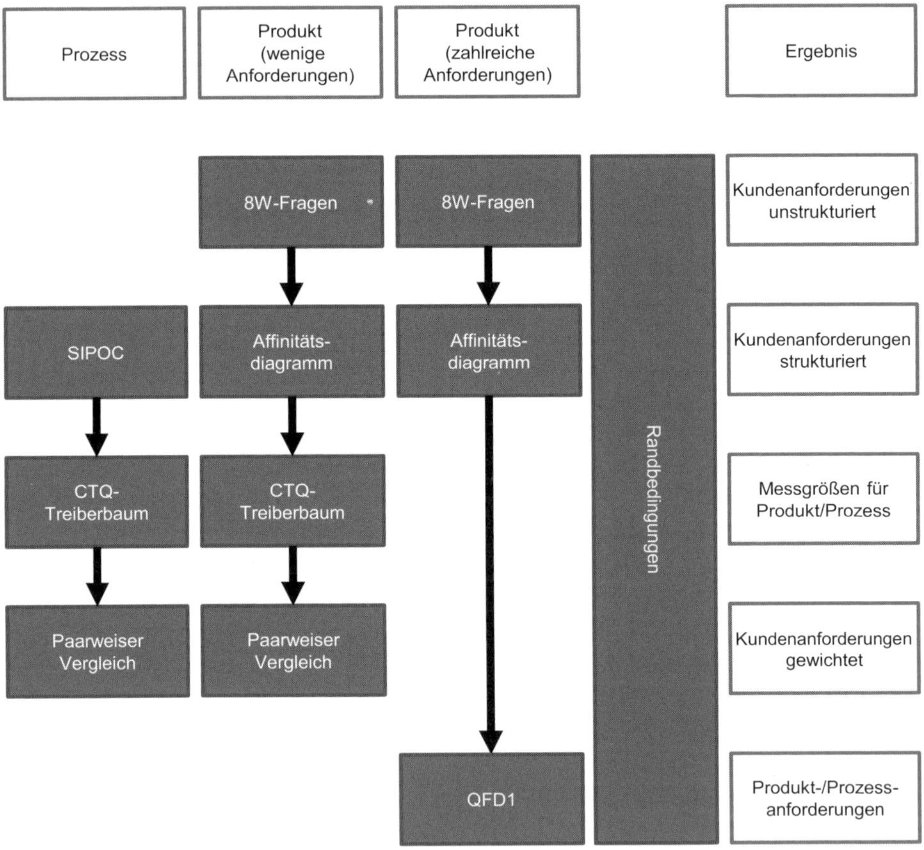

Bild 3.15 Alternative Pfade des VOC-Prozesses bei unterschiedlich komplexen Anforderungen

Das Raster in Bild 3.15 soll als Hilfestellung dienen, welcher Methodenstrang eher nützlich ist. Die Darstellung besitzt keinen Ausschließlichkeitscharakter, denn auch bei komplexen Fragestellungen kann ein CTQ-Treiberbaum zur Anwendung kommen und bei weniger komplexen Produktentwicklungen ein QFD 1.

3.5.3 Voraussetzungen und notwendiger Input

Voraussetzung für einen erfolgreichen VOC-Prozess ist die Kenntnis über die relevanten Kundengruppen. Diese Vorarbeit haben Marketing, Produktmanagement und/oder Vertrieb zu leisten. Oftmals ist eine Besichtigung der Einsatzorte und die Befragung vor Ort ein wesentliches Erfolgskriterium. Auch die Beobachtung, besser noch das eigene Erleben des Einsatzprozesses ist von wesentlicher Bedeutung für eine gelungene Aufnahme der Kundenanforderungen.

3.5.4 Vorgehensweise bei der Anwendung

Wie in Bild 3.9 schematisch beschrieben sind im VOC-Prozess drei aufeinander aufbauende Methoden wesentlich.

Methode 1: Kundenbefragung (8W-Fragen)

Nach der Identifizierung der wesentlichen Kunden bereiten Sie den Fragebogen vor:

- Füllen Sie in das vorgesehene Feld den Namen des befragten Kunden ein und das Datum.
- Tragen Sie dann eine verständliche Produktbezeichnung oder die Bezeichnung für die Dienstleistung ein, zu der Sie den Kunden oder potenziellen Nutzer befragen möchten.
- Nach Terminabsprache führen Sie das Interview und schreiben Sie die Antworten mit – am besten handschriftlich; bei Zweifeln fragen Sie aktiv nach, z. B., „wie meinen Sie das genau?“ „was ist für Sie zu schwer/leicht/dunkel/ …?“, „warum ist … für Sie wichtig?“, „wann ist … gut?“. Sie gewinnen wertvolle Hinweise über die eigentlichen Anforderungen und vor allem über Bewertungskriterien. Das Ausfüllen dem Kunden zu überlassen, geht häufig schief, da Sie nicht die relevanten Informationen erhalten oder aber unverständliche Kriterien.
- Fragen Sie unbedingt, wann das Produkt/die Dienstleistung weiterempfohlen wird und was keinesfalls geschehen darf; daraus können Sie Hinweise zu Begeisterungs- oder Basisanforderungen ableiten.
- Führen Sie danach alle Kundeninterviews zusammen und formen Sie eine einzelne Datei. Anhand der Häufigkeit von Nennungen haben Sie einen Indikator über bestimmte besonders präsente Leistungsanforderungen.

In Bild 3.16 ist das Beispiel eines 8W-Fragebogens aus dem Begleitmaterial nach dem Zusammenführen der Aussagen einzelner Kunden gezeigt.

Kundenbefragung			
Produkt/ Prozess:	Vorderlicht Fahrrad		
Wer	wird	*Vorderlicht Fahrrad* benutzen?	meine Frau, mein Sohn, Gewichtsparer mit Rennrad, Velophile, Alltagsfahrer, Sicherheitsbewusste, handwerklich begabte und unbegabte Käufer
Was	soll	*Vorderlicht Fahrrad* können?	hell machen, den Weg ausleuchten, mich sehen lassen, sich schnell ab- und anmontieren lassen, verkehrstauglich sein, einfach abmontierbar sein, Stürze überleben, sexy aussehen, sportlich sein, sich an bestehenden Dynamo anschließen lassen, Laden mit Handy, lang leuchten
Wo	wird	*Vorderlicht Fahrrad* benutzt?	mein Rennrad, am Kinderrad meiner Tochter, am Lenker, am Lenkerschaft, im Gelände, an meinem Mountainbike, auf der Straße
Wann	wird	*Vorderlicht Fahrrad* benutzt?	nachts, wenn ich unterwegs bin, auf dem Nachhauseweg, wenn es dunkel ist, ständig, beim Radfahren, sommers wie winters, beim Fahren, an der Ampel, wenn ich ganz schnell bin
Wie	wird	*Vorderlicht Fahrrad* eingesetzt?	zum hell machen, als Ergänzung zum Rückstrahler, um endlich mal das Schloss der Garage zu finden, als Ersatzlicht für kaputtes Vorderlicht
Warum	wird	*Vorderlicht Fahrrad* benutzt?	meine altes Licht zu ersetzen, Optik aufpeppen, um von allen Seiten gesehen zu werden, um nicht gegen Hindernisse zu stoßen
Wann	würde ich	*Vorderlicht Fahrrad* weiter-empfehlen?	wenn es toll aussieht, wenn es so leicht anbaubaubar, wenn es lang hält, wenn es sich gut anfasst und eine tolle Farbe hat, ökologisch korrekt hergestellt ist, gutes Preis-Leistungs-Verhältnis hat, wenn es angepasst werden kann, wenn ich meine alten Teile verwenden kann
Was		darf keinesfalls geschehen?	während der Fahrt ausgehen, abfallen, beim Anschrauben kaputtgehen, dass ich mich beim Anbauen verletzen kann, umweltschädliche Fertigung, Kinderarbeit, dass ich mir dauernd Batterien kaufen muss

Bild 3.16 Zusammengeführte Nennungen einiger befragter Kunden im 8W-Fragebogen am Beispiel der Entwicklung einer Fahrradlampe

Methode 2: Affinitätsdiagramm

Als Vorarbeit für das Affinitätsdiagramm trennen Sie die einzelnen Aussagen voneinander. In Excel können Sie diese als Liste untereinander schreiben, bei handschriftlichen Aufzeichnungen empfiehlt sich ausdrucken und ausschneiden.

- Sortieren Sie die Nennungen der Kunden nach ähnlichen Begriffen oder Sinnhaftigkeiten grob vor und vergeben Sie Oberbegriffe. Dabei können Sie sich auch an den Klassifizierungen der Kundenanforderungen in Bild 3.10 orientieren. Unterteilen Sie diese dann immer feiner, bis sie zu sinnvollen Gruppierungen kommen. Bei möglicher doppelter Zuordnung kopieren Sie die Nennung für die in Frage kommenden Oberbegriffe.
- Sortieren Sie die Oberbegriffe nach gemeinsamen Klassen.
- Formulieren Sie ausgehend von den sortierten Oberbegriffen die Kundenbedürfnisse möglichst als ganzen Satz, zum Beispiel der Form „Das Produkt soll … machen/können/erfüllen!".
- Sortieren Sie dann die Bedürfnisse nach Oberbegriffen.
- Ein ausgeführtes Beispiel finden Sie im Begleitmaterial. Bei der Durchführung des Affinitätsdiagramms und vor allem bei der Ableitung der Anforderungen ist die Mithilfe der Experten sinnvoll, um Einzelmeinungen von tatsächlichen Anforderungen zu trennen.

Methode 3: CTQ-Treiberbaum

Nachdem Sie die Kundenanforderungen als ganzen Satz der Form „Das Produkt soll … machen/können/erfüllen!" formuliert haben, listen Sie diese Anforderungen im sogenannten CTQ-Treiberbaum auf. In Bild 3.17 ist das Beispiel eines ausgefüllten CTQ-Treiberbaums auszugsweise dargestellt.

CTQ-Treiberbaum

Bedürfnis	Treiber	CTQ	Messgrößen	Zielwerte
Soll Radfahrer für andere bei allen Sichtverhältnissen sichtbar machen	Sichtbarkeit	Leuchtkraft	Farbtemperatur	3500-5000 K
			Lichtstrom	>20 Lumen (in Fahrtrichtung)
		Sichtbarkeit	Leuchttakt	diskussionswürdig
			Erkennbarkeit von vorne/von Seite	>1000 m / 100 m
			Standsichtbarkeit	Nachleuchtdauer > 3min
			Expertenbewertung der Wahrnehmbarkeit bei Tag/Nacht/Nebel (Skala 0-10)	> 8
		Blendungsfreiheit	Blendungsfreiheit	gemäß TA23

Bild 3.17 Beispiel eines CTQ-Treiberbaums (Auszug)

- Tragen Sie die ausformulierten Kundenanforderungen in die erste Spalte „Anforderung des Kunden" ein. Nutzen Sie dazu pro Anforderung eine Zelle.
- Überlegen Sie dann, welcher Treiber hinter der Anforderung steht. Als Treiber sind hier bestimmte Bedürfnisse wie Sicherheit, Geltung, ... zu sehen. Diese Bedürfnisse können Sie aus den Sortierungsüberschriften des Affinitätsdiagramms ableiten.
- Anhand der Treiber und der Anforderungen überlegen Sie, welche Leistungsmerkmale des Produkts dieses Bedürfnis erfüllen sollen. Auch hier sind Ihre Vorstellungskraft und Empathie gefragt; es ist nützlich, wenn Sie bei der Kundenbefragung auch Gegenfragen gestellt haben, um die Vorstellungswelt Ihres Gegenübers besser zu verstehen. Typischerweise wird ein Bedürfnis durch mehrere Leistungsmerkmale abgebildet.
- Anhand der Leistungsmerkmale leiten Sie die Messgrößen ab, die Sie dann später im Lastenheft wiederfinden werden. Messgrößen sollten auch als messbare Werte formuliert sein.
- Aus Ihren Kundenbefragungen haben Sie dann eventuell bereits Zielwerte für diese Messgrößen erfragt; aus diesem Grund ist die persönliche Befragung oftmals anderen Methoden vorzuziehen. Bei einigen Messgrößen ist zu erwarten, dass Sie seitens der Kunden keine zuverlässigen Aussagen über die benötigten Zielwerte erhalten. Die korrekte Festlegung ist jedoch sehr kritisch für den Projekterfolg. Bei zu niedrig angesetzten Zielwerten wird möglicherweise die Kundenzufriedenheit nicht erreicht, bei zu hohen Zielwerten sind überhöhte Kosten zu erwarten. Diese festgelegten Messgrößen dienen Ihnen auch als Spezifikationswerte im Lastenheft.

3.5.5 Verwendung des Ergebnisses

Zur anschließenden Priorisierung der Kundenanforderungen eignen sich mehrere Methoden. Die einfachste ist der sogenannte paarweise Vergleich (siehe Kapitel „Paarweiser Vergleich"), dann Fragebogenmethoden, in denen Zufriedenheit und Wichtigkeit abgefragt werden (sogenannte Zwei-Komponenten-Methode) und auch der sogenannte analytische Hierarchieprozess (AHP). Dabei handelt es sich um eine ebenfalls strukturierte und quantitative Vorgehensweise, die in diesem Buch nicht näher beschrieben werden soll.

Die Priorisierung der Anforderungen geschieht am besten mit Vertretern des Kunden zusammen, zumindest aber unter größtmöglicher Kundennähe. Falls der Kunde nicht greifbar ist, führen Sie die Bewertung mit den internen Vertretern des Kunden durch – den Kollegen aus Vertrieb, Marketing oder Produktmanagement. Technische Verliebtheit führt hier oft in die falsche Richtung.

Bei niedriger Komplexität und geringem Umfang der Kundenanforderungen und daraus abgeleiteter Leistungsmerkmale können Sie nach der Priorisierung auch sofort in die Prozessentwicklung übergehen. Sie gehen dabei aber das Risiko ein, bestimmte Informationen zu übersehen.

Sie sollten sich darüber im Klaren sein, dass die Erfüllung eines CTQ auf die Befriedigung anderer Bedürfnisse übersprechen kann. Damit erhält ein solches CTQ eine besondere Bedeutung. Somit können Sie durch diese Form der Bewertung besonders wichtige Leistungsmerkmale identifizieren.

Diese Information würden Sie übersehen, wenn Sie nicht die Ergebnisse des CTQ-Treiberbaums nach der Priorisierung der Kundenbedürfnisse im QFD 1 des Quality Function Deployment (siehe Kapitel „Quality Function Deployment (QFD)“) mit geringem Aufwand gegeneinander gewichten würden. Das Zusammenwirken von Anforderungen und CTQ ist in Bild 3.18 dargestellt.

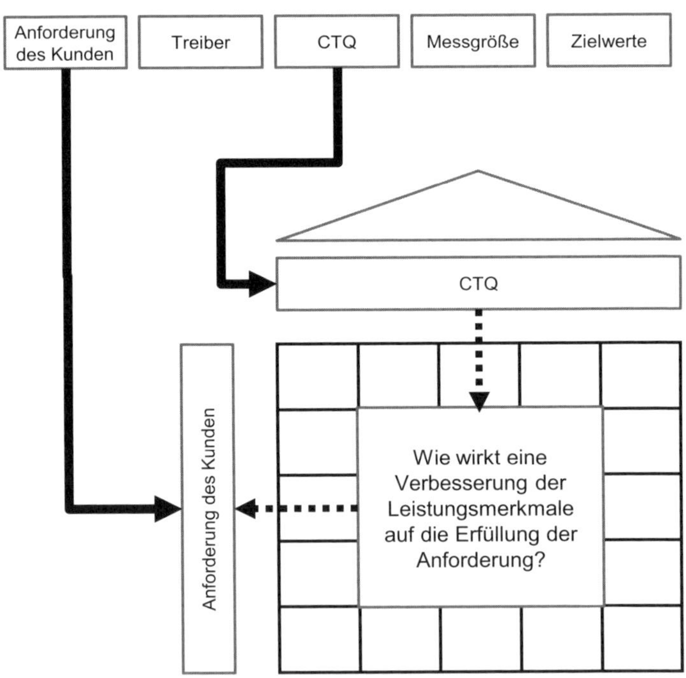

Bild 3.18 Verwendung der Bestandteile des CTQ-Treiberbaums für das QFD

3.5.6 Vor- und Nachteile

Der VOC-Prozess bietet einige Vorteile:

- Die Anwender oder Kunden des Entwicklungsergebnisses wurden bereits zu Beginn der Entwicklung eingebunden und deren vollständige Anforderungen und die Rahmenbedingungen wurden abgefragt.
- Die Struktur gibt die Möglichkeit, Basisanforderungen und mögliche Begeisterungsmerkmale abzuleiten.
- Die einzelnen Nennungen werden gesammelt und strukturiert in Kundenanforderungen umgewandelt.
- Durch die Einbindung der Experten in die Ableitung der Messgrößen aus den Kundenanforderungen wird ein umfassendes Verständnis für übergeordnete Zusammenhänge ermöglicht.
- Die Grundlage für eine systematische Weiterentwicklung im Rahmen eines Multigenerationsplans wird transparent.
- Aus den Kundenanforderungen werden systematisch die Leistungsdaten des Produkts und die notwendigen Spezifikationsparameter abgeleitet.

Der VOC-Prozess birgt auch einige Nachteile:

- Die Befragung ausreichend vieler Kunden ist ggf. aufwendig und langwierig. Die Aufzeichnung der erforderlichen Informationen (mitschreiben) kann durchaus schwierig sein.
- Die Workshop-Arbeit und/oder Excel-Arbeit bei der Sortierung kann langwierig sein und in nicht eindeutigen Ergebnissen enden.
- Den Kunden sind die eigenen Anforderungen häufig gar nicht richtig klar und damit können diese Anforderungen bei einer Befragung auch nicht adäquat geäußert werden.
- Der Kunde meint, es ist „Wunschkonzert“ und nennt völlig überzogene oder abstruse Dinge.

3.5.7 Praxisbeispiel

Schritt 1: Aufnahme der Kundenanforderungen

Die Aufnahme und Zusammenführung der in den einzelnen Interviews genannten Anforderungen kann im Fragebogen der 8W-Fragen vollzogen werden, wie in Bild 3.16 dargestellt ist. Damit besitzen Sie gleichzeitig eine vollumfängliche und transparente Dokumentation.

Schritt 2: Kundenanforderungen strukturieren und analysieren

In Bild 3.19 ist gezeigt, wie die gesammelten Forderungen vereinzelt und Negativformulierungen in Forderungen gewandelt werden. Diese werden dann sortiert und mit Oberbegriffen versehen.

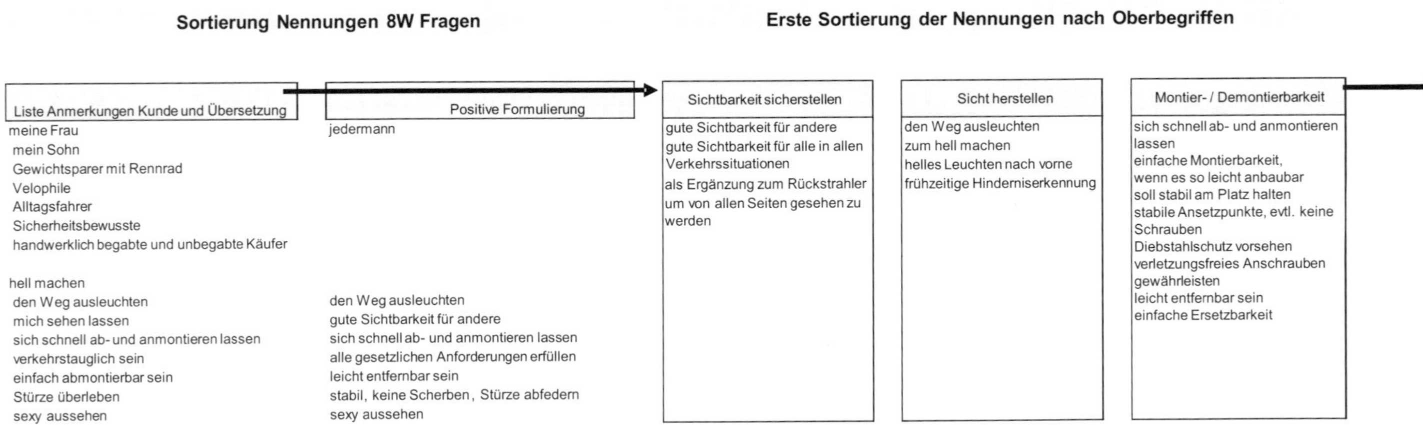

Bild 3.19 Aus der Auflistung und positiven Formulierung werden die Nennungen der befragten Kunden nach Oberbegriffen sortiert (Ausschnitt)

Schritt 3: Kundenanforderungen als Bedürfnisse formulieren

Danach wird aus den Anforderungen und den Oberbegriffen eine Forderung oder ein Bedürfnis abgeleitet und als vollständiger Satz formuliert. Bild 3.20 zeigt ausschnittsweise, wie solche Bedürfnisse formuliert sein können. Danach werden die vorher unsortiert nebeneinander stehenden Bedürfnisse zu Gruppen sortiert (Bild 3.21).

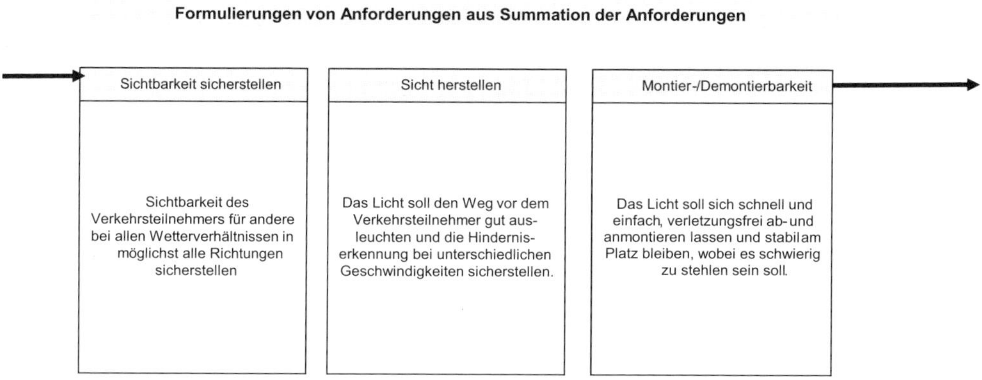

Bild 3.20 Formulierung der Bedürfnisse aus den nach Oberbegriffen sortierten einzelnen Nennungen (Ausschnitt).

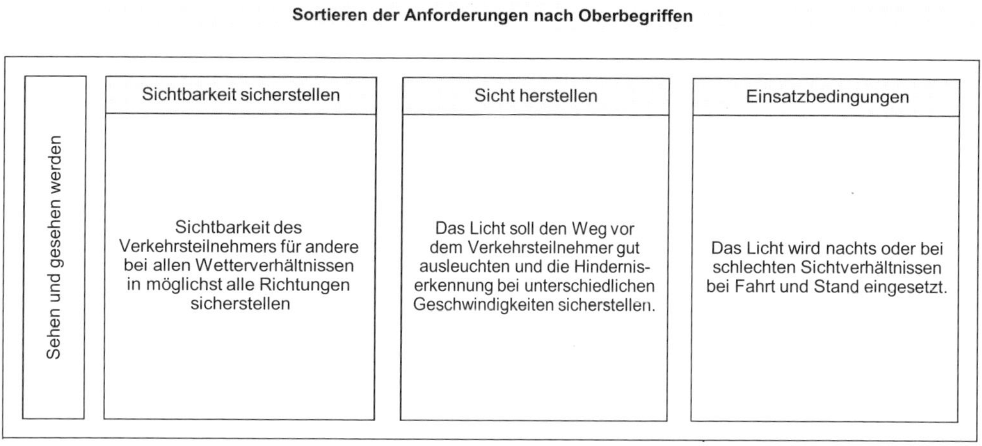

Bild 3.21 Anhand der Oberbegriffe werden die Bedürfnisse gruppiert (Ausschnitt).

Schritt 4: Anforderungen mit Leistungsmerkmalen untersetzen und mit Kennzahlen messbar machen

Nach der Gruppierung der Bedürfnisse werden diese bei Nennung von mehreren Einzelanforderungen in einem Satz getrennt und im CTQ-Treiberbaum eingetragen, wie in Bild 3.17 gezeigt. Danach werden die zugrunde liegenden Treiber bestimmt, die Leistungsmerkmale abgeleitet, mit Messgrößen untersetzt und mit Zielzahlen versehen.

3.5.8 Typische Fehler bei der Anwendung

Es gibt einige typische Fehler, die im VOC-Prozess auftreten können:

- Verwechslung:
  Das Vorgehen nach „Voice of the Customer" wird mit der Stakeholder-Analyse verwechselt und führt dadurch zu falschen Vorstellungen über tatsächliche Kundenanforderungen oder es wurde im Vorfeld keine Stakeholder-Analyse durchgeführt, so dass Kunden und Stakeholder verwechselt werden. Vor der Kundenbefragung sollten immer eine Stakeholder-Analyse und eine Identifizierung der relevanten Kundengruppen durchgeführt werden.
- Einbahnstraße der Information:
  Während der Kundenbefragung werden keine offenen Rückfragen gestellt (W-Fragen: warum, wozu, wann, wie, wo, ...), so dass wesentliche Informationen zu Einsatzbedingungen oder Grenzwerten nicht abgeschöpft werden.
- Mangelhafte Durchführung:
  Das Formular für die 8W-Fragen wird einfach „über den Zaun geworfen" und ohne Anleitung dem Befragten überlassen. Versuchen Sie eher, die Befragung in einem persönlichen Gespräch durchzuführen. Planen Sie ausreichend Zeit ein (30 bis 60 Minuten, je nach Komplexität), damit Sie auch Rückfragen stellen können. Stellen Sie offene Rückfragen, die der Kunde mit Daten oder Informationspreisgabe beantworten muss, und nur wenige geschlossenen Fragen.
- Detaillierungsgrad zu hoch:
  Das Affinitätsdiagramm wird zu detailliert aufgesetzt, so dass Einzelnennungen zu Anforderungen erhöht werden.
- Die Kundenanforderungen werden alleine erhoben.
  Führen Sie das Aufdecken der Kundenanforderungen niemals alleine durch, sondern unter Zuhilfenahme mindestens eines technischen Experten und eines innerbetrieblichen Vertreters des Kunden (Marketing, Vertrieb).
- Kundenanforderungen werden mit technischen Parametern verwechselt:
  Wenn Sie zu sehr auf die Stimme der technischen Experten hören, dann besteht die Gefahr, dass die Technologie andere Bedürfnisse (siehe Bild 3.10) überrollt. Achten Sie darauf, dass Kundenanforderungen in der Form „Das Produkt soll ... machen/können/erfüllen!" formuliert sind. Der Kunde weiß im Allgemeinen oft nicht, wie Sie etwas messen oder nachweisen. Meist erhalten Sie eine Mischung aus sehr unspezifisch formulierten Kundenanforderungen und schon klaren Spezifikationsgrößen (= CTQs). Für die bereits genannten Spezifikationsgrößen müssen Sie dann umgekehrt die dahinterliegenden Kundenanforderungen ermitteln.
- Kundenanforderungen (VOC) und Randbedingungen (VOB) werden nicht getrennt behandelt:
  Der Kunde möchte ein exzellentes Gerät, Controlling und Projektleitung achten aber extrem auf die Entwicklungskosten und die Zeiteinhaltung. Wenn Sie zu sehr auf die Stimme der Kaufleute oder Controller hören, dann ergibt sich eine Schieflage in der Funktionalität, was zu Reklamationen und Nacharbeit führen kann. VOC und VOB

müssen zwar aufgenommen werden, sind aber strikt getrennt zu behandeln und werden erst bei der Konzeptbewertung wieder gemeinschaftlich herangezogen, um das Konzept zu ermitteln, das VOC und VOB am besten erfüllt.

3.5.9 Das Wichtigste in Kürze

Der VOC-Prozess ist wesentlicher Bestandteil bei der Beantwortung der Leitfrage „Was müssen wir für wen erfüllen?". Durch die strukturierte Ableitung von Messgrößen aus Kundenanforderungen erhalten Sie ein mit enger Kundenbeteiligung abgestimmtes Spezifikationsgebäude für die Abnahme des Endprodukts und für die Bewertung der Güte des Entwicklungsergebnisses.

Der VOC-Prozess gliedert sich dabei in folgende vier Schritte, die Sie in Abstimmung mit dem Leistungsempfänger und unter Einbindung der technischen Experten durchführen sollten:

- Anforderungen systematisch erfassen,
- Anforderungen strukturieren,
- Anforderungen als Bedürfnisse formulieren,
- Bedürfnisse in Messgrößen und Zielwerte übersetzen.

Mit überschaubarem Aufwand sind die aufeinander aufbauenden Methoden der 8W-Fragen, des Affinitätsdiagramms und des CTQ-Treiberbaums in einem klar umrissenen Entwicklungsprojekt vorteilhaft und pragmatisch einsetzbar. Das Ergebnis ist die Grundlage der Erfolgsbewertung bei Abschluss des Entwicklungsprojekts. Außerdem werden dabei bereits wesentliche Inhalte eines eventuell zu erarbeitenden Lastenhefts definiert.

3.5.10 Verwandte und weiterführende Themen

Kano-Modell

Im Kano-Modell wird beschrieben, wie die Erfüllung von sogenannten Basisanforderungen, Leistungsanforderungen und Begeisterungsmerkmalen unter Berücksichtigung sogenannter Rückweisungsmerkmale zu einer Kundenzufriedenheit führt und wie sich die Anforderungstypen über die Zeit von Begeisterungs- in Basisanforderungen wandeln.

Paarweiser Vergleich

Der paarweise Vergleich (siehe Kapitel „Paarweiser Vergleich") dient in diesem Fall zur Priorisierung der Kundenanforderungen nach der Identifizierung und Übersetzung im CTQ-Treiberbaum und ist in diesem Buch beschrieben.

Nutzwertanalyse

Die Nutzwertanalyse (siehe Kapitel „Nutzwertanalyse") dient der ganzheitlichen Bewertung, wie gut die zu bewertenden Konzepte die Forderungen aus dem VOC-Prozess und den VOB-Forderungen erfüllen.

QFD 1/HoQ 1

Im QFD 1 wird abgeschätzt, wie eine Verbesserung der Leistungsmerkmale aus dem CTQ-Treiberbaum auf die Erfüllung der Kundenanforderung wirkt. Es dient auch der systematischen Ableitung der besonders wichtigen Leistungsmerkmale. Das QFD 1 wird im Anschluss an den CTQ-Treiberbaum eher bei Produktentwicklungen mit einer Vielzahl von Anforderungen und Messgrößen verwendet.

Analytischer Hierarchieprozess (AHP)

Während im paarweisen Vergleich vor allem nur die Kategorisierung „ist wichtiger als" beziehungsweise „ist unwichtiger als" verwendet wird, benutzt der AHP (analytische Hierarchieprozess) beim Ausfüllen der Matrix des paarweisen Vergleichs unterhalb der Diagonalen eine abgestufte Bewertung der Form „ist gleich wichtig (Bewertung: 1)", „ist etwas wichtiger (Bewertung: 3)", „ist sehr viel wichtiger (Bewertung: 10)" beziehungsweise oberhalb der Diagonalen deren Reziproke. Durch Normalisierung und Summierung der Werte der Einzelfelder erhalten sie die prozentualen Gewichte der Kundenanforderungen.

Multigenerationsplan (MGP)

Im Multigenerationsplan können Sie in drei bis vier aufeinander aufbauenden Schritten die Weiterentwicklung des Produkts kennzeichnen. Der Schwierigkeitsgrad steigt dabei von Schritt zu Schritt. Dabei nutzen Sie die Information der Kundenbefragung, um die einzelnen Schwierigkeitsgrade mit möglichen Kundenanforderungen zu hinterlegen. Zum einen können Sie diesen MGP zur Kommunikation mit dem Kunden nutzen, zum anderen ist es aber auch ein Werkzeug für das Produktmanagement. Damit kann zum einen in Richtung Kunde eine mehrstufige Werbestrategie für die neuen Merkmale des Produkts aufgesetzt werden. Zum anderen können Sie damit aber auch genau steuern, welche Merkmale noch als Fortschritt wahrgenommen werden und welche den Kunden bereits überfordern.

3.5.11 Arbeitshilfe

HINWEIS: Es stehen Ihnen zur Verfügung

- Vorlage CTQ-Treiberbaum
- Vorlage Befragung 8W
- Vorlage Affinitätsdiagramm
- Beispiel 8W-Fragen

- Beispiel CTQ-Treiberbaum
- Beispiel CTQ-Treiberbaum „Christbaumständer“
- Beispiel CTQ-Treiberbaum „Fahrradlampe“
- Beispiel Affinitätsdiagramm

Weiterführende Literatur

Schäppi, B./Andreasen, M. M./Kirchgeorg, M./Radermacher, F. J.: Handbuch Produktentwicklung, Carl Hanser Verlag, München, 2005.

Ginn, D./Varner, E.: The Design for Six Sigma Memory Jogger, Goal/Qpc, 2004.

Gamweger, J./Jöbstl, O./Strohrmann, M./Suchowerskyj, W.: Design for Six Sigma, Hanser Verlag, München, 2009.

HYPERLINK „http://www.ulrich-kern.de/docs/Unternehmensstrategie_Misserfolge.pdf;%20 27.10.2013.“ www.ulrich-kern.de/docs/Unternehmensstrategie_Misserfolge.pdf; 27.10.2013.

Cooper, R. G.: Top oder Flop in der Produktentwicklung, Wiley-VCH Verlag, 2010.

Ehrlenspiel, K.: Integrierte Produktentwicklung, Carl Hanser Verlag, München, 2009.

3.6 Paarweiser Vergleich

3.6.1 Einsatzbereiche und Zielstellung

Für die erfolgreiche Entwicklung eines Produkts oder Prozesses muss sicher mehr als ein Bedürfnis erfüllt werden, um einen Anwender oder Kunden zufriedenzustellen. Die Bedürfnisse können mit dem in diesem Buch beschriebenen VOC-Prozess (siehe Kapitel „Voice of the Customer (VOC)“) ermittelt und strukturiert werden. Diese Bedürfnisse und die daraus abgeleiteten Zielgrößen besitzen zwar alle für den Kunden eine hohe Wichtigkeit, aber nicht notwendigerweise dieselbe Relevanz.

Hier kann nun der paarweise Vergleich zum Einsatz kommen – nach dem VOC-Ablauf und vor dem QFD 1 (QFD: Quality Function Deployment; siehe Kapitel „Quality Function Deployment“).

Das Ziel des paarweisen Vergleichs ist es, mittels einer strukturierten und systematischen Vorgehensweise die erarbeiteten Bedürfnisse in eine Reihenfolge nach ihrer Wertigkeit aus Kundensicht zu bringen. Damit kann sich die Entwicklung auf die Erfüllung der besonders wichtigen Bedürfnisse konzentrieren und die Planung der Arbeitspakete und finanziellen Mittel gezielter steuern.

Die Reihenfolge der Wertigkeit der Bedürfnisse dient dann zum einen als Bewertungsbasis im QFD 1 für die nachfolgende Priorisierung der Produktkenngrößen und in einer späteren Konzeptbewertung mittels Nutzwertanalyse (siehe Kapitel „Nutzwertanalyse“) als Grundlage für die quantifizierte Priorisierung der erarbeiteten Konzepte.

3.6.2 Das Wichtigste in Kürze

Beim paarweisen Vergleich wird jedes Bedürfnis mit jedem anderen dahingehend verglichen, ob es wichtiger oder unwichtiger ist.

Führen Sie diese Bewertung mit dem Kunden der Entwicklung durch. Falls dieser nicht greifbar ist, behelfen Sie sich mit einem Vertreter eines Bereichs, der engen Kundenkontakt hat. Eine Bewertung nur durch die technischen Experten ist eher unzureichend und birgt die Gefahr einer falschen Priorisierung.

In Bild 3.22 ist die Gewichtungsmatrix der Kundenerwartungen gezeigt. In der ersten Spalte und der ersten Zeile der Matrix stehen die gleichen Begriffe, so dass sich durch die Kreuzungspunkte eine Diagonale ergibt.

Sie füllen nur den Teil unterhalb der Diagonale aus (Bild 3.22), die Bewertungen oberhalb der Diagonale ergeben sich automatisch.

...werden in Kopfzeile übernommen

Auszufüllender Bereich

Ausfüll-richtung

Eintragungen in erster Spalte...	Kundenanforderung1	Kundenanforderung2	Kundenanforderung3	Kundenanforderung4	Kundenanforderung5	Kundenanforderung6	Kundenanforderung7	Kundenanforderung8	Kundenanforderung9	Kundenanforderung10
Kundenanforderung1		0	2	2	0	2	2	0	0	0
Kundenanforderung2	2		0	2	2					
Kundenanforderung3	0	2								
Kundenanforderung4	0	0								
Kundenanforderung5	2	0								
Kundenanforderung6	0									
Kundenanforderung7	0									
Kundenanforderung8	2									
Kundenanforderung9	2									
Kundenanforderung10	2									
Summe	10	2	2	4	2	2	2	0	0	0
Bedeutung für C&E bzw. QFD1	10	2	2	4	2	2	2	0	0	0

Bild 3.22 Ausschnitt aus der Vorlage „Paarweiser Vergleich" des Begleitmaterials

Eintragen der Kundenbedürfnisse

Tragen Sie zunächst die Kundenanforderungen oder Bedürfnisse, die Sie zum Beispiel aus dem CTQ-Treiberbaum erhalten haben, in die erste Spalte ein.

Die Vorlage transponiert automatisch die Kundenanforderungen aus der ersten Spalte in die Kopfzeile und Sie erhalten eine Matrix, in der jedes Kriterium gegen jedes andere bewertet werden kann.

Bewerten der Bedürfnisse

Die Bewertung der Wichtigkeit der Bedürfnisse erfolgt gegeneinander. Beginnen Sie mit der Spalte „Kundenanforderung 1“. Fragen Sie dann „Ist Kundenanforderung 1 wichtiger als Kundenanforderung 2?“ Falls die Antwort „ja“ lautet, so tragen Sie eine „2“ (Zwei) in das Kreuzungsfeld „Kundenanforderung 1“ und „Kundenanforderung 2“ im auszufüllenden Bereich ein; lautet die Antwort „nein“, so notieren Sie eine „0“ (Null).

Im entsprechenden Feld über der Diagonale wird dann automatisch der Gegenwert eingetragen.

Am Beispiel des Ausfüllvorgangs in Bild 3.22 erkennen Sie, dass Kundenanforderung 1 wichtiger ist als Kundenanforderung 2. In der Spalte zu Kundenanforderung 1 wurde eine „2“ eingetragen und in der Spalte unter Kundenanforderung 2 eine „0“. Hingegen ist „Kundenanforderung 1“ unwichtiger als „Kundenanforderung 3“, daher wurde in das Kreuzungsfeld eine „0“ (Null) eingetragen.

Es gibt auch Kriterien, die gleichwertig sind, dies sollte aber nur in Notfällen erwähnt werden, da sich sonst auf einmal die Bewerter mit der Entscheidung „wichtiger oder unwichtiger als ein anderes Kriterium“ überraschend schwer tun. In diesen Fällen tragen Sie in das Kreuzungsfeld unterhalb der Diagonale eine „1“ ein.

Ermitteln der Wertigkeit

Die eingetragenen Bewertungen werden je Spalte aufsummiert und normiert. Daraus ergibt sich eine Rangfolge der Kundenbedürfnisse. Das für den Kunden wichtigste Kriterium erhält die Bedeutung „10“ (Zehn), alle anderen eine entsprechend niedrigere.

Normalerweise würde das in dieser Bewertung unwichtigste Kriterium die Bedeutung „0“ erhalten. Da die auf den paarweisen Vergleich aufbauenden Methoden aber multiplikative Bewertungen verwenden, tragen Sie in diesem Fall von Hand eine „1“ (Eins) als Bedeutung ein. Das so bewertete Kriterium ist ja nicht komplett unwichtig, sondern nur im Vergleich zu den anderen genannten Bedürfnissen das mit der niedrigsten Relevanz.

Wir haben uns in diesem Buch bewusst für die einfache Variante der Erarbeitung der Bedeutungsreihenfolge entschieden. Eine Alternative zum paarweisen Vergleich ist der sogenannte analytische Hierarchieprozess (AHP), der aber nach unseren Erfahrungen oftmals in wenig zielführende Diskussionen ausufert. Falls sich im Laufe des Projekts herausstellen sollte, dass die Wichtigkeitsreihenfolge nicht scharf genug ist, kann der AHP auf Basis der bereits getroffenen Wichtigkeitsentscheidungen mit deutlich geringerem Diskussionsaufwand wiederholt werden.

3.6.3 Verwendung der Ergebnisse

Die Ergebnisse des paarweisen Vergleichs verwenden Sie auf mehrere Weisen.

Zunächst dient das Ergebnis als Grundlage für die weitere Bewertung der Leistungsparameter im QFD 1 (siehe Kapitel „Quality Function Deployment (QFD)“). Des Weiteren ist die Wichtigkeitsreihenfolge die Grundlage in der C&E-Matrix (siehe Kapitel „C&E-Matrix“) für die Bewertung des gesamten Einflusses eines Prozessparameters auf alle

Leistungsmerkmale. Und zum Schluss dient dieses Ergebnis in der Nutzwertanalyse, um die Nützlichkeit von Lösungsvarianten bezüglich ihrer Erfüllung der Leistungsparameter und der Randbedingungen zu bewerten.

3.6.4 Arbeitshilfe

HINWEIS: Es stehen Ihnen zur Verfügung

- Vorlage Paarweiser Vergleich
- Beispiel Paarweiser Vergleich „Fahrradlampe"
- Beispiel Paarweiser Vergleich „Fahrradlampe Montage"

Weiterführende Literatur

Cooper, R. G.: Top oder Flop in der Produktentwicklung, Wiley-VCH Verlag, Weinheim 2010.

Ehrlenspiel, K.: Integrierte Produktentwicklung, Carl Hanser Verlag, München 2009.

Gamweger, J.; Jöbstl, O.; Strohrmann, M.; Suchowerskyj, W.: Design for Six Sigma, Carl Hanser Verlag, München 2009.

Ginn, D.; Varner, E.: The Design for Six Sigma Memory Jogger, Goal/Qpc, 2004.

Schäppi, B.; Andreasen, M. M.; Kirchgeorg, M.; Radermacher, F. J.: Handbuch Produktentwicklung, Carl Hanser Verlag, München 2005.

www.ulrich-kern.de/docs/Unternehmensstrategie_Misserfolge.pdf; 27.10.2013.

3.7 Quality Function Deployment (QFD)

Die exakte und vollständige Erfassung der Kundenanforderungen ist in vielen Fällen ausschlaggebend für den wirtschaftlichen Erfolg eines zu entwickelnden Produkts oder Prozesses. In der frühen Entwicklungsphase müssen diese Anforderungen dann in möglichst vollständige Spezifikationen überführt werden. Diese Spezifikationen sollten wiederum möglichst gut messbar definiert werden. Erfahrungsgemäß bestehen aber gerade hier im Entwicklungsprozess große Defizite, so dass einerseits die Kundenanforderungen oft nicht vollständig ermittelt werden, andererseits keine geeigneten Spezifikationsgrößen definiert werden, die diese Anforderungen widerspiegeln und deren Erfüllungsgrad messbar machen. Das führt in der Praxis oft dazu, dass Produkte zwar technisch und qualitativ hervorragend sind, sich aber dennoch als Ladenhüter entpuppen, da weitere wichtige Kundenanforderungen nicht erfüllt werden. Unsere Entwicklungsabteilungen sind typischerweise von Ingenieuren dominiert, insofern ist es nicht verwunderlich, dass sich in den Produkten häufig eher die „Stimme des Ingenieurs" als die „Stimme des Kunden" widerspiegelt. Bild 3.23 zeigt vier verschiedene mögliche Ergebnisse bei der Produktgestaltung.

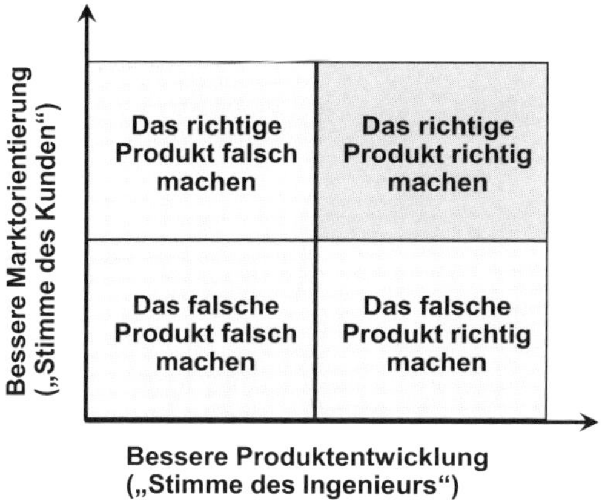

Bild 3.23
Vier verschiedene mögliche Ergebnisse bei der Produktgestaltung

Quality Function Deployment (QFD) ist eine mehrstufige, systematische Methodik mit dem Ziel, in allen Phasen der Produkt- und Prozessentwicklung die Gesamtheit der Kundenanforderungen in Produktspezifikationen, Produktfunktionen, Gestaltungsmerkmale, Prozessanforderungen und schließlich Prozessparameter umzusetzen. Der mehrstufige QFD-Prozess stellt also die Übersetzung der „Stimme des Kunden“ *(„WAS“)* in die „Stimme des Ingenieurs“ *(„WIE“)* dar. Die Methodik QFD wird überwiegend für Produktentwicklungen eingesetzt, da hier typischerweise eine Vielzahl von verschiedenen Kundenanforderungen erfüllt werden müssen. Für Prozessentwicklungen ist die Methodik QFD dann sinnvoll, wenn es sich um eher komplexe Verfahren mit vielen verschiedenen (etwa zehn oder mehr) Kundenanforderungen handelt. Wenn die Anzahl der zu erfüllenden Anforderungen relativ überschaubar ist, empfiehlt sich stattdessen die Strukturierung der Anforderungen über den CTQ-Treiberbaum (vergleiche dazu Kapitel „Voice of the Customer“).

Die ersten Konzepte des QFD wurden in den sechziger Jahren des letzten Jahrhunderts von dem Japaner Yōji Akao entwickelt. Den Kern des QFD bildet das sogenannte „House of Quality“ (HoQ). Dabei handelt es sich um ein Methodengebäude, das aus mehreren Matrizen besteht, die von der Ferne betrachtet grafisch einem Haus ähneln. In der Literatur werden für den gesamten Entwicklungszyklus eines Produkts bis zu vier Houses of Quality beschrieben, die in einem Phasenmodell miteinander verknüpft werden. Dabei erfüllen die vier Häuser folgende Hauptfunktionen (Bild 3.24):

- Haus 1:
  Strukturierung und Übersetzung der Kundenanforderungen in Produktmerkmale/Spezifikationen. Bewertung und Priorisierung der Produktmerkmale
- Haus 2:
  Übersetzung der Produktmerkmale in die benötigten Produktfunktionen; Bewertung und Priorisierung der Produktfunktionen
- Haus 3:
  Übersetzung der Produktfunktionen in Gestaltungselemente/Prozessanforderungen und deren Bewertung
- Haus 4:
  Übersetzung der Prozessanforderungen in die Prozessparameter und deren Bewertung

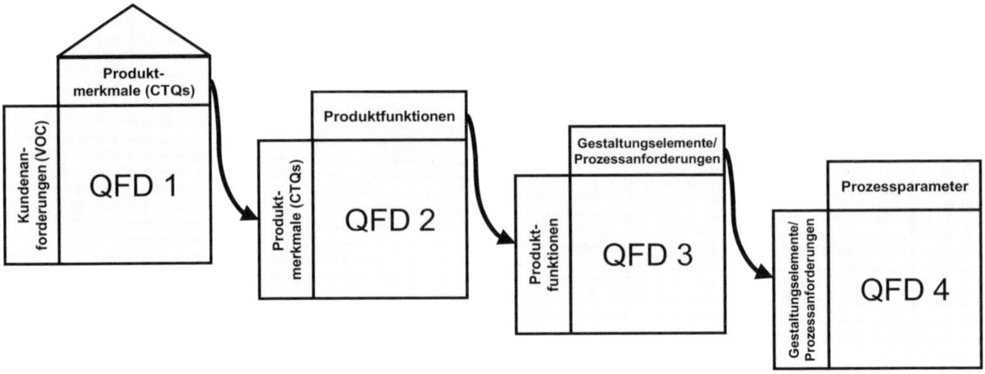

Bild 3.24 Klassisches QFD-Vier-Phasenmodell

Durch dieses Phasenmodell soll eine möglichst vollständige Durchgängigkeit der gesamten Wirkkette erreicht werden, idealerweise von den Prozessparametern im Herstellprozess auf unterster Ebene, bis zu den Produktspezifikationen und der Erfüllung der Kundenanforderungen auf oberster Ebene. Die Erreichung der Durchgängigkeit von der untersten Ebene der Prozessparameter über alle vier Häuser bis zur höchsten Ebene der Kundenanforderungen kann, gerade bei komplexeren Systemen, jedoch aufwendig sein. In der Praxis empfiehlt es sich, zumindest die Häuser HoQ 1 und HoQ 2 zu erstellen.

Da die einzelnen Häuser wiederum aus verschiedenen Elementen aufgebaut sind, kann QFD sehr flexibel eingesetzt werden. Je nach Anforderung und Zielstellung können nur die Kernelemente oder auch verschiedene Erweiterungen, wie beispielsweise Wettbewerbsvergleiche oder erwartete Schwierigkeitsgrade, integriert werden.

In diesem Kapitel wird die schrittweise Vorgehensweise bei der Erstellung des QFD 1, also dem ersten House of Quality, sowie des QFD 2 detailliert erläutert. Die Erstellung der Häuser 3 und 4 erfolgt im Prinzip ähnlich, lediglich mit anderen Inhalten und Zielsetzungen, und soll hier nicht näher erläutert werden.

3.7.1 QFD 1, House of Quality 1 (HoQ 1): Einsatzbereich und Zielsetzung

QFD sollte immer dann angewandt werden, wenn eine Vielzahl von verschiedenen Kundenanforderungen bei der Entwicklung eines Produkts oder Prozesses berücksichtigt werden müssen. Im ersten House of Quality (HoQ 1) werden diese Kundenanforderungen gesammelt und strukturiert und nach Wichtigkeit priorisiert. Hauptziel des QFD 1 ist dann die Übersetzung der Kundenanforderungen in *messbare* Produktanforderungen/Spezifikationsgrößen, auch CTQs (critical to qualities) genannt. Neben dieser Hauptaufgabe bietet das QFD 1 auch noch die Möglichkeit, optional zusätzliche Analysen, wie z. B. Wettbewerbsanalysen oder die Angabe von Zielwerten und Schwierigkeitsgraden zu ergänzen.

Der Einsatz des QFD 1 erfolgt in einer relativ frühen Entwicklungsphase. Ein wesentliches Ziel ist es, die Antwort auf die Leitfrage *„Was müssen wir für wen erfüllen?“* zu konkretisieren und möglichst über geeignete Kenngrößen messbar zu machen (vgl. dazu auch Kapitel 2.3.3).

3.7.2 QFD 1, House of Quality 1 (HoQ 1): Aufbau und Beschreibung

Das QFD 1 ist ein modular aufgebautes Gebilde, das aus verschiedenen Listen besteht, die teilweise über Bewertungsmatrizen verknüpft werden. Optional sind noch weitere Elemente, wie z. B. Grafiken und Diagramme zur Visualisierung der Bewertungen und Ergebnisse, enthalten. Ein QFD 1 enthält bestimmte Kernelemente, die immer erarbeitet werden sollten, und optionale Elemente, die je nach Bedarf und Zielstellung hinzugefügt werden können. Ein Kernelement des QFD 1 sind beispielsweise die zu erfüllenden Kundenanforderungen, ein optionales Element wäre beispielsweise der Wettbewerbsvergleich. Bei den verschiedenen Elementen spricht man in Analogie zu einem Haus auch von den *Räumen* des House of Quality (HoQ). Die Begriffe QFD und HoQ werden dabei oft synonym gebraucht. Bild 3.25 zeigt die wesentlichen Komponenten des QFD 1.

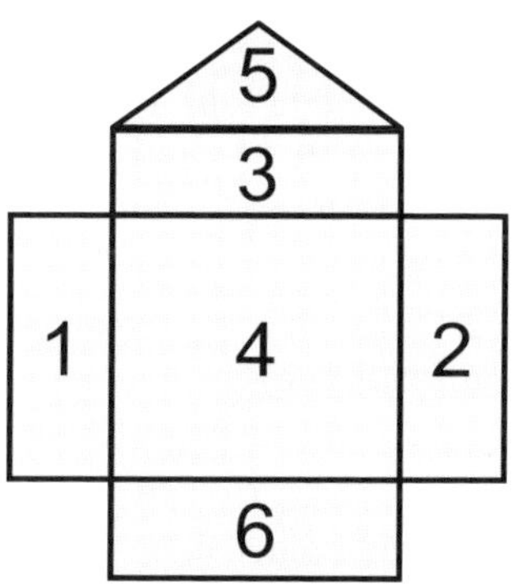

Raum 1: Ermittelte Kundenanforderungen und deren Gewichtung

Raum 2: Wettbewerbsanalyse bzgl. Erfüllung Kundenanforderungen

Raum 3: Übersetzung der Kundenanforderungen Produktmerkmale (CTQs), Festlegung Optimierungsrichtung

Raum 4: Zusammenhang zwischen den Produkt merkmalen und den Kundenanforderungen

Raum 5: Wechselwirkungen zwischen den Produktmerkmalen

Raum 6: Zielwerte und Schwierigkeitsgrade, optional Wettbewerbsvergleich der Produktmerkmale

Bild 3.25 Die verschiedenen Komponenten („Räume") des QFD 1

3.7.3 QFD 1, House of Quality 1 (HoQ 1): Voraussetzungen und notwendiger Input

Die Erstellung des QFD 1 erfolgt in einem möglichst interdisziplinären Team mit technischen, wirtschaftlichen und Kundenkompetenzen.

Wichtigste Voraussetzung für die Erarbeitung eines QFD 1 ist die vollständige und detaillierte Ermittlung der Kundenanforderungen (vgl. hierzu auch Kapitel „Voice of the Customer, VOC"). Bevor die Kundenanforderungen in das HoQ 1 eingetragen werden können, müssen sie strukturiert werden. Achten Sie dabei auf konsistente Hierarchieebenen, d. h., dass alle aufgeführten Kundenanforderungen der gleichen logischen Detaillierungsebene angehören. Bei der Ermittlung der Kundenanforderungen, zum Beispiel durch eine Kundenbefragung, erhalten Sie oft eine Mischung aus (abstrakten, unspezifischen) Kundenanforderungen und bereits (konkreten, messbaren) Spezifikationsgrößen. Außerdem liegen typischerweise noch eine Reihe von Rahmenbedingungen und Projektanforderungen, beispielsweise Termin- und Budgetanforderungen, vor. Führen Sie also zuerst eine Trennung in Kundenanforderungen, Spezifikationsgrößen und Projektanforderungen und Rahmenbedingungen durch.

Für die konkrete Erstellung empfiehlt sich eine unterstützende Software. Wenn Sie lediglich die Kernelemente nutzen möchten und nur die Häuser 1 und 2 erstellen, wird meist eine einfache Excel-Vorlage genügen. Beigefügt finden Sie zwei Excel-Vorlagen unterschiedlicher Größe für die Erstellung eines vollständigen und verknüpften QFD 1 und QFD 2. Für fortgeschrittene Anwender, die nicht nur Wert auf eine einfache Verknüpfung der verschiedenen Häuser, sondern auch auf Verknüpfungsmöglichkeiten mit anderen Design-for-Six-Sigma-Tools legen, empfiehlt sich der Einsatz einer kommerziellen DFSS-Software. Dazu sind am Markt verschiedene Produkte unterschiedlichen Funktionsumfangs erhältlich.

3.7.4 QFD 1, House of Quality 1 (HoQ 1): Vorgehensweise bei der Anwendung

Die Erstellung des QFD 1 erfolgt am besten schrittweise. Dabei sind für die vollständige Erstellung folgende sieben Schritte durchzuführen, wobei die Schritte 1 bis 6 jeweils das Bearbeiten der Räume 1 bis 6 und Schritt 7 eine abschließende Prüfung auf Vollständigkeit und Plausibilität darstellen:

Raum 1: Ermittlung und Gewichtung der Kundenanforderungen

Voraussetzung für ein erfolgreiches QFD 1 ist die detaillierte und vollständige Ermittlung der Kundenanforderungen. Dazu können Sie beispielsweise, wie erwähnt, die Methode „Voice of the Customer (VOC)“ benutzen. Bevor Sie die Kundenanforderungen in den ersten Raum des QFD 1 eingeben, sollten Sie auf Folgendes achten:

- Die Kundenanforderungen müssen vollständig, detailliert und für das geplante Produkt/den geplanten Prozess relevant sein.
- Die Kundenanforderungen müssen zusätzlich logisch gegliedert und hierarchisch strukturiert sein. Das ist vor allem bei komplexeren Produkten mit einer Vielzahl von Kundenanforderungen notwendig. Vermeiden Sie auch, dass ein und dieselbe Kundenanforderung durch synonyme Begrifflichkeiten mehrfach auftaucht (z. B. „gute Qualität“ und „wenig Fehler“). Wählen Sie als Hierarchieebene keine zu grobe, aber auch keine zu detaillierte Ebene.
- Die Kundenanforderungen sollen möglichst noch keine Produktmerkmale oder Spezifikationsgrößen enthalten. Bei der Ermittlung der Kundenanforderungen, z. B. im Rahmen einer Kundenbefragung, erhalten Sie typischerweise eine Mischung aus mehr oder weniger unspezifischen Kundenanforderungen („Pkw soll möglichst wenig Benzin verbrauchen“) und bereits sehr klar definierten Produktmerkmalen, gegebenenfalls auch schon mit Zielwerten („Verbrauch soll < 7 Liter/100km sein“). Für bereits vom Kunden erhaltene Spezifikationsgrößen sollten Sie dann die dahinterliegenden Kundenanforderungen ermitteln und diese in den Raum 1 eintragen.

- Unterscheiden Sie klar zwischen den Kundenanforderungen einerseits und Projektrahmenbedingungen, wie z. B. Termin- und Budgetanforderungen oder auch Einhaltung gesetzlicher Regularien, andererseits. Die Projektrahmenbedingungen, die oft auch als „Voice of Business (VOB)" bezeichnet werden, werden gesondert gesammelt und zunächst nicht als Kundenanforderungen in das QFD 1 eingegeben. Sie werden allerdings später, beispielsweise bei der Beurteilung der Lösungskonzepte, wieder benötigt.

Als Nächstes werden die Kundenanforderungen nach Wichtigkeit gewichtet. Dabei empfiehlt sich eine Skala von 1 bis 10 (alternativ auch 1 bis 5), wobei 1 „wenig wichtig" und 10 „sehr wichtig" bedeutet. Achten Sie darauf, dass sich hier wirklich die Wichtigkeit aus Kundensicht widerspiegelt. Erfahrungsgemäß gibt es häufig eine Diskrepanz zwischen der tatsächlichen Kundensicht und unserer Einschätzung, was denn wohl für den Kunden wichtig wäre. Falls möglich, sollten Sie zu dieser Bewertung Ihre Kunden hinzuziehen. Sie können dafür auch das Werkzeug „Paarweiser Vergleich" (siehe Kapitel „Paarweiser Vergleich") verwenden.

Bei mehreren Kundensegmenten mit unterschiedlichen Anforderungen und Prioritäten sollte Ihre Bewertung die Gesamtheit der verschiedenen Kundenanforderungen möglichst gut repräsentieren.

Nachfolgend werden an einem einfachen Beispiel, der Entwicklung eines neuen Christbaumständers, die einzelnen Schritte für ein QFD 1 dargestellt. Bild 3.26 zeigt ausschnittsweise ein Beispiel für den Raum 1.

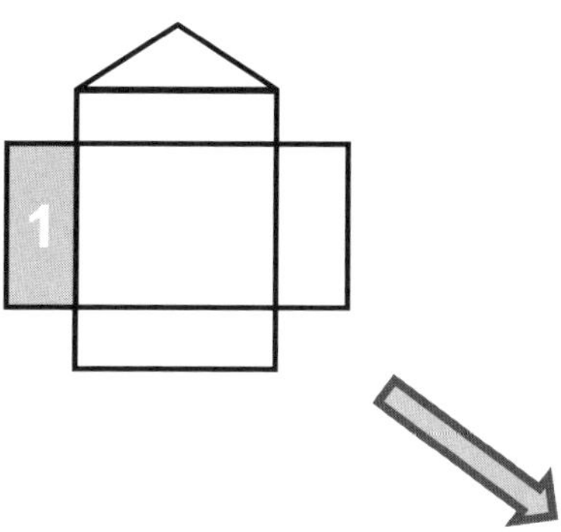

Zeile	Wichtigkeit für Kunde (1–10)	Kundenanforderungen
1	9	Soll schön und hochwertig aussehen
2	10	Soll sicher stehen
3	9	Soll Baum sicher halten
4	6	Soll Baum lange frisch halten
5	7	Soll für verschiedene Durchmesser einsetzbar sein
6	3	Darf Boden nicht beschädigen
7	4	Soll robust und langlebig sein
8	3	Einfach befüllbar und entleerbar
9	8	Befestigen und Lösen des Baums soll einfach möglich sein (Einhandbedienung)
10	7	Senkrechte Ausrichtung Baum soll einfach möglich sein

Bild 3.26 Beispiel für die ermittelten und bewerteten Kundenanforderungen im HoQ 1 für einen Christbaumständer (Ausschnitt)

Raum 2: Wettbewerbsanalyse bezüglich Erfüllung der Kundenanforderungen

Dieser Raum im HoQ 1 kann optional ausgefüllt werden. Er dient vor allem dazu, ein Benchmarking mit den Produkten der Wettbewerber durchzuführen. Zusätzlich können das derzeitige Produkt und die Zielstellung für das neue Produkt integriert werden. Zweck der Analyse ist es, die Stärken und Schwächen der Wettbewerbsprodukte sowie auch der eigenen Produkte zu ermitteln. Daraus können Sie unter anderem ableiten:

- Welche der Kundenanforderungen bisher besser durch die Wettbewerber erfüllt werden.
- Bei welchen Anforderungen für das neue Produkt besonderer Verbesserungsbedarf besteht.
- Welche Unterscheidungs- und gegebenenfalls Alleinstellungsmerkmale gegenüber den Wettbewerbern für effektives Marketing genutzt werden können.

Zur Analyse werden die verschiedenen zu bewertenden Produkte in die Spalten der Matrix eingetragen. Dann erfolgt eine Beurteilung, wie gut die aufgelisteten Produkte die jeweiligen Kundenanforderungen erfüllen. Hier empfiehlt sich eine Skala von 1 bis 5, wobei 1 sehr schlecht und 5 sehr gut bedeuten (Bild 3.27). Bei Verwendung einer geeigneten Vorlage oder Software kann das Ergebnis zusätzlich grafisch visualisiert werden.

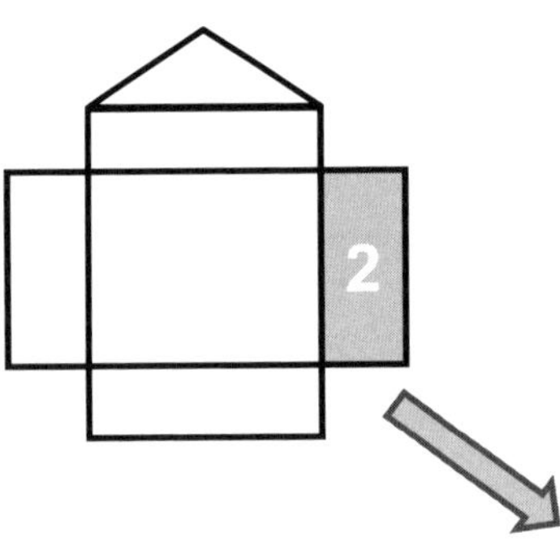

			Wettbewerbsvergleich					
Zeile	Wichtigkeit für Kunde (1–10)	Kunden-anforderungen	Unser bisheriges Produkt	Wettbewerber 1	Wettbewerber 2	Wettbewerber 3	Zielsetzung neues Produkt	0 1 2 3 4 5
1	9	Soll schön und hochwertig aussehen	3	3	4	2	5	
2	10	Soll sicher stehen	2	4	3	3	4	
3	9	Soll Baum sicher halten	4	3	5	2	5	
4	6	Soll Baum lange frisch halten	3	3	1	4	3	
5	7	Soll für verschiedene Durchmesser einsetzbar sein	3	5	3	3	4	
6	3	Darf Boden nicht beschädigen	4	5	4	2	4	
7	4	Soll robust und langlebig sein	3	4	2	2	3	
8	3	Einfach befüllbar und entleerbar	3	4	3	3	3	
9	8	Befestigen und Lösen des Baums soll einfach möglich sein (Einhandbedienung)	1	4	3	2	4	
10	7	Senkrechte Ausrichtung Baum soll einfach möglich sein	2	4	3	3	4	
11	1	Soll einfach und kompakt zu verstauen sein	2	3	2	4	2	
12	4	Soll Brandschutzrichtlinien einhalten	4	5	4	3	4	
13	8	Soll Verletzungen des Benutzers verhindern	3	2	4	4	5	
14								
15								
16								

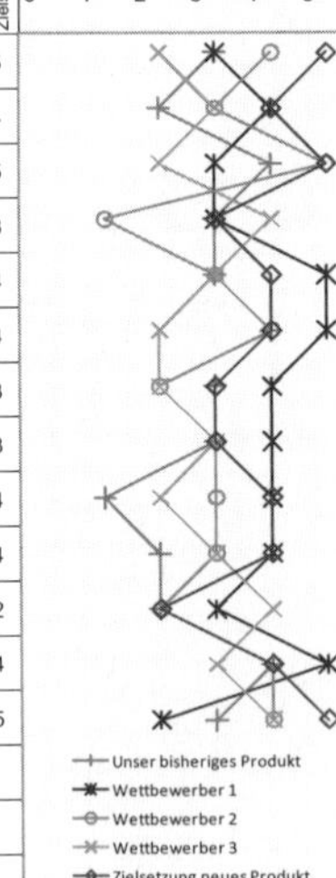

Bild 3.27 Beispiel für eine Wettbewerbsanalyse bezüglich Erfüllung der Kundenanforderungen im HoQ 1

Raum 3: Übersetzung der Kundenanforderungen in Produktmerkmale (CTQs), Festlegung der Optimierungsrichtung

Der wichtigste Schritt beim QFD 1 ist die Übersetzung der meist unspezifischen, schwer messbaren Kundenanforderungen in die spezifischen und möglichst gut messbaren Produktmerkmale/Spezifikationsgrößen (CTQs).

Versuchen Sie dabei, für jede Kundenanforderung mindestens ein messbares Produktmerkmal zu definieren. Für manche Kundenanforderungen sind mehrere CTQs erforderlich, um die Erfüllung vollständig abzubilden. Umgekehrt kann ein bestimmtes CTQ auch die Erfüllung mehrerer Kundenanforderungen repräsentieren.

Nachdem Sie der Reihe nach für jede Kundenanforderung ein oder mehrere Produktmerkmale definiert haben, müssen Sie anschließend die aufgelisteten Produktmerkmale nochmals nach folgenden Kriterien überprüfen:

- Vollständigkeit,
- möglichst gute Messbarkeit,
- keine Redundanzen vorhanden,
- konsistente Detaillierungsebene.

Anschließend wird noch für jedes Produktmerkmal eine Optimierungsrichtung definiert. Dabei werden die drei Fälle

- „maximieren", gekennzeichnet durch ↑,
  der Zielwert für das Produktmerkmal soll möglichst hoch sein,
- „neutral", gekennzeichnet durch O,
  der Wert für das Produktmerkmal soll einen bestimmten Zielwert annehmen,
- „minimieren", gekennzeichnet durch ↓,
  der Zielwert für das Produktmerkmal soll möglichst niedrig sein,

unterschieden (Bild 3.28). Die Definition der Optimierungsrichtung ist auch für die nachfolgenden Bewertungen hilfreich, um etwaige Bewertungsfehler zu vermeiden.

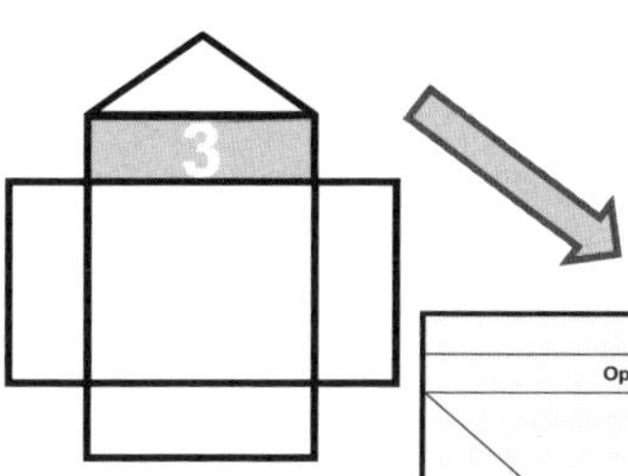

Spalte	1	2	3	4	5	6	7	8	9	10	11	12	13	14
Optimierungsrichtung	▲	▲	▲	▲	▲	▼	▼	▲	▲	▼	▼	▲	▼	▲
Produkt/ Prozesseigenschaften (CTQs) / Kundenanforderungen	Beurteilungsergebnis im Designtest	max. Neigungswinkel bis Kippen	Mittelwert Haltekraft im Zugversuch	Eintauchtiefe Stumpf in Flüssigkeit	Durchmesserverstellbereich	Rauhigkeit Auflagefläche	Härte Auflagefläche	max. Fallhöhe ohne Beschädigung	B10 Lebensdauer	benötigte Füllzeit	durchschn. Montage- + Demontagezeit Baum	mögl. Winkeländerung mit montiertem Baum	Packmaße	Anteil schwerentflammbare Stoffe

Bild 3.28 Beispiel für die Ermittlung der Produktmerkmale (CTQs) und Festlegung der Optimierungsrichtung

Raum 4: Zusammenhang zwischen den Produktmerkmalen und den Kundenanforderungen

Als nächster Schritt erfolgt die Bewertung der Korrelation zwischen den Produktmerkmalen (CTQs) und den Kundenanforderungen. Ziel ist es, herauszuarbeiten welche Produktmerkmale besonders viele bzw. besonders wichtige Kundenanforderungen erfüllen. Somit erhalten wir eine Rangfolge der Wichtigkeit der Produktmerkmale in Bezug auf die Erfüllung der Kundenanforderungen. Wir ermitteln also, welche Produktmerkmale erfolgskritisch sein werden bzw. welche weniger kritisch sind. Das heißt nicht zwangsläufig, dass die weniger kritischen Merkmale nicht trotzdem erfüllt werden müssen, schließlich haben auch diese eine Relevanz für die Erfüllung der Kundenanforderungen.

Beim Ausfüllen der Matrix wird jedes CTQ mit jeder Kundenanforderung korreliert. Je nach Anzahl der CTQs und Kundenanforderungen müssen also gegebenenfalls mehrere hundert Einzelbewertungen durchgeführt werden.

Für das Ausfüllen der Matrix dient folgende Leitfrage:

„Inwieweit erhöht die Verbesserung des Produktmerkmals in Optimierungsrichtung die Kundenzufriedenheit bezüglich der jeweiligen Kundenanforderung?“

Diese Korrelation zwischen Produktmerkmal und Kundenanforderungen wird auf einer Skala mit den drei Stufen 1, 3 und 9 bewertet, wobei 1 einen geringen, 3 einen mittleren, und 9 einen starken Zusammenhang bedeutet. Wenn kein Zusammenhang zwischen dem Produktmerkmal und der Erfüllung der Kundenanforderungen besteht, bleibt das entsprechende Feld in der Matrix leer. Die Verbesserung eines Produktmerkmals in Optimierungsrichtung könnte auch zu einer schlechteren Erfüllung bestimmter Kundenanforderungen führen. In diesem Fall wird in die Matrix ebenfalls kein Wert eingegeben.

Hinweis: In manchen Softwareprogrammen zur Erstellung eines QFD ist es möglich, negative Korrelationen durch die Eingabe von -1 oder auch -1, -3 und -9 zu kennzeichnen. Dies sollte jedoch nur zu informativen Zwecken dienen. Die negativen Bewertungen sollten nicht mit den positiven Bewertungen verrechnet werden, was bei den meisten Softwareprogrammen auch so implementiert ist.

Nach dem Ausfüllen der Matrix wird für jedes Produktmerkmal die Stärke der Korrelation, also 1, 3 oder 9, mit der Wichtigkeit der Kundenanforderungen, also 1 bis 5 multipliziert. Die leeren (oder ggf. negativen) Felder werden nicht zur Berechnung herangezogen. Anschließend werden alle Punktwerte spaltenweise aufsummiert. Damit erhält man für jedes Produktmerkmal einen Gesamtpunktwert. Für eine bessere Vergleichbarkeit werden diese absoluten Punktwerte dann noch in Prozentwerte umgerechnet. Je höher der Punktwert, desto wichtiger ist das jeweilige Produktmerkmal für die Erfüllung der Kundenanforderungen und damit auch für die Kundenzufriedenheit. Die DFSS-Softwareprogramme oder Excel-Vorlagen nehmen die Berechnungen in der Regel automatisch vor.

Überprüfen Sie am Ende der Bewertung, ob für jede Kundenanforderung mindestens ein relevantes (d.h. Bewertung 3 oder 9) Produktmerkmal vorhanden ist. Andernfalls sollten Sie versuchen, für die bisher nicht ausreichend repräsentierte Kundenanforderung ein geeignetes Produktmerkmal zu finden. Aufgelistete Produktmerkmale, die keine relevante Beziehung zu mindestens einer Kundenanforderung haben, sollten überprüft und ggf. weggelassen werden. Bild 3.29 zeigt das Beispiel einer durchgeführten Bewertung.

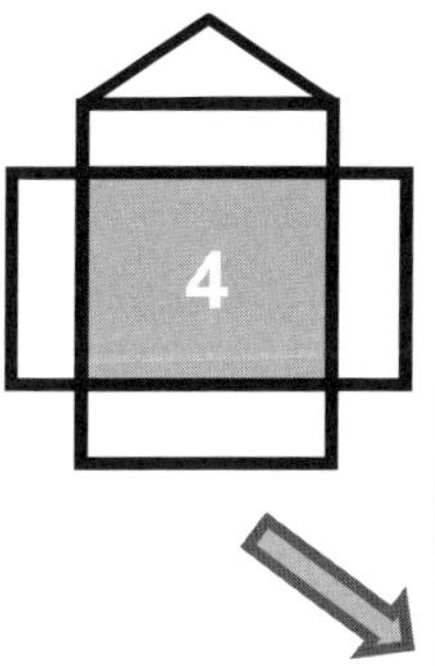

			Spalte	1	2	3	4	5	6	7	8	9	10	11	12	13	14	15	16
			Optimierungsrichtung	▲	▲	▲	▲	▲	▼	▼	▲	▲	▼	▼	▲	▼	▲	O	▲
Relative Wichtigkeit	Wichtigkeit für Kunde (1-10)	Maximaler Zusammenhang	Produkt/Prozesseigenschaften (CTQ's) / Kundenanforderungen	Beurteilungsergebnis im Designtest	max. Neigungswinkel bis Kippen	Mittelwert Haltekraft im Zugversuch	Eintauchtiefe Stumpf in Flüssigkeit	Durchmesserverstellbereich	Rauhigkeit Auflagefläche	Härte Auflagefläche	max. Fallhöhe ohne Beschädigung	B10 Lebensdauer	benötigte Füllzeit	durchschn. Montage- + Demontagezeit Baum	mögl. Winkeländerung mit montiertem Baum	Packmaße	Anteil schwerentflammbare Stoffe	GS + TÜV Prüfzeichen erhalten	Anteil recycelbarer Stoffe
11%	9	9	Soll schön und hochwertig aussehen	9							1	3				1		1	
12%	10	9	Soll sicher stehen		9			1		3					3			3	
11%	9	9	Soll Baum sicher halten		1	9		3			1	3			3			3	
7%	6	9	Soll Baum lange frisch halten				9						1						
9%	7	9	Soll für verschiedene Durchmesser einsetzbar sein					9						3	1				
4%	3	9	Darf Boden nicht beschädigen						9	9		1						1	
5%	4	9	Soll robust und langlebig sein								9	9							
4%	3	9	Einfach befüllbar und entleerbar										9	1	1				
10%	8	9	Befestigen und Lösen des Baumes soll einfach möglich sein (Einhandbedienung)		3			3						9	9				
9%	7	9	Senkrechte Ausrichtung Baum soll einfach möglich sein											9	9				
1%	1	9	Soll einfach und kompakt zu verstauen sein													9			
5%	4	9	Soll Brandschutz- Richtlinien einhalten		3	1	3								1		9	9	
10%	8	9	Soll Verletzungen des Benutzers verhindern		3	3		1	1	1	3	3			3		1	9	
2%	2	9	Soll einfach entsorgbar und recycelbar sein															1	9
			Maximaler Zusammenhang	9	9	9	9	9	9	9	9	9	9	9	9	9	9	9	9
			Gewichtung CTQ	81	159	109	66	132	35	65	78	117	33	159	230	18	44	179	18
			Relative Gewichtung CTQ	5%	10%	7%	4%	9%	2%	4%	5%	8%	2%	10%	15%	1%	3%	12%	1%

Bild 3.29 Beispiel für die Bewertung des Zusammenhangs zwischen den Produktmerkmalen und den Kundenanforderungen für einen Christbaumständer

Raum 5: Wechselwirkungen zwischen den Produktmerkmalen

Im „Dach" des HoQ 1 werden alle Produktmerkmale paarweise auf ihre Wechselwirkungen hin untersucht. Die Wechselwirkungen zwischen den Produktmerkmalen werden in drei Stufen bewertet:

+	Merkmale beeinflussen sich positiv.
leer	Merkmale beeinflussen sich nicht.
–	Merkmale beeinflussen sich negativ.

Bei der Bewertung der Wechselwirkungen müssen Sie die jeweilige Optimierungsrichtung für das Produktmerkmal beachten. Dabei ist also die Frage:

„In welcher Weise beeinflusst die mögliche Verbesserung eines Produktmerkmals in Optimierungsrichtung das jeweils andere zu bewertende Produktmerkmal?"

zu beantworten. Je nach Optimierungsrichtung könnten sich also sowohl positive als auch negative Beeinflussungen ergeben. Bild 3.30 zeigt ein Beispiel für ein ausgefülltes „Dach".

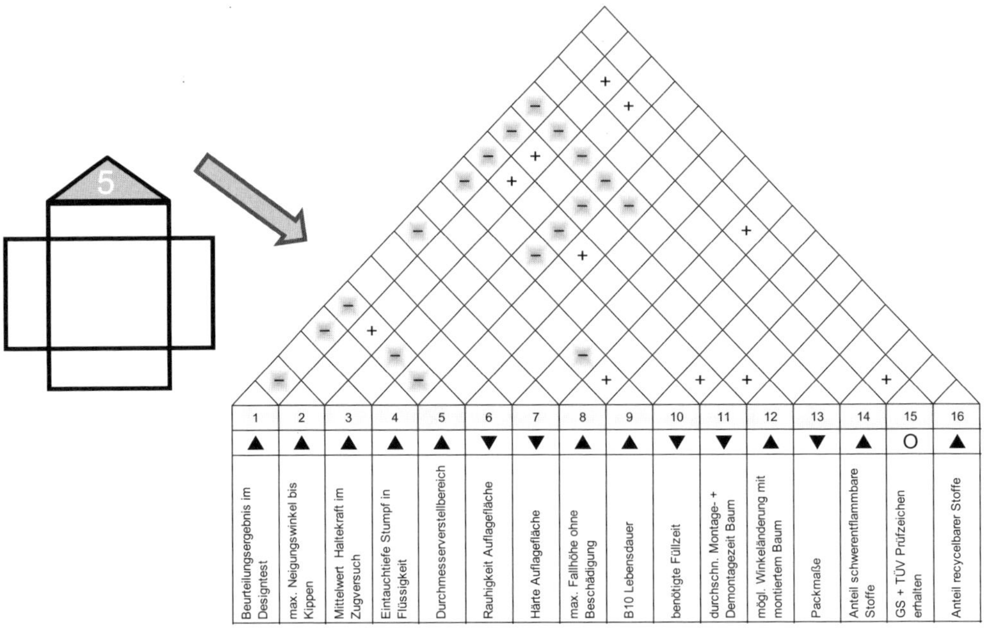

Bild 3.30 Beispiel für die Bewertung der Wechselwirkungen zwischen den Produktmerkmalen

Durch die Bewertung der Wechselwirkungen lassen sich frühzeitig etwaige Zielkonflikte identifizieren. Diese Zielkonflikte sollten dann im Laufe der Designphase möglichst frühzeitig gelöst werden. Oft werden diese Zielkonflikte durch einen Kompromiss so gut es eben geht beseitigt. Eine bessere Alternative wäre es, den Zielkonflikt möglichst durch eine Innovation vollständig zu lösen. Das führt häufig zu einem deutlichen Wettbewerbsvorteil, ist jedoch in der Praxis meist nicht einfach umzusetzen. Als mögliche Methodik zur Innovationsfindung eignet sich besonders gut die Methodik TRIZ (siehe Kapitel „TRIZ“).

Raum 6: Zielwerte und Schwierigkeitsgrade

Im Raum 6 werden die Zielwerte und möglichst auch Toleranzbereiche für die CTQs definiert. Die Festlegung der Zielwerte muss sehr sorgfältig erfolgen, da bei der Festlegung nicht ausreichender Zielwerte die Kundenzufriedenheit nicht gegeben ist und damit der Markterfolg des Produktes massiv gefährdet wird. Andererseits werden durch überzogene Zielwerte die Entwicklungs- und Produktionskosten erhöht und damit die Wirtschaftlichkeit und letzten Endes wiederum der Markterfolg gefährdet. Auch deshalb ist die möglichst genaue Kenntnis der Kundenanforderungen essenziell. In der Praxis ist die Festlegung geeigneter Zielwerte, gerade in sehr frühen Entwicklungsphasen, wegen fehlender Informationen oft schwierig. Sie sollten jedoch im Zweifelsfall hier lieber eine Projektverzögerung in Kauf nehmen, als mit unrealistischen Zielewerten in die Konzeptphase einzusteigen.

Neben den Zielwerten selbst sollten auch die genaue Messgröße und Maßeinheit für jedes CTQ festgelegt werden. Optional kann dann zusätzlich noch für jedes CTQ ein Schwierigkeitsgrad definiert werden. Dabei wird bewertet, wie einfach oder schwierig die Erreichung der Zielwerte eingeschätzt wird (Bild 3.31). Dabei wird meist eine Skala von 1 bis 10 verwendet, wobei 1 bedeutet *„sehr einfach zu realisieren"* und 10 für *„extrem schwer zu realisieren"* steht.

Optional erlaubt die im Begleitmaterial beigefügte Excel-Vorlage für das QFD 1 einen zusätzlichen Wettbewerbsvergleich bezüglich der ermittelten Produktmerkmale (siehe Bild 3.32). Hier wird bewertet, wie gut beispielsweise das derzeitige Produkt, das zu entwickelnde Produkt oder wichtige Wettbewerbsprodukte die Zielwerte für die ermittelten Produktmerkmale einhalten. Die dabei ermittelten Defizite und Stärken helfen Ihnen bei der Fokussierung der Entwicklungsziele.

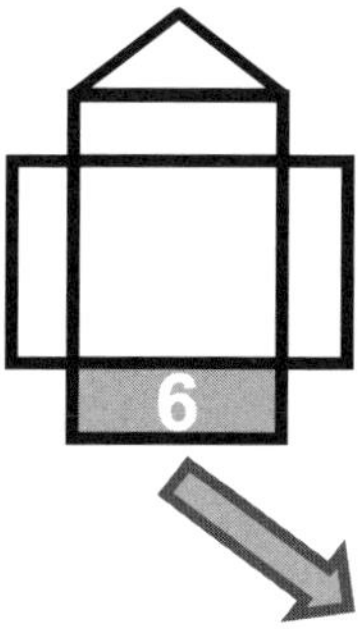

Spalte	1	2	3	4	5	6	7	8	9	10	11	12	13	14	15	16
Optimierungsrichtung	▲	▲	▲	▲	▲	▼	▼	▲	▲	▼	▼	▲	▼	▲	O	▲
Produkt/ Prozesseigen-schaften (CTQs) / Kunden-anforderungen	Beurteilungsergebnis im Designtest	max. Neigungswinkel bis Kippen	Mittelwert Haltekraft im Zugversuch	Eintauchtiefe Stumpf in Flüssigkeit	Durchmesserverstellbereich	Rauhigkeit Auflagefläche	Härte Auflagefläche	max. Fallhöhe ohne Beschädigung	B10 Lebensdauer	benötigte Füllzeit	durchschn. Montage- + Demontagezeit Baum	mögl. Winkeländerung mit montiertem Baum	Packmaße	Anteil schwerentflammbare Stoffe	GS + TÜV Prüfzeichen erhalten	Anteil recycelbarer Stoffe
Zielwerte	>= 5 (Skala 1-6)	> 15 Grad von Sekrechten	> 500 N, Ziel 1000N	> 50mm, Ziel 100mm	50 - 150 mm	Ra < 500µm	Shore D < 80	> 1m bei 20% Beschädigungsquote	> 500 Zyklen	< 30s bis max. Füllung	< 120 s	+- 10 Grad	< 22 dm³	> 95%	ja	> 80%
Schwierigkeitsgrad (1-10)	9	6	7	3	4	2	5	8	1	3	9	8	5	4	6	5

Bild 3.31 Beispiel für die Festlegung von Zielwerten, Toleranzen und Schwierigkeitsgraden

Schritt 7: Prüfung auf Vollständigkeit und Plausibilität

Bevor Sie die Ergebnisse des QFD 1 weiterverwenden, sollten Sie die Inhalte der verschiedenen Räume sorgfältig auf Vollständigkeit und Richtigkeit hin überprüfen, da die erarbeiteten Ergebnisse aus dem QFD 1 den Input für eine Reihe weiterer wichtiger Werkzeuge und Entwicklungsschritte, wie zum Beispiel QFD 2, Funktionsermittlung und -analyse, Lastenheft, Konzeptbewertung, etc. darstellen. Eine nachträgliche Änderung oder Ergänzung der Inhalte würde dann auch automatisch eine aufwendige Überarbeitung aller Folgedokumente erfordern.

3.7.5 QFD 1, House of Quality 1 (HoQ 1): Verwendung des Ergebnisses

Aus dem QFD 1 erhalten Sie folgende wesentlichen Ergebnisse:

- Raum 1: Ermittlung und Gewichtung der Kundenanforderungen.
  Diese Informationen werden später bei der Bewertung der Designkonzepte benötigt. Dort werden Sie dann beurteilen, wie gut die erarbeiteten Designkonzepte die aufgelisteten Kundenanforderungen erfüllen.
- Raum 2: Wettbewerbsanalyse bezüglich Erfüllung der Kundenanforderungen (optional).
  Hier erhalten Sie einen Überblick über die Stärken und Schwächen Ihres Produkts im Vergleich zu den wichtigsten Wettbewerbsprodukten. Damit erkennen Sie, welche Schwachpunkte bei Ihren zukünftigen Designs besonders verbessert werden sollten. Die ermittelten Stärken können gezielt in Marketingkonzepten als Differenzierungsmerkmale gegenüber dem Wettbewerb eingesetzt werden. Der Vergleich der angestrebten Situation mit bisherigen eigenen Produkten und dem Wettbewerb liefert eine klare Priorisierung der erforderlichen Verbesserungsschwerpunkte.
- Raum 3: Übersetzung der Kundenanforderungen in Produktmerkmale (CTQs) und Festlegung der Optimierungsrichtung.
  Dieser Raum liefert die wesentlichen, möglichst messbar formulierten Produktmerkmale und Spezifikationsgrößen. Sie bilden den Kern der Produktspezifikation. Gemeinsam mit den Ergebnissen aus Raum 6 sind damit bereits die wesentlichen Inhalte eines evtl. zu erstellenden Lastenhefts definiert. Weiterhin ermöglicht der Vergleich der Wichtigkeit der CTQs (Ergebnis aus Raum 4) mit der Einschätzung des Schwierigkeitsgrads (Raum 6) eine frühzeitige Entdeckung möglicher Barrieren für die Erreichung der Entwicklungsziele.
- Raum 4: Zusammenhang zwischen den CTQs und den Kundenanforderungen.
  Wesentliches Ergebnis hier ist eine Gewichtung der CTQs in Bezug auf die Erfüllung der Kundenanforderungen. Damit wird klar, was die wichtigen bzw. weniger wichtigen CTQs sind. Das heißt jedoch nicht, dass die weniger wichtigen CTQs zwangsläufig vernachlässigt oder sogar weggelassen werden können.
- Raum 5: Wechselwirkungen zwischen den Produktmerkmalen.
  Hier werden frühzeitig Zielkonflikte zwischen den Produktmerkmalen sichtbar. Diese Zielkonflikte sollten im Rahmen der Konzeptentwicklung möglichst rasch einer Lösung zugeführt werden.
- Raum 6: Zielwerte und Schwierigkeitsgrade.
  Die definierten Zielwerte und Toleranzbereiche können direkt in das Lastenheft bzw. in die Produktspezifikationen übernommen werden. Die Schwierigkeitsgrade liefern einen Hinweis zu möglichen Entwicklungsrisiken. Wird ein als wichtig bewertetes CTQ gleichzeitig auch mit einer hohen Schwierigkeit bewertet, so könnte sich hier ein Risiko für das Nichterreichen eines Entwicklungsziels abzeichnen. Die Ergebnisse des optionalen technischen Wettbewerbsvergleichs können zur besseren Fokussierung der Entwicklungsschwerpunkte beitragen.

3.7.6 QFD 1, House of Quality 1 (HoQ 1): Vor- und Nachteile

Die wesentlichen Vorteile eines QFD 1 sind:

- Systematische Strukturierung und Gewichtung der ermittelten Kundenanforderungen, saubere Trennung von Kundenanforderungen und Projektrandbedingungen,
- Systematische und vollständige Erarbeitung der relevanten Produktmerkmale/Spezifikationsgrößen (CTQs) und deren konsequente Ableitung aus den Kundenanforderungen,
- Herausarbeitung und Priorisierung der für die Kundenzufriedenheit wesentlichen Produktmerkmale,
- klare und nachvollziehbare Herausarbeitung der Entwicklungsschwerpunkte,
- konsistente und vollständige Dokumentation.

Die wesentlichen Nachteile eines QFD 1 sind:

- erfordert einen gewissen Aufwand und eine konsequente Arbeitsweise bei der Erstellung,
- ohne Softwareunterstützung oder Vorlagen unhandlich,
- notwendige Bewertungen sind oft subjektiv und mangels vorliegender Informationen schwierig durchzuführen,
- Erkennung vergessener Punkte schwierig.

3.7.7 QFD 1, House of Quality 1 (HoQ 1): Praxisbeispiel

Das Beispiel in Bild 3.32 zeigt das vollständige QFD 1 für die Entwicklung eines Christbaumständers, einschließlich der optionalen Elemente.

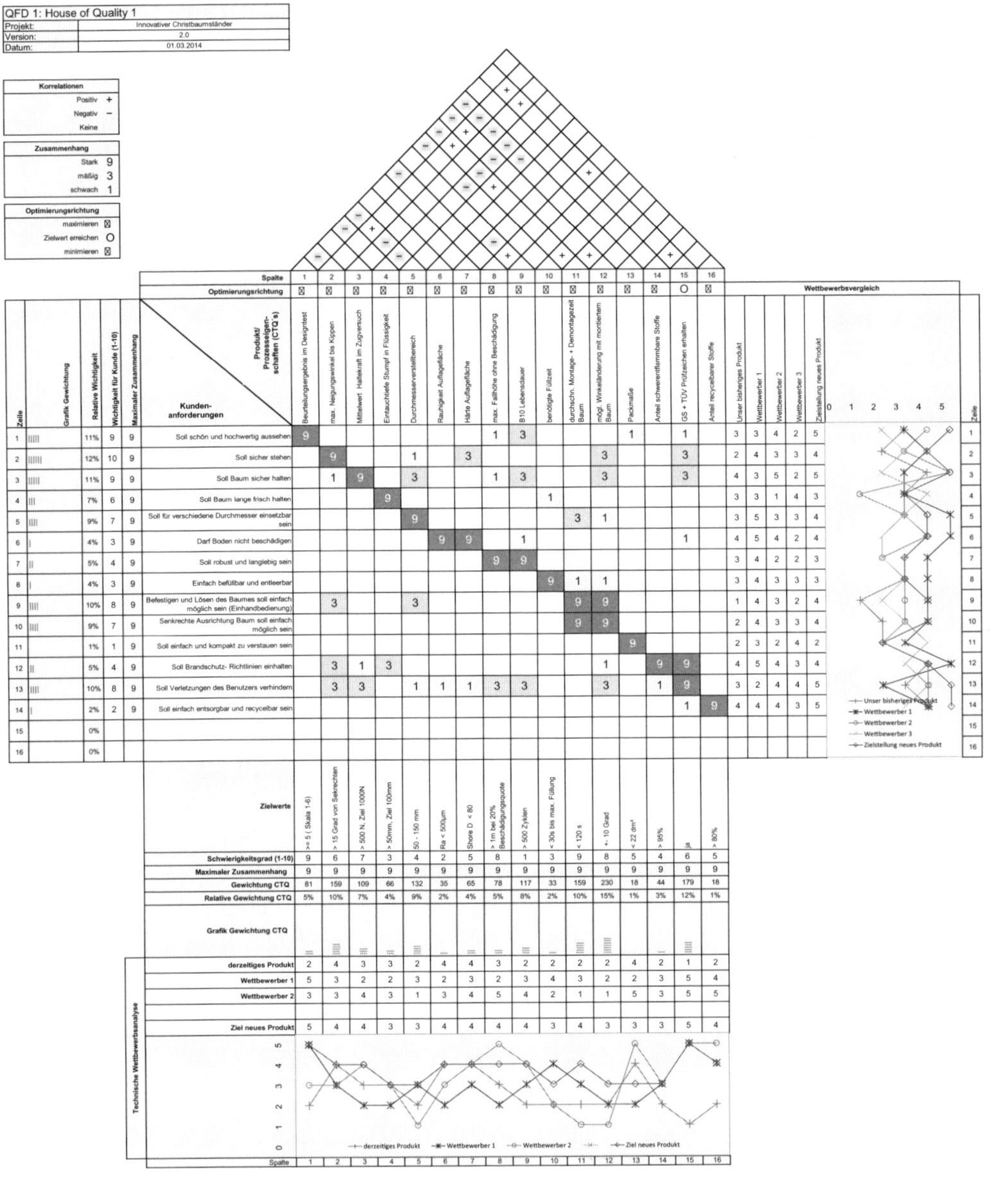

Bild 3.32 Vollständiges QFD 1 für die Entwicklung eines Christbaumständers

3.7.8 QFD 1, House of Quality 1 (HoQ 1): Typische Fehler bei der Anwendung

Typische Fehler im Raum 1: Ermittlung und Gewichtung der Kundenanforderungen

- Achten Sie darauf, keine Vermischung zwischen echten Kundenanforderungen und bereits vom Kunden genannten Produktmerkmalen vorzunehmen. Sollten Sie vom Kunden bereits echte Produktmerkmale erhalten haben (z. B. „Kraftstoffverbrauch eines Autos < 7 Liter/100 km“), so ermitteln Sie die dahinterliegende allgemeine Kundenanforderung (hier beispielsweise „geringer Kraftstoffverbrauch“) und tragen diese in die Spalte der Kundenanforderungen ein.
- Trennen Sie klar zwischen den echten Kundenanforderungen (Voice of the customer, VOC) und den Projektrandbedingungen (Voice of the business, VOB) wie beispielsweise Einhaltung des Entwicklungsbudgets, Herstellkosten oder Konformität mit einschlägigen Normen, die auch erfüllt werden müssen. Sammeln und strukturieren Sie die Projektrandbedingungen genauso wie die Kundenanforderungen. Die Randbedingungen werden zunächst nicht in das QFD 1 mit aufgenommen, sie werden aber später für die Bewertung der erarbeiteten Designkonzepte mit herangezogen. Für die spätere erfolgreiche Umsetzung eines Konzepts müssen sowohl die Kundenanforderungen einerseits als auch die Randbedingungen andererseits möglichst vollständig erfüllt werden.
- Erarbeiten Sie die Kundenanforderungen auf einer konsistenten Detaillierungsebene, d. h., der Detaillierungsgrad sollte für alle genannten Anforderungen ungefähr gleich sein. Sie sollten also nicht bestimmte Anforderungen auf einer sehr groben Detaillierungsebene (Beispiel: „Auto muss möglichst sicher sein“) auflisten und andere wiederum sehr detailliert (Beispiel: „Auto muss vier Kopfairbags haben“). Vermeiden Sie ebenfalls Überbegriffe („Sicherheit“) sowie deren Unterbegriffe („Airbag“, „elektronisches Stabilitätsprogramm“, „automatische Bremsfunktion“ etc.). Allgemein sollten Sie für den Raum 1 einen mittleren Detaillierungsgrad der Kundenanforderungen wählen. Meist wird die Anzahl der zu erfüllenden Kundenanforderungen in der Praxis für die Entwicklung einer Komponente im Bereich von etwa 15 bis 30 liegen.

Typische Fehler im Raum 2: Erfüllung der Kundenanforderungen durch Mitbewerber

- Die Erfüllung der Kundenanforderungen der Konkurrenzprodukte könnte falsch eingeschätzt werden, da Entwickler häufig Experten für das jeweilige Produkt sind und damit typischerweise eine andere Einschätzung treffen als der Endkunde.
- Derzeit bei den Wettbewerbern in Entwicklung befindliche neue Produkte mit besseren Eigenschaften sind möglicherweise nicht oder nur teilweise bekannt und werden deshalb im Wettbewerbsvergleich nicht berücksichtigt.

Typische Fehler im Raum 3: Übersetzung der Kundenanforderungen in Produktmerkmale (CTQs), Festlegung der Optimierungsrichtung

- Auch hier sollten Sie, genauso wie im Raum 1, auf einen konsistenten Detaillierungsgrad achten.
- Projektrandbedingungen („Produktionsstart muss spätestens am 31.12. sein") sollten hier nicht aufgeführt werden.
- Versuchen Sie, die tatsächliche Messbarkeit der Produktmerkmale sicherzustellen. Andernfalls können Sie später den Erfüllungsgrad nicht messen und somit keine Abschätzung bezüglich der Anforderungserfüllung vornehmen. Machen Sie sich bereits zu diesem Zeitpunkt Gedanken über geeignete Messsysteme, bezüglich sowohl der Messfähigkeit als auch der Kosten der Messungen.

Typische Fehler im Raum 4: Zusammenhang zwischen den CTQs und den Kundenanforderungen

- Häufigster Fehler im Raum 4 ist eine falsch vorgenommene Bewertung. Es soll nicht bewertet werden, ob lediglich ein Zusammenhang zwischen den Kundenanforderungen und dem Produktmerkmal besteht, sondern ganz spezifisch *„Inwieweit die Verbesserung des Produktmerkmals in Optimierungsrichtung die Kundenzufriedenheit bezüglich der jeweiligen Kundenanforderung verbessert"*.
- Sollte die Verbesserung eines Produktmerkmals in Optimierungsrichtung zu einer Verschlechterung bei der Erfüllung einer Kundenanforderung führen, so kann in einigen DFSS-Softwareprogrammen und Vorlagen (nicht jedoch bei den beigefügten Excel-Vorlagen) in die Bewertungsmatrix ein negativer Wert eingetragen werden. Die negative Bewertung sollte jedoch nicht zu einer Reduzierung der Wichtigkeit des Produktmerkmals führen, sie wird also nicht zur Berechnung herangezogen, sondern dient lediglich als Zusatzinformation, um beispielsweise frühzeitig potentielle Zielkonflikte zu erkennen.

Typische Fehler im Raum 5: Wechselwirkungen zwischen den Produktmerkmalen

- Für die Bewertung der Wechselwirkungen ist die Berücksichtigung der Optimierungsrichtung wichtig. Sie sollten also bewerten, ob die Verbesserung eines Produktmerkmals in Optimierungsrichtung einen Konflikt oder eine positive Unterstützungswirkung ergibt, wenn das damit verglichene Produktmerkmal ebenfalls in Optimierungsrichtung verbessert wird.
- Das Bewertungsergebnis ist eventuell von der Bewertungsreihenfolge abhängig. Wenn Sie beispielsweise die Wechselwirkung von Produktmerkmal 1 auf Produktmerkmal 2 bewerten, kann das Ergebnis anders sein, wie wenn Sie die Wechselwirkung von Produktmerkmal 2 auf Produktmerkmal 1 bewerten. Streng genommen müsste man also zwei Bewertungsdurchgänge in unterschiedlicher Reihenfolge durchführen. Das wird aber aus Aufwandsgründen häufig nicht gemacht. Einige Softwareprogramme bieten jedoch diese Möglichkeit.

Typische Fehler im Raum 6: Zielwerte und Schwierigkeitsgrade

- Ein häufiger Fehler hier ist, dass die Zielwerte und auch die Toleranzbereiche falsch gewählt werden. Somit kann es sein, dass die Kundenanforderungen nicht ausreichend erfüllt sind, obwohl die Zielwerte und Toleranzen eingehalten werden. Andererseits führen zu ambitioniert gewählte Zielwerte zu „Overengineering“ und damit zu erhöhten Kosten.
- Häufig werden die Messgrößen und Maßeinheiten nicht präzise genug formuliert oder es existiert überhaupt kein geeignetes Messsystem. Überlegen Sie genau, wie die jeweiligen CTQs (Produktmerkmale) gemessen und dargestellt werden sollen.
- Der Schwierigkeitsgrad der Zielerreichung wird falsch abgeschätzt. Das könnte dazu führen, dass für die Realisierung bestimmter Produktmerkmale nicht genügend Ressourcen eingeplant werden.

3.7.9 QFD 2, House of Quality 2 (HoQ 2): Einsatzbereich und Zielstellung

Während im QFD 1 im Kern die Leitfrage der zweiten Entwicklungsphase *„Was müssen wir für wen erfüllen?“* beantwortet wird, soll im QFD 2 die wesentliche Vorbereitung zur Beantwortung der Leitfrage der dritten Entwicklungsphase *„Wie können wir das erreichen?“* getroffen werden. Also aus der Frage *„Was“* des QFD 1 wird die Frage *„Wie“* beim QFD 2.

Häufig wird in Produktentwicklungen der Fehler gemacht, sich viel zu früh auf ein (scheinbar) offensichtliches und optimales Lösungskonzept festzulegen. Dies geschieht auch oft unter Zeitdruck und dem Druck eines Managements oder einer Projektleitung, schnell Lösungskonzepte vorzeigen zu können. Oft stellt sich dann erst sehr viel später heraus, dass wesentliche Kundenanforderungen nicht erfüllt werden. In dieser späten Phase sind Änderungen jedoch fast immer teuer und zeitaufwendig.

Ziel des QFD 2 ist es, als wesentliche Vorbereitung der systematischen Konzeptentwicklung, die für die Erfüllung der Kundenanforderungen grundsätzlich notwendigen *Funktionen* des zu entwickelnden Produkts zu strukturieren und nach Wichtigkeit zu bewerten. Die grundsätzlich benötigten Funktionen sollten vor Erstellung des QFD 2, z. B. mithilfe einer Funktionsanalyse (siehe Kapitel „Funktionsanalyse“) gesammelt und strukturiert werden.

Wesentliches Ergebnis des QFD 2 ist die Priorisierung der Wichtigkeit der grundsätzlich benötigten Funktionen bezüglich der Erfüllung der ermittelten Kundenanforderungen. Somit wird dem Entwickler verdeutlicht, welche Funktionen die Lösungskonzepte zwingend erfüllen müssen, und auch, welche Kosten und Aufwände für die Implementierung einer Funktion sinnvoll sind oder bei welchen Funktionen eventuell einfache und kostengünstige Lösungen ausreichen.

3.7.10 QFD 2, House of Quality 2 (HoQ 2): Aufbau und Beschreibung

Das QFD 2 ist einfacher aufgebaut als das QFD 1. Es enthält weniger Räume (Bild 3.33). Startpunkt und Raum 1 des HoQ 2 bilden die im HoQ 1 definierten Produktmerkmale/Spezifikationsgrößen, die eins zu eins übernommen werden. Ebenso unverändert aus dem QFD 1 werden die Bewertung der Wichtigkeit der Produktmerkmale/Spezifikationsgrößen und die ermittelte Optimierungsrichtung übernommen. Im Raum 3 werden nun die zur Erfüllung der Kundenanforderungen grundsätzlich benötigten Funktionen eingetragen. Im Raum 4 erfolgt dann die eigentliche Bewertung. Dabei wird ermittelt, wie stark die Implementierung einer bestimmten Funktion zur Verbesserung eines Produktmerkmals (in Optimierungsrichtung) beiträgt. Schließlich erfolgt im Raum 5 die Quantifizierung der Wichtigkeit der Funktionen in Bezug auf die Erfüllung der Produktmerkmale.

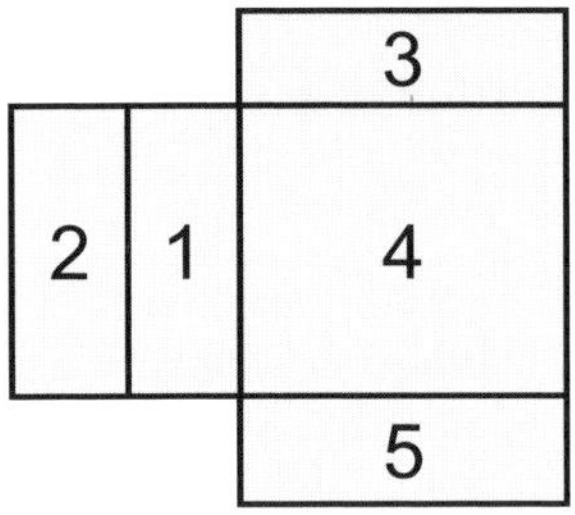

Raum 1: Produktmerkmale/Spezifikationen aus dem QFD 1

Raum 2: Relative Wichtigkeit der Produktmerkmale/Spezifikationen aus dem QFD 1

Raum 3: Strukturierung der erforderlichen Funktionen

Raum 4: Korrelation der Funktionen zur Erfüllung der Produktmerkmale

Raum 5: Ermittlung der Wichtigkeit der Funktionen

Bild 3.33 Die verschiedenen Komponenten („Räume") des QFD 2

3.7.11 QFD 2, House of Quality 2 (HoQ 2): Voraussetzungen und notwendiger Input

Da das QFD 2 auf dem QFD 1 aufbaut, ist eine Voraussetzung das vorher durchgeführte QFD 1. Als benötigte Ergebnisse des QFD 1 müssen mindestens die Produktanforderungen/Spezifikationsgrößen (CTQs), sowie deren Priorisierung vorliegen, die ja ein wesentliches Element des QFD 1 darstellen. Ebenso sollte für die Produktanforderungen die Optimierungsrichtung aus dem QFD 1 festgelegt sein.

Ebenfalls sollten die für die Erfüllung der Kundenanforderungen grundsätzlich notwendigen Funktionen des zu entwickelten Produkts vorhanden sein. Daher empfiehlt sich vor der Erstellung des QFD 2 die Durchführung einer detaillierten Funktionsanalyse (siehe Kapitel „Funktionsanalyse"). Bei der Ermittlung der Funktionen ist wichtig, sich tatsächlich auf die Beschreibung der grundlegenden Funktionen zu fokussieren. Mögliche Ausprägungen der Funktionen werden erst im späteren Verlauf erarbeitet.

Ebenso wie beim QFD 1 sollte auch bei der Erstellung eines QFD 2 ein geeignetes Expertenteam gebildet werden.

3.7.12 QFD 2, House of Quality 2 (HoQ 2): Vorgehensweise bei der Anwendung

Auch die Erstellung des QFD 2 erfolgt am besten schrittweise. Dabei sind für die vollständige Bearbeitung folgende sechs Schritte durchzuführen, wobei der letzte Schritt wiederum eine abschließende Prüfung auf Vollständigkeit und Plausibilität darstellt:

Raum 1: Produktmerkmale/Spezifikationen aus dem HoQ 1

Die im Haus 1 erarbeiteten Produktmerkmale/Spezifikationen werden eins zu eins in den Raum 1 des HoQ 2 übernommen. Die meisten QFD-Softwareprogramme und auch die beigefügten Excel-Vorlagen machen das automatisiert.

Raum 2: Relative Wichtigkeit der Produktmerkmale/Spezifikationen

Die relative Wichtigkeit der Produktmerkmale/Spezifikationen ist das wesentliche Ergebnis aus dem Raum 4 des QFD 1. Auch diese Informationen werden unverändert in das QFD 2 übernommen (Bild 3.34). Ebenso übernommen werden die für die Produktmerkmale/Spezifikationen ermittelten Optimierungsrichtungen.

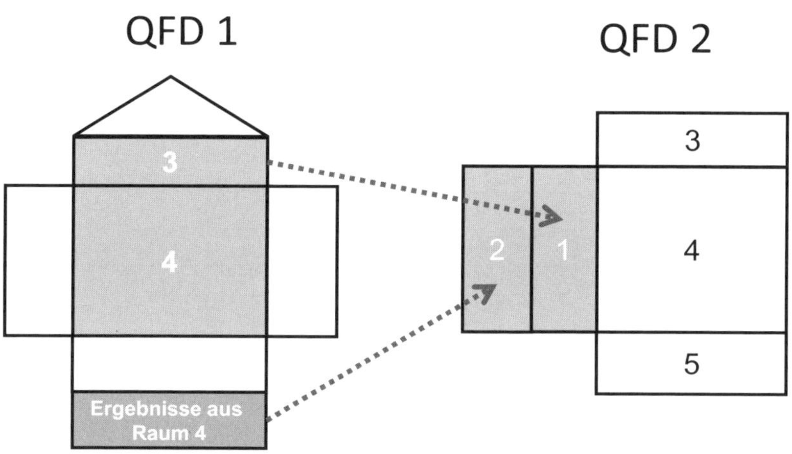

Bild 3.34 Übernahme der Ergebnisse des QFD 1 in das QFD 2

Raum 3: Ermittlung der erforderlichen Funktionen

Im Raum 3 müssen nun die zur Erreichung der definierten Produktmerkmale/Spezifikationen erforderlichen Funktionen definiert werden (Bild 3.35). Die Ermittlung und Strukturierung der Funktionen ist die Kernaufgabe im HoQ 2. Beachten Sie bei der Definition der Funktionen folgende Punkte:

- Versuchen Sie nicht, für jedes einzelne Produktmerkmal die entsprechende Funktion zu finden. Vielmehr sollten Sie überlegen, welche grundlegenden Funktionen Ihr Produkt erfüllen muss, um insgesamt die vorgegebenen Spezifikationen zu erreichen.

- Unterscheiden Sie klar zwischen den benötigten Funktionen (z. B. „Fahrzeug antreiben“) und den möglichen Ausprägungen der Funktionen (z. B. „Dieselmotor“, „Benzinmotor“, „Elektroantrieb“). Im HoQ 2 sollten ausschließlich die möglichst abstrakt und allgemeingültig formulierten Funktionen und nicht etwa schon die möglichen Ausprägungen aufgelistet werden
- Hierarchie und Detaillierungsgrad der Funktionen müssen konsistent sein. Hier empfiehlt sich die hierarchische Gliederung, ggf. über mehrere Ebenen.
- Das Anfertigen von Prinzipskizzen, Blockschaltbildern etc. erleichtert oft die Ermittlung und Strukturierung der erforderlichen Produktfunktionen.
- Wählen Sie für die anschließende Bewertung der Funktionen eine nicht zu grobe, aber auch nicht zu detaillierte Hierarchieebene. Für die Entwicklung einer nicht zu komplexen Komponente ist eine Detaillierungsebene, die etwa zehn bis zwanzig Funktionen enthält, meist angemessen.

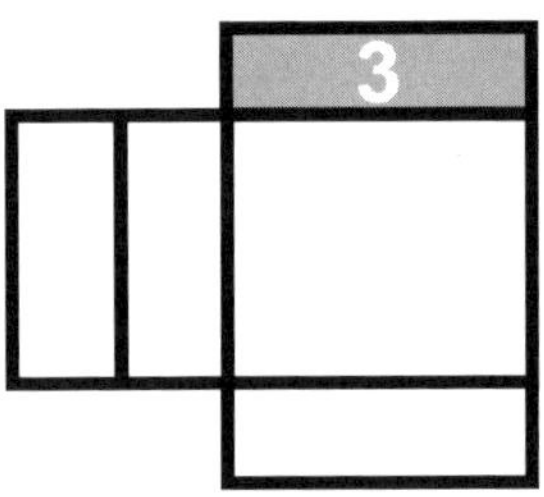

Funktionen / Produkt/ Prozesseigen- schaften (CTQ's)	Winkel einstellen	Durchmesser + Rundheit einstellen	Baum festklemmen	Kippmoment auffangen	Korrosion verhindern	mechanische Beanspruchung aushalten	Wiederverwertung ermöglichen	Maße für Lagerung verringern	Beschädigung Untergrund verhindern
Beurteilungsergebnis im Designtest									
max. Neigungswinkel bis Kippen									
Mittelwert Haltekraft im Zugversuch									
Eintauchtiefe Stumpf in Flüssigkeit									
Durchmesserverstellbereich									
Rauhigkeit Auflagefläche									

Bild 3.35 Beispiel für die Ermittlung und Strukturierung der benötigten Funktionen im QFD 2

Raum 4: Korrelation Funktionen zu Produktmerkmalen

Im Raum 4 erfolgt nun eine Bewertung, welche der aufgelisteten Funktionen zur Erfüllung der erforderlichen Produktmerkmale wie stark beiträgt. Für das Ausfüllen der Matrix dient folgende Leitfrage:

„Wie stark trägt die Implementierung der jeweiligen Funktion zu einer Verbesserung des Produktmerkmals (in Optimierungsrichtung) bei?“

Analog zur Bewertung im HoQ 1 erfolgt ebenfalls wieder eine Einteilung in die Bewertungsstufen 1, 3 und 9, also geringfügig, mittelmäßig und stark. Trägt eine Funktion nicht zur Erfüllung eines Produktmerkmals bei, so bleibt die jeweilige Zelle der Matrix leer (Bild 3.36). Bei einem negativen Beitrag kann die Zelle in einigen QFD-Programmen (nicht jedoch bei den beigefügten Excel-Vorlagen) mit einem −1 versehen werden. Die negativen Werte werden jedoch nicht zur Berechnung der Wichtigkeit der Funktionen herangezogen, sondern besitzen im Wesentlichen informativen Charakter.

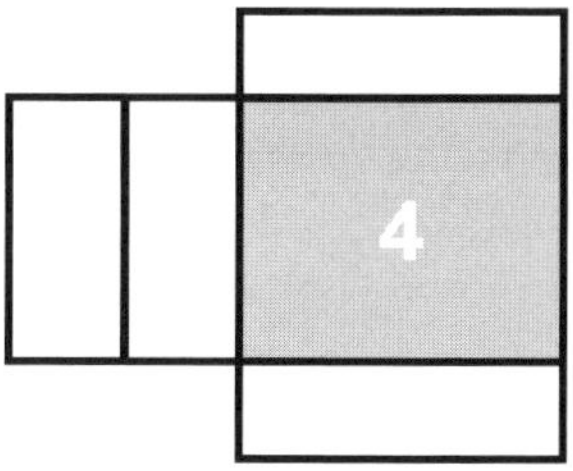

Optimierung[illegible]ung	Pro[illegible]ukt/ Pro[illegible] schaften [illegible] / Funktionen	Winkel einstellen	Durchmesser + Rundheit einstellen	Baum festklemmen	Kippmoment auffangen	Korrosion verhindern	mechanische Beanspruchung aushalten	Wiederverwertung ermöglichen	Maße für Lagerung verringern	Beschädigung Untergrund verhindern
▲	Beurteilungsergebnis [illegible]test	3	1		3	3			3	1
▲	max. Neigungswinkel bis Kippen				9		1			
▲	Mittelwert Haltekraft im Zugversuch			9			3			
▲	Eintauchtiefe Stumpf in Flüssigkeit					1				
▲	Durchmesserverstellbereich		9	3	1					
▼	Rauhigkeit Auflagefläche									3
▼	Härte Auflagefläche									3
▲	max. Fallhöhe ohne Beschädigung						9			

Bild 3.36 Beispiel für die Korrelation der Funktionen zu den Produktmerkmalen

Raum 5: Ermittlung der Wichtigkeit der Funktionen

Schließlich wird wieder das Summenprodukt aus der Wichtigkeit des Produktmerkmals (übernommen aus HoQ 1) und der Stärke der Korrelation der jeweiligen Funktion mit dem Produktmerkmal errechnet. Die absolute Punktzahl wird dann wieder in einen Prozentwert umgerechnet. Damit erhält man eine Priorisierung der Funktionen. Man erkennt also, welche Funktionen zur Erfüllung vieler bzw. wichtiger Produktmerkmale essenziell sind und welche Funktionen weniger wichtig sind. Das heißt nicht automatisch, dass diese Funktionen nicht erforderlich sind, sie können aber in der Regel weniger aufwendig und meist kostengünstiger ausgeführt werden (Bild 3.37).

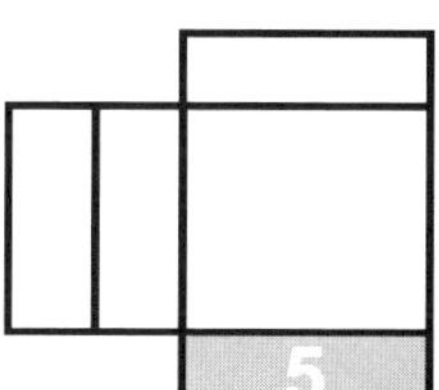

Produkt/ Prozesseigen-schaften (CTQs) / Funktionen	Winkel einstellen	Durchmesser + Rundheit einstellen	Baum festklemmen	Kippmoment auffangen	Korrosion verhindern	mechanische Beanspruchung aushalten	Wiederverwertung ermöglichen	Maße für Lagerung verringern	Beschädigung Untergrund verhindern
Maximaler Zusammenhang	9	9	9	9	9	9	9	9	3
Gewichtung Funktion	195	189	265	239	101	159	22	27	37
Relative Gewichtung Funktion	12%	11%	16%	14%	6%	9%	1%	2%	2%
Grafik Gewichtung Funktion									

Bild 3.37 Beispiel für die Ermittlung der Wichtigkeit der Funktionen

Schritt 6: Prüfung auf Vollständigkeit und Plausibilität

Auch beim QFD 2 sollten Sie die Inhalte wieder sorgfältig auf Vollständigkeit und Richtigkeit hin überprüfen. Nachträgliche Änderungen wegen der vielfachen Verknüpfung der Ergebnisse sind hier ebenfalls aufwendig und zeitraubend.

3.7.13 QFD 2, House of Quality 2 (HoQ 2): Verwendung des Ergebnisses

Aus dem QFD 2 erhalten Sie folgende wesentlichen Ergebnisse:

- Raum 1, Raum 2: Hier sind aus dem QFD 1 übernommene Ergebnisse enthalten.
- Raum 3: Hier wurden die im Rahmen der Funktionsanalyse erarbeiteten Funktionen übernommen.
- Raum 4: Korrelation der Funktionen zu Produktmerkmalen. Die Eintragungen im Raum 4 dienen als Zwischenergebnisse zur Berechnung der relativen Wichtigkeit der Funktionen (siehe Raum 5).
- Raum 5: Die relative Wichtigkeit der Funktionen im Raum 5 zeigt, welche Funktionen zur Erreichung der Kundenzufriedenheit besonders wichtig sind bzw. welche weniger wichtig sind. Das liefert eine Priorisierung für die erforderlichen Entwicklungsschwerpunkte.

Den wichtigen Funktionen sollte im weiteren Entwicklungsprozess höhere Aufmerksamkeit und ggf. auch ein höherer Anteil an den für die Entwicklung verfügbaren Ressourcen zugemessen werden. Für die Implementierung der wichtigen Funktionen werden wir auch einen höheren Anteil am Kostenbudget des Produkts (cost per function) einplanen. Die weniger wichtigen Funktionen sollten mit einem möglichst kleinen Budgetanteil implementiert werden.

3.7.14 QFD 2, House of Quality 2 (HoQ 2): Vor- und Nachteile

Die wesentlichen Vorteile eines QFD 2 sind:

- Klare Fokussierung auf grundlegende Funktionen statt auf Ausprägungen der Funktionen; dadurch Vermeidung der zu frühen Festlegung auf (scheinbar) optimale und naheliegende Designkonzepte
- Frühzeitige Ermittlung und klare Priorisierung der erforderlichen Funktionen zur Erfüllung der Kundenanforderungen; frühzeitige Herausarbeitung der wichtigen Funktionen
- Konsistente, vollständige und durchgängige Dokumentation

Die wesentlichen Nachteile eines QFD 2 sind:

- Erfordert gewissen Aufwand und konsequente Arbeitsweise bei der Erstellung.
- Ohne Softwareunterstützung unhandlich.

- Durchgeführte Bewertungen sind oft subjektiv.
- Auch als eher unwichtig klassifizierte Funktionen können trotzdem notwendig sein.

3.7.15 QFD 2, House of Quality 2 (HoQ 2): Praxisbeispiel

Das Beispiel in Bild 3.38 zeigt das vollständige QFD 2 für die Entwicklung eines Christbaumständers.

QFD 2: House of Quality 2	
Projekt:	innovativer Christbaumständer
Version:	1.05
Datum:	10.03.2014

Zusammenhang	
Stark	9
Mäßig	3
Schwach	1

Zeile	Grafik Gewichtung	Relative Wichtigkeit	Wichtigkeit Produkteigenschaft	Optimierungsrichtung	Produkt/ Prozesseigen-schaften (CTQs) \ Funktionen	1 Winkel einstellen	2 Durchmesser + Rundheit einstellen	3 Baum festklemmen	4 Kippmoment auffangen	5 Korrosion verhindern	6 mechanische Beanspruchung aushalten	7 Wiederverwertung ermöglichen	8 Maße für Lagerung verringern	9 Beschädigung Untergrund verhindern	10 Stumpf feucht halten	11 Füllstand anzeigen	12 Bezug zu Weihnachten herstellen	13 schön und wertig aussehen	14 Brandschutz gewährleisten	15 Personenschutz gewährleisten	16	Zeile
1	||	5%	81	⊠	Beurteilungsergebnis im Designtest	3	1		3	3			3	1		1	9	9				1
2	||||	10%	159	⊠	max. Neigungswinkel bis Kippen				9		1								3	3		2
3	|||	7%	109	⊠	Mittelwert Haltekraft im Zugversuch			9			3								1	3		3
4	||	4%	66	⊠	Eintauchtiefe Stumpf in Flüssigkeit					1					3	1			3			4
5	||||	9%	132	⊠	Durchmesserverstellbereich		9	3	1													5
6	|	2%	35	⊠	Rauhigkeit Auflagefläche									3				1				6
7	||	4%	65	⊠	Härte Auflagefläche									3				1				7
8	||	5%	78	⊠	max. Fallhöhe ohne Beschädigung						9									3		8
9	|||	8%	117	⊠	B10 Lebensdauer					9	9											9
10	|	2%	33	⊠	benötigte Füllzeit										9	9						10
11	|||||	10%	159	⊠	durchschn. Montage- + Demontagezeit Baum	3	9	9														11
12	|||||||	15%	230	⊠	mögl. Winkeländerung mit montiertem Baum	9		3	1													12
13		1%	18	⊠	Packmaße								9									13
14	|	3%	44	⊠	Anteil schwerentflammbare Stoffe										3				9			14
15	|||||	12%	179	O	GS + TÜV Prüfzeichen erhalten	1	1	3	9	1	1	1		1	3	3			3	3		15
16		1%	18	⊠	Anteil recycelbarer Stoffe							9										16
					Maximaler Zusammenhang	9	9	9	9	9	9	9	9	3	9	9	9	9	9	3		
					Gewichtung Funktion	195	189	265	239	101	159	22	27	37	76	64	48	54	113	103	0	
					Relative Gewichtung Funktion	12%	11%	16%	14%	6%	9%	1%	2%	2%	5%	4%	3%	3%	7%	6%	0%	
					Grafik Gewichtung Funktion																	
					Spalte	1	2	3	4	5	6	7	8	9	10	11	12	13	14	15	16	

Bild 3.38 Vollständiges QFD 2 für die Entwicklung eines Christbaumständers

3.7.16 QFD 2, House of Quality 2 (HoQ 2): Typische Fehler bei der Anwendung

Typische Fehler im Raum 3: Ermittlung der erforderlichen Funktionen

- Ein typischer Fehler im Raum 3 ist, dass für *jedes* Produktmerkmal/CTQ eine entsprechende Funktion gesucht wird. Das ist jedoch nicht zielführend. Bei der Ermittlung der benötigten Funktionen sollten Sie sich gedanklich von den erarbeiteten individuellen Produktmerkmalen lösen. Überlegen Sie stattdessen, welche grundsätzlichen Funktionen das Produkt erfüllen sollte.
- Führen Sie vor dem Eintragen der Funktionen in das HoQ 2 eine Funktionsanalyse durch (siehe Kapitel „Funktionsanalyse"). Es empfiehlt sich, auch mithilfe von Skizzen und Blockschaltbildern die einzelnen Funktionen und deren Wechselwirkungen darzustellen. Sorgen Sie danach für eine klare logische und hierarchische Strukturierung der ermittelten Funktionen. Vermeiden Sie Doppelnennungen oder Überbegriffe („Fahrzeug antreiben") und gleichzeitig deren Unterbegriffe („beschleunigen", „Geschwindigkeit halten", „Räder bewegen").
- Achten Sie darauf, nur die (abstrakten) Funktionen aufzulisten, aber nicht die möglichen Ausprägungen der Funktionen, also beispielsweise die Funktion „Fahrzeug antreiben" und nicht etwa „Verbrennungsmotor", „Elektroantrieb", „magnetischer Antrieb". Die möglichen Ausprägungen der Funktionen werden erst später ermittelt und dann zu den Produktkonzepten kombiniert. Wahrscheinlich werden Ihnen eher die Ausprägungen der Funktionen einfallen als die Funktionen selber. In diesem Fall sollten Sie die jeweilige Grundfunktion hinter der genannten Ausprägung suchen.

Typische Fehler im Raum 4: Korrelation der Funktionen zu Produktmerkmalen

Beachten Sie, dass Sie bei der Korrelation der Funktionen zu den Produktmerkmalen ausschließlich folgende Fragestellung bewerten:

„Wie stark trägt die Implementierung der jeweiligen Funktion zu einer Verbesserung des Produktmerkmals (in Optimierungsrichtung) bei?"

Es soll nicht bewertet werden, ob lediglich irgendein Zusammenhang zwischen der Funktion und dem Produktmerkmal besteht. Im Falle einer negativen Auswirkung kann in einigen Vorlagen (nicht jedoch in beiliegenden Excel-Vorlagen) eine −1 eingetragen werden. Die negativen Auswirkungen werden aber nicht zur Berechnung der Wichtigkeit der Funktionen herangezogen.

Typische Fehler im Raum 5: Ermittlung der Wichtigkeit der Funktionen

Beachten Sie, dass Funktionen, die als wenig wichtig bewertet wurden, in der Regel trotzdem nicht einfach weggelassen werden können. Man kann diese Funktionen aber gegebenenfalls einfach und kostengünstig ausführen.

3.7.17 Das Wichtigste in Kürze

- QFD ist eine systematische, mehrstufige Vorgehensweise zur Überführung der Kundenanforderungen in relevante Messgrößen und relevante Funktionen und ggf. über noch weitere Stufen bis zu den erforderlichen Prozessparametern in der Teileherstellung.
- Dadurch wird eine fokussierte Entwicklung sichergestellt, um die wesentlichen und erfolgskritischen Kundenanforderungen bezüglich der technischen, wirtschaftlichen und qualitativen Anforderungen optimal zu erfüllen.
- Zentrales Werkzeug ist eine strukturierte Matrix, das sogenannte „House of Quality". Bis zu vier dieser Matrizen bilden ein durchgängiges Phasenmodell (Haus 1 bis 4).
- Am häufigsten werden in der Praxis die Häuser 1 und 2 angewandt.
- Die wichtigsten Schritte im Haus 1 sind:
  - Ermittlung und Gewichtung der Kundenanforderungen,
  - Wettbewerbsanalyse bezüglich Erfüllung der Kundenanforderungen (optional),
  - Übersetzung der Kundenanforderungen in Produktmerkmale und Festlegung der Optimierungsrichtung,
  - Ermittlung des Zusammenhangs zwischen den Produktmerkmalen und den Kundenanforderungen,
  - Ermittlung der Wechselwirkungen zwischen den Produktmerkmalen,
  - Ermittlung der Zielwerte und Schwierigkeitsgrade.
- Die wichtigsten Schritte im Haus 2 sind:
  - Ermittlung der erforderlichen Funktionen,
  - Korrelation der Funktionen zu den Produktmerkmalen/Spezifikationen,
  - Priorisierung der Wichtigkeit der Funktionen.

3.7.18 Verwandte und weiterführende Themen

CTQ-Treiberbaum

Eine einfachere Methode als QFD, um die Kundenanforderungen in messbare Anforderungsgrößen zu übersetzen, stellt der sogenannte CTQ-Treiberbaum dar. Der CTQ-Treiberbaum ist ein wichtiges Element aus dem Voice-of-the-Customer-Prozess (VOC) und wird vor allem bei Prozessentwicklungsprojekten anstelle des QFD verwendet. Er ist dann sinnvoll, wenn die Anzahl der zu erfüllenden Kundenanforderungen eher klein (typischerweise <10) ist.

QFD 3 und QFD 4

Um eine möglichst vollständige Durchgängigkeit von den Kundenanforderungen einerseits bis zu den Parametern in der Fertigung andererseits zu erhalten, dienen die Häuser 3 und 4 des QFD. Das Haus 3 sorgt für die Übersetzung der Produktfunktionen in die Gestaltungsmerkmale/Prozessanforderungen. Das Haus 4 übernimmt die Übersetzung der Prozessanforderungen in die notwendigen Prozessparameter. Die (wünschenswerte) Erreichung dieser Durchgängigkeit ist für die Entwicklung eines einfachen Bauteils möglich, wird aber für die Entwicklung komplexer Komponenten oder Systeme aufwendig sein. Auf die Erstellung des QFD 3 und QFD 4 soll hier nicht näher eingegangen werden.

Funktionsanalyse

Vor der Eintragung der benötigten Funktionen in das Haus 2 des QFD sollte eine Funktionsanalyse (siehe Kapitel „Funktionsanalyse“) durchgeführt werden. Dabei werden die grundsätzlich benötigten Hauptfunktionen, Unterfunktionen und Hilfsfunktionen ermittelt und logisch gegliedert. Ebenso werden die Zusammenhänge und Wechselwirkungen zwischen den benötigten Funktionen skizziert und analysiert.

3.7.19 Arbeitshilfe

Beigefügt finden Sie jeweils eine kombinierte Vorlage für das QFD 1 und das QFD 2 als Excel-Datei. Die Vorlage für das QFD 1 enthält sowohl die Grundelemente als auch Ergänzungen, wie beispielsweise den Wettbewerbsvergleich. Sie können diese Vorlage auch dann nutzen, wenn Sie nur die Grundelemente verwenden wollen. In diesem Fall lassen Sie die restlichen Felder einfach leer.

Die Arbeitsmappen für das QFD 1 und das QFD 2 sind in der Excel-Datei soweit verknüpft, dass die relevanten Elemente aus dem QFD 1 automatisch in die entsprechenden Felder des QFD 2 übertragen werden und somit nicht erneut eingetragen werden müssen.

Um die Vorlagen praxistauglicher zu machen, gibt es zwei inhaltsgleiche Vorlagen, die aber unterschiedlich viele Felder beinhalten, so dass Sie eine geeignete Datei für ein kleineres QFD mit einer 16 × 16-Matrix und ein größeres QFD mit einer 25 × 25-Matrix finden. Sie können also je nach zu erwartendem Umfang Ihres QFD die geeignete Vorlage auswählen.

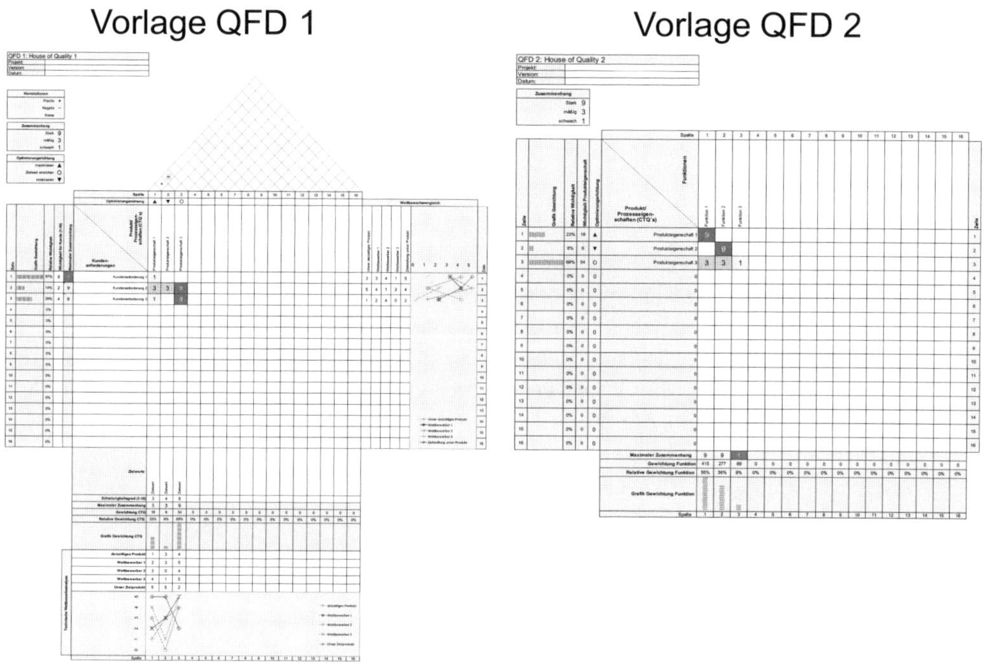

Bild 3.39 Beigefügte Excel-Vorlagen für die Anfertigung eines QFD

HINWEIS: Es stehen Ihnen zur Verfügung

- Vorlage QFD 1 und QFD 2 groß
- Vorlage QFD 1 und QFD 2 klein
- Beispiel QFD 1 und 2 „Christbaumständer“
- Beispiel QFD 1 „Fahrradlampe“
- Beispiel QFD 2 „Fahrradlampe“

Weiterführende Literatur

Akao, Y.: QFD – Quality Function Deployment, Verlag Moderne Industrie, Landsberg/Lech 1992.

Gamweger, J.; Jöbstl, O.; Strohrmann, M.; Suchowerskyj, W.: Design for Six Sigma, Carl Hanser Verlag, München 2009.

Madu, C. N.: House of Quality (QFD) in a Minute, Verlag Chi Publishers, 2000.

3.8 Funktionsanalyse

3.8.1 Einsatzbereich und Zielsetzung

Die Funktionsanalyse wurde im Wesentlichen in den 1960er-Jahren als eine der wichtigsten Teildisziplinen der Wertanalyse (engl. value analysis, value engineering) entwickelt. Im Mittelpunkt der Funktionsanalyse stehen die Sammlung und die Strukturierung der für die Erfüllung der Kundenanforderungen grundsätzlich benötigten *Funktionen*. Damit soll die typischerweise viel zu frühe Festlegung der Entwickler auf ein konkretes Designkonzept vermieden werden, da die grundsätzlich zu erfüllende Funktion (also beispielsweise „Drehmoment übertragen") und nicht etwa bereits die konkrete Ausprägung der jeweiligen Funktion (also beispielsweise „Kardanwelle") beschrieben werden soll. Mit dieser Herangehensweise wird das Denken in Funktionen und nicht in Lösungen unterstützt. Die Funktionsanalyse erfordert jedoch eine gewisse Abstraktionsfähigkeit. Sie ist eines der wichtigsten Elemente auf dem Weg von den Kundenanforderungen zu den Designkonzepten (Bild 3.40).

Bild 3.40 Funktionsanalyse als zentrales Bindeglied zwischen Kundenanforderungen und Designkonzepten

Eine der wesentlichen Betrachtungen bei der Wertanalyse ist die Relation zwischen Kosten und den dafür erzielbaren Funktionen gemäß der Definition

$$Wert = \frac{Funktion}{Kosten}$$

So können im Anschluss an eine Funktionsanalyse den jeweiligen Funktionen Zielkosten oder auch Istkosten zugeordnet werden. Damit ist eine detaillierte Analyse der Wert-zu-Kosten-Relation für jede ermittelte Funktion möglich. Man spricht in diesem Zusammenhang auch von „cost per function".

Die Funktionsanalyse wird hauptsächlich bei der Entwicklung von Produkten und Komponenten eingesetzt. Sie kann jedoch auch im Rahmen einer Prozessentwicklung nützliche Informationen und Ergebnisse bei der Hinterfragung der Funktionen und Unterfunktionen des zu entwickelnden Prozesses liefern.

Der Wert einer Funktionsanalyse liegt nicht überwiegend in dem Ergebnis, sondern wesentlich auch in der Durchführung, da sich dort das Entwicklungsteam klar werden muss, welche Funktionen für die Erfüllung der Kundenanforderungen überhaupt erforderlich sind und wie die einzelnen Funktionen zusammenhängen.

In der Praxis gibt es eine Reihe von verschiedenen Varianten der Funktionsanalyse, die je nach Aufgabenstellung und Zielstellung durchgeführt werden können. In diesem Kapitel soll die häufig verwendete Funktionsanalyse Systemtechnik (F. A.S.T. Function Analysis Systems Technique) beschrieben werden.

3.8.2 Aufbau und Beschreibung

Bei der Funktionsanalyse Systemtechnik wird nach bestimmten Prinzipien ein Funktionsmodell des betrachteten Objekts aufgebaut. Dieses Funktionsmodell wird grafisch als Baumdiagramm oder „Kästchendiagramm“ dargestellt. Bild 3.41 zeigt den grundsätzlichen Aufbau einer Funktionsanalyse Systemtechnik (F.A.S.T.).

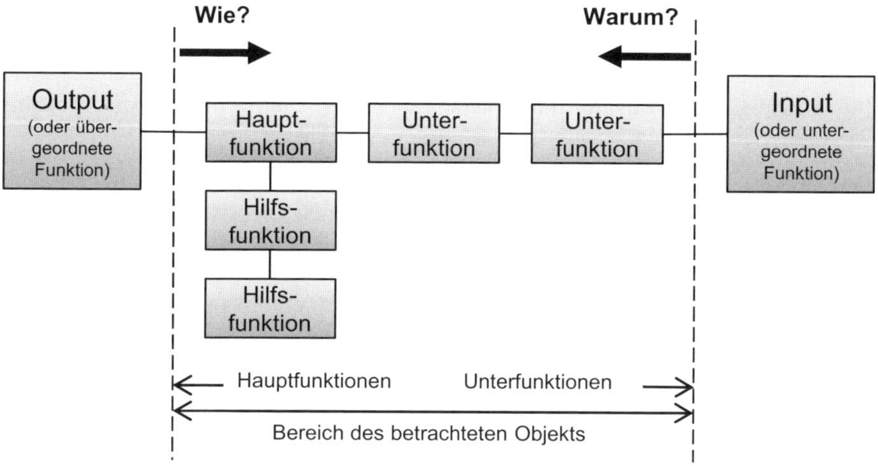

Bild 3.41 Grundsätzlicher Aufbau einer Funktionsanalyse F.A.S.T

Auf der linken Seite des Funktionsdiagramms ist das wesentliche Ergebnis des betrachteten Systems oder auch die sogenannte übergeordnete Funktion dargestellt. Innerhalb der gestrichelten Linien befindet sich das zu analysierende Objekt. Von links nach rechts werden dann die Funktionen in weitere Unterfunktionen zerlegt. Ganz rechts befindet sich die wesentliche Eingangsgröße in das System, die sogenannte untergeordnete Funktion. Links oben innerhalb der gestrichelten Linien ist die Hauptfunktion des Systems. Darunter befinden sich auf der linken Seite die wesentlichen Hilfsfunktionen des Systems. Typische, praktisch in jedem Produkt vorkommende Hilfsfunktionen sind:

- Zuverlässigkeit/Lebensdauer sicherstellen,
- einfache Handhabung gewährleisten,
- Leistung des Produkts verbessern,
- Attraktivität des Produkts erhöhen.

Grundsätzlich erfolgt die Beschreibung einer Funktion immer mit einem *Substantiv* und einem *Verb* (Bild 3.42).

Substantiv	Verb
Motor	starten
Frequenz	umwandeln
Licht	leiten
Drehmoment	übertragen
Daten	speichern
Signal	detektieren

Bild 3.42
Beispiele für die Beschreibung einer Funktion als Kombination aus Substantiv und Verb

Um aus den Hauptfunktionen die Unterfunktionen zu ermitteln, wird bei jedem Schritt von links nach rechts die Frage „Wie“ (wird die Funktion durchgeführt) gestellt. Genauso kann von rechts nach links jeweils die Frage „Warum“ (wird diese Funktion benötigt) gestellt werden.

3.8.3 Voraussetzungen und notwendiger Input

Wesentliche Voraussetzungen für die Durchführung einer Funktionsanalyse sind:

- Die Kundenanforderungen sind vollständig ermittelt, strukturiert und vollständig verstanden (siehe auch Kapitel „Voice of the Customer“).
- Hilfreich ist auch eine zuvor durchgeführte Gewichtung der Kundenanforderungen, z. B. durch einen paarweisen Vergleich (siehe Kapitel „Paarweiser Vergleich“) oder durch ein QFD 1 (siehe Kapitel „Quality Function Deployment“). Bei der Erfüllung einer wichtigen Kundeanforderung muss die Umsetzung der entsprechenden Funktion später wahrscheinlich sorgfältiger und aufwendiger und ggf. auch teurer erfolgen als bei einer wenig wichtigen Kundenanforderung.
- Bildung eines interdisziplinär zusammengesetzten Teams. Dabei sollten sowohl die technischen Experten als auch die Vertriebs- und Marketingleute oder, falls möglich, sogar die Kunden beteiligt werden.

3.8.4 Vorgehensweise bei der Anwendung

Bei der Erstellung einer Funktionsanalyse empfiehlt sich eine Vorgehensweise in vier Schritten:

- Sammeln aller benötigten Funktionen,
- Aufstellen des Funktionsbaums mit den Haupt- und Hilfsfunktionen,
- Erweiterung des Funktionsbaums mit den Unterfunktionen und Beziehungen zwischen den Funktionen,
- Überprüfung auf Vollständigkeit und Richtigkeit.

Schritt 1: Sammeln aller benötigten Funktionen

Zu Beginn der Funktionsanalyse sollten Sie eine vollständige, strukturierte und nach Wichtigkeit geordnete Liste aller Kundenanforderungen vorliegen haben. Diese erhalten Sie aus dem vorher durchgeführten Voice-of-the-Customer-Prozess und einer anschließenden Strukturierung, beispielsweise im QFD 1. Die Priorisierung können Sie ebenfalls über das QFD 1 oder auch einen paarweisen Vergleich erhalten. Stellen Sie in Ihrem Team ein gemeinsames Verständnis über die Kundenanforderungen und deren Priorisierung sicher.

Nun sammeln Sie alle für die Erfüllung der Kundenanforderungen notwendigen Funktionen. Das kann beispielsweise in einem Brainstorming erfolgen. Beachten Sie dabei, dass die grundlegenden benötigten *Funktionen* und nicht etwa bereits die Ausprägungen der Funktionen gesammelt werden. So wäre beispielsweise „Fahrzeug antreiben" die eigentliche Funktion und „Dieselmotor" eine mögliche Ausprägung der Funktion „Fahrzeug antreiben".

Die gesammelten Funktionen können Sie beispielsweise über Haftnotizen oder Metaplankarten visualisieren (Bild 3.43).

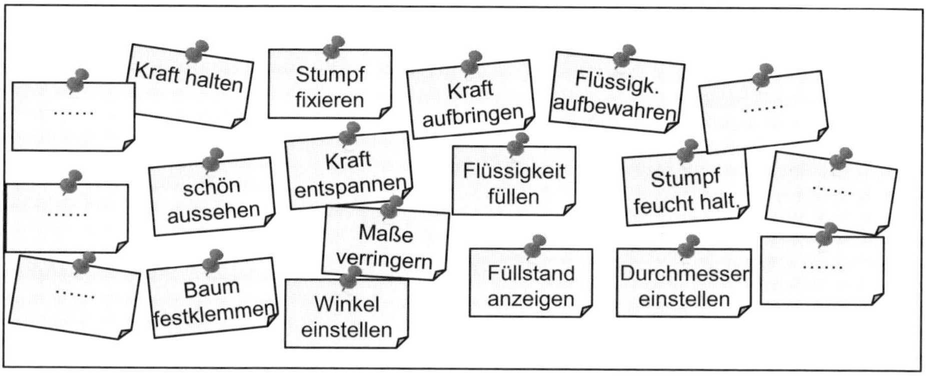

Bild 3.43 Sammlung aller benötigten Funktionen für einen Christbaumständer

Schritt 2: Aufstellen des Funktionsbaums mit den Haupt- und Hilfsfunktionen

Aus den gesammelten Funktionen wird nun die Hauptfunktion ermittelt. Die Hauptfunktion ist der eigentliche Zweck, für den das zu analysierende Objekt überhaupt entwickelt wird. Also wäre die Hauptfunktion bei einem Fahrzeugmotor wohl „Fahrzeug antreiben", bei einem Messer wohl „Objekt trennen" und bei einem Christbaumständer wohl „Baum festklemmen". Gegebenenfalls besitzt ein Produkt auch mehrere Hauptfunktionen. Das trifft vor allem bei komplexeren Systemen, z. B. einem Automobil zu.

Neben den Hauptfunktionen, die den eigentlichen Zweck des betrachteten Objekts charakterisieren, gibt es immer eine Reihe von Hilfsfunktionen. Typischerweise sind meist folgende Hilfsfunktionen Bestandteil eines betrachteten Objekts:

- Zuverlässigkeit/Lebensdauer sicherstellen:
  Diese Funktionen dienen dazu, die Zuverlässigkeit und die Lebensdauer des betrachteten Objekts zu erhöhen. Das könnten also beispielsweise Elemente zur Verhinderung von Korrosion oder zur Dämpfung von Schwingungen oder aber zum Schutz der implementierten Elektronik sein.
- Einfache Handhabung gewährleisten:
  Das sind Funktionen, die dazu dienen, die Benutzung oder Handhabung des Objekts zu verbessern und zu vereinfachen, also beispielsweise die automatische Öffnung eines Regenschirms oder der Tempomat in einem Fahrzeug oder die Fernbedienung in einem Fernsehgerät.
- Leistung des Produkts verbessern:
  Hier werden alle Funktionen gruppiert, die die Leistung des Produkts, möglichst auch

über ein vom Kunden erwartetes Niveau erhöhen. Beispiele für solche Funktionen könnten Funktionen zur Verbesserung der Aerodynamik eines Fahrzeugs oder zur Verbesserung der Straßenlage oder Funktionen zur Reduzierung von Reibungskräften sein.

- Attraktivität des Produkts erhöhen:
  Hier werden alle Funktionen aufgelistet, die dazu dienen, das Produkt für den potenziellen Kunden besonders attraktiv erscheinen zu lassen. Das sind typische Funktionen wie Design, Haptik, Geruch, Geschmack, Klang, Verpackung etc.

Die Haupt- und Hilfsfunktionen werden nun in das Funktionsdiagramm eingetragen (Bild 3.44).

Ganz links in dem Funktionsdiagramm auf Höhe der Hauptfunktionen wird die übergeordnete Funktion (Output) dargestellt. Die übergeordnete Funktion beschreibt das Ergebnis oder den Zweck dessen, was innerhalb des Funktionsdiagramms beschrieben und analysiert wird.

Ganz rechts auf Höhe der Hauptfunktionen wird die untergeordnete Funktion (Input) dargestellt. Die untergeordnete Funktion stellt die Eingangsgröße(n) oder auch den Startpunkt für das betrachtete Objekt dar. Dabei sind die Begriffe „übergeordnet“ und „untergeordnet“ nicht als relative Wichtigkeit, sondern eher als Input und Output zu verstehen.

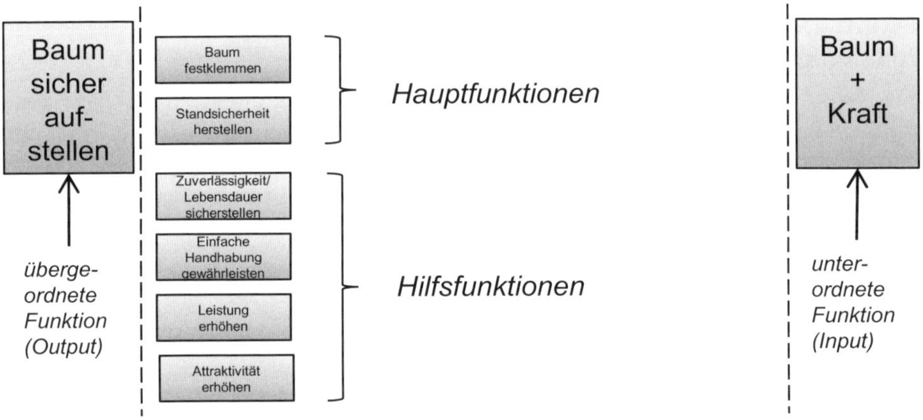

Bild 3.44 Funktionsdiagramm mit Haupt- und Hilfsfunktionen sowie übergeordneter und untergeordneter Funktion für einen Christbaumständer

Schritt 3: Erweiterung des Funktionsbaums mit den Unterfunktionen und Beziehungen zwischen den Funktionen

Ausgehend von den Haupt- und Hilfsfunktionen wird jetzt der Funktionsbaum erweitert. Dabei werden zunächst die Hauptfunktionen von links nach rechts in die jeweiligen Unterfunktionen zerlegt. Um die jeweilige Unterfunktion einer betrachteten Funktion zu erhalten, wird immer die Frage „Wie“ gestellt (Wie wird die Funktion durchgeführt? Wodurch wird die Funktion erreicht?). Die meisten der zu ermittelnden Unterfunktionen sollten bereits im Schritt 1 gesammelt worden sein. Die Zerlegung wird nun soweit durchgeführt, bis wir bei der untergeordneten Funktion (Input) angelangt sind. Zur Verifizierung können Sie den Funktionsbaum von rechts nach links, also von der untersten Funktionsebene in Richtung der jeweils höheren Funktionsebene, durch die Frage „Warum“ (Warum wird diese Funktion benötigt? Wozu ist diese Funktion notwendig?) durchlaufen (Bild 3.45).

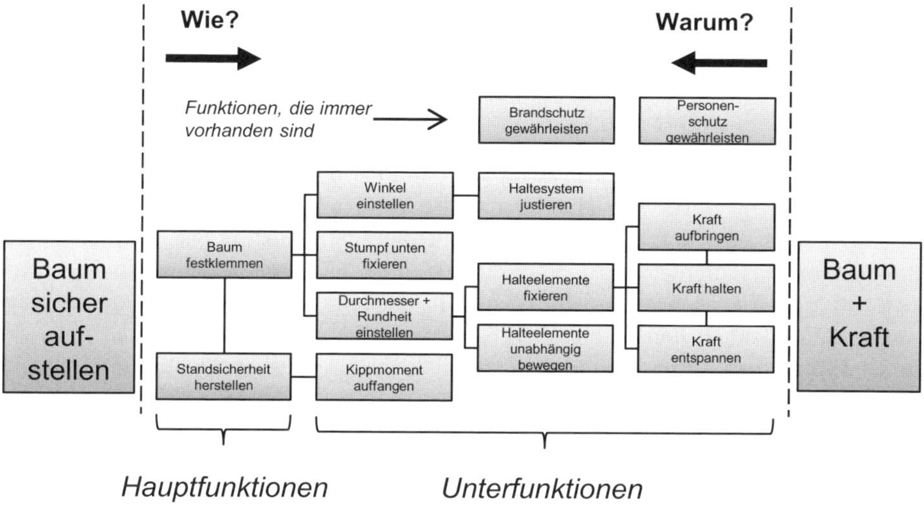

Bild 3.45 Erweiterung des Funktionsbaums durch die Unterfunktionen und Beziehungen zwischen den Funktionen für einen Christbaumständer

Jetzt werden in gleicher Weise die aufgelisteten Hilfsfunktionen in die jeweiligen Unterfunktionen aufgeteilt. Auch dabei werden in der Richtung von links nach rechts die Frage „Wie“ und von rechts nach links die Frage „Warum“ gestellt.

Funktionen, die immer vorhanden sein müssen und keinen direkten Bezug zu anderen Funktionen haben, können oben im Funktionsdiagramm platziert werden.

Schließlich werden die Beziehungen zwischen den Funktionen durch waagrechte oder senkrechte Linien gekennzeichnet. Der Bezug einer Funktion zu der jeweils übergeordneten oder untergeordneten Funktion wird über eine waagerechte Linie gekennzeichnet. Eine Funktion kann sich aus mehreren untergeordneten Funktionen zusammensetzen, so dass sich schließlich ein Funktionsbaum ergibt. Funktionen, die gleichzeitig oder parallel ablaufen, werden mit einer senkrechten Linie verbunden. Dadurch werden die logischen Zusammenhänge zwischen den Funktionen besser visualisiert.

Schritt 4: Überprüfung auf Vollständigkeit und Richtigkeit

Überprüfen Sie schließlich Ihr Funktionsdiagramm auf Richtigkeit und Vollständigkeit. Dabei bewegen Sie sich am besten in dem Diagramm von rechts nach links, also von der untergeordneten Funktion in Richtung übergeordnete Funktion. Stellen Sie, beginnend von der untersten Funktion nach links, immer die Frage „Warum/wozu macht das betrachtete Produkt/die Komponente das?“. Korrigieren und ergänzen Sie Ihr Funktionsdiagramm so lange, bis es in beide Richtungen, also sowohl in die „Wie"- als auch in die „Warum"-Richtung vollständig und logisch strukturiert ist.

3.8.5 Verwendung des Ergebnisses

Ausgehend von den bei der Funktionsanalyse ermittelten grundsätzlich benötigten Funktionen, können Sie daraus viele verschiedene grundsätzliche Lösungskonzepte erarbeiten. Diese Konzepte werden dann verglichen und systematisch bewertet, so dass die tatsächlich besten Lösungskonzepte weiterverfolgt werden.

Die Ergebnisse einer Funktionsanalyse dienen auch direkt als Input für das QFD 2 (siehe dort). Beim QFD 2 erfolgt eine strukturierte Analyse bezüglich der Wichtigkeit der im Rahmen einer Funktionsanalyse ermittelten Funktionen in Bezug auf die Erfüllung der Kundenanforderungen. Somit können die Funktionen nach Wichtigkeit priorisiert werden. Gegebenenfalls können aufgelistete Funktionen, die keinem Beitrag zur Kundenzufriedenheit liefern, entfallen. Zumindest kann später im weiteren Entwicklungsprozess darauf geachtet werden, dass vergleichsweise unwichtige Funktionen mit möglichst wenig Aufwand und Kosten implementiert werden, wohingegen bei der Umsetzung der wichtigen Funktionen mehr Sorgfalt und Aufwand betrieben werden sollte.

Die dann verbleibenden und verifizierten Funktionen können direkt in den Morphologischen Kasten eingetragen werden. Danach werden für jede aufgelistete Funktion die möglichen Ausprägungen ermittelt. Jede Kombination von verschiedenen Ausprägungen für die jeweils benötigte Funktion ergibt dann ein mögliches Designkonzept. Somit erhalten Sie in kurzer Zeit viele verschiedene und auch neuartige Designkonzepte. Durch sorgfältige Bewertung dieser Designkonzepte, z.B. mit der Nutzwertanalyse (siehe Kapitel „Nutzwertanalyse"), kann sichergestellt werden, wirklich das optimale aller möglichen Designkonzepte auszuwählen.

Besonders wichtig ist eine detaillierte Analyse der benötigten Funktionen auch im Vorfeld einer Wertanalyse. Dabei wird der mögliche Kundennutzen für jede zu implementierende Funktion den zu erwartenden Kosten gegenübergestellt, so dass für die Implementierung einer bestimmten Funktionalität nicht mehr als die dem gegenüberstehenden Kundennutzen angemessenen Kosten verursacht werden. Man spricht in diesem Zusammenhang auch von der Relation „cost per function".

3.8.6 Vor- und Nachteile

Die wesentlichen Vorteile einer Funktionsanalyse sind:

- Die ermittelten Kundenanforderungen werden strukturiert und nachvollziehbar in die grundsätzlich für die Erfüllung der Kundenanforderungen notwendigen *Funktionen* übersetzt.

- Für die Erfüllung der Kundenanforderungen nicht notwendige Funktionen werden frühzeitig eliminiert.
- Transparente logische Gliederung des betrachteten Systems in Hauptfunktionen, Hilfsfunktionen und deren jeweilige Unterfunktionen
- Die logische Beziehung zwischen den Funktionen wird deutlich dargestellt.
- Im Entwicklungsteam wird ein gemeinsames Verständnis für die benötigten Funktionalitäten geschaffen.
- Das Team wird auf die wirklich benötigten Funktionalitäten fokussiert und nicht auf scheinbar naheliegende Lösungen.

Die wesentlichen Nachteile einer Funktionsanalyse sind:

- Sie erfordert vom Team Abstraktionsfähigkeit und die Bereitschaft, sich im Vorfeld detailliert mit den grundsätzlichen Funktionalitäten zu beschäftigen.
- Die Darstellung der Funktionszusammenhänge, gerade bei komplexeren Systemen, ist in einem Funktionsdiagramm oft schwierig.
- Die sorgfältige Erarbeitung erfordert einen gewissen Aufwand und etwas Übung.

3.8.7 Praxisbeispiel

Im nachfolgenden Beispiel sehen Sie die Funktionsanalyse für einen Christbaumständer (Bild 3.46).

Innerhalb der gestrichelten Linien befindet sich das zu analysierende Objekt, hier der Christbaumständer. Rechts außen ist die untergeordnete Funktion (Baum + Kraft), links außen die übergeordnete Funktion, also das Ergebnis des Systems. Oben rechts im Diagramm finden Sie die Funktionen, die im System immer vorhanden sein müssen. Darunter sehen Sie die Hauptfunktionen, die von links nach rechts in die detaillierteren Unterfunktionen zerlegt werden. Unter den Hauptfunktionen befinden sich die für das System notwendigen Hilfsfunktionen. Auch diese werden von links nach rechts in ihre Unterfunktionen zerlegt. Schließlich enthält die Funktionsanalyse noch die Beziehungen zwischen den Funktionen, die über Verbindungslinien gekennzeichnet sind.

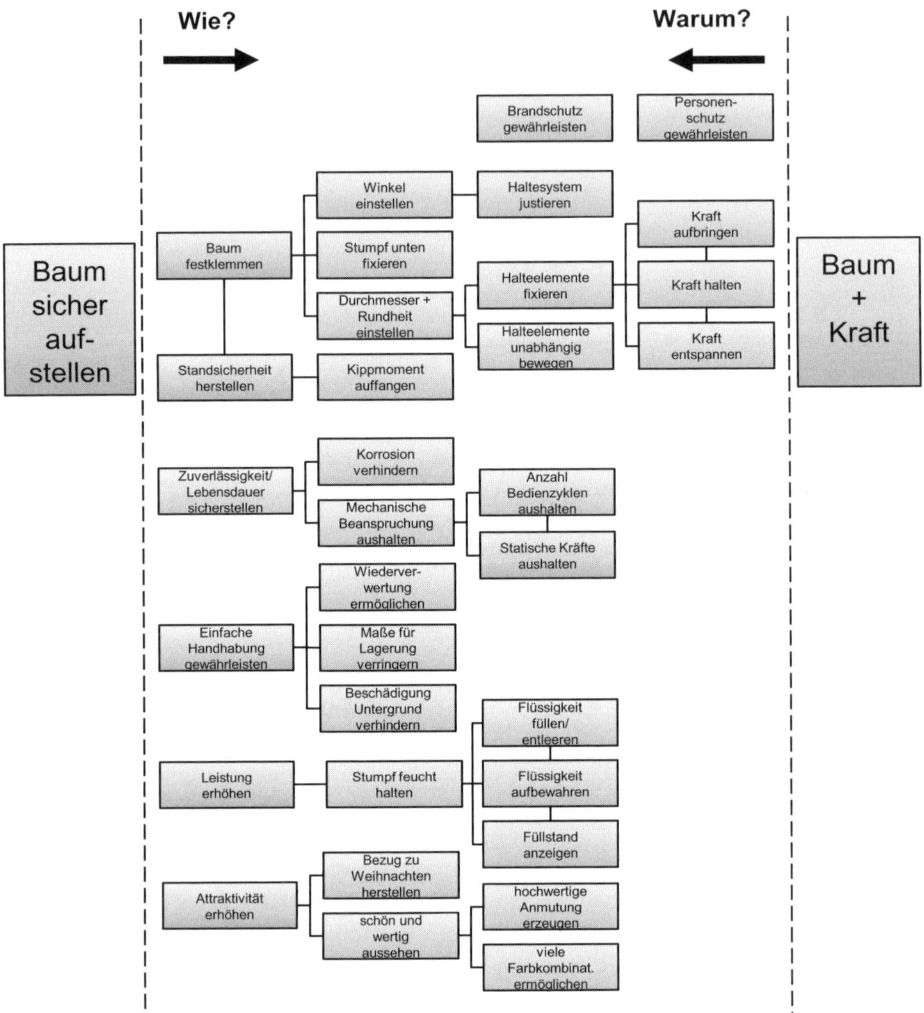

Bild 3.46 Funktionsanalyse für einen Christbaumständer

3.8.8 Typische Fehler bei der Anwendung

Typische Fehler, die bei der Durchführung einer Funktionsanalyse gemacht werden, sind:

- Es werden nicht die grundsätzlichen Funktionen, sondern bereits die Ausprägungen der Funktionen beschrieben. Beschreiben Sie immer die grundsätzliche Funktion, die zur Erfüllung der Kundenanforderungen notwendig ist.
- Wichtige Funktionen werden vergessen. Häufig liegt der Fehler hier schon in einer unvollständigen Ermittlung der Kundenanforderungen. Achten Sie auf eine vollstän-

dige und strukturierte Auflistung der Kundenanforderungen. Überprüfen Sie, ob alle wesentlichen Kundenanforderungen durch Funktionen im Funktionsdiagramm abgedeckt sind.

- Es wird nicht der richtige Detaillierungsgrad gewählt. Bei komplexen Systemen empfiehlt es sich, eine hierarchische Funktionsanalyse auf verschiedenen Detaillierungsebenen durchzuführen. Für das Gesamtsystem sollte zunächst eine „normale" Funktionsanalyse durchgeführt werden. Dann empfiehlt es sich, ggf. für einige Teilfunktionen nochmals eigene Funktionsanalysen durchzuführen.

3.8.9 Das Wichtigste in Kürze

Bei der Funktionsanalyse werden die für ein betrachtetes System zur Erfüllung der Kundenanforderung grundsätzlich notwendigen Funktionen in einem Funktionsdiagramm logisch strukturiert und verständlich dargestellt.

Die Funktionsanalyse stellt ein wichtiges Bindeglied zwischen der Ermittlung der Kundenanforderungen und der Erstellung von entsprechenden Designkonzepten dar.

Es gibt verschiedene Varianten der Funktionsanalyse. Eine häufig verwendete Methode der Funktionsanalyse ist die Funktionsanalyse Systemtechnik (F.A.S.T. Function Analysis Systems Technique).

Bei der Funktionsanalyse Systemtechnik werden zunächst, beispielsweise in einem Brainstorming, alle zur Erfüllung der Kundenanforderungen notwendigen Funktionen gesammelt. Dabei ist darauf zu achten, dass die grundlegende *Funktion* und nicht schon die Ausprägung der Funktion ermittelt wird. Eine Funktion wird immer durch die Kombination aus einem Substantiv und einem Verb gebildet, also beispielsweise „Winkel einstellen".

Die gesammelten Funktionen werden dann in die Hauptfunktionen, also die Funktionen, für die das System überhaupt existiert, und in die Hilfsfunktionen aufgeteilt. Hilfsfunktionen sind Funktionen wie beispielsweise Zuverlässigkeit/Lebensdauer sicherstellen, einfache Handhabung gewährleisten, Leistung des Produkts verbessern oder Attraktivität des Produkts erhöhen.

Die Hauptfunktionen und Hilfsfunktionen werden dann in dem Funktionsdiagramm von links nach rechts in die Unterfunktionen zerlegt. Dabei wird in Richtung der Unterfunktion immer die Frage „Wie" (wird die Funktion durchgeführt) gestellt. Genauso kann in die andere Richtung die Frage „Warum" (wird diese Funktion benötigt) gestellt werden. Schließlich werden die Funktionen über Linien verbunden, die logisch zusammenhängen oder gleichzeitig durchgeführt werden.

In einem Folgeschritt werden möglichst viele Ausprägungen für die jeweils grundsätzlich erforderlichen Funktionen gesammelt. Aus den Kombinationen der verschiedenen Ausprägungen für die jeweiligen Funktionen entstehen dann die verschiedenen Designkonzepte, beispielsweise mithilfe des Morphologischen Kastens (siehe Kapitel „Morphologischer Kasten").

Die gesammelten Funktionen können auch als Basis einer Wertanalyse dienen, bei der für jede Funktion die Relation aus Kundennutzen und Kosten für die Implementierung analysiert werden.

Die Funktionsanalyse sollte immer in einem interdisziplinären Team aus Entwicklern und Marketingleuten durchgeführt werden.

3.8.10 Verwandte und weiterführende Themen

Funktionales Blockdiagramm FBD

Das funktionale Blockdiagramm ist eine einfachere Art der Funktionsanalyse im Vergleich zur in diesem Kapitel beschriebenen Funktionsanalyse Systemtechnik. Dabei werden die einzelnen Funktionen aufgelistet und wieder nach Funktionsblöcken wie Hauptfunktionen und Hilfsfunktionen strukturiert. Die jeweiligen Unterfunktionen werden dann in diesen Blöcken aufgelistet. Bild 3.47 zeigt ein Beispiel eines funktionalen Blockdiagramms.

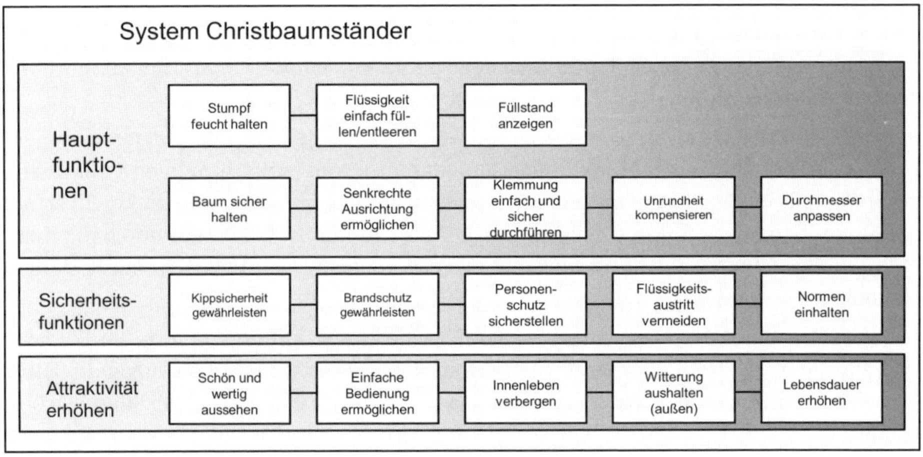

Bild 3.47 Funktionales Blockdiagramm für einen Christbaumständer

Das funktionale Blockdiagramm darf nicht mit dem sehr viel häufiger vorkommenden Blockschaltbild verwechselt werden.

Blockschaltbild

Das Blockschaltbild zeigt im Gegensatz zu einer Funktionsanalyse in der Regel die Komponenten oder Bauteile eines Systems, nicht jedoch die *Funktionen*. Es dient im Wesentlichen zur Darstellung, aus welchen Elementen ein System besteht und wie diese Elemente logisch zusammenhängen. Blockschaltbilder werden häufig für elektronische Systeme oder auch für die Darstellung logischer Zusammenhänge verwendet.

QFD 2

Die im Rahmen einer Funktionsanalyse ermittelten Funktionen können mithilfe eines QFD 2 (siehe Kapitel „Quality Function Deployment“) systematisch auf ihre Wichtigkeit in Bezug auf die Erfüllung der Anforderungen hin untersucht werden.

3.8.11 Arbeitshilfe

HINWEIS: Es stehen Ihnen zur Verfügung

- Beispiel Funktionsanalyse „Christbaumständer“
- Beispiel Funktionsanalyse „Fahrradlampe“ (Funktionales Blockdiagramm)

Weiterführende Literatur

Borza, J., FAST Diagrams: The Foundation for Creating Effective Function Models, trizcon Detroit, 2011, www.aitriz.org.

Wixson, J. R., Function Analysis and Decomposition using Function Analysis Systems Technique, Lockheed-Martin Idaho Technologies Company, www.wixsonvalueassoc.com/99paper.pdf.

3.9 Theorie der erfinderischen Problemlösung (TRIZ)

3.9.1 Einsatzbereiche und Zielstellung

Die Theorie der erfinderischen Problemlösung (TRIZ) ist ein überaus nützliches Hilfsmittel für zahlreiche Anwendungsfälle in den Phasen eines Entwicklungsprojekts, in denen es darum geht, tatsächlich innovativ zu sein, also neue und überraschende Ideen zu generieren. TRIZ ist im modernen Entwicklungsprozess ein wesentliches Kreativitätswerkzeug. Es hilft Ihnen, innovative Lösungen zu entwickeln, indem Sie selbst auferlegte (oder anerzogene) Denkblockaden überwinden und durch das Auflösen von Konflikten strukturiert über den eigenen Erfahrungshorizont hinausblicken (Bild 3.48).

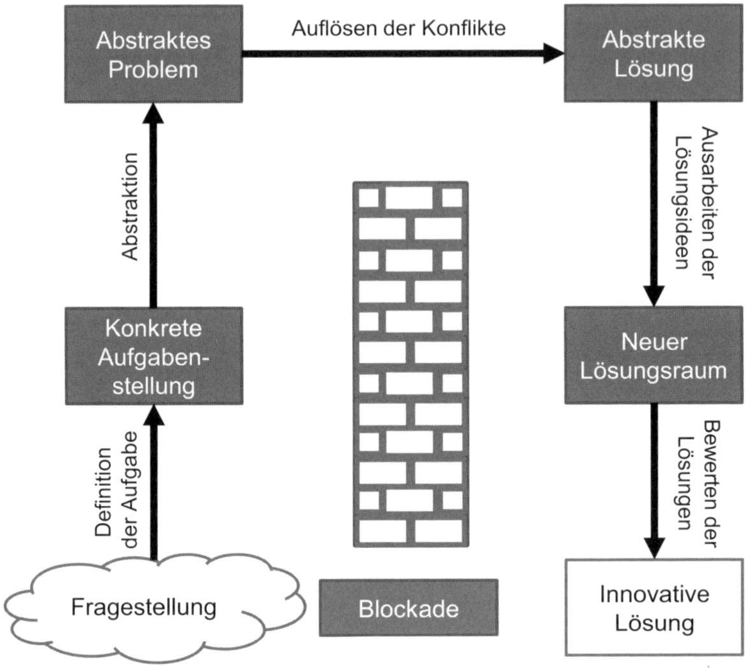

Bild 3.48 Der Lösungsansatz von TRIZ – systematisches Umgehen von Blockaden führt zu innovativen Lösungen.

TRIZ hilft Ihnen bei der Lösung von Zielkonflikten und technischen Widersprüchen im Rahmen der Designvorgaben nach der Durchführung des QFD 1 (siehe Kapitel „Quality Function Deployment (QFD)"), bei der Ausarbeitung technischer Lösungen und bei allen Tätigkeiten, bei denen neue Ideen gefragt sind. TRIZ unterstützt Sie auch bei der Beantwortung der Kernfrage von Entwicklungsprojekten „Wie sieht die optimale Lösung aus?".

Mit den Methoden des TRIZ-Werkzeugkastens können Sie vor dem Start eines Entwicklungsvorhabens die typische technische Produktevolution analysieren und Vorhersagen ableiten, um so beispielsweise früher als der Wettbewerb zu agieren.

Innerhalb des Entwicklungsablaufs werden mit TRIZ-Methoden widersprüchliche Anforderungen und Zielkonflikte an ein Produkt innovativ gelöst oder bei der Realisierung der Konzepte von unerwarteten Widersprüchen befreit. Die Wirkhebel von TRIZ setzen dabei im gesamten Produktentstehungsprozess an, von Marktanalyse, über Entwicklung und Fertigung bis hin zur gezielten Weiterentwicklung.

3.9.2 Das Wichtigste in Kürze

Das Akronym TRIZ steht für „Teoria reshenija isobretatjelskich zadatsch“ (Theorie der erfinderischen Problemlösung). Diese Denk- und Vorgehensweise wurde ab Mitte des letzten Jahrhunderts von zunächst G.S. Altschuller, R.B. Shapiro und D.D. Kabanov schrittweise etabliert und dann immer weiter zum heutigen Stand ausgebaut. Im englischsprachigen Raum wird sie auch „TIPS“ (Theory of Inventive Problem Solving) genannt.

Durch die genaue Beobachtung des Problemlösungsprozesses und die Überwindung der Blockaden kamen die Begründer von TRIZ zu der Erkenntnis, dass alles im Prinzip schon einmal gedacht wurde, nur nicht hier und nicht genau in der zur Lösung bestimmten Fragestellung.

Sie entdeckten zudem, dass sich alle Systeme – wie auch Lebewesen – evolutionär auf eine Idealität hin entwickeln und die Idealität erreicht ist, wenn die Funktion ohne Hilfsmittel ausgeführt wird.

Die Essenz von TRIZ kann man in etwa so summieren:

- Der Kern der Problemstellung wird von schwachen Lösungen ignoriert; Kompromisse sind häufig schwache Lösungen.
- Einer sehr großen Anzahl von Erfindungen steht eine kleine Anzahl von Lösungsprinzipien gegenüber.
- Die erfinderische Herausforderung besteht im Erkennen, Formulieren und Auflösen der technischen und physikalischen Widersprüche.
- Durch das Hilfsmittel der Abstraktion von Problemstellungen können Lösungsstrategien aus anderen Branchen oder der Natur erkannt und genutzt werden.
- Die Entwicklung technischer Systeme beruht auf bestimmten Gesetzmäßigkeiten.

In vielen Artikeln wird TRIZ alleinig auf die Nutzung der sogenannten Widerspruchsmatrix reduziert. Tatsächlich besteht TRIZ aber aus einem ganzen Methodengebäude. Ähnlich wie bei Six Sigma und Design for Six Sigma können Sie bei der Nutzung von TRIZ die Problemlösung mittels einer umfangreichen Sammlung von aufeinander aufbauenden Werkzeugen durchführen (Bild 3.49). Diese zielen alle darauf ab, den direkten Konflikt von Anforderungen an ein System zu lösen, und unterstützen die einzelnen Phasen des innovativen Prozesses. Sie können – wie in Bild 3.49 gezeigt – auch wiederholt eingesetzt werden.

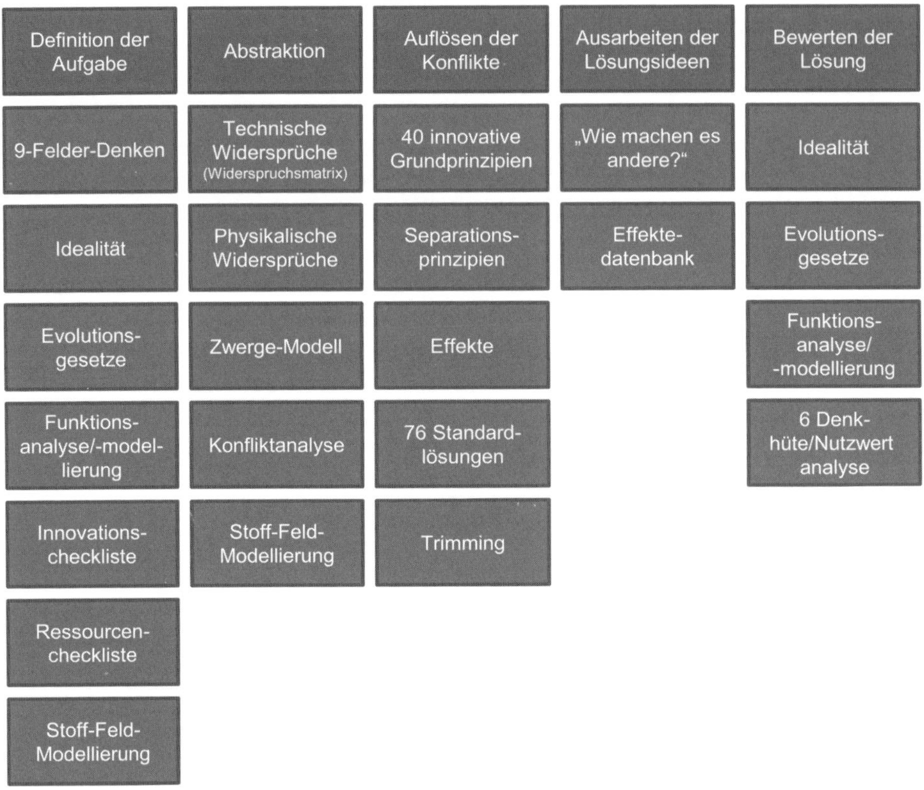

Bild 3.49 Zuordnung einiger wichtiger Werkzeuge des Problemlösungsprozesses nach TRIZ zu den einzelnen Phasen

Das Umgehen der Denkbarrieren darf dabei ausdrücklich durch „Abschauen" und Übertrag von Erfahrung aus anderen industriellen Bereichen oder sogar der Natur (Stichwort „Bionik") geschehen.

Im Folgenden sollen nach unserer Erfahrung nützliche und relativ einfach verständliche Vorgehensweisen aus dem TRIZ-Werkzeugkasten vorgestellt werden.

Das 9-Felder-Denken

Diese Methode soll den ganzheitlichen Blick auf das System, seine Komponenten, aber auch die Umgebungsbedingungen (auch: Supersystem) schärfen. Durch den gezielten Vergleich der gegenwärtigen Situation auf diesen drei Ebenen mit dem Zustand einer genau zu definierenden Vergangenheit soll auf zukünftige Entwicklungen geschlossen werden. Dabei sind die Kenntnisse von Technikevolution oder gesellschaftlichen Trends von großem Vorteil.

Dieser systemische Ansatz wird auch als 9-Fenster-Ansatz oder 9-Screen bezeichnet. Mithilfe der neun Fenster kann die Gesamtsituation verdeutlicht und systematisch betrachtet werden. Sie können so zu vollkommen neuen Lösungsfeldern, Systemdefinitionen oder Problemzusammenhängen geleitet werden sowie planvoll Funktionen, Ressourcen und Anforderungen einarbeiten.

Die Durchführung erfolgt häufig als Workshop in einer moderierten Gruppe. Nach der Durchführung und Sortierung können die Ergebnisse mittels eines Affinitätsdiagramms (siehe Kapitel „Voice of the Customer (VOC)“) zusammengefasst werden.

Schematisch ist die Reihenfolge der Abarbeitung des 9-Felder-Ansatzes in Bild 3.50 gezeigt. Sie können die Beschreibung der einzelnen Schritte in Textform oder als Bild gestalten.

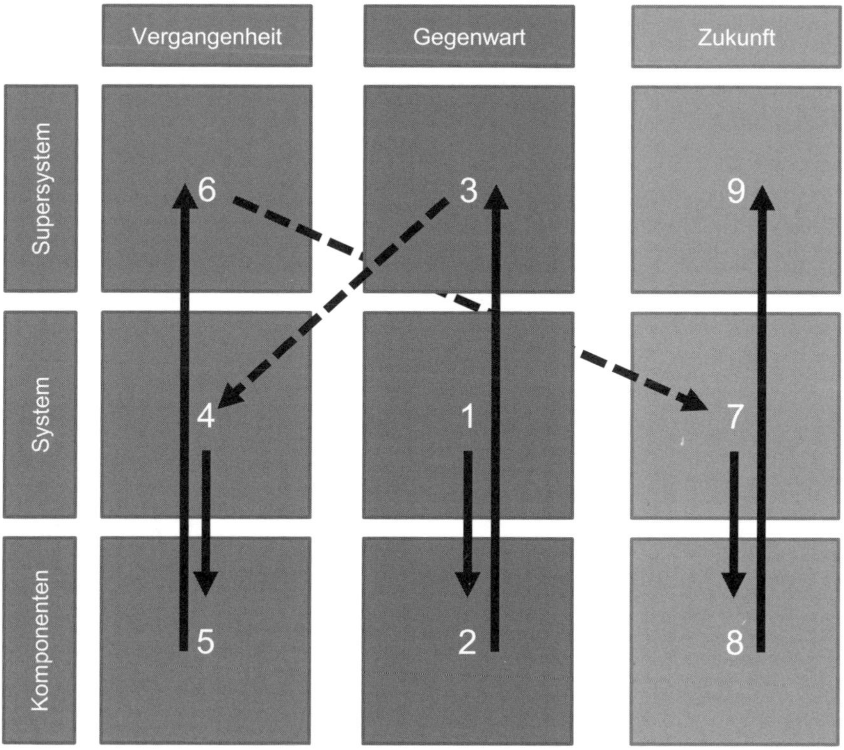

Bild 3.50 Sequenzielles Vorgehen im 9-Felder-Denken – aus der Gegenwart in die Vergangenheit und in die Zukunft

Sie beginnen mit der Beschreibung der Gegenwart des heutigen Systems (1) und fahren mit der Beschreibung der Komponenten fort (2). Danach betrachten Sie die Randbedingungen durch Beschreibung des sogenannten Supersystems (3). Im Supersystem geben Sie zum Beispiel die Nutzungsbedingungen, aktuelle Anforderungen oder Störgrößen für das Funktionieren des Systems an.

Dann beschreiben Sie das System in einer von Ihnen definierten Vergangenheit (4) und seine Komponenten (5) sowie die damals herrschenden Randbedingungen (6). Hierbei ist es notwendig, genau darauf zu achten, zeitlich nicht zu weit zurückzugehen, aber auch nicht zu nah an den aktuellen Zustand.

Aus der Entwicklung von Vergangenheit zur Gegenwart versuchen Sie zunächst auf der Systemebene (7), Ihre Idee des Systems zu beschreiben. Dabei helfen die allgemeinen Evolutionsgesetze (Miniaturisierung, Flexibilisierung, Integration, ...). Diese sind im Rahmen der TRIZ-Methode allgemein bekannt und beschrieben. Dann beschreiben Sie die notwendig erscheinenden Komponenten (8) und die Randbedingung der Nutzung. Dabei sind Sie frei bei der „Korrektur" von Einschätzungen, wenn aus der Betrachtung der Randbedingungen neue Aspekte auftreten.

Das 9-Felder-Denken ist auch gut geeignet, die Grundlagen für eine Unternehmens- oder Bereichsstrategie zu entwickeln, da hier ganzheitlich Aufgaben, Tätigkeiten und die Randbedingungen in einen Zusammenhang gebracht werden.

Der technische Widerspruch (Widerspruchsmatrix) und die 40 innovativen Grundprinzipien

Meist wird unter TRIZ nicht die in Bild 3.49 genannte Sammlung der Methoden und Werkzeuge verstanden, sondern es wird nur auf die Widerspruchstabelle und die 40 innovativen Prinzipien (40 IGP) als „das TRIZ" verwiesen.

Die Vorgehensweise bei der Verwendung der Widerspruchsmatrix und der 40 innovativen Grundprinzipien soll anhand von Bild 3.51 verdeutlicht werden. Die Problemstellung in unserem Beispiel bestehe darin, dass Sie einen großen Transportbehälter benötigen, aber nur wenig Platz zum Aufbewahren besitzen.

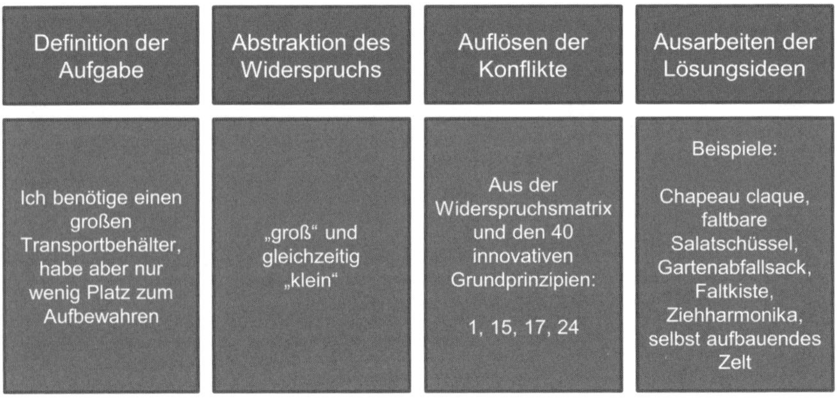

Bild 3.51 Prinzipielle Vorgehensweise bei der Nutzung der Widerspruchsmatrix und der innovativen Grundprinzipien

Anhand von Bild 3.52 erkennen Sie die prinzipielle Nutzung der Widerspruchsmatrix. Die Matrix zeigt in der ersten Zeile und der ersten Spalte in identischer Reihenfolge die verschiedenen technischen Parameter. Die Diagonale der Matrix bleibt leer, weil sich hier jeweils ein und derselbe Parameter gegenüberstehen.

Folgen Sie der ersten Spalte – hier stehen nach der Konvention die Parameter, die sich verbessern sollen. Wenn Sie diesen gefunden haben, gehen Sie in der Zeile nach rechts – nach der Konvention stehen in der Zeile die Parameter, die sich verschlechtern.

Das Feld, in dem sich Spalte und Zeile kreuzen, nennt anhand einzelner Nummern die innovativen Grundprinzipien, die helfen, diesen Widerspruch aufzulösen.

Aus der Abstraktion Ihres konkreten Problems erhalten Sie hier den Widerspruch „Er muss groß sein und gleichzeitig klein". Der sich verbessernde Parameter im Beispiel soll „Länge/Winkel eines bewegten Objekts" sein, der sich dabei verschlechternde Parameter lautet „Länge/Winkel eines stationären Objekts".

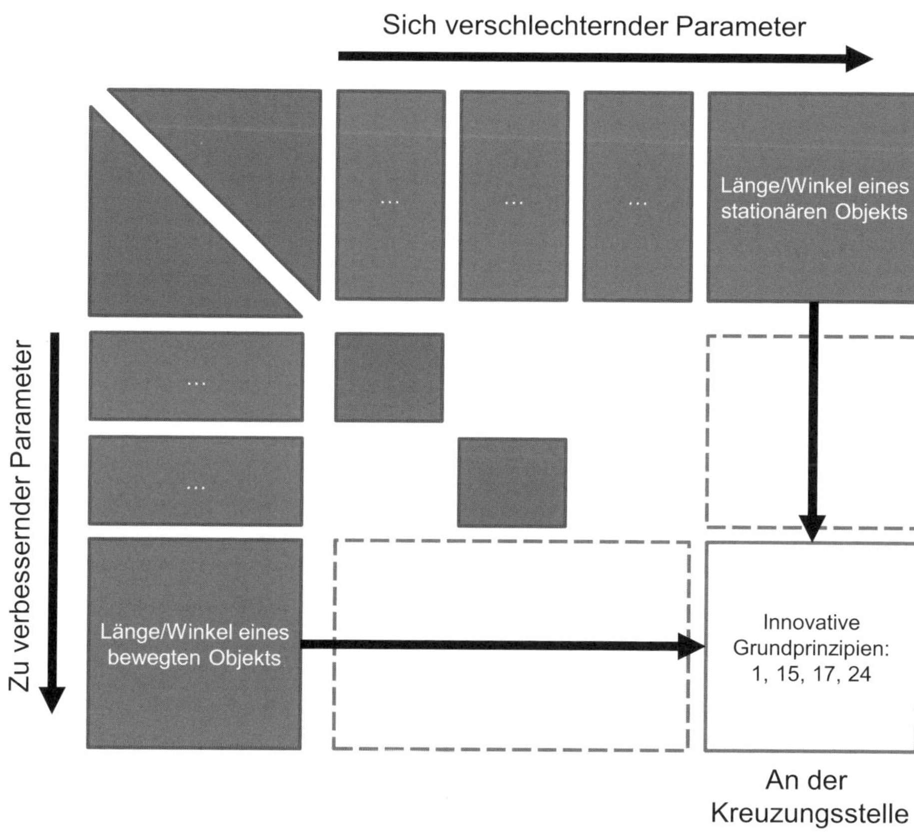

Bild 3.52 Finden der innovativen Grundprinzipien durch Nutzung der Widerspruchsmatrix

Ein wesentliches Element von TRIZ sind die „40 Regeln der Innovation" (teilweise auch 40 innovative Prinzipien, 40 IGP – 40 innovative Grundprinzipien genannt). Zwei dieser Prinzipien sind das „Prinzip von Zerlegen und Zerteilen" (Prinzip 1) und das „Prinzip der Dynamisierung" (Prinzip 15). Die beispielhaft an Prinzip 1 und 15 durchgeführte abstrakte Übersetzung (Tabelle 3.3) führt dann zur abstrakten Lösung.

Tabelle 3.3 Vom Widerspruch zur abstrakten Lösung über die 40 IGP anhand der beispielhaft gewählten Prinzipien 1 und 15

Nummer	Prinzip	Übersetzung
1	Zerlegen und Zerteilen	▪ Zerlege ein Objekt in unabhängige Teile. ▪ Führe ein Objekt zerlegbar aus. ▪ Erhöhe den Grad der Zerlegung. ▪ Zerlege die Funktion des Objekts in unabhängige Teilfunktionen.
15	Dynamisierung	▪ Gestalte ein System und dessen Umgebung so, dass es sich automatisch auf optimale Leistung einstellt. ▪ Unterteile ein System in Elemente, die sich untereinander günstig anordnen können. ▪ Gestalte ein unbewegliches Objekt beweglich, verstellbar oder austauschbar. ▪ Erhöhe die Beweglichkeit.

Wenn Sie mit der Widerspruchsmatrix arbeiten, müssen Sie sich also zuerst klar werden, welche Parameter des von Ihnen entwickelten Systems sich verbessern sollen und welche sich durch diese Verbesserungen verschlechtern würden.

Die von der Widerspruchstabelle vorgeschlagenen Lösungsprinzipien liefern niemals fertige Lösungen. Sie sollen Anwender anregen, in die richtige Richtung zu denken und oft findet man die Lösung in der Kombination unterschiedlicher Prinzipien. In der Praxis ist es manchmal etwas aufwendig, für eine konkrete Aufgabe einen technischen Widerspruch mithilfe der Widerspruchstabelle präzise zu formulieren. Eine Auflistung der Grundprinzipien anhand ihrer statistischen Anwendungshäufigkeit ist daher eine sinnvolle Alternative (Tabelle 3.4).

Tabelle 3.4 Liste der innovativen Grundprinzipien nach Anwendungshäufigkeit

Nummer	Grundprinzip
35	Veränderung der physikalischen und chemischen Eigenschaften
10	Vorherige Wirkung
1	Zerlegen und Zerteilen
28	Ersetzen des mechanischen Systems
2	Abtrennung
15	Dynamisierung
19	Periodische Wirkung
18	Ausnutzung mechanischer Schwingungen
32	Farbveränderung
13	Funktionsumkehr (Inversion)

Nach Pavel Livotov und Wladimir Petrow liefern diese zehn Prinzipien nützliche Lösungsansätze für ca. 60 % der Aufgabenstellungen.

Die 40 Innovationsprinzipien sind zur Lösung zahlreicher auch komplexer Probleme gut geeignet und können auch als Ideenquelle für das Finden von Lösungen ohne vorherige Analyse der Widersprüche genutzt werden.

Die klassische Widerspruchsmatrix war bis circa 1980 ein weitverbreitetes Instrument und wurde dann von anderen Methoden abgelöst. Nach umfangreicher Patentrecherche wurde sie in angepasster Form als Matrix 2003 wieder aufgelegt. Sie besitzt nun 48 technische Parameter in verschiedenen Gruppen und neben den 40 innovativen Prinzipien werden noch 37 der wichtigsten Kombinations- und Spezialprinzipien vorgestellt.

Der physikalische Widerspruch und die Separationsprinzipien

Auf der Diagonalen der Widerspruchsmatrix sind keine Einträge zu finden. Denn das würde bedeuten, dass ein Parameter mit sich selbst im Widerspruch stehen müsste, also zum Beispiel, dass ein Gegenstand gleichzeitig heiß und kalt sein müsste.

Dies ist ein sogenannter physikalischer Widerspruch. Er tritt ein, wenn derselbe Parameter eines technischen Systems gleichzeitig zwei Zustände einnehmen soll, die sich gegenseitig ausschließen. Um einen physikalischen Widerspruch aufzulösen, wurden bei TRIZ die sogenannten vier Separationsprinzipien entwickelt (Tabelle 3.5).

Tabelle 3.5 Die Separationsprinzipien, ihr Grundgedanke und eine mögliche Ausprägung

Separationsprinzip	Grundgedanke	Häufig nützliche innovative Grundprinzipien	Beispiele
Separation im Raum	Widersprechende Erfordernisse räumlich trennen: Versuchen Sie das System in Teile oder in Subsysteme räumlich zu unterteilen. Die sich widersprechenden Funktionen können verschiedenen Teilen zugeordnet werden.	1, 2, 3, 4, 7, 17	Die Anpresskraft einer Transportrolle für Scheiben muss groß sein, um fest zu halten, und gleichzeitig klein, um keine Beschädigung zu verursachen. Mögliche Lösungen: Gleitmedium, Anblasen zur Trennung
Separation in der Zeit	Die Funktionsweise des Systems zeitlich unterteilen: Versuchen Sie die sich widersprechenden Anforderungen, Bedingungen oder Funktionen zu unterschiedlichen Zeiten stattfinden zu lassen. Dies gilt, wenn ein System sich widersprechenden Anforderungen genügen, gegensätzliche Funktionen erfüllen oder unter gegensätzlichen Bedingungen arbeiten soll.	9, 10, 11, 15, 34	In einem Wertstrom soll eine langwierige Klebung schnell durchgeführt werden. Mögliche Lösung: Lean-Karussell zum Kleberhärten

Tabelle 3.5 Die Separationsprinzipien, ihr Grundgedanke und eine mögliche Ausprägung *(Forts.)*

Separationsprinzip	Grundgedanke	Häufig nützliche innovative Grundprinzipien	Beispiele
Separation innerhalb eines Objekts und seiner Teile	Ein System in Subsysteme unterteilen: Versuchen Sie, sich widersprechende Funktionen einem Subsystem zuzuordnen. Das System wird dazu in Subsysteme unterteilt und die widersprechende Funktion wird dann einem Subsystem zugeordnet, während die übrigen Funktionen durch das Gesamtsystem erfüllt werden.	3, 17, 19, 31, 32, 40	Die Grundidee ist das Trennen gegensätzlicher Anforderungen innerhalb eines Objekts oder seiner Teile. Ein Unternehmen benötigt eine teure Kompetenz, braucht diese aber nicht dauerhaft. Mögliche Lösung: Engagement eines Beraters mit Spezialwissen
Separation durch Bedingungswechsel	Ein System oder seine Umgebung anpassen: Versuchen Sie, die Bedingungen so zu verändern, dass nur noch der nützliche Prozess abläuft. Sich widersprechende Anforderungen sind durch Anpassen der Bedingungen aufzulösen, unter denen zeitgleich ein nützlicher, unnötiger oder schädlicher Prozess abläuft.	1, 5, 12, 33	Eine Metallschmelze soll transportiert werden, ohne sich abzukühlen. Mögliche Lösung: Transport im Heizkessel Sie benötigen eine Dienstleistung, haben aber keine Zeit hinzugehen. Mögliche Lösung: Service bei Ihnen zuhause

Für die ersten intensiveren TRIZ-Schritte sollten Sie sich die Unterstützung und Moderation externer Spezialisten sichern.

3.9.3 Verwendung der Ergebnisse

Die Ergebnisse der Vorgehensweise nach TRIZ können Sie zur gezielten Weiterentwicklung bestehender Systeme nutzen und zur Steigerung der Ressourceneffizienz durch Vermeidung von Stützfunktionen oder Fehlentwicklungen.

Für eine tiefergehende Erklärung und Verdeutlichung der Regeln von TRIZ sowie für zahlreiche Beispiele nutzen Sie die genannte Fachliteratur oder die Internetseiten oder engagieren Sie für Ihre ersten Schritte eine kompetente Unterstützung.

3.9.4 Arbeitshilfe

HINWEIS: Es steht Ihnen zur Verfügung

- Vorlage 9-Felder-Denken

Weiterführende Literatur

Adunka, R.: Begleitmaterial zum TRIZ-Basiskurs 2012.

Adunka, R.: Widerspruchstabelle Matrix 2003.

Anm.: G.S. Altschuller soll selbst noch die Prinzipien 41 bis 50 formuliert haben (www. triz-seminar. de/Prinzipien_41-50_Altschuller.pdf).

Bundesministerium für Umwelt, Naturschutz und Reaktorsicherheit – BMU: Ressourcen Deutsches Ressourceneffizienzprogramm (ProgRess); Programm zur nachhaltigen Nutzung und zum Schutz der natürlichen Ressourcen, 2012.

Herb, R.; Herb, T.: TRIZ – Der systematische Weg zur Innovation, Verlag Moderne Industrie, Landsberg/Lech 2000.

Mann, D.; Dewulf, S.; Zlotin, B.; Zusman, A.; Deutsche Übersetzung: Nähler, H.T.; Gundlach, C.: Matrix 2003 – Updating the TRIZ Contradiction Matrix, CREAX Press, Ieper 2003.

Silverstein, D., DeCarlo, N., Slocum, M.: Insourcing Innovation, How to transform business as usual into business as exceptional, Breakthrough Performance Press, 2005.

www.TRIZ40. Com: Interaktive TRIZ-Tabelle mit 40 Prinzipien.

www.triz-online. de/fileadmin/triz-online/downloads/Widerspruchsmatrix_Format_A3.pdf): TRIZ-Widerspruchsmatrix als PDF (166 Kbyte).

www.triz-online. de/uploads/media/artikel_2006_02_01.pdf.

www.opensourcetriz.com; Zugriff am 23.06.2013.

www.TRIZ.it: TRIZ-Lernplattform für Erfinder und Entwickler.

www.triz-online.de: deutsche Website zum Thema TRIZ.

www.triz-seminar.de: TRIZ Campus; Zugriff am 27.07.2013.

www.triz-wiki.de: deutsches Wiki der IHK Heilbronn zum Thema TRIZ.

3.10 Design Scorecard

3.10.1 Einsatzbereiche und Zielsetzung

Die Design Scorecard stellt ein möglichst durchgängiges Kennzahlenschema dar, in dem alle entwicklungsrelevanten Kennzahlen über mehrere Ebenen zusammengefasst werden. Ziel ist die durchgängige Rückführbarkeit möglichst jeder kundenrelevanten Produkteigenschaft bis zu den Prozessparametern/Stellhebeln des Herstellprozesses. Die Design Scorecard dient dem Entwicklungsteam, aber auch dem Entwicklungscontrolling und dem Management somit als:

- Übersicht aller relevanten Kennzahlen, häufig aufgegliedert in die Ebenen
  - Kundenkennzahlen,
  - Komponentenkennzahlen,
  - Prozesskennzahlen,
- Gradmesser für den jeweils aktuellen Stand der Zielerreichung für alle relevanten Entwicklungsziele auf Produkt-, Komponenten- und Prozessebene.

3.10.2 Das Wichtigste in Kürze

Bei komplexen Entwicklungsaufgaben müssen zur vollständigen Erreichung der gesetzten Entwicklungsziele eine Vielzahl von Anforderungen erfüllt werden. Damit ein Produkt wie erwartet funktioniert, müssen bestimmte Komponenten bestimmte Eigenschaften aufweisen. Dafür sind wiederum bestimmte Prozessergebnisse erforderlich, für die wiederum bestimmte kritische Prozessparameter eingehalten werden müssen. Die Design Scorecard fasst nun alle für das Entwicklungsziel erfolgskritischen Parameter über mehrere hierarchische Ebenen zu einem durchgängigen Kennzahlensystem zusammen (Bild 3.53).

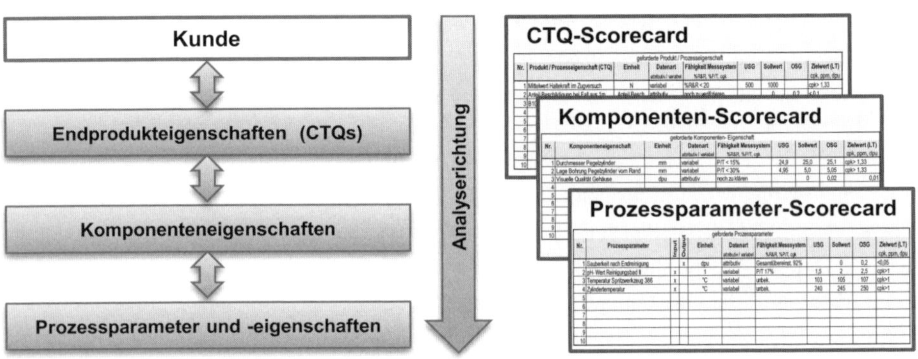

Bild 3.53 Design Scorecard als mehrstufiges Kennzahlensystem

Die Anzahl der gewählten Ebenen hängt von der Komplexität des zu entwickelnden Systems ab. Für eine Prozessentwicklung wird man meist nur eine oder zwei Ebenen verwenden. Für ein durchgängiges System bei der Entwicklung von Komponenten und komplexeren Produkten sind mehr Ebenen erforderlich. Entscheidend für den Nutzen der Design Scorecard sind hier die Auflistung und die Überwachung der jeweils funktionskritischen Parameter und Eigenschaften. Die Ermittlung, welche Parameter und Eigenschaften die funktionskritischen sind, ist gerade bei komplexeren Systemen nicht trivial und dennoch wesentlich für den Entwicklungserfolg.

Die Erstellung der Design Scorecard erfolgt vom „Groben“ ins „Feine“, also von den kritischen Produkteigenschaften (CTQs) über die kritischen Komponenteneigenschaften hin zu den kritischen Prozesseigenschaften und schließlich den kritischen Prozess-(Input-)Parametern (Bild 3.53).

Jede Scorecard teilt sich in zwei Bereiche auf. Ein Bereich enthält die Spezifikationen und Entwicklungsziele (im Bild 3.54 oben), der andere spiegelt den im Entwicklungsprozess derzeit aktuellen Stand der Zielerreichung wieder (im Bild 3.54 unten). Somit hat man immer einen aktuellen Überblick, wo eine Verfehlung von Entwicklungszielen droht bzw. welche Ziele aktuell bereits ausreichend erfüllt werden.

				geforderte Prozessparameter				
Nr.	Prozessparameter	Input	Output	Einheit	Datenart attributiv / variabel	Fähigkeit Messsystem %R&R, %P/T, c_{gk}	USG	Sollwert
1	Sauberkeit nach Endreinigung		x	dpu	attributiv	Gesamtübereinst. 92%		0
2	pH-Wert Reinigungsbad II	x		1	variabel	P/T 17%	1,5	2
3	Temperatur Spritzwerkzeug 386	x		°C	variabel	unbek.	103	105
4	Zylindertemperatur	x		°C	variabel	unbek.	240	245
5	Einpresskraft Dorn	x		N	variabel	unbek.	500	1200

Scorecard-Bereich mit den Spezifikationen und Entwicklungszielen

		aktueller Status z. B. aus Stichprobendaten				
wird wesentlich beeinflusst von	wirkt wesentlich auf	ST/LT	Mittelwert	Streuung s	c_p	c_{pk}
Badparameter, Vorverschmutzung	Nacharbeitsquote, Rekla-quote	ST				
Häufigkeit der Nachdosierung	Sauberkeit	ST	2,13	0,07	2,38	1,76
Kühlwassertemperatur	Streuung Teiledurchmesser	ST	102	0,5	1,33	-0,67
Heizleistung, Zustand Heizelement	Ausschussquote	ST	248	0,87	1,92	0,77
Bohrungsdurchm., Stiftdurchm.	Sitz Dorn, Fehlen Dorn	ST	1432	241	1,04	0,79

Scorecard-Bereich mit den aktuell erreichten Werten

Bild 3.54 Beispiel für eine Design Scorecard, Ebene Prozessparameter (Auszug)

Die Design Scorecard sollte immer auch eine Information bezüglich der Fähigkeit des Messsystems zur Ermittlung der jeweiligen Kenngröße sowie eine Information bezüglich der verwendeten Daten zur Bestimmung der Zielerreichung enthalten. Hier ist es besonders wichtig, ob es sich um sogenannte Kurzzeitdaten oder bereits um Langzeitdaten handelt. Da Prozesse in der Realität häufig nicht stabil sind, können über längere Zeit erhebliche Verschiebungen auftreten (siehe Kapitel „Prozessfähigkeitsanalyse"). Sind die Prozessfähigkeiten zunächst nur aus Kurzzeitdaten ermittelt, besteht das Risiko, dass die Zielwerte bei einem instabilen Prozess langfristig nicht erreicht und beibehalten werden.

3.10.3 Verwendung der Ergebnisse

Die Design Scorecard verknüpft die für den Entwicklungserfolg kritischen Eigenschaften und Parameter über alle relevanten Ebenen. Sie erlaubt damit die Abschätzung des Einflusses kritischer Prozessparameter auf relevante Produkteigenschaften und letztlich damit auch auf die Kundenzufriedenheit. Damit ist sie eines der wichtigsten Werkzeuge für die Bestimmung kritischer Entwicklungsparameter und deren laufendes Controlling, sowohl für das Entwicklungsteam als auch für das Management. Eventuell ungenügende Prozessfähigkeit kann früh erkannt werden, ebenso aber auch mögliche Einsparpotenziale bei Parametern, deren Zielerreichung weniger kritisch ist als erwartet.

3.10.4 Arbeitshilfe

HINWEIS: Es stehen Ihnen zur Verfügung

- Vorlage Design Scorecard
- Beispiel Design Scorecard „Christbaumständer"

Weiterführende Literatur

Ginn, D.; Varner, E.: The Design for Six Sigma Memory Jogger, Goal/Qpc, 2004.

Verband der Automobilindustrie e.V.: VDA Band 4, Sicherung der Qualität in der Prozesslandschaft, Heinrich Druck + Medien.

3.11 Kreativitätstechniken

Kreativität ist ein weit gespannter Begriff und entsteht im Wechselspiel zwischen völlig freiem Zusammenfügen bekannter, aber eigentlich nicht zusammengehörender Sachverhalte (Stichwort: Querdenken) und der disziplinierten Ausarbeitung gefundener Ergebnisse. Zahlreiche Psychologen und anverwandte Disziplinen haben seit den 1950er-Jahren den kreativen Prozess und seine Voraussetzungen untersucht und einige anscheinend allgemeingültige Merkmale gefunden.

Vor diesem Hintergrund ist jeder Mensch kreativ, denn er gestaltet seine Umwelt. Er kann bei einer präzise auf seine Lebenssituation abzielenden Fragestellung zunächst zahlreiche Lösungsideen finden, aus denen er dann die optimale auswählt. Diese Vorgehensweise ist anhand Bild 3.55 beschrieben: Zuerst wird die Aufgabe präzise beschrieben, dann wird ein möglicher Lösungsraum aufgespannt und danach wird aus diesem die anscheinend beste Lösung abgeleitet.

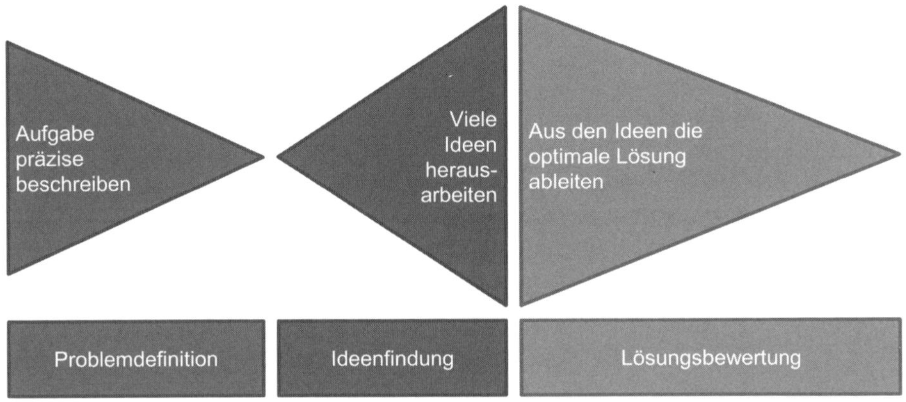

Bild 3.55 Problemdefinition, Aufspannen des Lösungsraums und Eingrenzung bei der Lösungsbewertung

Im entwicklerischen Kontext wird Kreativität hingegen oft auf die Kompetenz eines Menschen oder einer Gruppe reduziert, vorhandene Problemstellungen schnell und mit einfachen Mitteln zu lösen.

3.11.1 Einsatzbereiche und Zielstellung

Kreativitätstechniken können prinzipiell in allen Phasen des Produktentstehungsprozesses genutzt werden, also immer dann, wenn man an Grenzen der Vorstellung gelangt.

Der Prozess der Kreativität (Bild 3.56) benötigt neben einer präzisen Aufgabenstellung unter anderem Entspannung und ein anregendes Umfeld oder assoziationserleichternde Hilfsmittel (Stichworte: Bukowski, Kaffeehaus, Meditation, ...), was im normalerweise durch Hektik geprägten Firmenalltag nur bedingt bis gar nicht zur Verfügung steht.

Bild 3.56 Der kreative Prozess

Kreativitätstechniken werden genutzt, um Denkblockaden und Widersprüche kreativ zu überwinden. Sie sind vor allem dann wertvoll, wenn es darum geht, genau die Konzepte zu finden, die die Kundenanforderungen am besten erfüllen. Sie beantworten somit die Leitfrage „Wie können wir das erreichen?".

Weiterhin sind sie in der Realisierung des besten Konzepts wesentlicher Bestandteil, wenn es gilt, die Leitfrage nach der optimalen Lösung zu beantworten.

Das Ziel des Einsatzes von Kreativitätstechniken ist es, den Widerspruch aufzulösen, unter Zeitdruck neuartige Ergebnisse zu erzeugen, indem die kreativen Zustände absichtlich erzeugt werden. Damit sollen in kürzerer Zeit bessere Lösungen möglich werden.

3.11.2 Das Wichtigste in Kürze

Der Unternehmensalltag erfordert oftmals sehr schnelle Lösungsfindungen – eine „kreative Pause" ist nicht möglich. Je nach Entwicklertyp sind „stille" Methoden für die Eigenarbeit nützlich oder interaktive Methoden mit Workshop-Ansätzen und mehreren Beteiligten.

Einige wichtige Kreativitätsmethoden sind in Tabelle 3.6 dargestellt. Keine der Methoden ist exklusiv auf eine stille oder interaktive Vorgehensweise beschränkt – erlaubt ist, was hilft.

Tabelle 3.6 Verschiedene Kreativitätstechniken für die Eigen- oder Gruppenarbeit in Workshops

Methode	Kennzeichen	Eignung für Eigenarbeit	Eignung für Gruppenarbeit
Mit Kollegen diskutieren	Immer und überall einsetzbar; sehr förderlich für das Betriebsklima	Nicht geeignet	Am besten in Zweier- oder Dreiergruppen, sonst unübersichtlich
Brainwriting		Nicht geeignet	Sehr gute Eignung, da Ideen fixiert und dann diskutiert werden
6-3-5	6 Leute, 3 Ideen, 5 Minuten	Nicht geeignet	Sehr gute Eignung, da Ideen nicht zerredet werden
Brain-storming	Zunächst ist alles möglich	Nicht geeignet	Sehr gute Eignung, wobei ein guter Moderator introvertierte Teilnehmer fördert
Mind Mapping		Gut geeignet, durch eigene Assoziationen lassen sich neue Zusammenhänge ableiten.	Wie Brainstorming
Ursache-Wirkungs-Diagramm (Ishikawa-Diagramm)	Fischgräte; Mensch, Material, Maschine, Methode, Messung, Mit-/Umwelt	Bedingt geeignet; durch die Kategorien (6M) lassen sich beschränkt Lösungsmöglichkeiten ableiten.	Wie Brainstorming
Kopfstand-methode	Was kann ich tun, damit es „schlechter" wird?	Sehr gut geeignet; durch die westliche Sozialisation lassen sich Hinderungsgründe oft leichter finden.	Sehr gut geeignet; in der Gruppe entwickelt die Lust am Destruktiven oftmals eine erstaunliche Dynamik.
Kraftfeld-analyse	Verändernde Kräfte stärken, hindernde Kräfte abschwächen	Gut geeignet; kann z. B. bei der Stakeholder-Analyse zum Lösen von Blockaden dienen	Gut geeignet; zeigt Teilnehmern transparent die Wirkmechanismen eines unbefriedigenden Zustands, sie sollte aber moderiert werden.
SCAMPER	Substitute Combine Adapt, Modify, Put to another use, Eliminate Reverse	Gut geeignet; durch Reizfragen werden alternative Denkpfade angestoßen.	Sehr gut geeignet; durch Reizfragen werden in der Gruppe oftmals lebhafte Diskussionen angestoßen.
Osborne-Checkliste		Gut geeignet; durch Reizfragen werden alternative Denkpfade angestoßen.	Sehr gut geeignet; durch Reizfragen werden in der Gruppe oftmals lebhafte Diskussionen angestoßen; durch den Umfang ist es aber empfehlenswert, auf Teilgebiete zu fokussieren.

Methode	Kennzeichen	Eignung für Eigenarbeit	Eignung für Gruppenarbeit
Morphologischer Kasten (siehe Kapitel „Morphologischer Kasten“)	Auf welche Arten lässt sich eine Produktfunktion erfüllen und welche Kombinationen ergeben sich bei mehreren Funktionen?	Gut geeignet; durch die Festlegung der Merkmale oder Funktionen können verschiedene Ausprägungen leicht gefunden und daraus Konzepte gewonnen werden.	Sehr gut geeignet; durch die vorherige Festlegung der Merkmale oder Funktionen erfolgt eine Disziplinierung und durch die verschiedenen Ausprägungen der Merkmale werden zahlreiche Konzepte zugänglich.
Sechs Denkhüte nach de Bono	Weiß: Analyse; Rot: Emotion; Schwarz: Kritik; Gelb: Optimismus; Grün: Kreativität; Blau: Ordnung	Bedingt geeignet; sich selber in verschiedenen Rollen zu sehen, erfordert Disziplin, gibt aber gute Anstöße.	Bedingt geeignet; Teilnehmern fällt es schwer, sich an die Rollen zu halten.
Walt-Disney-Methode	Träumer, Realist, Kritiker	Bedingt geeignet; sich selber in verschiedenen Rollen zu sehen, erfordert Disziplin, gibt aber gute Anstöße.	Bedingt geeignet; Teilnehmern fällt es im Rollenspiel oft schwer, sich an die Rollen zu halten.

Brainwriting

Für eine Problemstellung werden in einer möglichst moderierten Gruppensitzung Lösungsideen aufgeschrieben, vorgestellt und dann diskutiert; die Methode ist vor allem geeignet, eine vorschnelle Herabwürdigung von Ansätzen zu vermeiden.

6-3-5

Als Variante des Brainwriting, bei der aufbauend auf initialen Ideen jeder der Teilnehmer strukturiert diese Ideen aufnimmt und mit eigenen Gedanken weiterentwickelt. Die Methode ist sehr gut geeignet, divergente Gruppen auf wenige zentrale Lösungspunkte zu fokussieren.

Brainstorming

Eine der am häufigsten angewandten Kreativitätstechniken, bei der vor allem in moderierten Gruppensitzungen durch die Gruppendynamik erzeugte neue Lösungsideen für eine Problemstellung gesammelt werden sollen ohne sie gleich wieder mit den Attributen „geht nicht“ oder „unmöglich“ zu verwerfen.

Kopfstandmethode

Eine moderierte Variante des Brainstormings, bei der die Problemstellung invertiert wird und durch die Nutzung der negativen Energien versucht wird, Möglichkeiten zu suchen, eine Situation noch weiter zu verschlimmern. Der Moderator sollte dabei darauf achten, dass die Gruppendynamik („Lust an der Destruktion“) auf der einen Seite gefördert wird, auf der anderen Seite aber nicht überschießt und so die Sitzung ins Lächerliche zieht.

Mind Mapping

Diese Methode dient der Strukturierung und dem Aufzeigen der verschiedenen Aspekte einer Problemstellung, wobei thematisch ähnliche Begriffe in einer sich schrittweise verästelnden Struktur sortiert werden.

Ursache-Wirkungs-Diagramm (Ishikawa-Diagramm)

Eine durch die Oberbegriffe Mensch, Methode, Maschine, Messung, Material und Mit-/Umwelt vorstrukturierte Mindmap. Die Oberbegriffe dienen als Gedankenstützen, alle wesentlichen Aspekte einer Problemstellung zu behandeln.

Walt-Disney-Methode

Sie kann als eine Variante des Mind Mapping durchgeführt werden, bei der drei Rollen eingenommen werden: Träumer, Realist und konstruktiver Kritiker. Die drei Rollen werden bei der Lösungsfindung der Reihe nach eingenommen, indem die drei Fragestellungen „Was ist alles irgendwie möglich?“, „Wie kann ich das umsetzen?“ und „Woran könnte die Umsetzung scheitern?“ beantwortet werden. Als Ergebnis können Sie mit einem Umsetzungsplan und risikominimierenden Maßnahmen rechnen.

Kraftfeldanalyse

Sie kann in verschiedenen Phasen der Problemlösung angewandt werden; sie dient der einfachen Verdeutlichung eines Zustands, der zu verändern ist, und der Möglichkeiten zur Beeinflussung. Diese kann entweder dadurch geschehen, dass die verändernden Kräfte gestärkt werden oder die hemmenden Kräfte geschwächt werden.

SCAMPER

Durch die Verwendung der Kategorien möglicher Änderungen „Substitute“, „Combine“, „Adapt“, „Modify“, „Put to another use“, „Eliminate“ und „Reverse“ sollen alternative Denkpfade für die Lösungsfindung stimuliert werden.

Osborne-Checkliste

Durch das Stellen von Fragen in den Kategorien „Andere Verwendung“, „Anpassen“, „Abwandeln“, „Vergrößern“, „Verkleinern“, „Ersetzen“, „Anders anordnen“, „Umkehren“ und „Kombinieren“ wird die Fantasie für die möglichen Veränderungen eines Produkts und seiner Umgebung oder Verwendung gefördert.

Sechs Denkhüte nach de Bono

Bei dieser auf Gruppendiskussion basierenden Vorgehensweise nehmen die Gruppenmitglieder verschiedene Rollen ein, die durch verschiedenfarbige Bänder oder Hüte versinnbildlicht werden. Jede Farbe entspricht einem Blickwinkel auf eine Themenstellung

(Weiß: Analyse; Rot: Emotion; Schwarz: Kritik; Gelb: Optimismus; Grün: Kreativität; Blau: Ordnung), wodurch eine effiziente und alle Facetten umfassende Bearbeitung eines Themas sichergestellt werden soll. Vorteilshaft tragen bei einer solchen Bearbeitung alle Beteiligten die gleiche Farbe und wechseln sie auch gemeinsam; dadurch werden Konflikte vermieden und dennoch alle Positionen berücksichtigt.

Es ist auch immer wieder nützlich, wenn Sie sich Anregungen bei „Mutter Natur" holen, die für viele neuartige technische Probleme bereits mögliche Lösungen aus dem evolutionären Prozess bereithält (Stichwort „Bionik").

3.11.3 Verwendung der Ergebnisse

Die Ergebnisse aus den Kreativitätstechniken werden an verschiedensten Stellen im Entwicklungsprozess weiterverwendet. Typische Anwendungen sind beispielsweise:

- Generierung von Ideen, die dann in die Entwicklung und Gestaltung neuartiger innovativer Designkonzepte einfließen,
- Generierung von Lösungsideen bei Zielkonflikten oder Widersprüchen (vgl. dazu auch die Methode TRIZ),
- Generierung von Lösungsideen bei der Optimierung oder Schwachstellenbeseitigung während der Ausarbeitungsphase.

3.11.4 Arbeitshilfe

HINWEIS: Es stehen Ihnen zur Verfügung

- Vorlage 6-3-5-Ideenfindung
- Vorlage Osborne-Checkliste
- Vorlage SCAMPER-Checkliste

Weiterführende Literatur

Backerra, H.; Malorny, C.; Schwarz, W.; Kamiske, G.F. (Hrsg.): Kreativitätstechniken, Carl Hanser Verlag, München 2007.

Csikszentmihalyi, M.: Kreativität, Klett-Cotta Verlag, Stuttgart 1997.

Gamweger, J.; Jöbstl, O.; Strohrmann, M.; Suchowerskyj, W.: Design for Six Sigma, Hanser Verlag, München, 2009.

Lunau, S.; Mollenhauer, J.P.; Staudter, C.; Meran, R.; Hamalides, A.; Roenpage, O.; von Hugo, C.: Design for Six Sigma + Lean Toolset, Springer Verlag, Berlin 2007.

Schäppi, B.; Andreasen, M.M.; Kirchgeorg, M.; Radermacher, F.J.: Handbuch Produktentwicklung, Carl Hanser Verlag, München 2005.

Wappis, J.; Jung, B.: Taschenbuch Null-Fehler-Management, Umsetzung von Six Sigma, Carl Hanser Verlag, München 2010.

3.12 Morphologischer Kasten

3.12.1 Einsatzbereiche und Zielstellung

Aufgrund seiner Bedeutung wird der morphologische Kasten als eines der essenziellen Kreativitätswerkzeuge in diesem Buch separat beschrieben. Entwickelt wurde er von dem Schweizer Fritz Zwicky, daher wird er auch Zwicky-Box genannt.

Der morphologische Kasten hilft bei der Beantwortung der Frage, wie eine mögliche Lösung aussieht. Mit ihm können möglichst viele unterschiedliche Konzepte erdacht werden, um die zum Beispiel im Rahmen einer Funktionsanalyse (siehe dort) ermittelten und im QFD 2 (siehe Kapitel „Quality Function Deployment (QFD)“) gewichteten Funktionen eines Produkts umzusetzen.

Dadurch wird die Entwicklung vieler verschiedenartiger Designkonzepte erleichtert und beschleunigt und somit der häufig zu beobachtenden zu frühen Festlegung auf eine vermeintlich gute „Lösung aus der Schublade“ ohne ausreichende Prüfung von alternativen Konzepten entgegengewirkt.

Aus der Kombination der Einzellösungen für jeden Parameter/Einzelaspekt können eine Vielzahl an Lösungskonzepten erarbeitet werden. So ergeben sich aus einem (unvollständigen) morphologischen Kasten eines einfachen Sitzmöbels mit drei Parametern bereits 5*4*2 = 40 Lösungsvarianten - der Lösungsraum explodiert sozusagen (Bild 3.57).

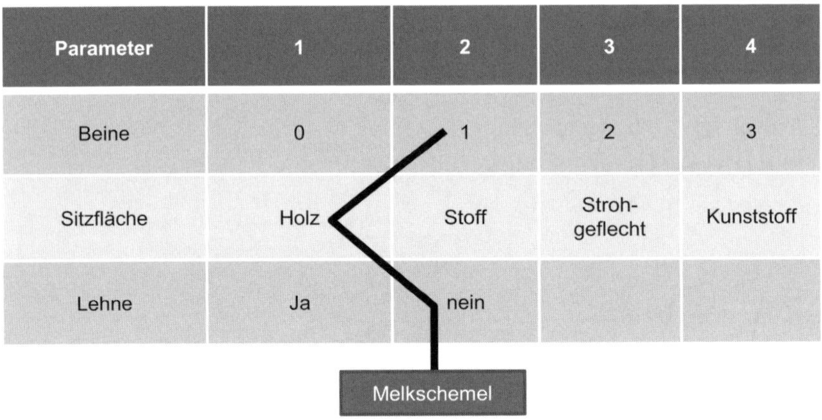

Bild 3.57 Grundform des morphologischen Kastens und Lösungsvarianten am Beispiel eines einfachen Sitzmöbels

3.12.2 Das Wichtigste in Kürze

Die Voraussetzung für den morphologischen Kasten ist die Zerlegung einer mehrdimensionalen Aufgabenstellung in einzelne Anforderungen. Dies ist beispielsweise durch die Funktionsanalyse im Vorgängerschritt zwischen QFD 1 und QFD 2 geschehen (siehe Kapitel „Quality Function Deployment (QFD)“ und „Funktionsanalyse“). Achten Sie darauf, dass die Einzelparameter unabhängig voneinander sind.

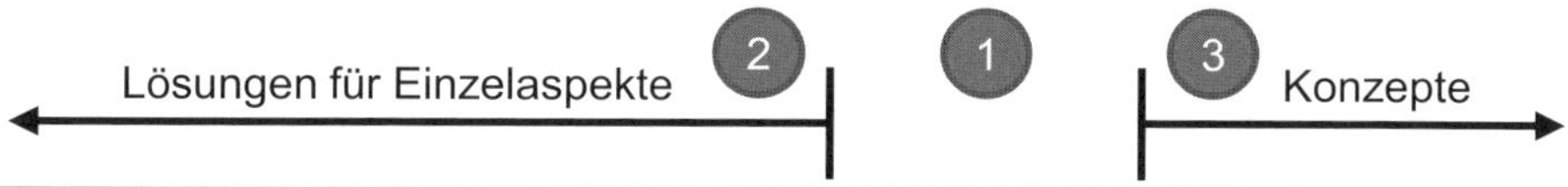

Ausprägung 4	Ausprägung 3	Ausprägung 2	Ausprägung 1	Erforderliche Funktionen	Konzept 1		Konzept 2	
3	2	1	0	Beine	2	1	1	0
Kunststoff	Strohgeflecht	Stoff	Holz	Sitzfläche	1	Holz	2	Stoff
		nein	ja	Lehne	2	nein	1	ja

Bild 3.58 Beispiel des morphologischen Kastens eines einfachen Sitzmöbels anhand der Vorlage im Material (Konzept 1: Melkschemel; Konzept 2: Hängesessel oder Stoffschaukel mit Lehne)

Die Vorlage im beigefügten Material gliedert sich in drei Bereiche, die Sie nacheinander ausfüllen: 1) Erforderliche Funktionen, 2) Ausprägung der Funktionen oder mögliche Lösungen der Einzelaspekte und 3) Konzepte.

Erforderliche Funktionen der Einzelparameter

Für das Ausfüllen der vorhandenen Vorlage des morphologischen Kastens tragen Sie zunächst die erforderlichen Funktionen oder Einzelparameter in die Spalte „Erforderliche Funktionen“ unter 1) ein. Im Beispiel wären das „Beine“, „Sitzfläche“ und „Lehne“.

Ausprägungen der Funktionen

Danach tragen Sie die Lösungsmöglichkeiten der Funktion, die sogenannte „Ausprägung“, in die Spalten links von den erforderlichen Funktionen unter 2) ein. Im Beispiel (siehe Bild 3.58) könnten das für „Beine“ die Anzahlen 0, 1, 2, 3 und mehr sein. Die Anzahl „0“ Beine würde dann zum Beispiel einem Aufhängen an der Decke entsprechen.

Lösungskonzepte

Zur Erstellung der jeweiligen Lösungskonzepte tragen Sie in die weißen Felder in den Konzeptspalten die jeweilige Ausprägung unter 3) ein.

Dadurch wird die entsprechende Ausprägung in das graue Feld der Konzeptspalte übernommen und die individuelle Merkmalsausstattung der einzelnen Konzepte wird sichtbar. Aus diesen theoretischen Merkmalskombinationen können Sie nun die unterschiedlichsten realen Lösungsmöglichkeiten ableiten.

Das Konzept 2 mit der Ausprägung „0“ für das Merkmal „Beine“, der Ausprägung „Stoff“ für „Sitzfläche“ und einer Lehne könnte damit als bequemer Hängesessel an die Decke gedübelt werden, an einen Ast gehängt oder als Stoffschaukel für Kleinkinder dienen.

3.12.3 Verwendung der Ergebnisse

Durch die systematische Kombination der verschiedenen Ausführungsmöglichkeiten für die Funktionen explodiert sozusagen Ihr Lösungsraum und Sie erhalten dadurch auch ungewöhnliche oder unerwartete Konzepte. Sicher sind auch viele unsinnige Konzepte darunter, die von vornherein entfernt werden. Die Anzahl möglicher Konzepte reduzieren Sie dann beispielsweise mithilfe der Pugh-Matrix (siehe Kapitel „Pugh-Matrix“) zunächst auf die wesentlichen oder besonders nützlichen Konzepte. Danach können Sie als zusätzlichen Schritt mittels einer Nutzwertanalyse (siehe Kapitel „Nutzwertanalyse“) die besten Konzepte zusammenführen und quantitativ auf ihre Wirkung auf die kritischen Produktanforderungen und Randbedingungen bewerten.

3.12.4 Arbeitshilfe

HINWEIS: Es stehen Ihnen zur Verfügung

- Vorlage Morphologischer Kasten
- Beispiel Morphologischer Kasten „Christbaumständer“
- Beispiel Morphologischer Kasten „Fahrradlampe“

Weiterführende Literatur

Schäppi, B.; Andreasen, M. M.; Kirchgeorg, M.; Radermacher, F. J.: Handbuch Produktentwicklung, Carl Hanser Verlag, München 2005.

Csikszentmihalyi, M.: Kreativität, Klett-Cotta Verlag, Stuttgart, 1997.

Backerra, H.; Malorny, C.; Schwarz, W.; Kamiske, G. F. (Hrsg.): Kreativitätstechniken, Carl Hanser Verlag, München 2007.

Gamweger, J.; Jöbstl, O.; Strohrmann, M.; Suchowerskyj, W.: Design for Six Sigma, Carl Hanser Verlag, München 2009.

www.zwicky-stiftung.com – Homepage der Fritz-Zwicky-Stiftung.

3.13 Pugh-Matrix

3.13.1 Einsatzbereich und Zielstellung

Die Pugh-Matrix ist eine strukturierte Vorgehensweise, um aus einer Vielzahl von möglichen Lösungs- und Produktkonzepten mit einem vertretbaren Aufwand die besten auszuwählen (Bild 3.59). Sie wird vor allem dann verwendet, wenn sowohl die Anzahl der möglichen Konzepte sehr groß ist als auch die Anzahl der zu erfüllenden Anforderungen. Der Einsatz erfolgt vorwiegend bei der Produktentwicklung, weniger bei der Prozessentwicklung. Hauptziel ist die systematische Auswahl von bevorzugten Konzepten unter Berücksichtigung der zu erfüllenden Anforderungen. Durch einen mehrstufigen Prozess, bei dem zunächst die schlechteren Konzepte eliminiert werden und aus den verbliebenen Konzepten jeweils wieder neue Konzepte kombiniert werden, kristallisieren sich allmählich die optimalen Konzepte heraus.

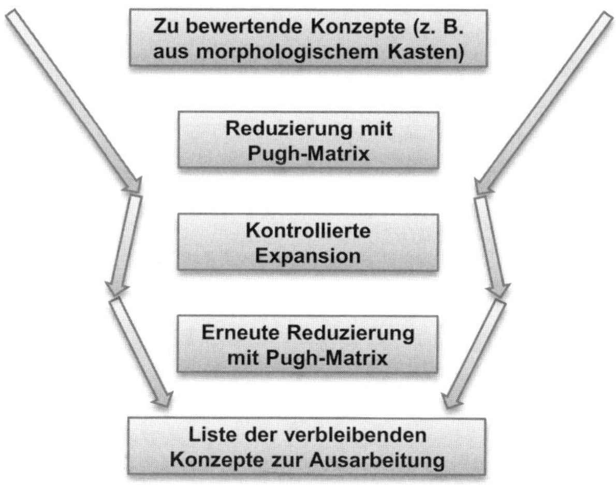

Bild 3.59 Grundsätzliche Vorgehensweise bei der systematischen Reduzierung von Designkonzepten mittels Pugh-Matrix über mehrere Stufen

3.13.2 Aufbau und Beschreibung

Die Pugh-Matrix besteht aus einer Tabelle, die in den Tabellenzeilen die vollständige und strukturierte Liste der Anforderungen und Randbedingungen enthält. In den Tabellenspalten befinden sich die zuvor entwickelten Produktkonzepte. Eines der Produktkonzepte, typischerweise das derzeitige Produkt, oder ein bekanntes Konkurrenzprodukt, wird als Referenz ausgewählt. Dann erfolgt eine quantitative Bewertung, wie gut die jeweiligen Produktkonzepte die Anforderungen und Randbedingungen erfüllen. Das ausgewählte Referenzkonzept erhält bezüglich der Erfüllung der Anforderungen und

Randbedingungen jeweils eine Bewertung von „0“. Wenn ein Konzept die zu bewertende Anforderung oder Randbedingungen besser erfüllt als das Referenzkonzept, wird eine „+ 1“ in die Tabelle eingetragen, bei schlechterer Erfüllung wird eine „− 1“ eingetragen. Bei etwa gleicher Erfüllung wird eine „0“ eingetragen (Bild 3.60).

Referenzkonzept → **Zu erfüllende Anforderungen und Randbedingungen**	**Konzepte** 1 historischer Standard Schraubklemmung	2 Standard Seilklemmung	3 Holz Selbstklemmer	4 LED Gehäuse Federklemmung	5 Bügelhalter mit Klemmung	6 Design- Gehäuse Federklemmung	7 Schraubhülse	8 Hülse mit Magnethalter	9 versenkte Bodenhülse	10 Baumstumpf mit Edelstahl- Hülse
Beurteilungsergebnis im Designtest	0	1	0	1	0	1	0	0	0	1
max. Neigungswinkel bis Kippen	0	0	-1	-1	-1	-1	1	0	1	0
Mittelwert Haltekraft im Zugversuch	0	0	-1	-1	0	-1	-1	-1	-1	-1
Eintauchtiefe Stumpf in Flüssigkeit	0	0	-1	0	-1	0	0	0	0	0
Durchmesserverstellbereich	0	0	1	0	1	0	0	0	0	0
Rauhigkeit Auflagefläche	0	1	0	1	0	1	-1	0	-1	1
Härte Auflagefläche	0	1	1	1	0	1	-1	0	0	1
...	...	...	...	...	...	...	...	...	...	...
...	...	...	...	...	...	...	...	...	...	...
Anzahl besser als Referenz:	**0**	**6**	**7**	**4**	**4**	**5**	**5**	**2**	**7**	**6**
Anzahl gleich Referenz:	**23**	**13**	**9**	**5**	**15**	**7**	**14**	**18**	**11**	**14**
Anzahl schlechter als Referenz:	**0**	**4**	**7**	**14**	**4**	**11**	**4**	**3**	**5**	**3**
Summe:	**0**	**2**	**0**	**-10**	**0**	**-6**	**1**	**-1**	**2**	**3**
Rang des Konzeptes:	**5**	**2**	**5**	**10**	**5**	**9**	**4**	**8**	**2**	**1**
Weiterverwendung ja/nein?:	**nein**	**ja**	**nein**	**nein**	**nein**	**nein**	**ja**	**nein**	**ja**	**ja**

Bild 3.60 Auszug aus einer Pugh-Matrix für die Entwicklung eines Christbaumständers

Schließlich werden für jedes Konzept alle Bewertungen addiert. Je höher die Summe, desto besser ist das Konzept. Dann wird entschieden, welche Konzepte eliminiert werden und welche für eine weitere Betrachtung zunächst weiterverwendet werden sollen.

Durch gezielte Betrachtung der Stärken und Schwächen der verbliebenen Konzepte sollen weitere neue Konzepte aus den verbliebenen kombiniert werden. Diese neuen Konzepte werden zusätzlich in die Pugh-Matrix aufgenommen und eine neue Bewertung wird durchgeführt. Dann werden wieder die besten Konzepte ausgewählt und ggf. erneut diskutiert, um daraus wiederum weitere neue Konzepte zu entwickeln.

Nach zwei bis drei Durchläufen sind typischerweise noch einige wenige Konzepte vorhanden, die dann im weiteren Entwicklungsprozess näher ausgearbeitet werden.

3.13.3 Voraussetzungen und notwendiger Input

Die Durchführung einer Pugh-Matrix ist nur dann möglich und sinnvoll, wenn:

- zuvor die Kundenanforderungen und Projektrahmenbedingungen vollständig erfasst und logisch strukturiert wurden. Dies erfolgt üblicherweise im Rahmen des Voice-of-the-Customer-Prozesses (siehe Kapitel „Voice of the Customer“),

- viele verschiedene Produktkonzepte entwickelt und so detailliert beschrieben wurden (z. B. durch geeignete Skizzen oder Modelle), dass eine ausreichend zuverlässige Bewertung bezüglich der Erfüllung der Anforderungen und Rahmenbedingungen möglich ist. Die Entwicklung vieler verschiedener Produktkonzepte wird sinnvollerweise über den Prozess der Funktionsanalyse (siehe Kapitel „Funktionsanalyse") und der nachfolgenden morphologische Kasten (siehe Kapitel „Morphologischer Kasten") durchgeführt.

Außerdem ist die Verwendung einer geeigneten softwareunterstützten Bewertungsmatrix (z. B. die beigefügte Excel-Vorlage) für die einfache Dokumentation und Berechnung der Ergebnisse empfehlenswert.

Für die Erstellung der Pugh-Matrix selbst ist ein entsprechendes Expertenteam notwendig, das in der Lage ist, die Bewertungen möglichst zuverlässig durchzuführen.

3.13.4 Vorgehensweise bei der Anwendung

Bei der Konzeptbewertung mithilfe einer Pugh-Matrix empfiehlt sich folgende Vorgehensweise:

Schritt 1: Auflistung der Anforderungen und Randbedingungen

Die im Rahmen des Voice-of-the-Customer-Prozesses gesammelten Anforderungen und Randbedingungen werden in die Zeilen der ersten Spalte der Bewertungstabelle eingegeben (siehe Bild 3.60). Dabei ist darauf zu achten, dass die Anforderungen und Rahmenbedingungen vollständig und bezüglich des Detaillierungsgrads konsistent strukturiert sind. Wenn Sie zuvor ein Quality Function Deployment (QFD 1) durchgeführt haben, können Sie die Anforderungen direkt aus dem House of Quality 1 entnehmen. Allerdings müssen Sie die Projektrandbedingungen, die ja typischerweise nicht in dem QFD 1 enthalten sind, noch ergänzen.

Schritt 2: Auflistung der gesammelten Produktkonzepte

Die aus der Analyse der benötigten Funktionen und aus dem morphologischen Kasten (siehe Kapitel „Morphologischer Kasten") oder aber auch über andere Verfahren gewonnenen Produktkonzepte werden in die Spalten der Tabelle eingetragen. Dabei ist es wichtig, die jeweiligen Konzepte so eindeutig und detailliert zu beschreiben, dass jede bewertende Person genau weiß, um welches Konzept es sich handelt. Gegebenenfalls ergänzen Sie die Konzepte um Skizzen, Modelle, Zeichnungen oder Fotos.

Schritt 3: Auswahl des Referenzkonzepts

Nun muss eines der Konzepte als Referenzkonzept ausgewählt werden. Dazu kann beispielsweise das derzeitige aktuelle Produkt oder aber auch ein vergleichbares Konkurrenzprodukt verwendet werden. Als Referenzkonzept sollte möglichst nicht das voraussichtlich beste und auch nicht das schlechteste Konzept verwendet werden. Das Referenzkonzept erhält jetzt bei allen Bewertungen einen Wert von „0" in der Bewertungsmatrix (siehe Bild 3.60).

Schritt 4: Bewertung der einzelnen Konzepte

Nun wird jedes aufgelistete Konzept bezüglich der Erfüllung der Anforderungen und Randbedingungen bewertet und zwar jeweils im Vergleich zum gewählten Referenzkonzept. Wenn das zu bewertende Konzept das jeweilige Kriterium besser als das Referenzkonzept erfüllt, wird eine „+ 1“ in die Tabelle eingetragen. Wird das Kriterium schlechter erfüllt, so wird eine „– 1“ eingetragen. Ist die Erfüllung der Anforderungen oder Rahmenbedingung etwa gleich gut wie beim Referenzkonzept, so wird eine „0“ eingetragen.

Schritt 5: Berechnung der erzielten Punkte und Reihenfolge

Für jedes Konzept wird jetzt gezählt, bei wie vielen Kriterien es besser als die Referenz, gleich der Referenz oder schlechter als die Referenz bewertet wurde. Weiterhin wird spaltenweise die Summe der Bewertungen gebildet. Je höher die Summe, desto besser erfüllt das jeweilige Konzept insgesamt die Anforderungen und Rahmenbedingungen. Aus den Summen bildet die Tabelle dann noch die Rangfolge der Konzepte (Bild 3.61).

Schritt 6: Entscheidung über Weiterverwendung oder Verwerfen der Konzepte

Schließlich werden die Ergebnisse noch mal auf Plausibilität geprüft. Dann wird vom Expertenteam entschieden, welche der Konzepte eliminiert werden und welche zunächst weiter betrachtet werden sollen.

Schritt 7 (optional): Kombination und Verbesserung der verbliebenen Konzepte zu neuen Konzepten und erneute Bewertung

Die verbliebenen Konzepte werden nun bezüglich ihrer Schwächen und Stärken analysiert. Idealerweise entstehen daraus modifizierte und auch eine Reihe neuer, bisher nicht betrachteter Konzepte. Jetzt erfolgt eine erneute Bewertung der ursprünglich verbliebenen, modifizierten und neu hinzugekommenen Konzepte. Daraus werden wiederum die zu eliminierenden und die weiterzuverwendenden Konzepte bestimmt. Das sollte so oft erfolgen, bis schließlich eine kleine Zahl ausgewählter Konzepte übrig bleibt, die dann im weiteren Verlauf des Entwicklungsprozesses weiter ausgearbeitet werden. Meist sind ein bis zwei Durchgänge für die Priorisierung der Konzepte ausreichend.

3.13.5 Verwendung des Ergebnisses

Als Ergebnis der Pugh-Matrix erhalten Sie eine kleine Anzahl von Produktkonzepten, die bezüglich der Erfüllung der Anforderungen und Randbedingungen die besten Ergebnisse zeigen. Nun muss im Entwicklungsteam entschieden werden, welche dieser Konzepte konkreter ausgearbeitet werden sollen.

Sie können mithilfe der Nutzwertanalyse (siehe Kapitel „Nutzwertanalyse“) anschließend eine detailliertere Bewertung der noch verbliebenen Konzepte durchführen. Dabei wird durch eine zusätzliche Gewichtung der Anforderungen und Randbedingungen sowie eine differenziertere Bewertung des Erfüllungsgrads nochmals eine bessere „Trennschärfe“ zwischen den Konzepten erreicht.

Die Ergebnisse der Pugh-Matrix stellen sowohl eine gute und nachvollziehbare Dokumentation als auch eine systematische und strukturierte Reduzierung der möglichen Produktkonzepte dar.

3.13.6 Vor- und Nachteile

Die wesentlichen Vorteile der Pugh-Matrix sind:

- strukturierte und effiziente Bewertung sehr vieler Produktkonzepte in sehr kurzer Zeit,
- Möglichkeit der Findung von neuen Konzepten und Konzeptvarianten durch Diskussion der Stärken und Schwächen aus der Bewertung,
- kompakte und nachvollziehbare Dokumentation bezüglich der Konzeptauswahl,
- leicht verständlich und einfach durchführbar.

Die wesentlichen Nachteile der Pugh-Matrix sind:

- keine Gewichtung der Anforderungen und Randbedingungen vorgesehen. Alle Kriterien sind gleich gewichtet.
- Keine große „Trennschärfe“ zwischen den verschiedenen Konzepten, da nur eine Bewertung in drei Stufen (- 1, 0, + 1) erfolgt. Alternativ kann auch eine Bewertung in fünf Stufen (- 2, - 1, 0 + 1, + 2) erfolgen. Wenn Sie eine bessere Diskriminierung der Konzepte erreichen wollen, ist die Durchführung einer Nutzwertanalyse (siehe dort) besser geeignet. Allerdings ist der Bewertungsaufwand dort größer.

3.13.7 Praxisbeispiel

Bild 3.61 zeigt das Beispiel einer Pugh-Matrix für die Bewertung verschiedener Konzepte bei der Entwicklung eines Christbaumständers. Die linke Spalte zeigt die gesammelten Anforderungen und Rahmenbedingungen, die rechten Spalten zeigen die zu bewertenden Produktkonzepte. Das Konzept Nummer 1 wurde als Referenzkonzept definiert. In der Matrix wird jedes weitere Produktkonzept bezüglich der Erfüllung der Anforderungen und Randbedingungen im Vergleich zum Referenzkonzept bewertet. Aus den Spaltensummen wird dann die Rangfolge ermittelt. Schließlich wird entschieden, welche Konzepte weiterverwendet werden sollen.

Pugh- Matrix										
Referenzkonzept →	Konzepte									
Zu erfüllende Anforderungen und Randbedingungen	1 historischer Standard Schraubklemmung	2 Standard Seilklemmung	3 Holz Selbstklemmer	4 LED Gehäuse Federklemmung	5 Bügelhalter mit Klemmung	6 Design- Gehäuse Federklemmung	7 Schraubhülse	8 Hülse mit Magnethalter	9 versenkte Bodenhülse	10 Baumstumpf mit Edelstahl- Hülse
Beurteilungsergebnis im Designtest	0	1	0	1	0	1	0	0	0	1
max. Neigungswinkel bis Kippen	0	0	-1	-1	-1	-1	1	0	1	0
Mittelwert Haltekraft im Zugversuch	0	0	-1	-1	0	-1	-1	-1	-1	-1
Eintauchtiefe Stumpf in Flüssigkeit	0	0	-1	0	-1	0	0	0	0	0
Durchmesserverstellbereich	0	0	1	0	1	0	0	0	0	0
Rauhigkeit Auflagefläche	0	1	0	1	0	1	-1	0	-1	1
Härte Auflagefläche	0	1	1	1	0	1	-1	0	0	1
max. Fallhöhe ohne Beschädigung	0	-1	-1	-1	0	-1	0	0	1	0
B10 Lebensdauer	0	0	1	-1	0	-1	1	1	1	1
benötigte Füllzeit	0	0	0	-1	0	-1	0	0	-1	0
durchschn. Montage- + Demontagezeit Baum	0	1	1	1	0	1	0	0	0	0
mögl. Winkeländerung mit mont. Baum	0	1	0	-1	-1	-1	0	0	-1	0
Packmaße	0	0	1	0	1	0	0	1	1	0
Anteil schwerentflammbare Stoffe	0	0	-1	-1	0	-1	0	0	0	-1
GS + TÜV Prüfzeichen erhalten	0	0	0	0	0	0	0	0	0	0
Anteil recycelbarer Stoffe	0	-1	1	-1	0	-1	0	0	1	1
Verkaufsstart spät. 1.8.2014	0	0	0	-1	0	0	0	0	0	0
Verkauf weltweit möglich (Ländervarianten?)	0	0	-1	-1	0	0	0	-1	0	0
Zielkosten < 20 €/Stck	0	-1	0	-1	1	-1	1	0	0	-1
Entwicklungskosten < 50.000 €	0	-1	1	-1	1	-1	1	0	1	1
Zielmenge >100.000 Stck.	0	1	-1	0	-1	1	-1	-1	-1	0
Bau und Montage überw. durch Zulieferer	0	0	0	-1	0	-1	1	0	1	0
Einhaltung der betr. Normen, CE- Kennzeichn.	0	0	0	-1	0	0	0	0	0	0
Anzahl besser als Referenz:	**0**	**6**	**7**	**4**	**4**	**5**	**5**	**2**	**7**	**6**
Anzahl gleich Referenz:	**23**	**13**	**9**	**5**	**15**	**7**	**14**	**18**	**11**	**14**
Anzahl schlechter als Referenz:	**0**	**4**	**7**	**14**	**4**	**11**	**4**	**3**	**5**	**3**
Summe:	**0**	**2**	**0**	**-10**	**0**	**-6**	**1**	**-1**	**2**	**3**
Rang des Konzeptes:	**5**	**2**	**5**	**10**	**5**	**9**	**4**	**8**	**2**	**1**
Weiterverwendung ja/nein?:	**nein**	**ja**	**nein**	**nein**	**nein**	**nein**	**ja**	**nein**	**ja**	**ja**

Bild 3.61 Beispiel einer Pugh-Matrix für die Entwicklung eines Christbaumständers

3.13.8 Typische Fehler bei der Anwendung

Typische Fehler bei der Durchführung einer Pugh-Matrix sind:

- Die Anforderungen und Randbedingungen sind nicht vollständig, nicht für das zu entwickelnde Produkt relevant, oder nicht logisch oder bezüglich der Hierarchie inkonsistent strukturiert. Das ist hier besonders relevant, da im Gegensatz zu beispielsweise der Nutzwertanalyse die Wichtigkeit aller Anforderungen gleich gewichtet wird. Somit gehen vielleicht völlig unwichtige Anforderungen genauso stark in die Bewertung ein wie die Hauptanforderungen.
- Als Referenzkonzept wurde ein besonders gutes oder besonders schlechtes Konzept gewählt. Wird beispielsweise ein sehr schlechtes Konzept als Referenz gewählt, so

werden alle anderen Konzepte in den meisten Punkten eine bessere Bewertung zeigen. Das führt dann dazu, dass nahezu alle Konzepte den gleichen hohen Punktewert bekommen und somit keine Diskriminierung der verschiedenen Konzepte mehr möglich ist. Wählen Sie also als Referenzkonzept am besten ein „mittleres" Konzept.

- Die Einschätzung eines Konzepts bezüglich der Anforderungserfüllung ist falsch. Das könnte als Folge einer unklaren Definition der Anforderungen oder einer unklaren und zu wenig detaillierten Beschreibung des zu bewertenden Konzepts resultieren. Achten Sie darauf, dass alle beurteilenden Personen die Konzepte vollständig verstanden haben. Allerdings ist das, gerade in der frühen Entwicklungsphase, manchmal schwierig, da die meisten Konzepte nur grob ausgearbeitet sind, so dass hier Fehleinschätzungen nicht immer auszuschließen sind.

3.13.9 Das Wichtigste in Kürze

Die Pugh-Matrix ist eine strukturierte und relativ einfache Methode, um aus einer Vielzahl von erstellten Produktkonzepten transparent die besten Konzepte auszuwählen.

Dazu werden die gesammelten Produktkonzepte bezüglich der Erfüllung der vorher sorgfältig ermittelten Anforderungen und Randbedingungen mit einem Referenzkonzept, z.B. dem aktuellen Produkt, verglichen. Dann wird bewertet, ob das jeweilige untersuchte Konzept die Anforderungen und Randbedingungen schlechter, gleich gut oder besser erfüllt. Daraus errechnet sich für jedes Konzept eine Punktzahl. Je höher die Punktzahl, desto besser ist das jeweilige Konzept. Schwache Konzepte werden ausgesondert.

In einem zweiten Schritt werden die Stärken und Schwächen der verbliebenen Konzepte untersucht und daraus neue Produktkonzepte kombiniert, die dann erneut bewertet werden. Dieser Vorgang kann über mehrere „Runden" durchgeführt werden, so lange, bis sich einige wenige favorisierte Konzepte herausgebildet haben. Diese Konzepte werden dann im weiteren Verlauf der Entwicklung detaillierter ausgearbeitet.

Aufgrund der Einfachheit der Bewertung ist nur eine relativ grobe Einschätzung der Konzepte möglich, dafür geht die Methode, gerade bei vielen Konzepten, sehr schnell und kann auch ohne große Erfahrung einfach durchgeführt werden.

3.13.10 Verwandte und weiterführende Themen

Nutzwertanalyse, auch Lösungsauswahlmatrix genannt

Die Nutzwertanalyse (siehe Kapitel „Nutzwertanalyse") führt genauso wie die Pugh-Matrix eine Bewertung von Produktkonzepten oder auch Lösungsmöglichkeiten, z.B. bei der Prozessentwicklung oder Prozessverbesserung, durch. Hier werden jedoch zusätzlich die Anforderungen und Randbedingungen quantitativ gewichtet. Weiterhin ist die Skala der Anforderungserfüllung mit z.B. 1 bis 5 oder 1 bis 10 stärker differenziert. Damit lassen sich genauere Bewertungen durchführen. Der Aufwand ist jedoch entsprechend höher.

Morphologischer Kasten/Zwicky-Box

Der morphologische Kasten (siehe Kapitel „Morphologischer Kasten“) ist eine systematische Vorgehensweise, um aus den vorher festgelegten benötigten Funktionen des zu entwickelnden Produkts eine Liste der möglichen Ausprägungen (also wie die Funktion konkret umgesetzt werden könnte) zu erstellen und über die systematische Kombination der verschiedenen Ausprägungsmöglichkeiten jeder benötigten Funktion eine Vielzahl von möglichen Produktkonzepten zu erhalten. Der morphologische Kasten dient also zur Entwicklung der verschiedenen Produktkonzepte, die dann mithilfe der Pugh-Matrix systematisch bewertet werden.

3.13.11 Arbeitshilfe

HINWEIS: Es stehen Ihnen zur Verfügung

- Vorlage Pugh-Matrix
- Beispiel Pugh-Matrix „Christbaumständer“
- Beispiel Pugh-Matrix „Fahrradlampe“

Weiterführende Literatur

Pugh, S., Total Design, Integrated Methods for Successful Product Engineering, Pearson Education, 1991.

3.14 Nutzwertanalyse

3.14.1 Einsatzbereich und Zielstellung

Die Nutzwertanalyse, auch als Lösungsauswahlmatrix bezeichnet, ist eine systematische und strukturierte Vorgehensweise, um aus einer begrenzten Anzahl von Lösungs- oder Produktkonzepten das beste oder die besten auszuwählen. Sie wird bevorzugt dann verwendet, wenn eine unterschiedliche Gewichtung der zu erfüllenden Anforderungen und Randbedingungen berücksichtigt werden soll, was beispielsweise bei einer Pugh-Matrix (vergleiche dort) nicht der Fall ist. Sie eignet sich also dann besonders, wenn eine möglichst detaillierte und fein abgestufte Bewertung von verschiedenen Konzepten durchgeführt werden soll. Liegen sehr viele Konzepte vor, so ist vorher eine Reduzierung durch eine Vorauswahl sinnvoll, da der Aufwand bei mehr als etwa zehn zu bewertenden Konzepten doch erheblich wäre. Diese Reduzierung kann sehr gut mittels Pugh-Matrix durchgeführt werden. Ziel der Nutzwertanalyse ist die Ermittlung des optimalen Konzepts unter Berücksichtigung und Gewichtung aller zu erfüllenden Anforderungen und Randbedingungen. Sie wird sowohl bei der Produktentwicklung als auch bei der Prozessentwicklung oder auch im Rahmen von Verbesserungsprojekten eingesetzt.

3.14.2 Aufbau und Beschreibung

Die Nutzwertanalyse besteht aus einer Matrix aus Zeilen und Spalten (Bild 3.62). Die Zeilen der Matrix enthalten eine möglichst vollständige Liste der zuvor gesammelten Anforderungen und Randbedingungen, deren Erfüllung beurteilt werden soll. Da nicht alle Anforderungen und Randbedingungen gleich wichtig sind, erfolgt eine Priorisierung auf einer Skala von 1 bis 10, wobei 1 „wenig wichtig" und 10 „sehr wichtig" bedeutet.

Die weiteren Spalten enthalten dann die gesammelten und gegebenenfalls vorausgewählten Lösungskonzepte. Nun erfolgt im Expertenteam eine Bewertung inwieweit die jeweiligen Lösungskonzepte die aufgelisteten Anforderungen und Randbedingungen erfüllen. Dafür verwenden wir üblicherweise eine Skala von 1 bis 5, wobei 1 „nicht erfüllt" und 5 „sehr gut erfüllt" bedeutet.

Um eine quantitative Bewertung der verschiedenen Lösungskonzepte zu erhalten, wird nun der Erfüllungsgrad der Anforderungen (0 bis 5) mit der Wichtigkeit der jeweiligen Anforderung oder Randbedingung (1 bis 10) multipliziert. Schließlich wird dann das Summenprodukt für jedes Lösungskonzept berechnet. Je höher der Punktwert, desto besser erfüllt das jeweilige Lösungskonzept die Anforderungen und Randbedingungen.

			Erfüllungsgrad für Konzepte									
	Kriterium	Wichtung (aus z.B. Paarweiser Vergleich oder QFD1)	1 hist. Standard Schraubklemmung	2 Standard Seilklemmung	3 Holz Selbstklemmer	4 LED Gehäuse Federklemmung	5 Bügelhalter mit Klemmung	6 Design- Gehäuse Federklemmung	7 Schraubhülse	8 Hülse mit Magnethalter	9 versenkte Bodenhülse	10 Baumstumpf mit Edelstahl-Hülse
Kundenanforderungen (voice of the customer)	Beurteilungsergebnis im Designtest	**10**	1	3	2	5	2	5	2	2	2	3
	max. Neigungswinkel bis Kippen	**9**	2	3	2	2	2	2	4	2	5	2
	Mittelwert Haltekraft im Zugversuch	**7**	5	4	1	2	4	2	3	3	3	3
	Eintauchtiefe Stumpf in Flüssigkeit	**4**	3	4	0	3	0	3	3	3	3	3
	...	**...**	...	...	...	...	...	...	...	...	...	...
Randbedingungen (voice of the business)	Verkaufsstart spät. 1.8.2014	**3**	5	3	3	1	3	1	3	2	3	1
	Verkauf weltweit möglich (Ländervarianten?)	**5**	4	4	3	2	3	4	3	2	1	3
	Zielkosten < 20 €/Stck	**10**	3	2	3	0	3	1	4	2	3	3
	...	**...**	...	...	...	...	...	...	...	...	...	...
KO-Krit	**Einhaltung der betreffenden Normen, CE-Kennzeichnung**		**ja**	**ja**	**ja**	**nein**	**ja**	**ja**	**ja**	**ja**	**ja**	**ja**
	Priorität Konzepte		**140**	**150**	**99**	**107**	**120**	**127**	**153**	**107**	**142**	**129**

Bild 3.62 Auszug aus einer Nutzwertanalyse für die Entwicklung eines Christbaumständers

Oft müssen bestimmte Anforderungen oder Randbedingungen (z. B. gesetzliche Vorschriften, Normen, Termine) zwingend eingehalten werden. Deshalb können hier zusätzlich einige der Anforderungen als „K.-o.-Kriterien" definiert werden. Konzepte, die ein oder mehrere dieser K.-o.-Kriterien nicht einhalten, scheiden aus, auch wenn sie bezüglich der anderen Anforderungen eine hohe Punktzahl erzielen würden.

3.14.3 Voraussetzungen und notwendiger Input

Die Durchführung einer Nutzwertanalyse ist nur dann möglich und sinnvoll, wenn:

- zuvor die Kundenanforderungen und Projektrahmenbedingungen vollständig erfasst und logisch strukturiert wurden. Dies erfolgt üblicherweise im Rahmen des Voice-of-the-Customer-Prozesses (siehe dort). Wurde zuvor ein Quality Function Deployment durchgeführt, so kann die Priorisierung der Wichtigkeit der Anforderungen direkt aus dem QFD 1 entnommen werden. Die Bewertung der Wichtigkeit der Randbedingungen, die typischerweise nicht im QFD 1 enthalten sind, muss dann jedoch noch separat erfolgen. Außerdem müssen die relevanten K.-o.-Kriterien definiert sein.
- gegebenenfalls vorher die zu beurteilenden Lösungskonzepte auf eine kleinere Anzahl (< ≈ 10) eingeschränkt wurden, z. B. mithilfe einer Pugh-Matrix.
- die zu bewertenden Lösungskonzepte so detailliert beschrieben wurden (z. B. durch geeignete Skizzen, Fotos oder Muster) und allen bewertenden Personen so gut bekannt sind, dass eine ausreichend zuverlässige und präzise Bewertung bezüglich der Erfüllung der Anforderungen und Rahmenbedingungen möglich ist.

Außerdem ist die Verwendung einer geeigneten vorgefertigten Bewertungsmatrix (z. B. die beigefügte Excel-Vorlage) für die Dokumentation und die einfache Berechnung der Ergebnisse empfehlenswert.

Für die Durchführung selbst ist ein entsprechendes Expertenteam notwendig, das in der Lage ist, die Bewertungen möglichst zuverlässig durchzuführen.

3.14.4 Vorgehensweise bei der Anwendung

Bei der Konzeptbewertung mittels der Nutzwertanalyse empfiehlt sich die Vorgehensweise in folgenden Schritten:

Schritt 1, Auflistung der Anforderungen, Randbedingungen und K.-o.-Kriterien

Die im Rahmen des Voice-of-the-Customer-Prozesses gesammelten Anforderungen und Randbedingungen werden in die Zeilen der Bewertungstabelle eingegeben (Bild 3.63). Dabei ist darauf zu achten, dass die Anforderungen und Randbedingungen vollständig und bezüglich des Detaillierungsgrads konsistent strukturiert sind. Wenn Sie zuvor ein Quality Function Deployment (QFD) durchgeführt haben, können Sie die Anforderungen direkt aus dem QFD 1 entnehmen. Allerdings müssen Sie die Projektrandbedingungen, die ja typischerweise dort nicht enthalten sind, noch ergänzen. Entscheiden Sie ferner, welche der Anforderungen und Randbedingungen unbedingt erfüllt sein müssen. Diese werden dann als „K.-o.-Kriterien" gekennzeichnet. Die Nichterfüllung eines K.-o.-Kriteriums würde dann zum Ausschluss des betroffenen Konzepts führen.

		Erfüllungsgrad für Konzepte				
Kriterium	**Gewichtung der Anforderungen und Randbedingungen**					
Anforderung 1						
Anforderung 2						
...						
Randbedingung 1						
Randbedingung 2						
...						
K.-o.-Kriterium 1						
...						
Priorität Konzepte		0	0	0	0	0

Bild 3.63 Eintragung der Anforderungen, Randbedingungen und K.-o.-Kriterien in die Zeilen der Nutzwertanalyse

Schritt 2, Gewichtung der Anforderungen und Randbedingungen

Um eine besser abgestufte Bewertung als beispielsweise bei der Pugh-Matrix zu erreichen, wird die Wichtigkeit der zu erfüllenden Anforderungen und Randbedingungen auf einer Bewertungsskala von 1 bis 10 priorisiert, wobei 1 die niedrigste und 10 die höchste Wichtigkeit kennzeichnen (Bild 3.64). Die Priorisierung sollte durch ein interdisziplinäres Expertenteam erfolgen. Idealerweise beteiligen Sie auch Ihre Kunden oder Personen, die die Kundenanforderungen gut kennen. Wurde zuvor ein Quality Function Deployment durchgeführt, so kann die Priorisierung der Anforderungen direkt aus dem QFD 1 entnommen werden. Allerdings müssen die Randbedingungen, die typischerweise nicht im QFD 1 berücksichtigt sind, dann nochmals separat bewertet werden. Eine weitere systematische Möglichkeit, die Anforderungen und Randbedingungen zu priorisieren, stellt der paarweise Vergleich (siehe dort) dar. Die als „K.-o.-Kriterien" ausgewiesenen Anforderungen oder Randbedingungen werden nicht priorisiert, erhalten also in der Spalte „Wichtung" keinen Eintrag.

		Erfüllungsgrad für Konzepte				
Kriterium	Gewichtung der Anforderungen und Randbedingungen					
Anforderung 1	8					
Anforderung 2	2					
...	...					
Randbedingung 1	10					
Randbedingung 2	3					
...	...					
K.-o.-Kriterium 1	/					
...	/					
Priorität Konzepte		0	0	0	0	0

Bild 3.64 Gewichtung der Anforderungen und Randbedingungen in der Nutzwertanalyse

Schritt 3, Auflistung der gesammelten Lösungskonzepte

Die über verschiedene mögliche Wege gewonnenen und ggf. vorher konsolidierten Lösungskonzepte werden in die Spalten der Tabelle eingetragen (Bild 3.65). Dabei ist es wichtig, die jeweiligen Konzepte so eindeutig und detailliert zu beschreiben, dass jede bewertende Person genau weiß, um welches Konzept es sich handelt bzw. wie das Konzept im Detail aussieht und funktioniert. Gegebenenfalls ergänzen Sie die Konzepte um Skizzen, Zeichnungen, Fotos, Funktionsmuster und dergleichen.

		Erfüllungsgrad für Konzepte				
Kriterium	Wichtung der Anforderungen und Randbedingungen	Lösungskonzept 1	Lösungskonzept 2	Lösungskonzept 3	Lösungskonzept 4	...
Anforderung 1	8					
Anforderung 2	2					
...	...					
Randbedingung 1	10					
Randbedingung 2	3					
...						
K.-o.-Kriterium 1	/					
...	/					
Priorität Konzepte		0	0	0	0	0

Bild 3.65 Auflistung der Lösungskonzepte in der Nutzwertanalyse

Schritt 4, Bewertung der einzelnen Lösungskonzepte

Nun wird jedes aufgelistete Konzept bezüglich der Erfüllung der gesammelten Anforderungen und Randbedingungen bewertet (Bild 3.66). Hier empfiehlt sich eine quantitative Bewertung auf einer Skala von 0 bis 5 (alternativ können Sie auch 0 bis 10 verwenden), wobei 0 „Anforderung nicht erfüllt" und 5 „Anforderung voll erfüllt" bedeutet. Bei den aufgelisteten K.-o.-Kriterien erfolgt nur eine Bewertung mit „ja", also Kriterium erfüllt, oder mit „nein", Kriterium nicht erfüllt. Ein „nein" führt zwingend zum Ausschluss des Konzepts für die Weiterverwendung. Gegebenenfalls kann hier jedoch statt des ursprünglichen Konzepts ein modifiziertes Konzept, das die K.-o.-Kriterien erfüllt, betrachtet werden.

		Erfüllungsgrad für Konzepte				
Kriterium	**Wichtung der Anforderungen und Randbedingungen**	**Lösungskonzept 1**	**Lösungskonzept 2**	**Lösungskonzept 3**	**Lösungskonzept 4**	...
Anforderung 1	**8**	3	5	1	2	...
Anforderung 2	**2**	0	4	3	2	...
...	**...**	...	...	...	...	...
Randbedingung 1	**10**	2	5	4	2	...
Randbedingung 2	**3**	5	2	3	4	...
...	**...**	...	...	...	...	...
K.-o.-Kriterium 1	/	ja	ja	nein	ja	...
...	/	...	...	...	...	...
Priorität Konzepte		**59**	**104**	**63**	**52**	**...**

Bild 3.66 Bewertung der Anforderungserfüllung der einzelnen Lösungskonzepte in der Nutzwertanalyse

Schritt 5, Berechnung der erzielten Punkte

Für jedes Konzept wird jetzt der Grad der Anforderungserfüllung (0 bis 5) mit der Wichtigkeit der jeweiligen Anforderung oder Randbedingung (1 bis 10) multipliziert. Daraus wird für jedes bewertete Konzept eine Punktesumme gebildet (Bild 3.67). Je höher die Summe, desto besser erfüllt das jeweilige Konzept insgesamt die Anforderungen und Randbedingungen. Daraus kann dann die Reihenfolge der Priorität der Konzepte ermittelt werden. Hier empfiehlt es sich, für die automatische Berechnung z. B. die beigefügte Excel-Vorlage zu verwenden.

		Erfüllungsgrad für Konzepte				
Kriterium	Wichtung der Anforderungen und Randbedingungen	Lösungskonzept 1	Lösungskonzept 2	Lösungskonzept 3	Lösungskonzept 4	...
Anforderung 1	**8**	3	5	1	2	...
Anforderung 2	**2**	0	4	3	2	...
...	**...**	...	...	...	...	...
Randbedingung 1	**10**	2	5	4	2	...
Randbedingung 2	**3**	5	2	3	4	...
...	**...**	...	...	...	...	...
K.-o.-Kriterium 1	/	ja	ja	nein	ja	...
...	/	...	...	...	...	...
Priorität Konzepte		**59**	**104**	**63**	**52**	**...**

Bild 3.67 Punktebewertung als Ergebnis der Nutzwertanalyse für die Priorisierung der Konzepte

3.14.5 Verwendung des Ergebnisses

Als Ergebnis der Nutzwertanalyse erhalten Sie eine Prioritätsreihenfolge der bewerteten Lösungskonzepte bezüglich der Erfüllung der Anforderungen und Randbedingungen sowie Einhaltung möglicher K.-o.-Kriterien. Nun muss im Entwicklungsteam entweder entschieden werden, welche dieser Konzepte konkreter ausgearbeitet werden sollen, oder aber, ob eine mögliche Überarbeitung der favorisierten Konzepte im Hinblick auf die noch vorhandenen Schwächen erfolgen soll. Für die modifizierten Konzepte kann dann eine erneute Bewertung durchgeführt werden.

Die Ergebnisse stellen weiterhin eine gute und nachvollziehbare Dokumentation der Konzeptpriorisierung dar. Damit kann beispielsweise eine später möglicherweise auftauchende Fragestellung „warum wurde gerade dieses Konzept ausgewählt?“ nachvollziehbar beantwortet werden.

3.14.6 Vor- und Nachteile

Die wesentlichen Vorteile der Nutzwertanalyse sind:

- strukturierte, detaillierte und nachvollziehbare quantitative Bewertung von gesammelten Lösungskonzepten,

- detaillierte Analyse der jeweiligen Stärken und Schwächen der bewerteten Konzepte bezüglich Erfüllung der Anforderungen und Randbedingungen, Berücksichtigung von möglichen K.-o.-Kriterien,
- kompakte und nachvollziehbare Dokumentation bezüglich der Konzeptbewertung,
- leicht verständlich und einfach durchführbar,
- universell einsetzbar, sowohl für Produktentwicklung als auch Prozessentwicklung oder allgemein für Verbesserungsprojekte, oder auch allgemein als strukturierte Vorgehensweise zur Bewertung von Konzeptalternativen, beispielsweise für Investitionsentscheidungen.

Die wesentlichen Nachteile der Nutzwertanalyse sind:

- wegen des benötigten Bewertungsaufwands nur zur Analyse einer begrenzten Anzahl von Lösungskonzepten sinnvoll,
- Bewertung der Anforderungserfüllung wegen mangelnder Informationen und Kenntnisstand in der frühen Entwicklungsphase oft schwierig und fehlerbehaftet. Nicht berücksichtigte oder unbekannte „Kleinigkeiten“ können später zum Scheitern eines als sehr gut bewerteten Konzepts führen.

3.14.7 Praxisbeispiel

Bild 3.68 zeigt das Beispiel einer Nutzwertanalyse für die Bewertung verschiedener Konzepte bei der Entwicklung eines Christbaumständers. Die linke Spalte zeigt die gesammelten Anforderungen und Rahmenbedingungen sowie die K.-o.-Kriterien. In der Spalte rechts daneben befindet sich die Gewichtung der Anforderungen und Rahmenbedingungen. Die Spalten weiter rechts beinhalten die zu bewertenden Lösungskonzepte. In der Matrix wird dann jedes Lösungskonzept bezüglich der Erfüllung der Anforderungen, Randbedingungen und K.-o.-Kriterien bewertet. Aus dem Summenprodukt wird dann die Priorisierung der Konzepte ermittelt. Konzepte, die ein oder mehrere K.-o.-Kriterien nicht erfüllen, scheiden aus. Das oder die besten Konzepte werden dann weiter ausgearbeitet und ggf. bezüglich erkannter Schwächen modifiziert.

Nutzwertanalyse												
			Erfüllungsgrad für Konzepte									
	Kriterium	Wichtung (aus z.B. Paarweiser Vergleich oder QFD1)	1 hist. Standard Schraubklemmung	2 Standard Seilklemmung	3 Holz Selbstklemmer	4 LED Gehäuse Federklemmung	5 Bügelhalter mit Klemmung	6 Design- Gehäuse Federklemmung	7 Schraubhülse	8 Hülse mit Magnethalter	9 versenkte Bodenhülse	10 Baumstumpf mit Edelstahl-Hülse
Kundenanforderungen (voice of the customer)	Beurteilungsergebnis im Designtest	**10**	1	3	2	5	2	5	2	2	2	3
	max. Neigungswinkel bis Kippen	**9**	2	3	2	2	2	2	4	2	5	2
	Mittelwert Haltekraft im Zugversuch	**7**	5	4	1	2	4	2	3	3	3	3
	Eintauchtiefe Stumpf in Flüssigkeit	**4**	3	4	0	3	0	3	3	3	3	3
	Durchmesserverstellbereich	**7**	4	5	4	3	4	3	2	2	2	2
	Rauhigkeit Auflagefläche	**3**	2	3	4	3	2	3	0	2	0	2
	Härte Auflagefläche	**4**	2	3	4	3	2	3	0	2	0	3
	max. Fallhöhe ohne Beschädigung	**3**	2	3	2	1	2	1	4	3	4	3
	B10 Lebensdauer	**8**	3	2	3	1	3	2	4	4	4	4
	benötigte Füllzeit	**3**	4	4	0	2	0	2	3	3	2	3
	durchschn. Montage- + Demontagezeit Baum	**8**	0	3	4	2	1	2	2	2	1	2
	mögl. Winkeländerung mit mont. Baum	**4**	2	5	2	2	0	2	2	2	1	2
	Packmaße	**4**	3	2	3	2	4	2	3	3	4	2
	Anteil schwerentflammbare Stoffe	**2**	5	3	0	2	4	1	4	4	5	0
	GS + TÜV Prüfzeichen erhalten	**8**	2	3	1	1	2	1	3	1	3	2
	Anteil recycelbarer Stoffe	**3**	5	3	4	1	4	2	4	4	4	5
Randbedingungen (voice of the business)	Verkaufsstart spät. 1.8.2014	**3**	5	3	3	1	3	1	3	2	3	1
	Verkauf weltweit möglich (Ländervarianten?)	**5**	4	4	3	2	3	4	3	2	1	3
	Zielkosten < 20 €/Stck	**10**	3	2	3	0	3	1	4	2	3	3
	Entwicklungskosten < 50.000 €	**7**	4	2	4	1	3	1	4	2	4	3
	Zielmenge >100.000 Stck.	**2**	1	5	2	1	1	2	0	1	0	3
	Bau und Montage überw. durch Zulieferer	**3**	3	2	3	1	3	1	3	2	2	3
K.-o.-Kriterien	Einhaltung der betreffenden Normen, CE- Kennzeichnung		ja	ja	ja	nein	ja	ja	ja	ja	ja	ja
	Priorität Konzepte		324	364	298	225	284	256	337	271	314	310

Bild 3.68 Beispiel einer Nutzwertanalyse für die Entwicklung eines Christbaumständers

3.14.8 Typische Fehler bei der Anwendung

Typische Fehler bei der Durchführung einer Nutzwertanalyse sind:

- Die Anforderungen und Randbedingungen sind nicht vollständig, nicht für das zu entwickelnde Konzept relevant oder nicht logisch oder bezüglich der Hierarchie inkonsistent strukturiert. Relevante K.-o.-Kriterien wurden vergessen.
- Die Gewichtung der Anforderungen entspricht nicht der tatsächlichen Kundengewichtung. Die Kunden wurden bei der Priorisierung der Kriterien nicht eingebunden. Das führt dazu, dass unwichtige Kriterien stärkere oder wichtige Kriterien zu wenig Berücksichtigung finden, so dass ggf. die falschen Konzepte priorisiert werden.
- Die Einschätzung eines Konzepts bezüglich der Anforderungserfüllung ist falsch. Das könnte als Folge einer unklaren Definition der Anforderungen oder einer unklaren und zu wenig detaillierten Beschreibung des zu bewertenden Konzepts resultieren. Achten Sie darauf, dass alle beurteilenden Personen die Konzepte vollständig verstanden haben. Allerdings ist das gerade in einer frühen Projektphase oft schwierig, da zu diesem Zeitpunkt die meisten Konzepte nur grob ausgearbeitet sind, so dass hier Fehleinschätzungen nicht immer auszuschließen sind.

3.14.9 Das Wichtigste in Kürze

Die Nutzwertanalyse ist eine strukturierte und quantitative Methode, um aus einer begrenzten Anzahl von erstellten Lösungskonzepten die besten auszuwählen.

Dazu werden zunächst die Anforderungen, Randbedingungen und K.-o.-Kriterien möglichst vollständig gesammelt und logisch und hierarchisch strukturiert. Die Anforderungen und Randbedingungen werden dann nach Wichtigkeit auf einer Skala von 1 bis 10 bewertet.

Dann werden die gesammelten Lösungskonzepte bezüglich der Erfüllung der Anforderungen und Randbedingungen auf einer Skala von 0 bis 5 bewertet. Die Erfüllung der K.-o.-Kriterien wird nur mit „ja" und „nein" bewertet. Bei Nichterfüllung eines K.-o.-Kriteriums scheidet das Konzept aus.

Das Tabellenblatt bildet nun ein Summenprodukt aus der Anforderungserfüllung und der Wichtigkeit der Anforderungen/Randbedingungen. Je höher der Punktewert, desto besser erfüllt das jeweilige Lösungskonzept die Anforderungen und Randbedingungen.

Schließlich wird entschieden, welches oder welche Konzepte weiter ausgearbeitet werden sollen. Gegebenenfalls sind eine Analyse der noch identifizierten Schwächen und eine Modifikation der betroffenen Konzepte sinnvoll.

Aufgrund der detaillierten Bewertung ist die Nutzwertanalyse nur für eine begrenzte Anzahl von Lösungskonzepten geeignet. Die Bewertung sollte durch ein interdisziplinäres Team von Fachexperten erfolgen.

3.14.10 Verwandte und weiterführende Themen

Pugh-Matrix

Die Pugh-Matrix (Details siehe dort) führt genauso wie die Nutzwertanalyse eine Bewertung von Produktkonzepten oder auch Lösungsalternativen, vorzugsweise bei der Produktentwicklung, durch. Hier erfolgt jedoch keine Gewichtung der Anforderungen und Randbedingungen. Die Bewertung der Konzepte erfolgt auf einer reduzierten Skala (schlechter, gleich oder besser) im Vergleich zu einem Referenzkonzept (z. B. unserem derzeitigen Produkt). Dadurch ergibt sich eine schlechtere Diskriminierung der Konzepte. Allerdings ist eine sehr schnelle Bewertung möglich. Deshalb eignet sich die Pugh-Matrix besonders zum systematischen Vergleich sehr vieler Konzepte.

Morphologischer Kasten

Der morphologische Kasten (Details siehe dort) ist eine systematische Vorgehensweise, um aus den vorher festgelegten benötigten Funktionen des zu entwickelnden Produkts eine Liste der möglichen Ausprägungen (also wie die Funktion konkret umgesetzt werden könnte) zu erstellen und über die systematische Kombination der verschiedenen Ausprägungsmöglichkeiten jeder benötigten Funktion eine Vielzahl von möglichen Produktkonzepten zu erhalten. Der morphologische Kasten dient also zur Entwicklung der Produktkonzepte, die dann mithilfe z. B. der Pugh-Matrix oder Nutzwertanalyse systematisch bewertet werden.

3.14.11 Arbeitshilfe

HINWEIS: Es stehen Ihnen zur Verfügung

- Vorlage Nutzwertanalyse groß
- Vorlage Nutzwertanalyse klein
- Beispiel Nutzwertanalyse „Christbaumständer“
- Beispiel Nutzwertanalyse „Fahrradlampe“

Weiterführende Literatur

Jansen, S., Nutzwertanalyse im Projektmanagement, Studienarbeit, GRIN-Verlag, München 2008.

Zangemeister, C.: Nutzwertanalyse in der Systemtechnik, Wittemann München, 1976.

3.15 FMEA

3.15.1 Einsatzbereiche und Zielsetzung

Die FMEA (Failure Mode and Effects Analysis, Fehler-Möglichkeits- und Einfluss-Analyse) ist eine strukturierte Risikoanalyse. Sie wird in der Entwicklung von Produkten und Prozessen verwendet. Ziel ist es, Schwachstellen und Risiken möglichst frühzeitig zu finden und nachhaltig abzustellen, bevor daraus Nachteile oder Schaden entsteht. In der Literatur und in Regelwerken (z.B. DIN EN 60812, QS 9000) sind verschiedene Arten der FMEA beschrieben. Am häufigsten verwendet werden die Produkt-FMEA und die Prozess-FMEA.

Produkt-FMEA

Die Produkt-FMEA untersucht die möglichen Fehler und deren Konsequenzen, die bei der Entwicklung von Komponenten oder Systemen entstehen. Dabei geht es sowohl um die grundsätzliche Funktionsfähigkeit wie auch die Erfüllung der gestellten Anforderungen und nicht zuletzt um die möglichen Konsequenzen eines Ausfalls, einer Fehlfunktion oder negativer Auswirkungen des Produkts, die ja im Extremfall hohe Sach- oder sogar Personenschäden verursachen können.

Prozess-FMEA

Bei der Prozess-FMEA wird ein geplanter Prozessablauf systematisch auf mögliche auftretende Fehler untersucht. Auch hier erfolgt wieder eine Beurteilung bezüglich der möglichen (negativen) Auswirkungen auf das gewünschte Prozessergebnis oder auch bezüglich möglicher Gefahren (wie z.B. Brand, Explosion), die von dem geplanten Prozess ausgehen könnten.

Grundsätzliches Ziel der FMEA ist es, Fehler und potenzielle Risiken so früh wie möglich und so vollständig wie möglich zu erkennen. Für auf Basis einer systematischen quantitativen Bewertung als relevant eingeschätzte Risiken sind dann geeignete Maßnahmen zu definieren und umzusetzen, um diese Risiken zu vermeiden oder zumindest abzuschwächen.

3.15.2 Das Wichtigste in Kürze

Im Rahmen einer Produkt- oder Prozessentwicklung sollte möglichst immer eine detaillierte FMEA durchgeführt werden. Dies gilt auch für Produktmodifikationen oder Prozessänderungen. Die Durchführung erfolgt in einem FMEA-Team mit den jeweiligen Fachexperten. Es ist empfehlenswert, einen (neutralen) FMEA-Moderator heranzuziehen, um die Diskussionen zu strukturieren und zu straffen. Als Arbeitsgrundlage und Dokumentation kann ein FMEA-Formular oder aber auch eine FMEA-Software verwendet werden. Letztere empfiehlt sich besonders, wenn viele FMEAs zu erstellen, zu aktualisieren und zu verwalten sind.

Vorbereitung der FMEA

Um die Durchführung der FMEA strukturiert, zielführend und möglichst straff zu gestalten, ist eine sorgfältige Vorbereitung erforderlich. Bei der Produkt-FMEA empfiehlt sich die vorherige Durchführung einer Funktionsanalyse (siehe Kapitel „Funktionsanalyse“) bzw. die Darstellung und Aufgliederung der einzelnen System-/Funktionskomponenten. Bei komplexeren Systemen ist die detaillierte Darstellung der Systemstruktur, der Komponenten sowie der jeweiligen Schnittstellen notwendig. Für die Durchführung einer Prozess-FMEA sollte ein detailliertes Prozess-Mapping des zu untersuchenden Prozesses vorliegen (siehe Kapitel „Prozess-Mapping“). Das FMEA-Team besteht aus den Fachexperten, möglichst einem Vertreter des Kunden sowie einem neutralen Moderator. Halten Sie das Team so klein wie möglich, aber so groß wie notwendig. Seien Sie sich bewusst, dass die Erarbeitung einer detaillierten (nur dann ist sie auch nützlich!) FMEA einen nicht zu unterschätzenden Aufwand bedeutet, der jedoch meist wesentlich unter einem späteren etwaigen Korrekturaufwand bei nicht rechtzeitig entdeckten Fehlern liegt.

Durchführung der FMEA

Kern einer FMEA ist die Aufstellung von Ursache-Wirkungs-Ketten (Bild 3.69).

Bild 3.69 Ursache-Wirkungs-Kette als Basis der FMEA

Bei der Durchführung der FMEA werden zunächst jeweils die möglichen Fehler aufgelistet. Dies erfolgt systematisch für jeden Prozessschritt bzw. für jede Komponente oder Teilfunktion eines betrachteten Systems. Dabei ist es einerseits wichtig, keine relevanten Fehler zu vergessen, andererseits aber auch nicht zu viele irrelevante oder extrem seltene Fehler aufzulisten, da sich sonst der Umfang und die erforderliche Zeit zur Erstellung der FMEA unnötig erhöhen. Für jeden aufgelisteten Fehler wird dann ermittelt, welcher negative Effekt (Fehlerfolge) für den Kunden, Anwender oder Benutzer daraus entstehen könnte. Schließlich werden für jeden Fehler die möglichen Ursachen aufgelistet. Es sollten nur die jeweils unmittelbaren Effekte und die unmittelbaren Ursachen aufgelistet werden. Bei der Aufstellung der Ursache-Wirkungs-Kette ist zu beachten, dass ein Fehler sowohl zu mehreren Effekten führen kann, als auch, dass es für einen Fehler mehrere verschiedene Ursachen geben kann. Es könnte auch sein, dass ein Fehler nur bei Vorliegen von mehreren Ursachen auftritt.

Um die Risiken quantifizierbar zu machen, erfolgt in dem FMEA-Arbeitsblatt eine numerische Bewertung auf einer Skala von 1 bis 10, getrennt nach drei verschiedenen Kriterien:

- **Bedeutung des Effekts bzw. der Fehlerfolge (für den Kunden), „B“**
  Wie gravierend ist der durch den Fehler hervorgerufene Effekt für den Kunden oder Anwender. Eine 1 würde bedeuten, keine Auswirkung für den Kunden, 10 würde bedeuten, äußerst schwerwiegender Fehler, der die Sicherheit beeinträchtigt, ohne Warnung.

- **Auftrittswahrscheinlichkeit der Ursache, „A“**
  Wie wahrscheinlich ist das Auftreten der Ursache für den betrachteten Fehler. Eine 1 würde bedeuten, extrem selten (< 0,67 ppm), 10 würde bedeuten, in ≥ 50 % der Fälle.
- **Wahrscheinlichkeit für die Entdeckung des Fehlers, „E“**
  Wie wahrscheinlich ist es, den Fehler oder die Fehlerursache zu finden, bevor eine Fehlerfolge eintreten kann. Hier bedeutet eine 1, dass der Fehler oder die Ursache mit nahezu absoluter Sicherheit gefunden wird, und 10 bedeutet, dass es unmöglich oder sehr unwahrscheinlich ist, dass der Fehler oder die Fehlerursache gefunden werden.

In den einschlägigen FMEA-Regelwerken sind standardisierte Werte für die Vergabe der jeweiligen Bewertungszahlen 1 bis 10 für Bedeutung, Auftrittswahrscheinlichkeit und Entdeckung vorgegeben. Diese sollten möglichst auch verwendet werden, da damit Risikobewertungen aus verschiedenen FMEA vergleichbar gemacht werden können.

Aus der Multiplikation der numerischen Bewertungen für die Bedeutung des Effekts, die Auftrittswahrscheinlichkeit der Ursache und die Wahrscheinlichkeit für die Entdeckung des Fehlers ergibt sich die sogenannte Risikoprioritätszahl (RPZ).

RPZ = B * A * E

Somit ergeben sich RPZ-Werte zwischen 1 und 1000. Je höher der RPZ-Wert, desto größer sind die Risiken und desto dringender besteht Handlungsbedarf. Üblicherweise sind bei Werten größer 100 oder 125 verbindlich Maßnahmen einzuleiten.

Allerdings ist zu beachten, dass gleiche RPZ-Werte durchaus völlig unterschiedliche Konsequenzen haben können. Tabelle 3.7 zeigt die verschiedenen möglichen Schlussfolgerungen, die beispielsweise aus einer gleichen Risikoprioritätszahl von 144 zu ziehen sind, je nachdem, wie die Bewertungen der Bedeutung des Fehlers, der Auftrittswahrscheinlichkeit und der Entdeckung ausfallen.

Tabelle 3.7 Verschiedene mögliche Konsequenzen einer RPZ-Zahl von 144 bei einer FMEA

B*A*E	RPZ	Schlussfolgerung
9*2*8	144	Der Fehler tritt zwar selten auf (A = 2), hat dann aber gravierende Konsequenzen (B = 9). Außerdem wird er nur sehr unwahrscheinlich gefunden (E = 8).
9*8*2	144	Der Fehler ist kritisch (B = 9) und kommt häufig vor (A = 8). Da er aber fast immer gefunden wird (E = 2), stellt er kaum eine Kundengefährdung dar, verursacht jedoch oft hohe interne Kosten.
2*9*8	144	Der Fehler ist für den Kunden praktisch irrelevant (B = 2).

Eine Schwierigkeit in der Praxis liegt in der Abschätzung der Risiken. Besonders die Auftrittswahrscheinlichkeit einer potenziellen Fehlerursache ist, gerade in einer frühen Entwicklungsphase, häufig nur sehr schwer abzuschätzen. Ebenso ist die Entdeckungswahrscheinlichkeit oft unklar, da meist noch keine Inspektionssysteme existieren oder zumindest nicht getestet wurden. Insofern stellen die Bewertungen oft den subjektiven, wenn auch bestmöglichen, Eindruck des FMEA-Teams dar. Daher ist eine laufende Aktualisierung der FMEA mit wachsendem Kenntnisstand unbedingt zu empfehlen. Bild 3.70 zeigt ein Beispiel für eine Produkt-FMEA.

Prozess Schritt Komponente	Möglicher Fehler	Mögliche Fehlerfolge	B	Mögliche Ursache	A	Derzeitige Kontrollen	E	RPZ
Welcher Prozessschritt, welche Komponente wird analysiert?	Welcher Fehler könnte auftreten. Woran erkennen Sie den Fehler	Was ist die Auswirkung des Fehlers auf den Kunden	Bedeutung	Auf welche Art könnte eine Eingangsgröße vom Sollwert abweichen. Was sind mögliche Fehlerursachen.	Auftreten	Welche derzeitigen Kontrollen verhindern das Auftreten des Effektes	Entdeckung	=B*A*E
Klemmmechanismus	Klemmkraft lässt nach über Zeit	Baum verliert Halt, neigt sich, kippt ggf. um	9	Halteseil längt sich	2	keine	10	180
			9	Haltebacken verformen sich plastisch	3	keine	10	270
			9	Rastzähne Klemmechanismus überspringen mit der Zeit	2	keine	10	180
	Klemmkraft lässt unvermittelt nach	Baum verliert Halt, neigt sich, kippt ggf. um	10	Halteseil bricht	3	Dauertest und Belastungstest währen Prototyphase	2	60
			10	Halteseil bricht	3	Serie: Wareneingangskontrolle Seilmaterial, Stichprobenprüfung	4	120
			10	Haltebacken brechen	4	Dauertest und Belastungstest währen Prototyphase	2	80
			10	Haltebacken brechen	4	Serie: SPC-Prüfung während Herstellprozess	4	160
			10	Rastmechanismus versagt	2	Belastungstest während Prototyphase	3	60
	Mechanikdesign nicht sicher gegen Fehlbedien.	Baum verliert unvermittelt Halt, neigt sich, kippt ggf. um	10	Nicht berücksichtigt bei Auslegung Mechanikdesign	4	keine	10	400
		Bediener verletzt sich bei Bedienung (Quetschung)	10	Nicht berücksichtigt bei Auslegung Mechanikdesign	4	keine	10	400

Bild 3.70 Beispiel einer Produkt-FMEA für einen Christbaumständer (Auszug)

Ableitung und Umsetzung von Maßnahmen aus der FMEA

Dort, wo die RPZ den vereinbarten zulässigen Wert (meist 100 oder 125) überschreitet, sind Maßnahmen zur Reduzierung der Risiken erforderlich (Bild 3.71 zeigt ein Beispiel). Grundsätzlich könnte versucht werden, jeden der drei Faktoren B, A und E zu reduzieren, oder aber jeweils den höchsten. Eine Reduzierung der Bedeutung B ist aber in der Praxis fast nie möglich, denn solange beispielsweise ein schwerer Sicherheitsmangel vorliegt und nicht abgeschafft werden kann, muss die Bewertung nach wie vor auf 10 bleiben. Insofern stehen in der Praxis meist nur die Auftrittswahrscheinlichkeit der Ursache und die Wahrscheinlichkeit der Entdeckung zur Risikoreduzierung zur Verfügung. Der Fokus sollte eindeutig auf der Reduzierung der Auftrittswahrscheinlichkeit für die Problemursache liegen. Nur falls das sehr schwierig oder auch sehr teuer ist, sollte eine Verschärfung der Prüfungen in Betracht gezogen werden. Bei plötzlich auftretenden Prozessproblemen wird häufig als Sofortmaßnahme eine zusätzliche Prüfung eingeführt (reduziert E), bevor die Analyse und Abstellung der Ursachen erfolgen. Danach sollte die verschärfte Prüfung aus Kostengründen jedoch wieder abgeschafft werden.

Die zu ergreifenden Maßnahmen sollten im FMEA-Team detailliert besprochen werden. Außerdem sind Terminrahmen und -verantwortliche für die Umsetzung festzulegen und zu dokumentieren. Dazu dient der zweite Teil des FMEA-Formulars auf der rechten Seite. Schließlich erfolgt durch das FMEA-Team eine zweite Bewertung einer voraussichtlichen RPZ *nach* Umsetzung der Maßnahmen. Idealerweise sollten dann alle RPZ-Zahlen unter dem vereinbarten zulässigen Wert liegen. Sind immer noch hohe Risiken vorhanden, so muss seitens des Managements entschieden werden, ob weitere Maßnahmen erfolgen sollen oder ob die Risiken so akzeptiert werden.

B	Mögliche Ursache	A	Derzeitige Kontrollen	E	RPZ	Empfohlene Maßnahmen	Verantwortlich	Umgesetzte Maßnahmen	B	A	E	RPZ
Bedeutung	Auf welche Art könnte eine Eingangsgröße vom Sollwert abweichen. Was sind mögliche Fehlerursachen.	Auftreten	Welche derzeitigen Kontrollen verhindern das Auftreten des Effektes	Entdeckung	=B*A*E	Durch welche Maßnahmen können Fehler oder Fehlerursache verhindert werden	Wer ist für die Umsetzung verantwortlich. Bis wann wird die Maßnahme umgesetzt?	Welche Maßnahmen wurden umgesetzt? Wie ist jetzt die RPZ?	Bedeutung	Auftreten	Entdeckung	=B*A*E
9	Halteseil längt sich	2	keine	10	180	Eignung verw. Seil prüfen, Dauertest einführen	Fr. Müller, 30.03.2014	Seillieferant gewechselt, Dauertest eingeführt	9	2	3	54
9	Haltebacken verformen sich plastisch	3	keine	10	270	Konstruktive Auslegung überarbeiten, Dauertest	Hr. Klein, 15.4.2014	Auslegung i.O., Dauertest eingeführt	9	2	3	54
9	Rastzähne Klemmechanismus überspringen mit der Zeit	2	keine	10	180	Dimensionierung überprüfen und festschr.	Hr. Klein, 15.4.2014	Dimension überarbeitet	9	1	10	90
10	Halteseil bricht	3	Dauertest und Belastungstest währen Prototypphase	2	60	keine			10	3	2	60
10	Halteseil bricht	3	Serie: Wareneingangskontrolle Seilmaterial, Stichprobenprüfung	4	120	Stichprobengröße erhöhen	Fr. Müller, 30.06.2014	Stichprobenplan geändert	10	3	3	90
10	Haltebacken brechen	4	Dauertest und Belastungstest währen Prototypphase	2	80	keine			10	4	2	80
10	Haltebacken brechen	4	Serie: SPC-Prüfung während Herstellprozess	4	160	Prüfschärfensteuerung einführen	Hr. Klein, 30.6.2014	Prüfschärfensteuerung für Haltebacken umges.	10	4	2	80
10	Rastmechanismus versagt	2	Belastungstest während Prototypphase	3	60	keine			10	2	3	60

Bild 3.71 Beispiel einer Produkt-FMEA mit den Korrekturmaßnahmen und erwarteten RPZ-Werten nach Maßnahmenumsetzung (rechter Teil der Tabelle, Auszug)

3.15.3 Verwendung der Ergebnisse

Der Nutzen einer detaillierten FMEA liegt im Wesentlichen in folgenden Punkten:

- Möglichst frühzeitiges Erkennen von Funktionsproblemen in der Entwicklungsphase
  Je früher gravierende Probleme entdeckt werden können, desto kostengünstiger und schneller ist deren Beseitigung.
- Absicherung eines Kunden gegenüber seinem Lieferanten
  In vielen Branchen (z. B. Automobilbau, Medizintechnik) werden im Rahmen der Freigabe von Produkten detaillierte Produkt- und Prozess-FMEAs gefordert.
- Systematische Suche von möglichen Risiken und Funktionsproblemen bei gehäuft auftretenden und häufig wechselnden Produktfehlern
  Auch bei bereits bestehenden Produkten kann eine FMEA zur Abschätzung und Bewertung von Risiken eingesetzt werden. Durch Umsetzung der erarbeiteten Maßnahmen können dann die wesentlichen Risiken erheblich reduziert werden.
- Systematische Suche von möglichen Ursachen bei immer wieder auftretenden Prozessproblemen.
  Hier eignet sich die FMEA vor allem bei häufig wechselnden und immer wieder neuen Problemen zur systematischen Analyse und gezielten Umsetzung von Maßnahmen.
- Dokumentation der getroffenen Abschätzungen, Bewertungen und ergriffenen Maßnahmen sowie des verbleibenden Restrisikos
- Abschätzung von Risiken, die durch eine Änderung oder Modifikation an Produkten oder in Prozessen entstehen
  Es hat sich gezeigt, dass gerade bei Änderungen und Modifikationen das Fehlerrisiko sehr hoch ist.

3.15.4 Arbeitshilfe

HINWEIS: Es stehen Ihnen zur Verfügung
- Vorlage FMEA
- Beispiel FMEA „Christbaumständer“

Weiterführende Literatur

Chrysler, Ford, General Motors: Potential Failure Mode and Effects Analysis FMEA, 1995.

DIN EN 60812: 2006, Analysetechniken für die Funktionsfähigkeit von Systemen – Verfahren für die Fehlzustandsart- und -auswirkungsanalyse (FMEA), Beuth Verlag, Berlin 2006.

Gamweger, J.; Jöbstl, O.; Strohrmann, M.; Suchowerskyj, W.: Design for Six Sigma, Carl Hanser Verlag, München 2009.

VDA: Band 4, Produkt und Prozess-FMEA, 2008.

3.16 Allgemeines zur Analyse von Messsystemen

3.16.1 Einsatzbereiche und Zielstellung

Messungen und Beurteilungen finden in allen Phasen einer Entwicklung statt – zum Beispiel beim Testen der Wirkung eines Stellhebels auf die Zielgröße, bei der Beurteilung der Konvergenz eines Fertigungsverfahrens oder beim Beweis der Zielerreichung eines Leistungskriteriums mittels Messwerten aus einer Stichprobe.

In all diesen Fällen ermitteln Sie das Ergebnis unter Zuhilfenahme eines Ablaufs und eventuell Geräts, das den Zweck hat, den Wert einer Ergebnisgröße anzuzeigen – Sie benutzen ein Messsystem. Dieses Messsystem hat meist die Aufgabe, mit Beurteilungskriterien „schlechte“ Prozessergebnisse als „schlecht“ und „gute“ Prozessergebnisse als „gut“ genau zu erkennen.

Die Wirksamkeit eines Messsystems ist aber abhängig von der Umgebung, in der es eingesetzt wird, oder von den Personen, die es bedienen, oder von der Messaufgabe, für die es benutzt werden soll. Oft werden aber Messsysteme viel zu wenig auf ihre eigentliche Eignung für eine spezielle Aufgabe überprüft. Und auch neu kalibrierte Messsysteme können für die Aufgabe, für die sie eingesetzt werden, völlig ungeeignet sein. Das kann bedeuten, dass aufgrund von Fehlmessungen falsche Entscheidungen getroffen werden, die Entwicklungsablauf oder Prototypenfertigung verzögern.

Das Ziel einer Messsystemanalyse ist es, zu erkennen, wie stark ein messendes System den eigentlich unbekannten – wahren – Wert verändert. Mit dieser Kenntnis können Sie dann auf den wahren Wert zurückschließen und die tatsächliche Fähigkeit eines Produkts oder Prozesses ermitteln. Mithilfe der Messsystemanalyse gewinnen Sie Aussagesicherheit und damit Entscheidungssicherheit.

3.16.2 Das Wichtigste in Kürze

Grundsätzlich unterscheiden Sie bei der Messsystemanalyse zwischen zwei Arten von Messungen:

1. die Beurteilung einer Prozessleistung durch subjektive Wahrnehmung (Sichtprüfung, Geschmack, ...) oder durch die Benutzung einer Lehre und
2. die Beurteilung von Prozessergebnissen auf Basis einer Messung, zum Beispiel mit einem Thermometer.

Im ersten Fall handelt es sich um ein Messsystem für attributive Daten, also Merkmale, im zweiten Fall um ein Messsystem für variable Daten, also der eigentlichen Ermittlung von Messwerten. Um zu erkennen, wie groß der Einfluss der Messungen auf den zugrunde liegenden wahren Wert ist, können Sie auf verschiedene Kategorien von Messsystemanalysen für attributive und variable Daten zurückgreifen. Diese sind in Bild 3.72 dargestellt.

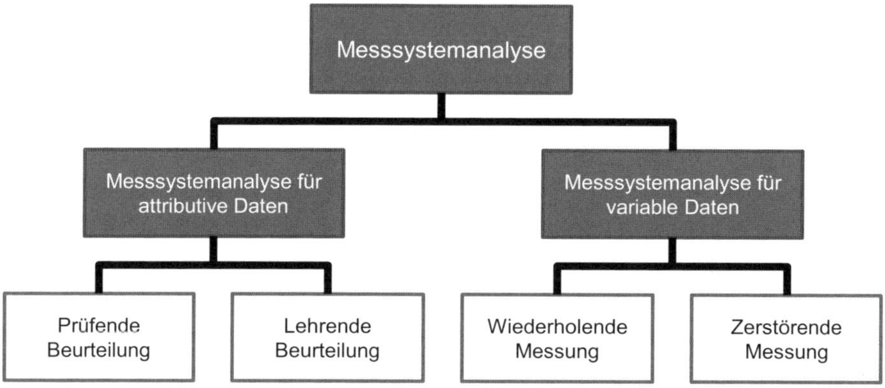

Bild 3.72 Unterschiedliche Arten von Messsystemanalysen

Eine Messung kann den wahren Wert um einen bestimmten Betrag systematisch verschieben (Versatz, Offset, Bias), mit einem Trend überlagern, mit einer Streuung überlagern oder sogar eine zusätzliche Abhängigkeit von der Größe des gemessenen Werts erzeugen (Linearität). Einige Arten der systematischen oder zufälligen Veränderung eines wahren Werts sind in Bild 3.73 dargestellt.

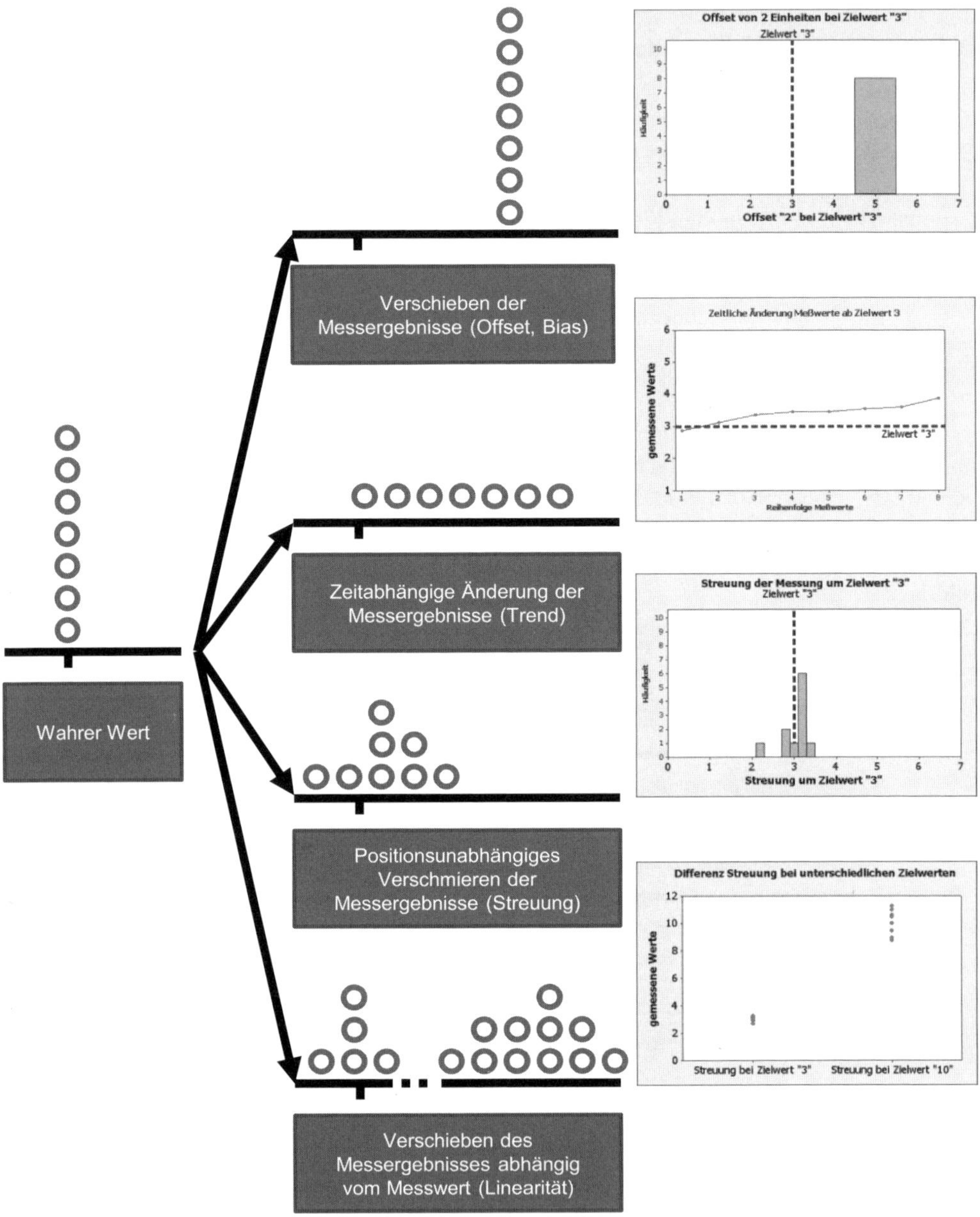

Bild 3.73 Einige unterschiedliche Arten, wie ein Messsystem einen wahren Wert durch die Messung verändern kann

Alle diese Effekte treten in der Praxis auch auf und führen dazu, dass der durch eine Messung ermittelte Wert sicher falsch ist, die Frage ist nur „wie falsch?“. Mit einer Messsystemanalyse ermitteln Sie genau dieses „wie falsch“.

In Bild 3.74 ist schematisch anhand variabler Daten dargestellt, wie sich die von Ihnen beobachtete Streuung einer Ergebnisgröße im Extremfall aufteilen kann.

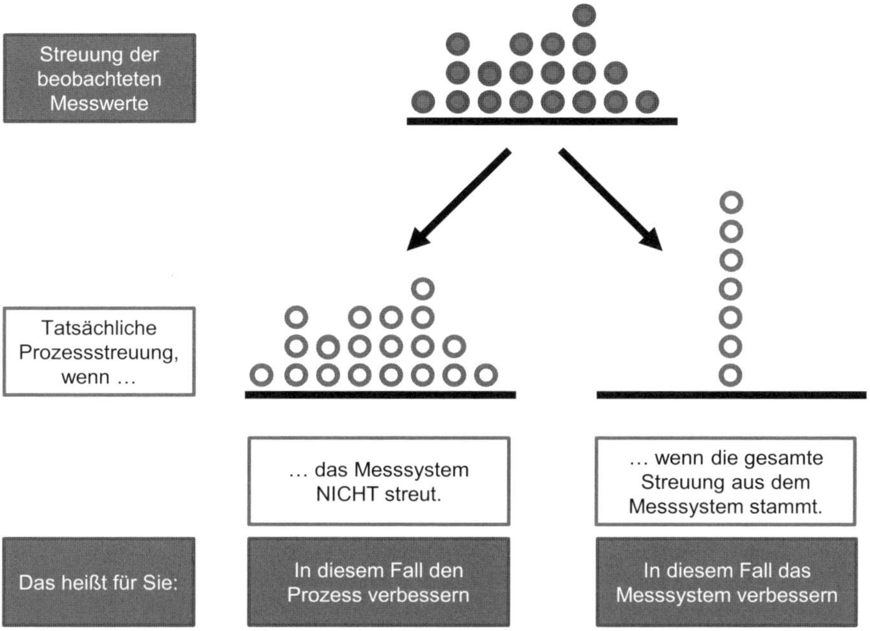

Bild 3.74 Stoßrichtung für Verbesserung oder Entwicklungsaktivitäten in Abhängigkeit vom Einfluss des Messsystems

Wenn das Messsystem keinen relevanten Einfluss auf die Messwerte besitzt, dann sollten Sie bei nicht ausreichender Prozessfähigkeit Geld für eine Prozessverbesserung aufwenden. Wenn aber die beobachtete Streuung überwiegend durch das Messsystem verursacht wird, sollten Sie Budget für die Verbesserung der Messung bereitstellen. Einen Prozess zu verbessern, obwohl das relevante Messsystem nicht ausreichend fähig ist, führt im Allgemeinen zur Verschwendung wertvoller Ressourcen.

Die Faustregel besagt, dass Sie zehnmal so gut messen können sollten wie die Änderung oder der Sie interessierende Bereich, den Sie messen möchten. Wie sich diese Faustregel für variable Daten in eine messbare Streuung übersetzt, ist in Bild 3.75 gezeigt.

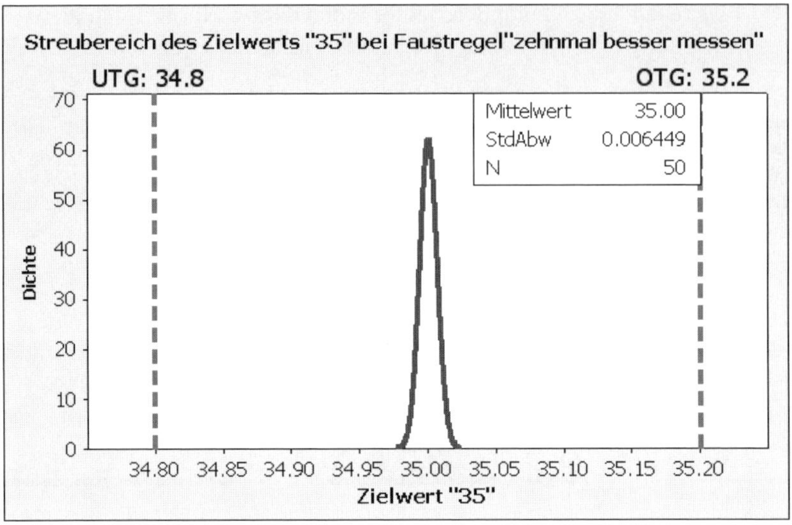

Bild 3.75 Übersetzung der Faustregel „Zehnmal so gut messen" in eine durch das Messsystem verursachte akzeptable Unschärfe des Messwerts (UTG/OTG: untere/obere Toleranzgrenze)

In Bild 3.75 erkennen Sie, dass idealerweise der Bereich der sogenannten natürlichen Streuung des Messsystems genau diese 10 % des interessierenden Bereichs ausmacht. Da der Bereich der natürlichen Streuung des Messsystems aber ± 3 Standardabweichungen breit ist, bedeutet das, dass die Standardabweichung eines fähigen Messsystems nur circa 1,7 % der Breite des zulässigen Toleranzbereichs betragen sollte.

Im Beispiel aus Bild 3.75 bedeutet das bei einer Toleranzbreite von 0,4 mm, dass das Messsystem nur eine Standardabweichung von 0,4 mm × 1,7 % = 0,0068 mm = 6,8 µm besitzen sollte.

Im Bereich der Messsystemanalyse existieren zahlreiche ähnlich klingende Bezeichnungen und vielfältige firmen- und abteilungsspezifische Jargons. Sie sollten also vor Beginn einer solchen Messsystemanalyse genau hinterfragen, was mit einzelnen Bezeichnungen gemeint ist und auf welcher Datenbasis oder Berechnung sie beruhen. Wenn Sie kalibrierpflichtige Messmittel im Rahmen einer Messsystemanalyse untersuchen, sollten diese eine gültige Kalibrierung besitzen.

3.16.3 Verwendung der Ergebnisse

Erst mit den Ergebnissen der Messmittel- oder Messsystemanalyse können Sie die wahren Prozessfähigkeiten ermitteln und die korrekte Vorgehensweise der nachfolgenden Aktivitäten, nämlich Verbesserung am Prozess oder erst Verbesserung am Messsystem, festlegen.

Genauere Hinweise erhalten Sie in den nachfolgenden Kapiteln zur Messsystemanalyse für attributive Daten und Messsystemanalyse für variable Daten.

Weiterführende Literatur

Dietrich, E.; Schulze, A.: Eignungsnachweis von Prüfprozessen, Carl Hanser Verlag, München 2007.

Dietrich, E.; Schulze, A.: Statistische Verfahren zur Maschinen- und Prozessqualifikation, Carl Hanser Verlag, München 2009.

DIN 1319-1: Grundlagen der Messtechnik – Grundbegriffe, Beuth Verlag, Berlin 1995.

DIN 32881-3: Geometrische Produktspezifikation (GPS) – Verfahren zur Bestimmung der Messunsicherheit von Koordinatenmessgeräten; Teil 3: Unsicherheitsermittlung mit kalibrierten Werkstücken (ISO/DTS 15530-3:2000), Beuth Verlag, Berlin 2000.

DIN EN ISO 14253-1: Prüfung von Werkstücken und Messgeräten durch Messen; Teil 1: Entscheidungsregeln für die Feststellung von Übereinstimmung oder Nichtübereinstimmung mit Spezifikationen, Beuth Verlag, Berlin 2013.

DIN V EN 13005/GUM („Guide to the Expression of Uncertainty in Measurements“): Leitfaden zur Angabe der Unsicherheit beim Messen, Beuth Verlag, Berlin 1999.

ISO/DIS 22514-7: Capability of measurement processes; Beuth Verlag, Berlin 2012.

Lunau, S.; Roenpage, O.; Staudter, C.; Meran, R.; John, A.; Beernaert, C.: Six Sigma + Lean Toolset, Springer Verlag, Berlin 2007.

VDA: Band 5, Prüfprozesseignung, 2010.

VDI/VDE 2617 – 8: Prüfprozesseignung von Messungen mit Koordinatenmessgeräten; Beuth Verlag, Berlin 2006.

Wappis, J.; Jung, B.: Taschenbuch Null-Fehler-Management, Umsetzung von Six Sigma, Carl Hanser Verlag, München 2010.

3.17 Messsystemanalyse für attributive Daten

3.17.1 Einsatzbereiche und Zielstellung

In vielen Fällen werden zum Abschluss eines Fertigungs- oder Entwicklungsschritts die Ergebnisse durch entsprechend geschulte Mitarbeiter zum Beispiel visuell geprüft. Das Resultat der Prüfung ist eine attributive Bewertung nach „gut“ oder „schlecht“ oder auch die Einteilung in eine Reihe verschiedener Fehlerkriterien, wie beispielsweise „Kratzer“, „Riss“ oder „Beule“.

Die Messsystemanalyse für attributive Daten ermittelt die Wahrscheinlichkeit einer Fehlbeurteilung bei einer solchen prüfenden Messung (auch: Prüfung, Inspektion). Anhand der Auswertung können die Abweichungen gezielt ermittelt und erforderliche Verbesserungsschritte abgeleitet werden.

3.17.2 Das Wichtigste in Kürze

Bei der attributiven Bewertung eines Resultats nach „gut“ oder „schlecht“ können im Prinzip zwei Fehler vorkommen: 1) die Zurückweisung eines eigentlich guten Ergebnisses und 2) die Akzeptanz eines eigentlich schlechten Ergebnisses.

Das Prinzip ist in Bild 3.76 dargestellt: Die fälschliche Zurückweisung eines guten Ergebnisses führt zu unnötigen Fehlerkosten des liefernden Bereichs, die fälschliche Akzeptanz eines schlechten Ergebnisses führt zu Fehlern und Unzufriedenheit beim Kunden oder Leistungsempfänger.

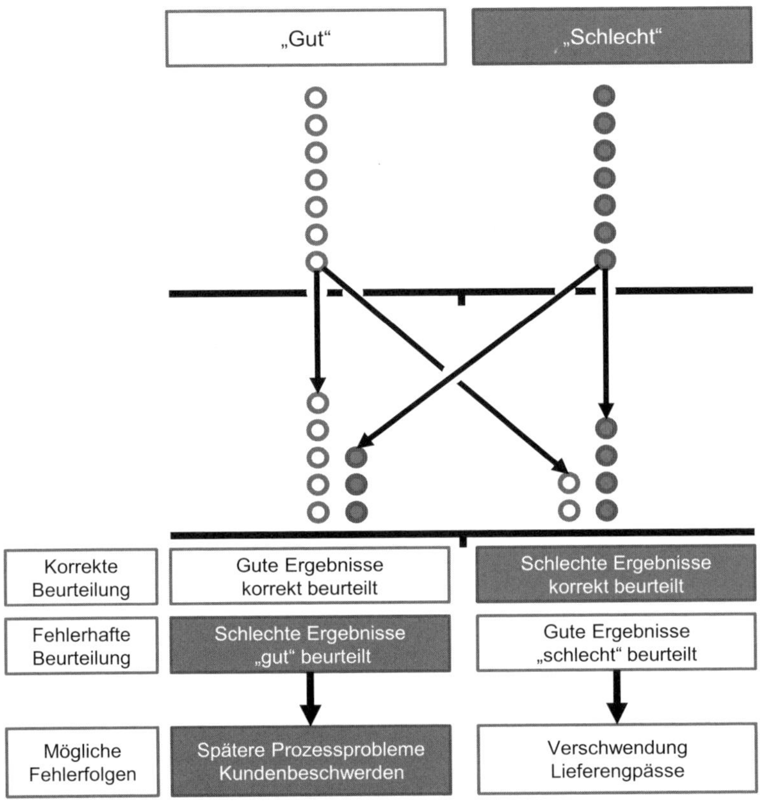

Bild 3.76 Mögliche Fehler und ihre Folgen bei der prüfenden Messung

Bei der Beurteilung und darauffolgenden Sortierung nach „gut/schlecht“ spielt der Prüfereinfluss (Stimmung, Tagesform, Einsatzdauer, ...) eine erhebliche Rolle.

Eine Fehlbeurteilung kann aufgrund unsicherer Beurteilungen durch einen einzelnen Prüfer begründet sein (Stichwort: Wiederholbarkeit) oder aufgrund von Unterschieden in der Beurteilung zwischen mehreren Prüfern (Stichwort: Reproduzierbarkeit).

In Tabelle 3.8 sind ohne Anspruch auf Vollständigkeit die wichtigsten Typen von Messsystemanalysen für prüfende Messsysteme im Hinblick auf Durchführungsmerkmale und ermittelte Kennzahlen dargestellt.

Tabelle 3.8 Typische Verfahren in der Messsystemanalyse für attributive Daten, Merkmale der Durchführung und mögliche Kennzahlen

	Analyse der Wiederholbarkeit bei einem Prüfer	Analyse der Wiederholbarkeit und Reproduzierbarkeit bei mehreren Prüfern
Beantwortete Fragen	Trifft der Prüfer immer dieselbe Entscheidung? Wendet der Prüfer die Akzeptanzkriterien des Leistungsempfängers korrekt an?	Trifft jeder einzelne Prüfer immer dieselbe Beurteilung? Treffen alle Prüfer die gleiche Beurteilung? Wenden alle Prüfer die Akzeptanzkriterien des Leistungsempfängers korrekt und gleich an?
Durchführung	Ein einzelner Prüfer beurteilt mehrere Bauteile wiederholt gegen ein oder mehrere Kundenakzeptanzkriterien. Erforderliche Anzahl Prüflinge: mindestens 20, besser 50 bis 100	Mehrere Prüfer beurteilen mehrere Bauteile wiederholt gegen ein oder mehrere Kundenakzeptanzkriterien. Erforderliche Anzahl Prüflinge: mindestens 20, besser 50 bis 100
Kennzahlen	% Übereinstimmung Prüfer mit sich selbst % Übereinstimmung des Prüfers mit Master	% Übereinstimmung Prüfer mit sich selbst % Übereinstimmung des Prüfers mit Master % Übereinstimmung aller Prüfer untereinander % Übereinstimmung aller Prüfer mit Master

*) Bei der zerstörenden Prüfung gelten im Prinzip die gleichen Vorgaben. Der einzige Unterschied besteht darin, dass dicht hintereinanderliegende Einzelelemente vermessen werden.

Vor der Durchführung einer Messsystemanalyse prüfender Systeme wählen Sie am besten zusammen mit dem Leistungsempfänger eine Anzahl Prüflinge aus, die das gesamte Spektrum der Beurteilung umfassen und besonders Grenzfälle berücksichtigen, also Ergebnisse oder Komponenten, die gerade noch „gut" sind oder gerade schon „schlecht".

In Ausnahmefällen kann man sich auf ca. 20 Prüflinge beschränken, dies ist vor dem Hintergrund des geringen Informationsgehalts attributiver Daten eher nicht zu empfehlen; günstiger ist die Auswahl von mindestens 30 bis 50 Prüflingen.

Die Stichprobe wird in eine zufällige Reihenfolge gebracht und der Leistungsempfänger (auch: Master) beurteilt jedes Teil der Stichprobe nach „gut" oder „schlecht". Dann führt der erste Prüfer den ersten Bewertungsdurchgang anhand der Bauteile in zufälliger Reihenfolge durch und die Ergebnisse der Bewertung werden in eine entsprechende Tabelle eingetragen.

Für den Fall der Analyse der Beurteilungssicherheit eines einzelnen Prüfers (Stichwort: Wiederholbarkeit) führt der Prüfer die Bewertung anhand derselben Teile in veränderter Reihenfolge nochmals in einem zweiten und idealerweise auch dritten Durchgang durch, eventuell jeweils nach einer gewissen Wartezeit.

Im Fall der Analyse der Wiederholbarkeit und Reproduzierbarkeit bei mehreren Prüfern führt nach dem ersten Durchgang des ersten Prüfers der zweite Prüfer seine erste Bewertung in zufälliger Reihenfolge der Bauteile durch, dann der dritte Prüfer und noch eventuell weitere Prüfer.

Nach dem Ende der ersten Bewertungsdurchgänge werden die Bewertungen beginnend mit Prüfer 1 wiederholt, die Reihenfolge der zu beurteilenden Bauteile wird dabei verändert, um Lerneffekte zu vermeiden.

Aus den Ergebnissen der beiden (oder drei) Durchgänge wird für jeden Prüfer die individuelle Wiederholbarkeit berechnet als „% Übereinstimmung mit sich“ sowie „% Übereinstimmung mit Master“ als Maß für mögliche Fehlbeurteilungen (Bild 3.76).

Bei mehreren Prüfern werden zusätzlich die Ergebnisgrößen „% Übereinstimmung aller Prüfer untereinander“ als Maß für die Reproduzierbarkeit und „% Übereinstimmung aller Prüfer mit Master“ als Maß für die Wahrscheinlichkeit einer Fehlbeurteilung (Bild 3.76) angegeben.

In Tabelle 3.9 sind Daumenregeln für die Beurteilung der Güte eines prüfenden Messsystems abgebildet. Diese sind lediglich als Anhaltspunkte zu verstehen. Die tatsächliche Beurteilung, was noch akzeptabel ist, müssen Sie an den Folgen einer Fehlbeurteilung bemessen.

Tabelle 3.9 Daumenregel für die Beurteilung der Güte eines prüfenden Messsystems basierend auf der automatischen Berechnung in der Vorlage des Begleitmaterials

	in Ordnung: grün	evtl. kritisch: gelb	kritisch: rot
% Übereinstimmung mit sich (Wiederholbarkeit)	95% < Ergebnis	85% < Ergebnis < 95%	Ergebnis < 85%
% Übereinstimmung mit Master			
% Übereinstimmung aller Prüfer untereinander (Reproduzierbarkeit)	90% < Ergebnis	80% < Ergebnis < 90%	Ergebnis < 80%
% Übereinstimmung aller Prüfer mit Master			

In Bild 3.77 ist ein Ausschnitt aus der ausgefüllten Tabelle einer attributiven Messsystemanalyse mit 20 Prüflingen gezeigt. Sie können darin erkennen, dass zum Beispiel Prüfer 2 eine hundertprozentige Übereinstimmung mit sich selber hat, aber bei Teil 15 ein systematisch abweichendes Verständnis für die Akzeptanzkriterien eines Kunden.

In den meisten Fällen ist die Messung eines Merkmalswerts der subjektiven oder lehrenden Beurteilung überlegen. Allerdings ist die Beurteilung nach „gut“ oder „schlecht“ oftmals vermeintlich einfacher durchzuführen als eine Messung mit einem Messgerät und wird daher noch sehr häufig angetroffen.

Denken Sie bei der Durchführung und Auswertung einer attributiven Messsystemanalyse daran, dass die Prüfung von Bauteilen oft durch Menschen durchgeführt wird, die eine gute Arbeit abliefern möchten. Die Vorbereitung einer solchen Untersuchung und die Besprechung der Ergebnisse benötigt Fingerspitzengefühl sowie die Einbindung der Betroffenen und sollte wegen der Erfassung personenbezogener Daten auch mit dem Betriebsrat abgesprochen sein.

Bewertungsregel:
1 = in Ordnung, OK
0 = nicht in Ordnung, NOK

	Master	Prüfer 1			Prüfer 2		
lfd. Nummer	Bewertung	1. Bewertung	2. Bewertung	Auswertung Prüfer 1	1. Bewertung	2. Bewertung	Auswertung Prüfer 2
1	1	1	1	1	1	1	1
2	1	1	1	1	1	1	1
3	1	1	1	1	1	1	1
4	0	0	0	1	0	0	1
5	1	1	1	1	1	1	1
6	0	0	0	1	0	0	1
7	1	1	1	1	1	1	1
8	1	1	1	1	1	1	1
9	0	0	0	1	0	0	1
10	0	0	0	1	0	0	1
11	1	1	1	1	1	1	1
12	1	1	1	1	1	1	1
13	1	1	1	1	1	1	1
14	0	0	0	1	0	0	1
15	0	0	0	1	1	1	1
16	1	1	1	1	1	1	1
17	0	0	0	1	0	0	1
18	1	1	1	1	1	1	1
19	1	1	1	1	1	1	1
20	1	1	1	1	1	1	1

	Prüfer 1	Prüfer 2
% Übereinstimmung mit sich	100%	100%
% Übereinstimmung mit Master	100%	95%

Bild 3.77 Ausschnitt aus einer Bewertungstabelle einer attributiven Messsystemanalyse

3.17.3 Verwendung der Ergebnisse

Mit den Ergebnissen der Messsystemanalyse für attributive Daten können Sie gezielte Verbesserungsmaßnahmen auslösen, sei es durch eine Vereinheitlichung der Bewertung, eine verbesserte Definition von Prüfkriterien oder die Verbesserung von Umgebungsbedingungen für die Prüfung.

3.17.4 Arbeitshilfe

HINWEIS: Es stehen Ihnen zur Verfügung

- Vorlage Messsystemanalyse Inspektion
- Beispiel Messystemanalyse „Fahrradlampe"

Weiterführende Literatur

Dietrich, E.; Schulze, A.: Statistische Verfahren zur Maschinen- und Prozessqualifikation, Carl Hanser Verlag, München 2009.

Kaufmann, U.: Praxisbuch Lean Six Sigma, Carl Hanser Verlag, München 2012.

Lunau, S.; Roenpage, O.; Staudter, C.; Meran, R.; John, A.; Beernaert, C.: Six Sigma + Lean Toolset, Springer Verlag, Berlin 2007.

Wappis, J./Jung, B.: Taschenbuch Null-Fehler-Management, Umsetzung von Six Sigma, Carl Hanser Verlag, München, 2010.

3.18 Messsystemanalyse für variable Daten

3.18.1 Einsatzbereiche und Zielstellung

Eine Messsystemanalyse innerhalb eines Entwicklungsprozesses wird unter anderem bei der Abnahme von neu erworbenen Messgeräten eingesetzt, bei der Überprüfung von Geräten und Vorgehensweisen nach einer Änderung von Anforderungen, bei der Bestimmung der tatsächlichen Prozessleistung (siehe Kapitel „Prozessfähigkeitsanalyse“) und beim Vergleich von Messausrüstung zwischen verschiedenen Standorten.

Das Ziel der Messsystemanalyse für variable Daten ist es, die durch die Messung selber eingebrachte Unsicherheit bezüglich Lage (Mittelwert) und Streuung (Standardabweichung) zu bestimmen. Mit ihrer Hilfe wird die tatsächliche Leistung eines Herstellprozesses erst sichtbar und damit eine datenbasierte Entscheidung möglich, an welcher Stelle ein Entwicklungsbudget aufgewandt werden sollte, um Kundenanforderungen zu befriedigen: bei der Messung oder im Herstellprozess?

3.18.2 Das Wichtigste in Kürze

Bei der Beurteilung eines gemessenen Werts gegen eine Spezifikationsgrenze kann es zu folgenden Fehlern kommen:

1. Ein Maß wird mit einem gewissen Risiko „außer Toleranz“ gemessen, obwohl der wahre Wert innerhalb der Toleranz liegt.
2. Ein Maß wird mit einer gewissen Chance „in Toleranz“ gemessen, obwohl der wahre Wert außerhalb der Toleranz liegt.

Der Fall 1) ist in Bild 3.78 abgebildet; je größer die Messmittel- oder Messsystemstreuung ist, desto größer ist das Risiko einer Fehlmessung und damit des Verwurfs eigentlich guter Ergebnisse oder der Akzeptanz eigentlich schlechter Ergebnisse.

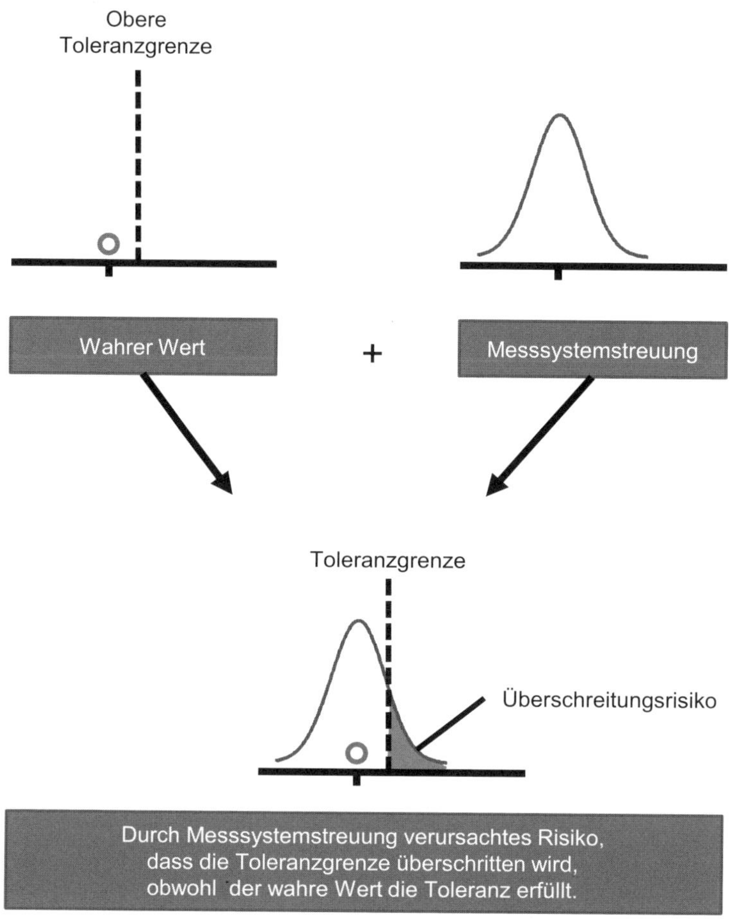

Bild 3.78 Wie ein eigentlich „guter" Wert durch die Messsystemstreuung verändert wird

Je größer die Streuung des Messsystems ist, desto kleiner wird das Fenster, in dem ein Fertigungs- oder Herstellprozess schwanken darf, ohne dass das Risiko für eine Verletzung der Spezifikationsgrenzen steigt. Solche genauen Prozesse sind oftmals unnötig teuer. Dieses Prinzip ist in Bild 3.79 gezeigt.

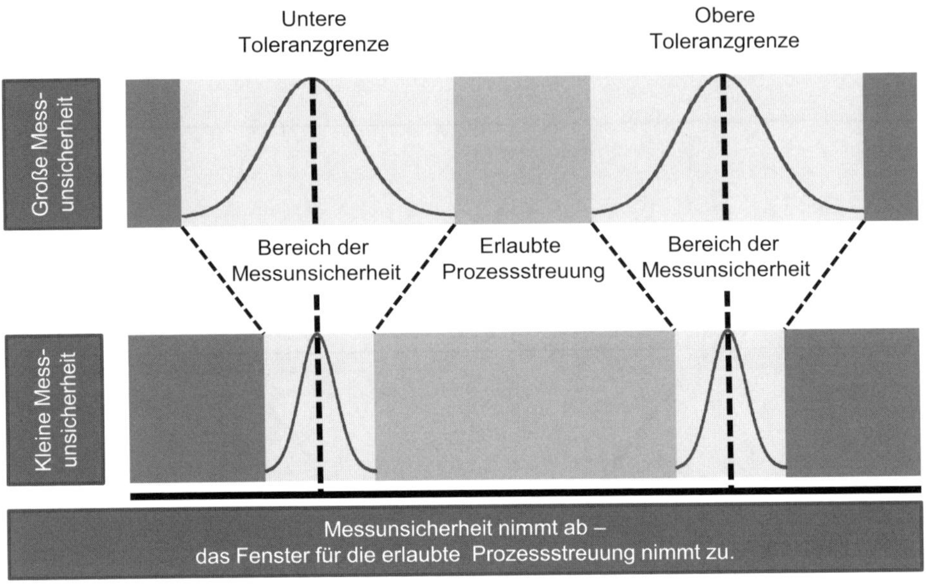

Bild 3.79 Bei großer Messsystemstreuung muss sehr genau (= teuer) gefertigt werden, um eine hohe Prozessfähigkeit zu erreichen.

Aufgrund der Wichtigkeit, Praktikabilität und Einfachheit der Durchführung beschränken wir uns bei der Beschreibung der Messsystemanalyse in diesem Buch auf Verfahren 1 (Tabelle 3.10), das auf zwei Arten durchgeführt werden kann: zum einen als 1) Untersuchung zur reinen Messgerätestreuung ohne Manipulationen am Prüfling und zum anderen als 2) Untersuchung der gesamten Streuung aus Messgerät und Messprozess inklusive eventueller Vorbehandlungen des Prüflings. Die Methode 1 wird im Jargon gerne auch als „Messgeräterepro“ bezeichnet und die Methode 2 als „Einlegerepro“.

In Tabelle 3.10 sind ohne Anspruch auf Vollständigkeit neben Verfahren 1 auch die anderen wichtigen Typen von Messsystemanalysen für variable Daten mit Durchführungsmerkmalen und einigen ermittelten Kennzahlen dargestellt.

Tabelle 3.10 Typische Verfahren in der Messsystemanalyse für variable Daten, Merkmale der Durchführung und mögliche Kennzahlen

	Verfahren 1 (zwei Arten der Durchführung)	Verfahren 2	Verfahren 3
Beantwortete Fragen	Wie groß ist die Streuung des Messmittels? Kann das Messmittel prinzipiell die geforderte Toleranz auflösen? Kann der Messprozess prinzipiell die geforderte Toleranz auflösen?	Kann das Messsystem prinzipiell die geforderte Toleranz auflösen? Kann das Messsystem Einzelteile voneinander unterscheiden beziehungsweise die Prozessstreuung auflösen? Welchen Einfluss besitzen die Bediener?	Kann das Messsystem prinzipiell die geforderte Toleranz auflösen? Kann das Messsystem Einzelteile voneinander unterscheiden beziehungsweise die Prozessstreuung auflösen?
Durchführung	Ein Prüfer führt die Messung wiederholt an einem einzigen Prüfling durch, ohne den gesamten Messprozess zu wiederholen. Oder: Ein Prüfer führt die Messung wiederholt an einem einzigen Prüfling durch, mit Wiederholung des gesamten Messprozesses. Daumenregel: mindestens 25, besser 50 Messwerte	Mehrere Prüfer führen die Messung wiederholt am gesamten Messprozess und mehreren Prüflingen durch. Daumenregel: mindestens 45 besser 90 Messwerte	Ein Prüfer führt die Messung wiederholt am gesamten Messprozess und mehreren Prüflingen durch. Daumenregel: mindestens 45 besser 90 Messwerte
Kennzahlen	Standardabweichung: s Wiederholbarkeit Prozentanteil der Toleranz, die durch Messmittelstreuung verbraucht wird: v_{rel} [%] Prozentanteil der Toleranz, die durch Messprozess verbraucht wird: v_{rel} [%] Messmittel-/Messprozessfähigkeit: C_g, C_{gk} Bias/Offset Weitere Bezeichnungen: Einlegerepro, Repro	Standardabweichung: s Wiederholbarkeit Reproduzierbarkeit Prozentanteil der Toleranz, die durch Messprozessstreuung verbraucht wird: P/T [%] Anteil der Messsystemstreuung an der gesamten Streuung: % R&R Auflösung/Diskriminierung Weitere Bezeichnungen: Repro	Standardabweichung: s Prozentanteil der Toleranz, die durch Messprozessstreuung verbraucht wird: P/T [%] Anteil der Messsystemstreuung an der gesamten Streuung: % R&R Auflösung/Diskriminierung

*) Bei der zerstörenden Prüfung gelten im Prinzip die gleichen Vorgaben. Der einzige Unterschied besteht darin, dass statt ein Teil mehrfach zu messen mehrere Teile, die möglichst gleichartig sind, vermessen werden. Die Streuung aus möglichen Unterschieden dieser Einzelelemente wird dann der Messmittel- oder Messsystemstreuung zugeschlagen.

Eine Messgeräte- oder Messsystemanalyse nach Verfahren 1 führen Sie zum Beispiel an einem definierten Referenzprüfling durch und Sie verfolgen die Stabilität des Messsystems mittels einer Regelkarte (siehe Kapitel „Regelkarten").

Üblicherweise wird der Bereich der natürlichen Streuung (± 3 Standardabweichungen des Messsystems) als 99,7 % Vorhersagebereich gewählt.

In Bild 3.80 ist ein Ausschnitt der Eingabetabelle der Messsystemanalyse für variable Daten nach Verfahren 1 dargestellt. Geben Sie Zielwert sowie untere und obere Toleranzgrenze ein. Wählen Sie den Grad der Auflösung, die Voreinstellung lautet „20 %". Bei besonders kritischen Messungen können Sie aber auch 5 % oder 10 % wählen.

Danach messen Sie den Prüfling mindestens 25, besser 50 Mal und tragen die Werte in die entsprechende Spalte ein. Die Vorlage besitzt fünf individuelle Eingabespalten.

Die Vorlage berechnet auf Basis Ihrer Eingaben die entsprechenden Indices C_g, C_{gk}, v rel [%] sowie einen eventuell statistisch signifikanten systematischen Versatz zwischen Zielwert bzw. Referenzwert und dem gemessenen Mittelwert (Offset, Bias).

In Tabelle 3.11 sind die Daumenregeln für die Beurteilung des Messsystems für variable Daten abgebildet. Diese sind zum leichteren Verständnis mit einem Farbcode hinterlegt. Genau wie bei der Messsystemanalyse für attributive Daten sind diese nur Anhaltspunkte.

Tabelle 3.11 Daumenregel für die Beurteilung der Güte eines messenden Messsystems basierend auf der automatischen Berechnung in der Vorlage des Begleitmaterials

	in Ordnung: „grün"	evtl. kritisch: „gelb"	kritisch: „rot"
C_g	1,67 < Ergebnis	1,33 < Ergebnis < 1,67	Ergebnis < 1,33
C_{gk}			
v rel [%]	Ergebnis < 0,1	0,1 < Ergebnis < 0,2	0,2 < Ergebnis

In Bild 3.80 ist tabellarisch gezeigt, wie die Messwerte einer Messsystemanalyse nach Verfahren 1 (wiederholte Messung an einem Prüfling) um den Referenzwert „35" schwanken.

	Maß 1
Benennung	Maßbezeichnung 1
Zielwert	35
Untere Toleranzgrenze	34.8
Obere Toleranzgrenze	35.2
Messung	Maßbezeichnung 1
1	34.993
2	35.004
3	35.024
4	35.009
5	35.006
6	34.998
7	35.005
8	35.002
9	35.001
10	35.003
11	35.000
12	35.009
13	35.000
14	35.006
15	35.000
16	34.996
17	35.003
18	35.002
19	34.993
20	35.009
21	35.006
22	34.995
23	35.004
24	34.991
25	35.003
26	34.997
27	35.0078
28	35.0031
29	35.0003
30	34.9991
Mittelwert	35.002
Standardabweichung	0.006
Sicherheitsfaktor	6.00
C_g	2.11
C_{gk}	2.08
v rel [%]	0.09
Bewertung einer systematischen Abweichung vom Zielwert	keine Abweichung nachweisbar
Anforderung an Auflösung	20%

Bild 3.80
Ausschnitt aus einer Messsystemanalyse variabler Daten nach Verfahren 1 anhand eines Referenzteils mit Zielwert „35“

Anhand von Bild 3.80 erkennen Sie einen C_g von 2,11 und einen C_{gk} von 2,08; beide Werte liegen über der Grenze von 1,67 und sind daher „grün“ unterlegt. v rel [%] wurde auf Basis der natürlichen Streuung zu 9 % berechnet; das bedeutet, dass nur 9 % des Toleranzbands durch die Messsystemstreuung „verbraucht“ wird. Auch dieser Wert erfüllt die Bedingungen an ein akzeptables Messsystem und das Fazit ist, dass dieses Messsystem die Toleranzen gut auflösen kann. Zudem ist kein statistisch signifikanter Versatz erkennbar, das Messmittel benötigt für diese Messung keine Kalibrierung.

Bild 3.81 zeigt dieselben Daten grafisch in der Reihenfolge ihres Auftretens (Zeitreihendiagramm; siehe Kapitel „Grafische und statistische Werkzeuge“). Sie erkennen, dass die Werte um den Zielwert herum streuen und sogar ein Wert außerhalb der erlaubten Grenze von ± 10 % der Toleranz liegt – bei „35,024“. Eine nähere Untersuchung dieses Messwerts zeigte keinerlei Auffälligkeiten für dieses Ereignis, so dass dies als unkritisch angesehen wurde.

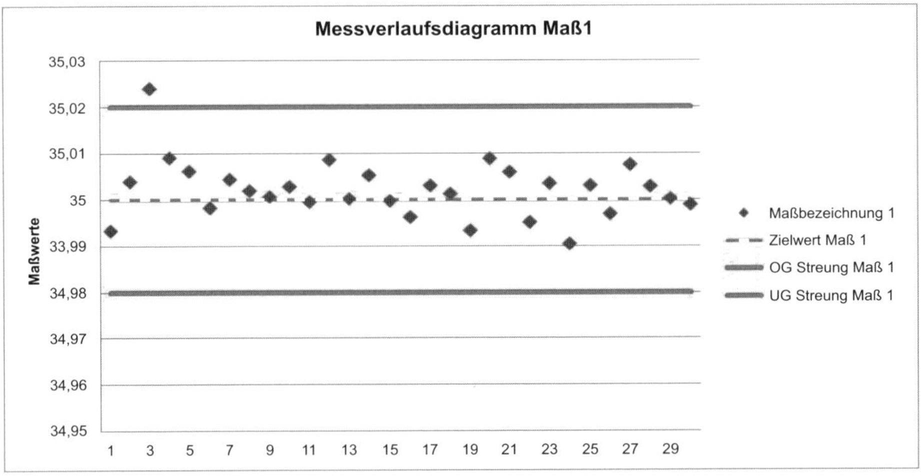

Bild 3.81 Zeitreihendiagramm der einzelnen Messwerte aus einer Messsystemanalyse nach Verfahren 1

3.18.3 Verwendung der Ergebnisse

Mit der Kenntnis der Messstreuung ($s_{Messsystem}$) aus der Messsystemanalyse für variable Daten und unter Zuhilfenahme einfachster statistischer Überlegungen können Sie zum Beispiel vorhersagen, in welchem Bereich mit 95-prozentiger oder 99,7-prozentiger Sicherheit der wahre Wert eines gemessenen Werts liegt (Bild 3.82), vorausgesetzt, es wurde keine systematische Messabweichung (Offset, Bias) festgestellt.

Erst mit den Ergebnissen der Messmittel- oder Messsystemanalyse können Sie die wahre Prozessfähigkeit ermitteln und die korrekte Vorgehensweise der nachfolgenden Aktivitäten, nämlich Verbesserung am Prozess oder zunächst Verbesserung am Messsystem, festlegen.

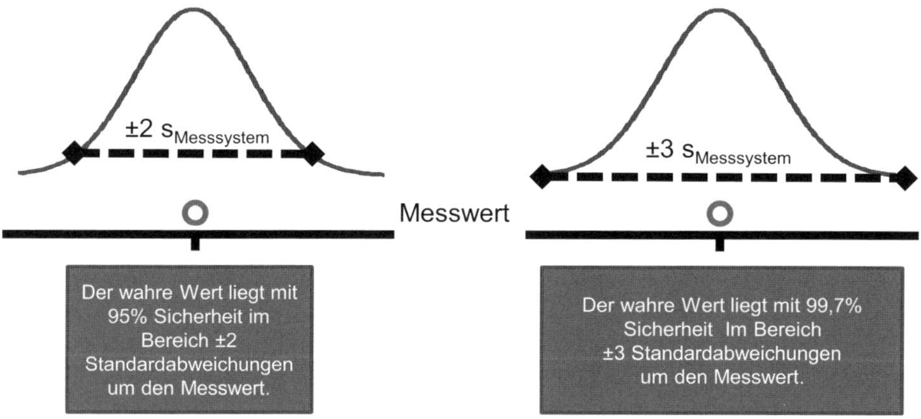

Bild 3.82 Vorhersagebereich für den wahren Wert einer Messung auf Basis der Messstreuung $s_{Messsystem}$

3.18.4 Arbeitshilfe

HINWEIS: Es steht Ihnen zur Verfügung

- Vorlage Messsystemanalyse Typ 1

Weiterführende Literatur

Dietrich, E.; Schulze, A.: Statistische Verfahren zur Maschinen- und Prozessqualifikation, Carl Hanser Verlag, München 2009.

DIN 1319-1: Grundlagen der Messtechnik – Grundbegriffe, Beuth Verlag, Berlin 1995.

DIN 32881-3: Geometrische Produktspezifikation (GPS) – Verfahren zur Bestimmung der Messunsicherheit von Koordinatenmessgeräten; Teil 3: Unsicherheitsermittlung mit kalibrierten Werkstücken (ISO/DTS 15530-3:2000), Beuth Verlag, Berlin 2000.

DIN EN ISO 14253-1: Prüfung von Werkstücken und Messgeräten durch Messen; Teil 1: Entscheidungsregeln für die Feststellung von Übereinstimmung oder Nichtübereinstimmung mit Spezifikationen, Beuth Verlag, Berlin 2013.

DIN V EN 13005/GUM („Guide to the Expression of Uncertainty in Measurements“): Leitfaden zur Angabe der Unsicherheit beim Messen, Beuth Verlag, Berlin 1999.

ISO/DIS 22514-7: Capability of measurement processes, Beuth Verlag, Berlin 2012.

Lunau, S.; Roenpage, O.; Staudter, C.; Meran, R.; John, A.; Beernaert, C.: Six Sigma + Lean Toolset, Springer Verlag, Berlin 2007.

VDA: Band 5, Prüfprozesseignung, 2010.

VDI/VDE 2617 – 8: Prüfprozesseignung von Messungen mit Koordinatenmessgeräten, Beuth Verlag, Berlin 2006.

Wappis, J.; Jung, B.: Taschenbuch Null-Fehler-Management, Umsetzung von Six Sigma, Carl Hanser Verlag, München 2010.

3.19 Prozessfähigkeitsanalyse

3.19.1 Einsatzbereiche und Zielstellung

Unter Prozessfähigkeit versteht man im Allgemeinen ein Maß dafür, wie gut eine Prozess- oder Produktcharakteristik die gestellten Anforderungen (auch Spezifikationen oder Toleranzen genannt) erfüllt. Als quantitative Kennzahlen für die Güte der Prozessfähigkeit sind die Indices C_p und C_{pk} in der Industrie weitverbreitet. Außerdem wird noch, vor allem in Unternehmen, die die Six-Sigma-Methodik einsetzen, der σ-Level als Maß für die Prozessfähigkeit benutzt. Dadurch wird für Prozessverantwortliche und Kunden gleichermaßen einfach messbar und objektiv vergleichbar, wie gut ein Prozess oder Produkt die gestellten Anforderungen erfüllt. Die Erfüllung bestimmter Mindestprozessfähigkeiten wird ein zunehmend wichtigeres Auswahlkriterium seitens Kunden gegenüber potenziellen Lieferanten.

3.19.2 Das Wichtigste in Kürze

Prozessfähigkeitskennzahlen C_p und C_{pk}

Die Kennzahl C_p setzt die vorgegebene Toleranzbreite in Bezug zur natürlichen Streuung (siehe dazu Kapitel „Regelkarten"). Als natürliche Streuung wird eine Streubreite von ± 3 Standardabweichungen (σ) um den Mittelwert definiert. Somit ergibt sich für die Berechnung von C_p:

$$C_p = \frac{OSG - USG}{6 * \sigma}$$

wobei OSG die obere Spezifikationsgrenze, USG die untere Spezifikationsgrenze und σ die Prozessstandardabweichung darstellt. Der C_p-Wert gibt also das Verhältnis der Toleranzbreite zur Prozessstreuung an. Er lässt sich nur berechnen, wenn obere und untere Spezifikationsgrenzen vorhanden sind.

Allerdings wird dabei nicht berücksichtigt, dass bei realen Prozessen der Mittelwert oft nicht in der Mitte des Toleranzbereichs liegt. Eine Nichtzentrierung würde aber keinen Einfluss auf die Kennzahl C_p haben. Deshalb ist zur vollständigen Beschreibung der tatsächlichen Prozessfähigkeit eine zweite Kennzahl, nämlich die Kennzahl C_{pk}, erforderlich. Sie wird folgendermaßen ermittelt:

$$C_{pk} = Min\left\{\frac{OSG - \mu}{3 * \sigma}; \frac{\mu - USG}{3 * \sigma}\right\}$$

wobei OSG die obere Spezifikationsgrenze, USG die untere Spezifikationsgrenze sowie μ den Prozessmittelwert und σ die Prozessstandardabweichung darstellen.

Der C_{pk}-Wert ist also der kleinere der sich jeweils „rechts" und „links" vom Mittelwert ergebenden Einzelwerte, d. h., die „schlechtere" Seite des Prozesses bestimmt den C_{pk}-

Wert. Der Index C_{pk} kann auch berechnet werden, wenn nur eine einseitige Toleranz vorliegt. In der Industrie häufig gestellte Anforderungen an die C_{pk}-Werte von Prozessen sind > 1,33 oder > 1,67. Bei einem C_{pk}-Wert von 1 würden die Grenzen der natürlichen Streuung (diese ist ja definiert als der Bereich von $\pm 3\sigma$ um den Mittelwert) genau auf den Spezifikationsgrenzen liegen. Je größer also der C_{pk}-Wert eines Prozesses ist, desto kleiner ist die Wahrscheinlichkeit, dass ein Prozessergebnis die Toleranzgrenzen verletzt.

Ermittelt man beide Kennzahlen C_p und C_{pk} eines Prozesses, so stellt der C_{pk}-Wert die tatsächliche Prozessfähigkeit und der C_p-Wert die maximal durch Zentrierung des Prozesses mögliche Fähigkeit (Potenzial) dar. Erfüllt der C_p-Wert nicht die gestellten Anforderungen, so ist eine Verbesserung nur noch durch die Reduzierung der Prozessstreuung möglich. Eine Reduzierung der Prozesssteuerung ist in der Praxis jedoch meist deutlich schwieriger, als den Prozess zu zentrieren.

Für die korrekte Ermittlung der Prozessfähigkeitskennzahlen ist eine Normalverteilung der verwendeten Daten erforderlich, da deren Berechnung auf dem Modell der Normalverteilung beruht. Liegt keine Normalverteilung vor, so bestehen verschiedene alternative Verfahren:

- Transformation der Daten mit einer geeigneten mathematischen Funktion,
- Benutzung passender alternativer Verteilungsmodelle,
- bei ausreichend großen Stichproben: Zählung der Überschreitungsanteile und Rückrechnung über die Normalverteilung in den C_{pk}-Wert.

Für Details zu den alternativen Verfahren sei auf die am Ende des Kapitels genannte Literatur verwiesen.

Bei der Ermittlung der Prozessfähigkeit wird häufig auch zwischen der Kurzzeitprozessfähigkeit und der Langzeitprozessfähigkeit unterschieden. Deshalb sind neben den Kennzahlen C_p und C_{pk} auch die Kennzahlen P_p und P_{pk} gebräuchlich. Es gibt bei den Anwendern keine einheitliche Definition, welches der beiden Kennzahlenpaare Kurzzeit oder Langzeit beschreibt. Im Allgemeinen bezeichnen die Kennzahlen C_p und C_{pk} jedoch die Kurzzeitprozessfähigkeit. In der Praxis ist es nicht einfach abzuschätzen, ob ein vorliegender Datensatz aus Langzeitdaten oder Kurzzeitdaten besteht. Kurzzeitdaten stammen meist aus einem kurzen Zeitraum und umfassen eine Stichprobe, in der der Prozess nur wenigen Störgrößen, wie zum Beispiel Veränderung von Temperatur und Luftfeuchtigkeit oder Werkzeugverschleiß, ausgesetzt war. Daten, die einen großen Teil der vorkommenden Störgrößen widerspiegeln, sind als Langzeitdaten zu betrachten. Typischerweise ist es unser Ziel, die tatsächliche Langzeitfähigkeit unseres Prozesses zu kennen. Bild 3.83 zeigt ein Beispiel einer Prozessfähigkeitsanalyse.

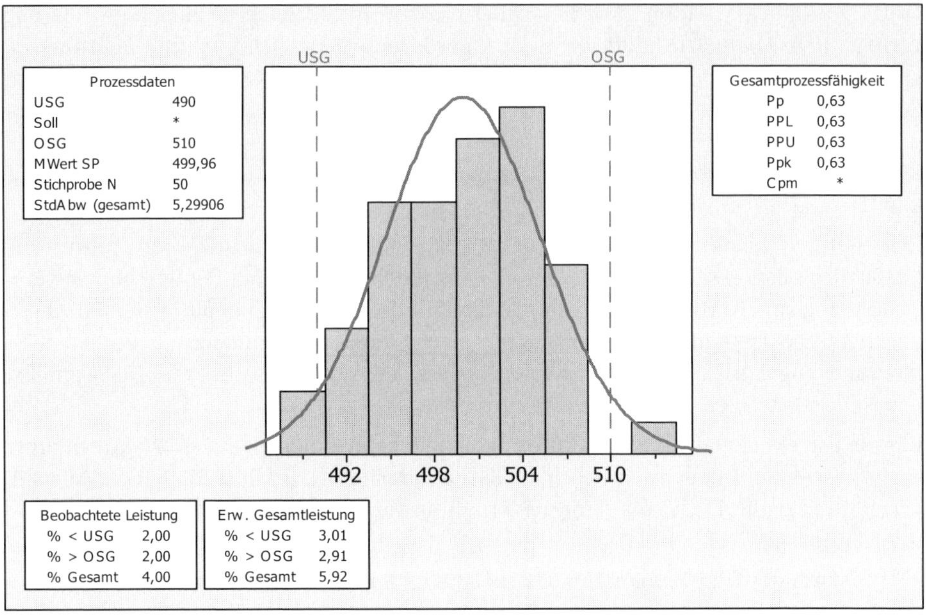

Bild 3.83 Beispiel für eine Prozessfähigkeitsanalyse mit dem Statistikprogramm „Minitab“. Hier werden die Prozessfähigkeitskennzahlen als P_p und P_{pk} bezeichnet

Bei der Ermittlung der Prozessfähigkeitskennzahlen muss die Fähigkeit des Messsystems berücksichtigt werden. Eine zuverlässige Bestimmung ist nur bei einem fähigen Messsystem möglich, da sonst unter Umständen ein erheblicher Teil der Streuung in den Daten durch das Messsystem verursacht ist. Das bedeutet wiederum, dass die tatsächliche Prozessfähigkeit bei einem schlechten Messsystem deutlich besser ist, als die Kennzahlen ausdrücken. Im Vorfeld einer Prozessfähigkeitsanalyse sollte deswegen eine Überprüfung der Messsysteme (siehe Kapitel „Allgemeines zur Analyse von Messsystemen“ und „Messsystemanalyse für variable Daten“) stattfinden.

Prozessfähigkeitskennzahl σ-Level

Eine weitere Kennzahl für die Prozessfähigkeit stellt der sogenannte σ-Level oder auch das σ-Niveau dar. Das σ-Niveau drückt – vereinfacht dargestellt – aus, wie oft die Standardabweichung (σ) „Platz hat“ zwischen dem Mittelwert und der Spezifikationsgrenze. Die linke Grafik im Bild 3.84 zeigt einen Prozess mit einem Mittelwert von 100 und einer Standardabweichung $\sigma = 10$. Die Toleranzgrenze liegt bei 120. Vom Mittelwert bis zur Toleranzgrenze sind es hier genau zwei Standardabweichungen, also ist der σ-Level = 2σ. Im rechten Teil von Bild 3.84 hat sich die Standardabweichung auf $\sigma = 5$ halbiert. Der σ-Level hat sich jedoch auf 4σ verdoppelt, da die Standardabweichung ja jetzt viermal „Platz hat“ zwischen Mittelwert und Spezifikationsgrenze. Man spricht von einem „4σ-Prozess“.

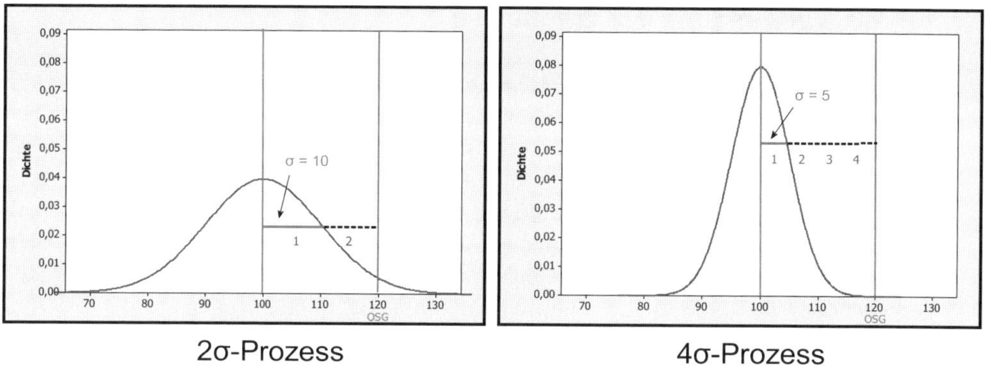

Bild 3.84 Beispiel für einen 2σ- und einen 4σ-Prozess

Um in der Praxis den tatsächlichen σ-Level eines Prozesses zu berechnen, sind im Gegensatz zur dargestellten vereinfachten Betrachtungsweise noch eine Reihe zusätzlicher Dinge zu berücksichtigen, wie beispielsweise

- einseitige oder beidseitige Spezifikationsgrenzen sowie die Zentrierung des Prozesses innerhalb der Spezifikationsgrenzen,
- ob die zur Berechnung des σ-Levels verwendeten Daten Kurzzeitdaten oder Langzeitdaten sind,
- die Komplexität des betrachteten Prozesses. Als Maß für die Komplexität wird dabei die Anzahl der Fehlermöglichkeiten herangezogen. Allerdings ist in der Praxis die Ermittlung der Anzahl der Fehlermöglichkeiten eines Prozesses nicht immer einfach durchzuführen. Es bedarf dazu einer Standardisierung, was jeweils als Fehlermöglichkeit anzusehen ist. Andernfalls sind die daraus abgeleiteten σ-Level nicht vergleichbar.

Damit wird die Berechnung des σ-Levels in der Praxis um einiges schwieriger als die Berechnung von C_p und C_{pk}. Durch die Berücksichtigung der Komplexität und Langzeit-/Kurzzeitbetrachtung ist jedoch eine bessere Vergleichbarkeit verschiedener Prozesse aus verschiedenen Bereichen und verschiedener Komplexitäten gewährleistet. Für Details zur Berechnung des σ-Levels sei auf die am Ende des Kapitels genannte Literatur verwiesen.

Weitere Fähigkeitskennzahlen

In Anlehnung an die Prozessfähigkeitskennzahlen C_p und C_{pk} sind noch die Kennzahlen C_m und C_{mk} für die Bestimmung der sogenannten Maschinenfähigkeit gebräuchlich. Sie werden meist von Maschinenherstellern verwendet und enthalten möglichst nur die durch die Maschine verursachten Streuungsanteile, um eine Verfälschung durch Prozessstörgrößen auszuschließen. Weiterhin werden auch noch die Kennzahlen C_g und C_{gk} für die Charakterisierung der Fähigkeit von Messsystemen verwendet. Diese wiederum werden von Herstellern von Messeausrüstungen benutzt, um den Anteil der Messgerätestreuung in Bezug zu einer gegebenen Toleranzbreite zu beschreiben.

3.19.3 Verwendung der Ergebnisse

Die Prozessfähigkeitskennzahlen erlauben eine deutlich präzisere Aussage über die Qualität eines Prozesses im Vergleich zu der früher weitverbreiteten, schlichteren Klassifizierung als „in Toleranz" oder „nicht in Toleranz". So wirken sich beispielsweise eine Nichtzentrierung oder Schiefe der Verteilung negativ auf die Fähigkeitskennzahlen aus. Alle drei Prozessanalysen im Bild 3.85 a) bis c) zeigen jeweils 100 % der Teile innerhalb der Spezifikationsgrenzen. Allerdings würde die Weiterverarbeitung der Teile aus den Prozessen im Bild 3.85 b) und Bild 3.85 c) zu einer deutlich größere Streuung der sich ergebenden Charakteristik des Endprodukts führen als mit den Teilen aus dem Prozess im Bild 3.85 a).

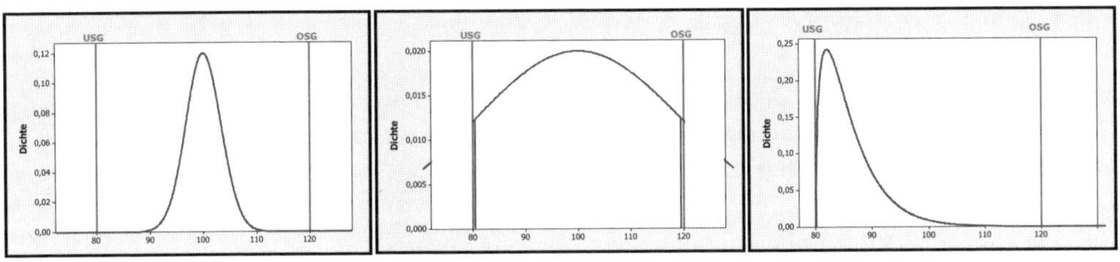

a) Guter C_{pk}-Wert
0 Fehler bei In-Toleranz-/Nicht-in-Toleranz-Betrachtung

b) Schlechter C_{pk}-Wert, dennoch
0 Fehler bei In-Toleranz-/Nicht-in-Toleranz-Betrachtung. Annahme: Schlechte Teile sind aussortiert.

c) Mittlerer C_{pk}-Wert
0 Fehler bei In-Toleranz-/Nicht-in-Toleranz-Betrachtung, schiefe Verteilung

Bild 3.85 Vergleich der C_{pk}-Werte mit einer In-Toleranz-, Nicht-in-Toleranz-Betrachtung eines Prozesses

Die Prozessfähigkeitskennzahlen dienen somit als wichtigstes Kriterium für die Beurteilung, wie gut ein Prozess oder eine Produktcharakteristik die gestellten Anforderungen erfüllen kann. Das gilt gleichermaßen auch für die Bewertung der Produkt- und Prozessqualität von Lieferanten.

Nicht zuletzt können die Prozessfähigkeitskennzahlen auch sehr gut zur Ableitung geeigneter Vorgehensweisen bei einer erforderlichen Prozessverbesserung dienen. Erfüllt der C_p-Wert die gestellten Anforderungen, der C_{pk}-Wert jedoch nicht, so kann das Problem alleine durch (meist einfacheres) Zentrieren des Prozesses gelöst werden. Erfüllt bereits der C_p-Wert nicht die Anforderungen, so ist zusätzlich auch eine (meist schwierigere) Reduzierung der Streuung erforderlich.

Weiterführende Literatur

Breyfogle, F. W.: Implementing Six Sigma, John Wiley & Sons, New York 2003.

DIN ISO 21747:2007-03, Statistische Verfahren – Prozessleistungs- und Prozessfähigkeitskenngrößen für kontinuierliche Qualitätsmerkmale, Beuth Verlag, Berlin 2007.

Gamweger, J.; Jöbstl, O.; Strohrmann, M.; Suchowerskyj, W.: Design for Six Sigma, Carl Hanser Verlag, München 2009.

Pyzdek, T.: The Six Sigma Handbook, McGraw Hill, 2009.

Wappis, J.; Jung, B.: Taschenbuch Null-Fehler-Management, Umsetzung von Six Sigma, Carl Hanser Verlag, München 2013.

3.20 Wertstromanalyse und Wertstromdesign

3.20.1 Einsatzbereiche und Zielstellung

Bei der Wertstromanalyse und dem darauf aufbauenden Wertstromdesign geht es darum, die schnellste Strecke zwischen Auslösen einer Leistungserbringung und Abschluss der Leistungserbringung zu erkennen und zu realisieren. In vielen Fällen betrifft dies die Strecke zwischen einer Bestellung und einer Lieferung.

Dies kann nur durch eine möglichst optimale Prozessführung erreicht werden, wenn Teile- und Informationsfluss bereits in der Entwicklungsphase berücksichtigt werden. Bei der Entwicklung und vor der Einführung von Herstellprozessen steht oftmals bereits viel Information aus ähnlichen Vorgängen zur Verfügung. So können Bearbeitungszeiten, Rüstzeiten, Ausbeuten und Fertigungsschleifen auf Basis des implizit vorhandenen Wissens einer Organisation meist gut abgeschätzt werden. Die Wertstromanalyse basiert auf der Analyse der aktuellen Fertigungssituation und dient dem Erkennen von Engpässen und Stellen, an denen keine Wertschöpfung stattfindet.

Somit erhält man mithilfe der Wertstromanalyse eine Abschätzung, welche Kapazitäten wo in der Produktentstehungskette benötigt werden und wo zusätzliche Entwicklungsanstrengungen notwendig sind.

Auf den Ergebnissen der Wertstromanalyse bauen Sie dann das Wertstromdesign auf. Ihr Ziel ist es hierbei, die Prozesskette so zu gestalten, dass ein optimaler Fluss von Teilen und Informationen unter den Gesichtspunkten Fertigungskosten, Durchlaufzeit, Fertigungskapazität, Stillstandszeiten und dergleichen entsteht.

Bei der Wertstromanalyse geht es nicht darum, das letzte Detail zu erfassen, sondern einen Überblick zu erhalten, wie Material und Information derzeit ausgetauscht wird und welche Stellen zusätzlichen Fokus benötigen.

3.20.2 Das Wichtigste in Kürze

Jeder Prozess sollte dem Wert einer verarbeiteten Einheit einen Mehrwert hinzufügen: Jeder einzelne Schritt soll einen Wertbeitrag schaffen. Dieser Wertbeitrag besteht darin, dass man der Erfüllung der Kundenanforderung einen Schritt näher kommt. Es ist dabei belanglos, ob dieser Wert im Rahmen eines Herstellprozesses geschaffen wird oder beim Erbringen einer Dienstleistung, wie zum Beispiel einer Anlageberatung. „Wert" ist das, wofür ein Kunde zu zahlen bereit ist.

Im Idealfall wird der Wert einer produzierten Einheit von einer beispielsweise Kundenbestellung ausgehend bis zur Lieferung schrittweise erhöht. Die Strecke zwischen Auslösen einer Leistungserbringung (Bestellung) und Abschluss der Leistungserbringung (Lieferung) der produzierten Einheit nennt man Wertstrom.

Der Idealzustand des Wertstroms besteht darin, dass alle Schritte zwischen seinem Start und Ende der Wertzunahme dienen und die gesamte Zeit zwischen Bestellung und Lieferung an der produzierten Einheit gearbeitet wird.

Der gerade beschriebene Zustand ist ein sogenannter Nordstern – ein idealisierter Zustand, auf den Sie hinarbeiten. Denn die schnellstmögliche Erfüllung der Kundenanforderungen wird durch nichtwertschöpfende Ereignisse – notwendige und nicht notwendige – oder die Organisation des Wertstroms erschwert. Diese Ereignisse führen zu Verschwendung. In Bild 3.86 sind die möglichen Verschwendungsarten dargestellt.

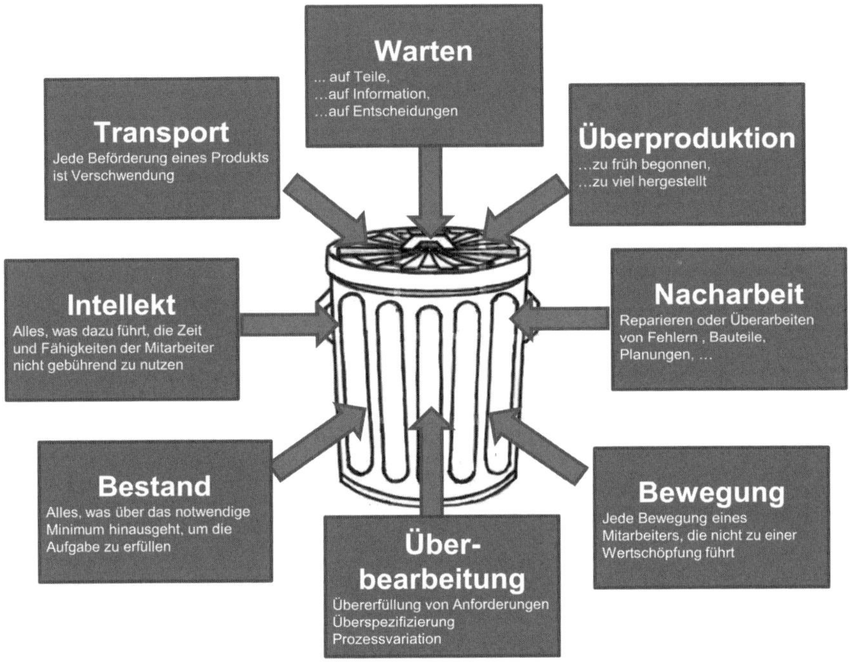

Bild 3.86 Die acht Arten der Verschwendung

Was als wertschöpfend oder als Verschwendung betrachtet wird, hängt vom Geschäftsmodell der jeweiligen Firma ab oder von der Aufgabe der Abteilung. Für einen Transportunternehmer ist der Transport von Waren wertschöpfend und für Messdienstleister oder Prüflabore ist es die Durchführung von Messungen.

Die Wertstromanalyse erfolgt vom Anlieferpunkt einer Ware, Dienstleistung oder Information bis zur Stelle der Lieferung – man sagt auch „von Rampe zu Rampe“. Sie enthält alle notwendigen Informationen, um den Status des verlustfreien Flusses zu beschreiben; dazu gehören unter anderem die Zeiten, an denen an einer Leistung gearbeitet wird oder in denen eine Leistung auf Bearbeitung wartet, welche Bestandshöhen zwischen einzelnen Abschnitten liegen, wie Material und Information verteilt wird und fließt.

Am besten führt man die Wertstromanalyse im Team der Wissensträger stufenweise in mehreren Sitzungen durch, sodass sich Schritt für Schritt das Bild für alle Beteiligten nachvollziehbar zusammensetzt.

Es hat sich bewährt, die Analyse auf großen Bögen Packpapier (Brownpaper) mit großen Klebenotizen durchzuführen. Um eventuell fehlende Information schnell zusammenzutragen, können Sie Metaplantafeln benutzen, um damit die Analyse vor Ort durchführen zu können.

Symbolik des Wertstroms

Die Wertstromanalyse und das Wertstromdesign besitzen eine eigene Symbolik, die auszugsweise in Bild 3.87 dargestellt ist und die allen Beteiligten vertraut sein sollte, um Missverständnisse zu vermeiden und eine schnelle Verständigung zu ermöglichen.

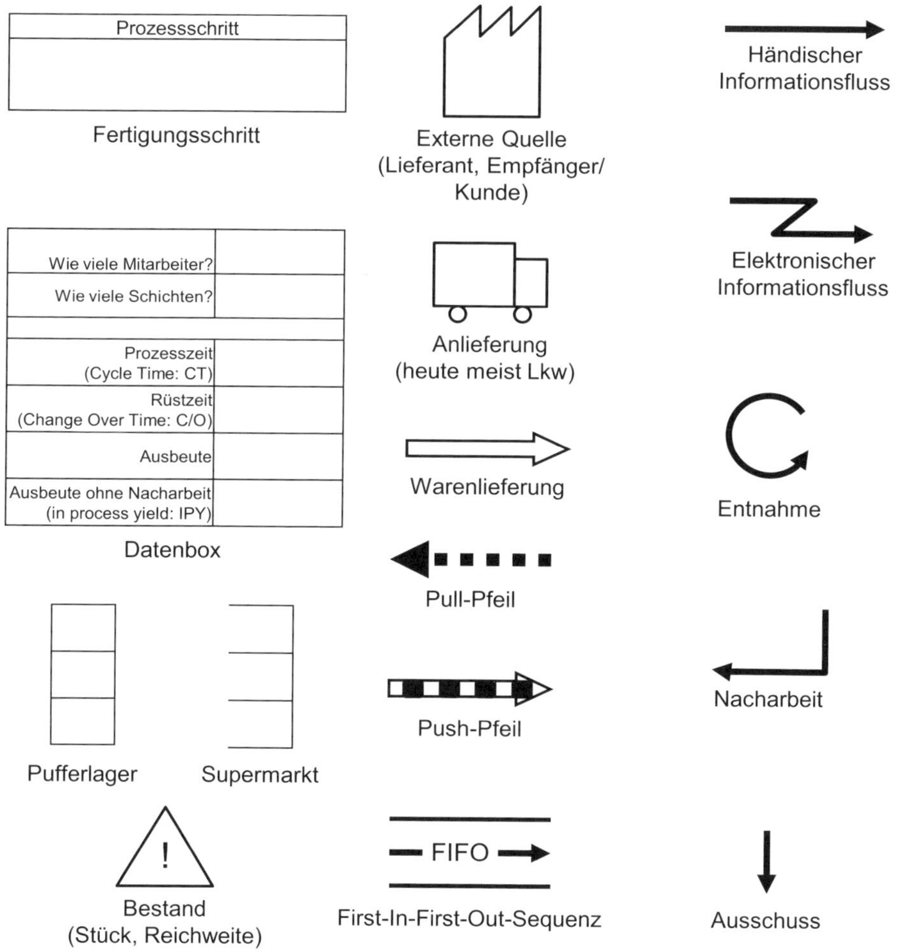

Bild 3.87 Symbolik des Wertstroms (auszugsweise)

Mit den Symbolen für die Bezeichnung der Prozessschritte und Sammlung der relevanten Daten wird der Ablauf abgebildet. Manche Unternehmen benutzen vorgedruckte Abreißzettel, um Informationsverlust zu verhindern. Das Fabriksymbol deutet externe

Stellen an (Lieferanten, Kunden), mit dem LKW-Symbol und dem durchgehenden Pfeil wird die Lieferung in den Prozess hinein und die Lieferung fertiger Ware oder Dienstleistung symbolisiert, das heißt jeweils das Überschreiten der Fabrikgrenzen oder der Grenzen des betrachteten Wertstroms.

Der Materialfluss innerhalb des Wertstroms (der „Fabrik") wird durch die unterbrochenen Pfeile dargestellt. Dabei steht der Pull-Pfeil für einen Materialstrom, bei dem ein nachfolgender Prozessschritt seinen Bedarf aus einem vorgelagerten Schritt bedient. Der Push-Pfeil wird genutzt, wenn der vorgelagerte Prozessschritt sein Arbeitsergebnis ohne Rücksprache an den nachgelagerten Schritt übergibt. Häufig sind Push-Pfeile mit hohen Beständen korreliert.

Die Symbole des Pufferlagers oder des Supermarkts gelten für geplante Lagerstellen. Das Bestandssymbol wird verwendet, um Lagergrößen darzustellen oder ungewollte Bestände innerhalb von Prozessschritten anzuzeigen. Das FIFO-(First-In-First-Out-)Symbol wird bei entsprechender Lagerorganisation genutzt.

Die dünnen durchgehenden Pfeilsymbole zeigen in der geraden Variante den händischen Informationsfluss (Telefon, E-Mail, Papierformular, „Zuruf") und in der gezackten Variante den elektronischen Informationsfluss zum Beispiel aus einem System der Materialwirtschaft. Startpunkt ist häufig eine zentrale Steuerung und der Endpunkt ist ein Prozessschritt oder eine externe Stelle.

Produktfamilie definieren

Nach der Vorstellung der Symbolik definieren Sie genau, welches Produkt beziehungsweise welche Produktfamilie betrachtet werden soll. Sie sollten daher ähnliche Komponenten zu Gruppen zusammenfassen: Zum Beispiel können verschiedene Aktoren A, B und C und Sensoren D und E unter dem Oberbegriff „Mechatronik" zusammengefasst werden.

Makromap des Ist-Zustands

Mit den Beteiligten des Wertstroms bauen Sie den Ablauf der einzelnen Prozessschritte vom Kunden her auf. Damit legen Sie vor allem fest, auf welcher Detaillierungsebene die Wertstromanalyse durchgeführt werden soll. Zudem grenzen Sie durch Setzen von Start- und Endpunkten die Analyse gegen andere Prozessschritte ab.

Nach den Schritten des Materialflusses sollten in der Wertstromdarstellung auch der Informationsfluss aufgenommen werden, um die Steuerung des Materials sichtbar zu machen, sowie die externen Stellen, von denen Material bezogen wird oder an die Ware aus einem Versand geliefert wird.

Definition der wertschöpfenden Prozessschritte

Ähnlich wie bei der Prozess-Map (siehe Kapitel „Prozess-Mapping") legen Sie in Diskussionen mit den Beteiligten fest, welche Ablaufschritte für den Kunden einen Wert schaffen und welche nicht. Achten Sie darauf, welche Schritte eine Wertschöpfung ermöglichen. Wie in Bild 3.88 gezeigt, dienen oft nur wenige der Schritte tatsächlich der Schaffung von Kundennutzen.

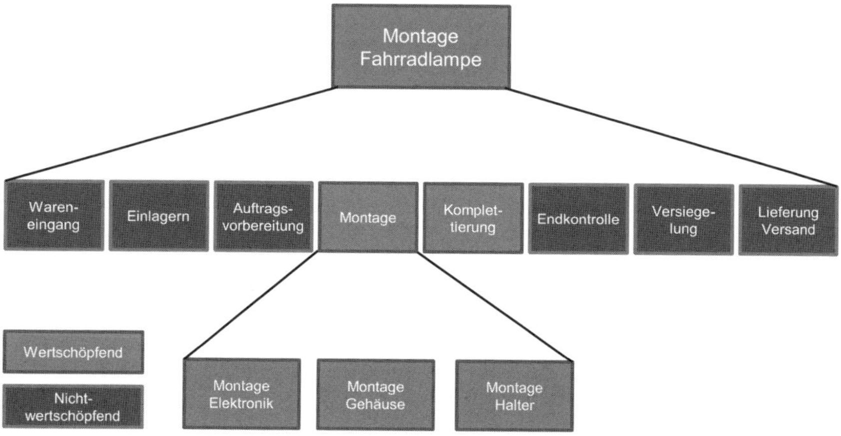

Bild 3.88 Makromap mit den unterschiedlichen Ebenen der ursprünglichen Montagevorgänge mit Beurteilung wertschöpfend/nichtwertschöpfend

Sie bekommen mit dieser Betrachtung wertvolle Hinweise für das sich anschließende Wertstromdesign, welche Schritte eventuell einfach weggelassen werden können oder durch eine geänderte Organisation des Material- und Informationsflusses effizienter gestaltet werden müssen.

Materialfluss ermitteln

Durch Hinzufügen der Lagersymbole sowie der entsprechenden Pfeile wird die Art der Materialbewegung dargestellt. Für einen Prozessschritt, bei dem gefertigte Ware an den folgenden Prozessschritt oder in ein Pufferlager weitergeschoben wird, werden die Push-Pfeile genutzt. Bezieht ein Prozessschritt seine neue Arbeitsposition nach Beendigung eines Arbeitsgangs und füllt er damit „ein Loch“, dann nutzt man den Pull-Pfeil.

Informationsfluss ermitteln

Damit dokumentieren Sie die Art (händisch oder elektronisch) und Häufigkeit (täglich, wöchentlich, ...), den Inhalt der Informationen sowie die Richtung der Informationsflüsse entlang des Wertstroms. Der Begriff „Information“ bezieht sich hierbei auf Bestellung, Auftragseingang, Produktionsaufträge oder ein Auslösen von Warenbewegung.

Ergebnisgrößen der einzelnen Prozessschritte bestimmen

Die Sammlung und Dokumentation der vorhandenen Erkenntnisse zu Prozesszeit (Cycle Time: CT), Rüstzeit (Change Over Time: C/O), Warte- oder Liegezeiten, Ausbeuten oder Ausbeute ohne Nacharbeit (in process yield: IPY) sowie den Daten zur Maschinenverfügbarkeit und Anzahl einsetzbarer Mitarbeiter zeigt den Status des Wertstroms.

In Bild 3.89 ist der Originalzustand der Wertstromanalyse inklusive der ermittelten Daten gezeigt. Die Blitzsymbole zeigen Angriffspunkte für notwendige Verbesserungen, entweder weil Bestände zu groß sind, die Maschinenverfügbarkeit unzureichend ist oder zu viel Nacharbeit verursacht wird.

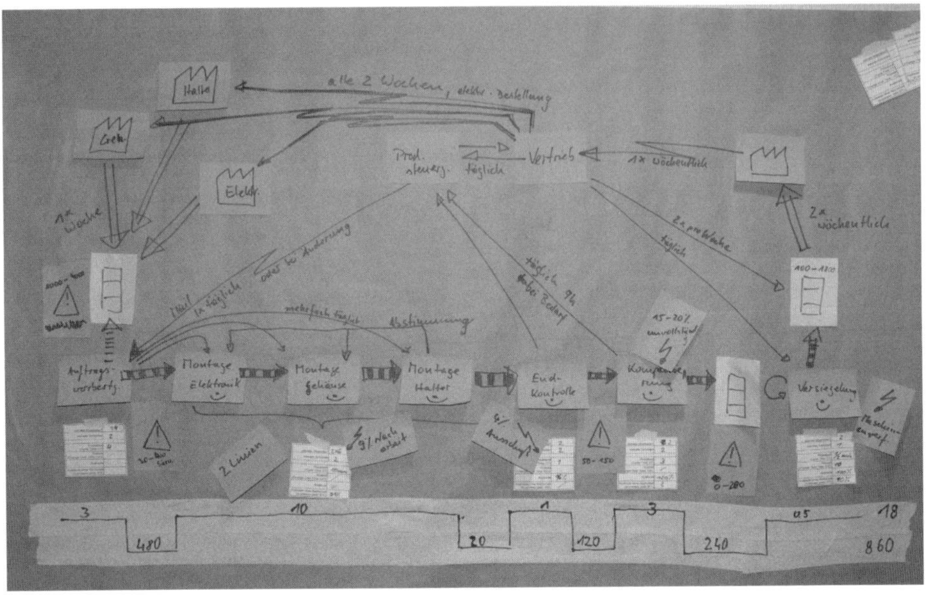

Bild 3.89 Wertstromanalyse der Montage von „Rampe zu Rampe“ mit allen notwendigen Informationen und Schwerpunkten für Verbesserungen

Besonders wichtig hierbei ist die Darstellung der Zeiten, in denen tatsächlich am Produkt gearbeitet wird. Dies wird durch eine Zickzacklinie unterhalb der Prozessschritte erreicht. Auf dem oberen Niveau werden die Zeiten vermerkt, in denen am Produkt gearbeitet wird, und auf dem unteren Niveau Liege- und Wartezeiten.

Für die spätere Optimierung im Wertstromdesign ergeben sich aus diesen Daten die notwendigen Hinweise zur Erhöhung von Maschinenkapazitäten z. B. durch Senken von Rüstzeiten oder besserer Maschinenverfügbarkeit oder durch Verbesserungen der Herstellprozesse.

Prognose von Durchlaufzeit, Flussgrad und Bestand

Wenn Sie bei der Aufnahme der Ergebnisgrößen nicht nur die Erwartungswerte aufnehmen, sondern die Beteiligten schätzen lassen, welche Schwankungsbreite zum Beispiel Rüstzeiten, Bearbeitungszeiten oder Bestandsgrößen besitzen, dann können Sie durch statistische Summation (siehe auch Kapitel „Toleranzanalyse“) voraussagen, mit welchem Risiko bestimmte Kundenerwartungen verletzt werden (siehe auch Kapitel „Prozessfähigkeitsanalyse“).

Anpassen des Ist-Zustands an Bedürfnis

Aus den Kundenbedarfen können Sie die mittlere pro Zeiteinheit zu produzierende Menge ableiten (Taktrate). Unter Berücksichtigung der zur Verfügung stehenden Daten der Wertstromanalyse, von Mitarbeiterzahlen und Schichtmodellen, von Maschinenverfügbarkeiten und Ausbeuten können Sie die notwendigen Kapazitäten zur Erfüllung der Kundenbedarfe berechnen.

In Bild 3.90 ist der Zustand nach mehreren Verbesserungen gezeigt. Unter anderem ist hervorzuheben, dass bei Anlieferung, Montageplätzen und Endkontrolle erhebliche Verbesserungen in Logistik, Ergonomie und Zuverlässigkeit von Prüfautomaten stattgefunden haben, die die Investitionen in zwei weitere Montagelinien überflüssig gemacht haben.

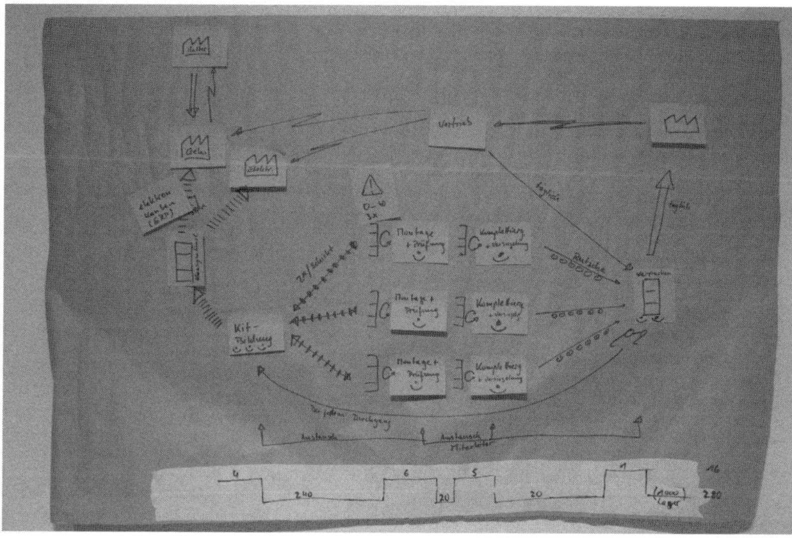

Bild 3.90 Zustand der Montage nach Verbesserungen

3.20.3 Verwendung der Ergebnisse

Aus den Ergebnissen der Wertstromanalyse können Sie Bestandshöhen und notwendige Puffer berechnen und Aussagen treffen, an welchen neuralgischen Punkten Verbesserungen des Flusses oder eine Reduktion von Fehlerhäufigkeiten notwendig sind.

3.20.4 Arbeitshilfe

HINWEIS: Es steht Ihnen zur Verfügung

- Vorlage Prozessschritt Datenbox Wertstrom

Weiterführende Literatur

Lunau, S.; Mollenhauer, J. P.; Staudter, C.; Meran, R.; Hamalides, A.; Roenpage, O.; von Hugo, C.: Design for Six Sigma + Lean Toolset, Springer Verlag, Berlin 2007.

Rother, M.; Shook, J.: Sehen lernen, Lean Management Institut, Aachen 2004.

www.dbrmfg.co.nz: Theory of Constraints; 12. 11. 2013.

3.21 Prozess-Mapping

3.21.1 Einsatzbereich und Zielstellung

Das Prozess-Mapping (auch Prozessablaufdiagramm) wird hauptsächlich bei der Entwicklung und Verbesserung von Prozessen eingesetzt. Es ist eine grafische Darstellung des geplanten oder derzeitigen Prozessablaufs und enthält alle relevanten Prozessschritte, Eingangsgrößen und Ausgangsgrößen sowie gegebenenfalls weitere wichtige Informationen. Der Detaillierungsgrad in einem Prozess-Mapping ist deutlich höher als in einem SIPOC-Diagramm (siehe Kapitel „SIPOC“). Es stellt somit einerseits eine Basis für das Verständnis des geplanten oder vorhandenen Prozessablaufs dar, andererseits bildet es die Grundlage für die systematische Ermittlung der Prozesseinflussparameter. Dies ist wiederum grundlegend für die Aufstellung von Ursache-Wirkungs-Beziehungen und damit für die Identifikation kritischer Prozessparameter.

Das Prozess-Mapping hilft, im Entwicklungsprozess so wichtige Leitfragen zu beantworten wie zum Beispiel:

- Welche grundsätzlichen Schritte/Tätigkeiten muss der Prozess enthalten?
- Welche Schritte sind im Sinne des Kunden wertschöpfend?
- Was sind die möglichen Einflussgrößen auf den Prozess?
- An welchen Ergebnisgrößen kann man messen, ob die Prozessschritte richtig oder falsch durchgeführt wurden?

3.21.2 Aufbau und Beschreibung

Bei der Erstellung eines Prozess-Mapping empfiehlt sich eine Vorgehensweise in vier Schritten.

Schritt 1: Darstellung der einzelnen Prozessschritte

Zunächst stellen Sie die einzelnen Prozessschritte in einem Prozessablaufdiagramm dar. Das kann sowohl von links nach rechts als auch von oben nach unten erfolgen. Sehr wichtig ist die Frage nach dem Detaillierungsgrad der Darstellung. Bei zu geringer Detaillierung erhalten Sie kein ausreichendes Verständnis und nicht genügend Informationen für eine Prozessanalyse. Bei zu hoher Detaillierung erhöht sich der Aufwand enorm. In der Regel wird ein reales Prozess-Mapping etwa 15 bis 35 Prozessschritte enthalten. Achten Sie auf einen konsistenten Detaillierungsgrad, vermeiden Sie es also, bestimmte Prozessschritte nur sehr grob und andere zu detailliert zu beschreiben. Wenn der Prozessablauf Rücksprünge, Verzweigungen, Schleifen und dergleichen enthält, muss das auch im Prozess-Mapping dargestellt werden.

Schritt 2: Einteilung in wertschöpfende und nicht wertschöpfende Prozessschritte

Nun werden die dargestellten Prozessschritte in wertschöpfende und nicht wertschöpfende Prozessschritte eingeteilt (Bild 3.91). Hierbei geht es besonders um eine Betrachtung aus Kundensicht. Sie sollten nur diejenigen Schritte als wertschöpfend definieren, die aus Kundensicht auch wertschöpfend sind. Diese Einteilung der Prozessschritte führt erfahrungsgemäß zu lebhaften Diskussionen im Entwicklungsteam. Häufig ein gutes Kriterium für „wertschöpfend" ist die Frage, ob ein Kunde für diesen Schritt bezahlen *möchte*. Letztendlich muss Ihr Kunde z. B. auch für Ihre Nacharbeit bezahlen, da Sie die Kosten auf das Produkt umlegen werden. Er möchte es aber nicht, insofern wäre Nacharbeit hier als nicht wertschöpfend anzusehen. Typische nicht wertschöpfende Schritte sind beispielsweise Lagerung, Transport, Umsortierung, Prüfung etc. Dabei ist es jedoch wichtig, was der eigentliche Zweck des Prozesses im Sinne des Kunden ist, so wären beispielsweise Transport und Lagerung für einen Montagebetrieb nicht wertschöpfend, für eine Spedition jedoch schon.

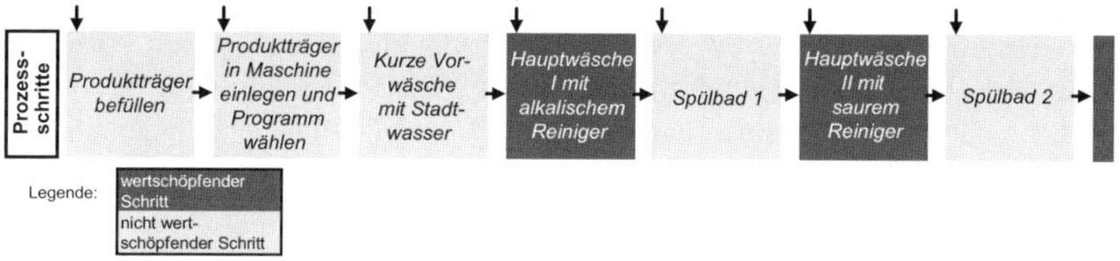

Bild 3.91 Darstellung der einzelnen Prozessschritte in einem Prozess-Mapping inklusive wertschöpfender und nicht wertschöpfender Prozessschritte (Auszug)

Schritt 3: Auflistung der Outputs je Prozessschritt

Im Schritt 3 werden nun für jeden Prozessschritt die Ergebnisgrößen/Outputs aufgelistet (Bild 3.92). Dabei ist auf eine möglichst neutrale und messbare Formulierung zu achten. Also sollten Sie beispielsweise nicht „gutes Teil" oder „schlechtes Teil" als Outputgröße auflisten, sondern eher „Fehleranteil" als quantifizierbare Größe. Outputs sind all die Dinge, die sich als Ergebnis des Prozessschritts ergeben, oder diejenigen Messgrößen, an denen man erkennen könnte, ob ein Prozessschritt richtig oder falsch bzw. wie gut er durchgeführt wurde. Dabei ist es unerheblich, ob die Outputgröße derzeit messbar ist oder schon gemessen wird oder ggf. derzeit nicht gemessen wird bzw. schwer oder vielleicht gar nicht messbar ist.

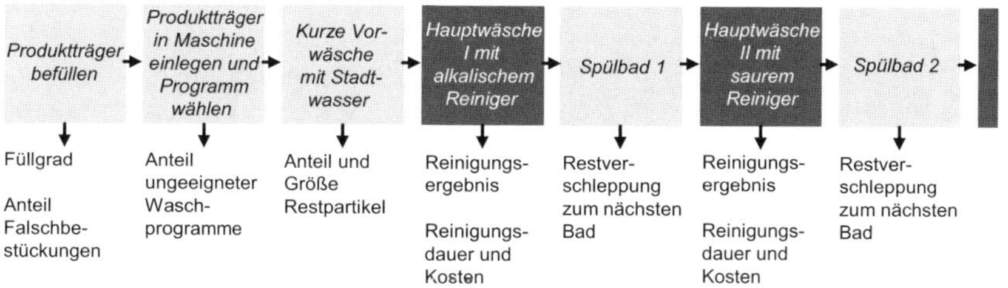

Bild 3.92 Prozessablauf inklusive Prozess-Outputs (Auszug)

Schritt 4: Auflistung und Klassifizierung der Eingangsgrößen (Inputs)

Der wichtigste und auch aufwendigste Schritt bei der Erstellung eines Prozess-Mapping ist die systematische Sammlung aller relevanten Eingangsgrößen/Stellhebel für jeden Prozessschritt und deren Klassifizierung. Ziel ist es hier, eine vollständige Liste aller möglicherweise relevanten Einflussparameter auf den Prozess und die (kundenrelevanten) Prozessergebnisse zu erstellen. Im Verlauf des Entwicklungsprozesses wird dann ermittelt, welche dieser Einflussparameter wichtig sind und welche eher unwichtig. Stellen Sie sicher, dass Sie hier keine wichtigen Einflussparameter vergessen. Nachdem Sie alle Einflussgrößen aufgelistet haben, sollten diese noch in „Prozessparameter“ und „Störgrößen“ klassifiziert werden.

- Definition Prozessparameter:
  Eine Einflussgröße, die im Rahmen des Prozesses gezielt eingestellt wird. Beispiele könnten Temperatur, Luftfeuchtigkeit, pH-Wert, Stromstärke etc. sein. Es sind die „Schrauben“, an denen wir im Prozess drehen. Ein Prozess sollte, entgegen der üblichen Denkweise, möglichst wenig Prozessparameter haben, da ja jeder Prozessparameter auch eingestellt werden muss, was in der Regel Aufwand und damit Kosten verursacht. Allerdings bieten Prozessparameter die Möglichkeit, einen Prozess gegen die Auswirkung von Störgrößen unempfindlich zu machen, falls man geeignete Einstellungen oder Kombinationen von mehreren Prozessparametern (sogenannte Wechselwirkungen) findet, die den Einfluss von Störgrößen auf das Prozessergebnis reduzieren. Man spricht dann von einem sogenannten robusten Prozess.
- Definition Störgröße:
  Störgrößen sind Eingangsgrößen, die nicht eingestellt werden können oder die wir nicht gezielt einstellen möchten, z. B. aus Kostengründen. Typische Beispiele für Störgrößen sind Verschmutzungsgrad, Wartungszustand, Umgebungsbedingungen, Lärm oder Müdigkeit, aber auch beispielsweise Luftfeuchtigkeit, falls diese nicht geregelt werden kann oder soll (Kosten). Aus wirtschaftlicher Sicht sind Störgrößen durchaus wünschenswert, da kein Aufwand für die Einstellung oder Regelung anfällt. Stellen Sie sich beispielsweise vor, Sie könnten für den entwickelten Prozess neben dem definierten Rohmaterial eines bestimmten Lieferanten (= Prozessparameter) jegliche auf dem Weltmarkt verfügbaren ähnlichen Rohstoffe für den Prozess einsetzen (= Störgröße, da nicht gezielt eingestellt), was einen erheblichen Kosten- und Logistikvorteil bedeuten würde.

Die Einteilung in Prozessparameter und Störgröße erfolgt nur bei den Inputs, nicht jedoch bei den Outputs (Bild 3.93).

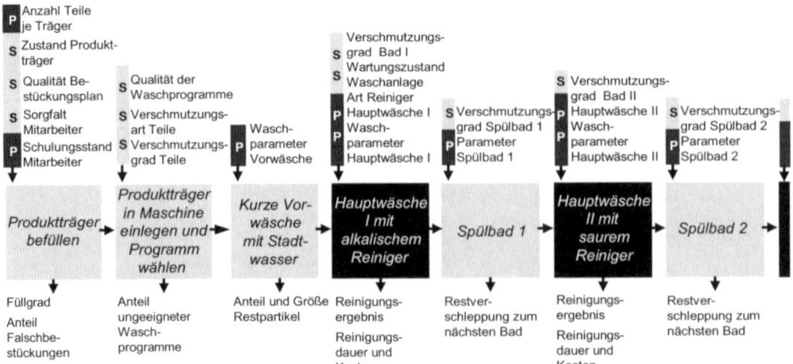

Bild 3.93 Prozess-Mapping inklusive Inputs und Output und Klassifizierung der Inputs (Auszug)

3.21.3 Voraussetzungen und notwendiger Input

Für die Erstellung eines Prozess-Mapping ist es notwendig, dass das gesamte vorhandene Prozesswissen im Team repräsentiert ist. Alle Prozessexperten sollten bei der Erstellung mitwirken. Im Falle der Verbesserung eines bereits vorhandenen Prozesses ist dies meist einfacher als bei einer Neuentwicklung, da ja ein gewisses Prozesswissen vorhanden ist. Bei einer Neuentwicklung sollte das Prozess-Mapping erst erstellt werden, wenn der Prozessablauf zumindest grob definiert ist. Außerdem ist die Abschätzung, welche Einflussgrößen relevant sein könnten, hier schwieriger. Das Risiko, wichtige Einflussgrößen zu übersehen, ist höher. In diesem Fall sollte das Prozess-Mapping regelmäßig mit dem neuen Prozesswissen aktualisiert werden.

3.21.4 Vorgehensweise bei der Anwendung

Die Erstellung eines Prozess-Mapping sollte immer im Team mit den Experten erfolgen. Dazu zählen sowohl die Prozessentwickler als auch die Mitarbeiter vor Ort „an der Maschine", die den Prozess tatsächlich durchführen. Falls der Prozess physikalisch vorhanden ist (z.B. Montageprozess) und es die Umgebung zulässt, kann das Prozess-Mapping auch vor Ort erstellt werden. Für den ersten Entwurf empfiehlt sich ein Aufbau mit Haftnotizen oder Metaplankarten, da dann sehr schnell Änderungen und Ergänzungen durchgeführt werden können. Erst nachdem das Prozess-Mapping weitestgehend fertiggestellt ist, empfiehlt sich eine Darstellung in elektronischer Form.

Da das Prozess-Mapping die Basis für viele weitere Schritte im Entwicklungsprozess darstellt, ist eine sorgfältige und vollständige Bearbeitung unabdingbar. Allerdings ist dazu in der Praxis doch einiger Aufwand erforderlich. Die Erstellung eines realen Prozess-Mapping nimmt, je nach Komplexität, oft fünf bis zehn Stunden in Anspruch. Eine typische Vorgehensweise könnte die Aufteilung in drei über eine Woche verteilte Teamsitzungen sein. Dabei würde in der ersten Teamsitzung der Ablauf der Prozessschritte, inklusive Definition wertschöpfender und nicht wertschöpfender Schritte erstellt, in der zweiten Teamsitzung zusätzlich die Sammlung der Output und Inputs und schließlich in der dritten Sitzung die Überprüfung auf Richtigkeit und Vollständigkeit erfolgen.

3.21.5 Verwendung des Ergebnisses

Das Prozess-Mapping ermöglicht zunächst ein gemeinsames Verständnis aller Beteiligten, wie der derzeitige Prozess durchgeführt wird (im Rahmen eines Verbesserungsprojekts) oder wie der zukünftige Prozess ablaufen sollte (im Rahmen einer Prozessentwicklung).

Für die Gestaltung eines robusten und möglichst kostengünstigen Prozesses ist es essenziell herauszufinden, welche der vielen Prozesseinflussgrößen wirklich kritisch in Bezug auf die Prozessergebnisse sind und welche unkritisch sind. Diese systematische Analyse im Rahmen eines Six-Sigma- oder Design-for-Six-Sigma-Projekts kann nur dann zielführend erfolgen, wenn zuvor, z. B. mittels Prozess-Mapping, eine vollständige Auflistung aller zu untersuchenden Einflussgrößen erstellt wurde.

Ein weiterer wichtiger Nutzen des Prozess-Mapping besteht in der detaillierten Dokumentation des Prozessablaufs sowie der Outputs und Inputs der jeweiligen Prozessschritte. Es kann damit beispielsweise als Basis für die Erstellung von Arbeitsplänen oder auch Arbeitsanweisungen dienen oder einfach nur zur Know-how-Sicherung.

Häufig werden bereits bei der detaillierten Erstellung eines Prozess-Mapping viele Potenziale oder konkrete Verbesserungsmöglichkeiten gefunden, die einfach und schnell umgesetzt werden können. Insofern ist es auch als einfaches Prozessverbesserungs-Tool einsetzbar.

3.21.6 Vor- und Nachteile

Die wesentlichen Vorteile eines Prozess-Mapping sind:

- detaillierte Sammlung und Dokumentation aller relevanten Prozesseinflussgrößen als Basis für eine systematische Prozessanalyse und damit als Basis für ein DFSS-Prozessentwicklungsprojekt,
- gemeinsames Verständnis über den tatsächlichen (oder geplanten) Prozessablauf im Team erlangen,
- detaillierte Dokumentation des Prozessablaufs und der Einflussgrößen als Wissensspeicher,
- Transparenz bezüglich des geplanten oder tatsächlichen Prozessablaufs sowie bezüglich der Anzahl der möglichen Prozesseinflussgrößen.

Die wesentlichen Nachteile eines Prozess-Mapping sind:

- relativ aufwendig in der Erstellung, alle Prozessexperten werden für die Erstellung benötigt, Erstellung im Team erforderlich,
- Darstellung unter Umständen schwierig, wenn kein einheitlicher Ablauf besteht, sondern der Prozess von verschiedenen Mitarbeitern verschieden durchgeführt wird.

3.21.7 Praxisbeispiel

Bild 3.94 zeigt das Prozess-Mapping aus einem Reinigungsprozess. Die Prozessschritte sind in wertschöpfende und nicht wertschöpfende unterschieden. Unterhalb der Prozessschritte sind die jeweiligen, möglicherweise relevanten, Prozess-Outputs aufgelistet. Über den jeweiligen Prozessschritten sind die möglicherweise als relevant erachteten Eingangsgrößen aufgelistet und als Prozessparameter oder Störgröße klassifiziert.

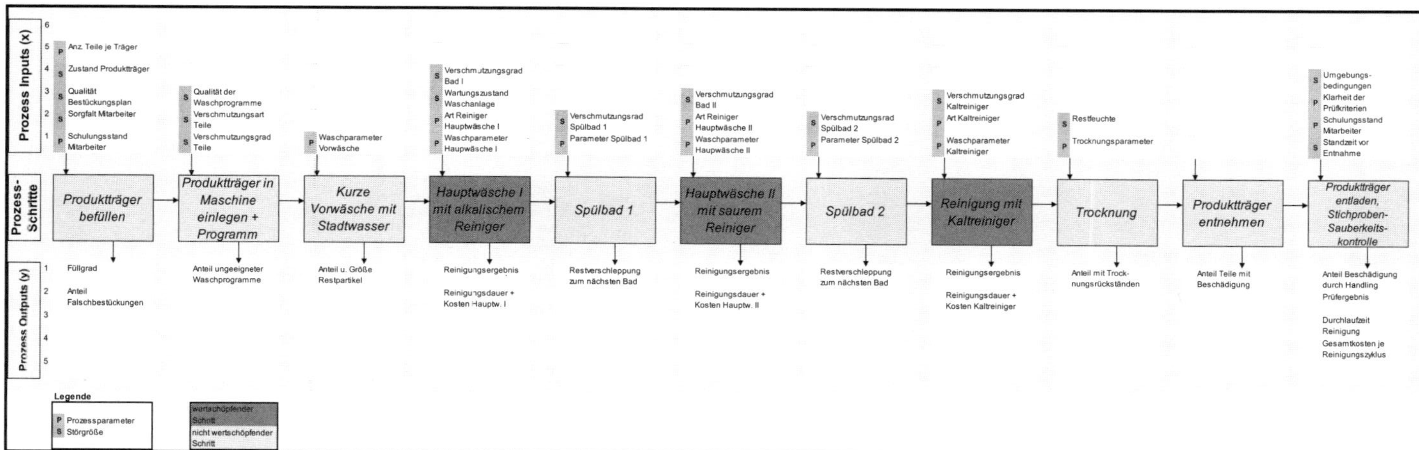

Bild 3.94 Beispiel eines einfachen Prozess-Mapping für einen Reinigungsprozess

3.21.8 Typische Fehler bei der Anwendung

Typische Fehler, die bei der Erstellung eines Prozess-Mapping auftreten, sind:

- Detaillierungsgrad falsch gewählt
  Bei zu geringer Detaillierung ist die Liste der Prozesseinflussgrößen oft unvollständig, bei zu großer Detaillierung sind der Erstellungsaufwand und auch der Aufwand für die systematische Analyse der Vielzahl an gesammelten Einflussgrößen erhöht.
- Falscher Prozess dargestellt
  Überlegen Sie immer genau, welchen Prozess oder Prozessteil Sie tatsächlich analysieren müssen. Das ist besonders bei einem Prozessverbesserungsprojekt wichtig, da Sie den Prozess analysieren müssen, in dem die Ursachen des Problems liegen.
- Hierarchie der Prozessschritte nicht konsistent
  Achten Sie darauf, dass Sie eine konsistente Detaillierung der Prozessschritte vornehmen, also nicht bestimmte Prozessteile nur sehr grob und andere viel zu detailliert beschreiben.
- Prozessschritte nicht als Tätigkeiten formuliert
  Beschreiben Sie die Prozessschritte möglichst immer als Tätigkeit. Meilensteine oder Ereignisse sind als Prozessschritte nicht geeignet (sie könnten aber z. B. Eingangsgrößen sein).
- Outputs nicht neutral und messbar formuliert
  Achten Sie auf eine neutrale und möglichst messbare Formulierung der Outputs, also nicht etwa „richtig montiert" oder „falsch montiert" als Output, sondern eher „Fehleranteil Montage" als quantifizierbare Größe. Triviale Outputs sollten Sie weglassen. Beispielsweise ist es offensichtlich, dass der Output eines Montageprozesses ein „montiertes Teil" ist.
- Statt Inputs Teilprozessschritte gelistet
  Achten Sie darauf, die tatsächlichen Inputs eines Prozessschritts aufzulisten, und nicht lediglich die Detailprozessschritte, aus denen der betrachtete Prozessschritt besteht.
- Inputs nicht detailliert und präzise genug beschrieben
  Ein Input-Bezeichnung „Bediener" oder „Material" ist in der Regel nicht ausreichend für eine spätere Bewertung, z. B. im Rahmen einer C&E-Matrix (siehe Kapitel „C&E-Matrix" und „Datenerhebungsplan"). Bezeichnen Sie also genau, was an dem Bediener oder dem Material wichtig ist, z. B. „Bedienerqualifikation" oder „Streuung der Materialdicke", „Materialverunreinigung" etc. Achten Sie auch darauf, dass der Detaillierungsgrad der Inputs für das gesamte Prozess-Mapping konsistent ist.
- Prozess-Mapping stellt nicht die Ist-Situation, sondern die Soll-Situation dar.
  Bei einem Prozessverbesserungsprojekt sollte immer der Ist-Zustand des Prozesses, also wie der Prozess tatsächlich durchgeführt wird, dargestellt werden. Bei einer Prozessentwicklung hingegen wird der geplante Prozessablauf dargestellt.

3.21.9 Das Wichtigste in Kürze

Ein Prozess-Mapping ist eine grafische Darstellung des geplanten oder tatsächlichen Prozessablaufs. Es enthält neben den eigentlichen Prozessschritten für jeden einzelnen Schritt auch noch weitere Informationen bezüglich der jeweiligen Outputs und Inputs.

Die Erstellung eines Prozess-Mapping erfolgt in einem Expertenteam. Es ist auf eine detaillierte und vollständige Darstellung zu achten. Die wesentlichen Schritte zur Erstellung sind:

- detaillierte Auflistung der einzelnen Prozessschritte,
- Einteilung der Prozessschritte in wertschöpfende und nicht wertschöpfende Prozessschritte,
- Auflistung der relevanten Outputs für jeden Prozessschritt,
- Auflistung aller möglichen relevanten Eingangsgrößen für jeden Prozessschritt sowie Klassifizierung der Eingangsgrößen in Prozessparameter oder Störgröße.

Ein detaillierteres Prozess-Mapping stellt die Basis für alle weiteren Schritte eines Prozessentwicklungsprojekts dar, besonders auch zur systematischen Analyse der Wichtigkeit der Inputfaktoren bezüglich ihres Einflusses auf das Prozessergebnis.

3.21.10 Verwandte und weiterführende Themen

SIPOC

Das SIPOC-Diagramm (siehe Kapitel „SIPOC") ist eine stark vereinfachte Überblicksdarstellung des Prozessablaufs. Es enthält die groben Prozessschritte, eine Auflistung der wichtigsten Kunden und deren relevante Prozessergebnisgrößen sowie der wichtigsten Lieferanten und der wesentlichen Prozess-Inputgrößen.

Activity Flowchart, Deployment Flowchart (Swim Lane Chart), Opportunity Flowchart

Hierbei handelt es sich um Modifikationen des Prozess-Mapping, die sich besonders für die detaillierte Prozessanalyse eignen, falls eine Analyse über Daten schwer möglich ist. Das ist oft in administrativen Prozessen oder Prozessen mit nur sehr geringer Wiederholfrequenz der Fall. Diese Flowcharts enthalten im Gegensatz zum Prozess-Mapping keine Inputs und Outputs, dafür jedoch eine detailliertere Darstellung der Abläufe, Schnittstellen, Schleifen oder auch Wertschöpfung und Wartezeiten, je nachdem, welche Details analysiert werden sollen.

Makigami-Prozess-Mapping

Das Makigami-Prozess-Mapping ist ein erweitertes Deployment-Flowchart. Es enthält neben der Darstellung der Prozessschritte und der Schnittstellen zusätzlich noch die Einteilung in wertschöpfende und nicht wertschöpfende Prozessschritte, vergleichbar dem „normalen" Prozess-Mapping. Weiterhin werden auch die (möglichst gemessenen)

Zeiten der Prozessschritte eingetragen. Für jeden Prozessschritt werden dann auch noch bekannte Probleme sowie auch gleich vorhandene Lösungsideen ergänzt. Nachdem das Makigami des Ist-Prozesses erstellt wurde, erfolgt eine detaillierte Prozess- und Problemanalyse. Dann wird ein Makigami-Prozess-Mapping des Sollprozesses entwickelt. Das Makigami eignet sich besonders für alle Prozesse, bei denen es sich nicht um die typischen Serienprozesse handelt.

Funktionsanalyse

Die Funktionsanalyse (siehe Kapitel „Funktionsanalyse") hat vergleichbare Aufgaben bei der Produktentwicklung wie das Prozess-Mapping bei der Prozessentwicklung. Bei der Funktionsanalyse werden eine logische Gliederung der Funktionen sowie die Zusammenhänge und Wechselwirkungen zwischen den benötigten Funktionen dargestellt und analysiert.

Wertstromanalyse (VSM, Value Stream Mapping), Wertstromdesign (VSD Value Stream Design)

Bei der Wertstromanalyse (siehe Kapitel „Wertstromanalyse") werden zunächst, genauso wie beim Prozess-Mapping, die einzelnen Prozessschritte aufgelistet. Allerdings sind dann eine Vielzahl weiterer Detailinformationen über den Materialfluss, wie zum Beispiel Maschinenanzahl, Rüstzeiten, Taktzeiten, Maschinenverfügbarkeit, Losgrößen, sowie meist auch noch Informationen über den Informationsfluss enthalten. Die Wertstromanalyse sowie das sich anschließende Wertstromdesign sollen den Fertigungsablauf optimieren und die Kosten minimieren. Es ist eher für typische Serienprozesse geeignet. Wertstromanalyse und Wertstromdesign zählen zu den wichtigsten LEAN-Tools.

3.21.11 Arbeitshilfe

HINWEIS: Es stehen Ihnen zur Verfügung

- Vorlage Prozess-Map C&E_Matrix
- Beispiel Prozess-Map „Christbaumständer"
- Beispiel Prozess-Mapping „Fahrradlampe"

Weiterführende Literatur

Rebehn, R., Yurdakul, Z. B., Mit Six Sigma zu Business Excellence, Publics Corporate Publishing, 2003

3.22 Ursache-Wirkungs-Matrix (C&E-Matrix)

3.22.1 Einsatzbereich und Zielstellung

Bei der Neuentwicklung oder Verbesserung von Prozessen ist das Verständnis der Ursache-Wirkungs-Beziehungen zwischen den Eingangsgrößen (Inputs, Stellhebel, x) und den Ausgangsgrößen (Outputs, Ergebnisgrößen, y) elementar für die Gestaltung fehlerfreier und robuster Prozesse. Die Anzahl der möglichen Eingangsgrößen in einem realen Prozess ist immer sehr hoch. Bei genauer Betrachtungsweise kann man einige Hundert identifizieren. Tatsächlich kritisch für die relevanten Prozessergebnisse sind meist jedoch nur vergleichsweise wenige Eingangsgrößen. Idealerweise möchten wir für möglichst alle Ergebnisgrößen die Ursache-Wirkungs-Beziehungen kennen und diese in einem mathematischen Modell

$$y = f(x)$$

beschreiben. Der dafür notwendige Aufwand ist oft erheblich, sodass zur Ermittlung der Ursache-Wirkungs-Beziehungen eine möglichst systematische Vorgehensweise gewählt werden sollte.

Die C&E-Matrix stellt eine systematische Vorgehensweise zur Bewertung der Wichtigkeit der beispielsweise im Rahmen eines Prozess-Mapping (siehe Kapitel „Prozess-Mapping“) gesammelten Einflussgrößen dar. Sie ist damit ein wichtiges Werkzeug für die strukturierte Vorauswahl der näher zu untersuchenden Einflussgrößen. Als Ergebnis liefert die Ursache-Wirkungs-Matrix eine (allerdings subjektive) quantitative Bewertung der Wichtigkeit der Prozesseingangsgrößen bezüglich deren Einfluss auf alle relevanten Prozessergebnisse.

Nutzen dieses Werkzeugs ist es also, bei der Analyse möglichst mit den richtigen Inputs zu beginnen, um den Experimentier- und Analyseaufwand zu minimieren. Obwohl die Ergebnisse der C&E-Matrix auf subjektiven Bewertungen beruhen, erhält man meist eine recht gute Priorisierung der später tatsächlich relevanten Eingangsgrößen. Es kann jedoch auch vorkommen, dass tatsächlich wichtige Eingangsgrößen im Ranking erst weit hinten auftauchen.

Die Anwendung einer C&E-Matrix erfolgt typischerweise im Rahmen von Prozessentwicklungs- oder Prozessverbesserungsprojekten. Bei der Entwicklung von Produkten sollte für eine Bewertung von Zusammenhängen eher das Quality Function Deployment (siehe Kapitel „Quality Function Deployment“) verwendet werden.

3.22.2 Aufbau und Beschreibung

Bei der Erstellung einer C&E-Matrix empfiehlt sich die Verwendung einer entsprechenden Vorlage (z. B. Excel-Vorlage). Die Matrix enthält in den Spalten die relevanten Prozessergebnisgrößen (y) und in den Zeilen die gesammelten Eingangsgrößen (x).

Innerhalb der Matrix erfolgt eine systematische Bewertung, die den Einfluss jeder Eingangsgröße auf jede Ergebnisgröße quantifiziert (Bild 3.95). Daraus wird schließlich ein Punktewert für die relative Wichtigkeit der Eingangsgrößen ermittelt.

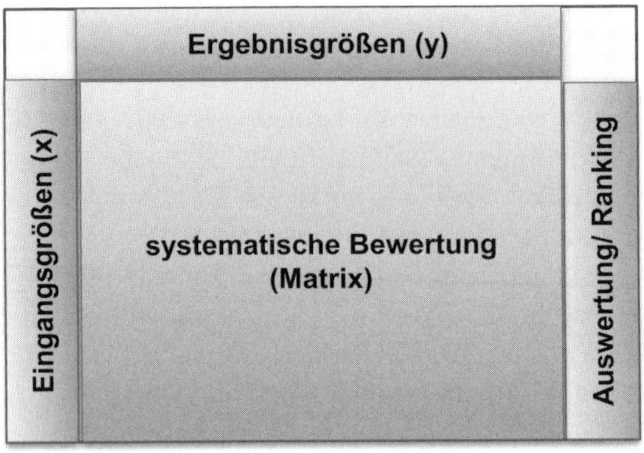

Bild 3.95
Schematischer Aufbau einer C&E-Matrix

Die Durchführung der C&E-Matrix sollte wiederum, genauso wie das Prozess-Mapping, in einem Team mit den jeweiligen Fachexperten erfolgen.

Um eine C&E-Matrix zu erstellen, empfiehlt sich die Vorgehensweise in sieben Schritten:

Schritt 1: Auflistung der relevanten Ergebnisgrößen (y)

Zunächst werden alle relevanten Prozessergebnisgrößen, für die eine Bewertung der Prozesseingangsgrößen erfolgen soll, ermittelt. Das sind beispielsweise die zu erfüllenden Anforderungen oder die im Rahmen des Voice-of-the-Customer-Prozesses (siehe Kapitel „Voice of the Customer") ermittelten qualitätskritischen Größen (sogenannte CTQs). Diese Größen werden dann in die Spalten der Matrix eingetragen (Bild 3.96).

Wichtigkeit für den Kunden (1-10)	10	4	10	5	2	8	8	3	
Input (x) aus Prozess-Mapping	geringe Restverschmutzung	geringe Beschädigungsquote	niedrige Reinigungskosten	wenig Prozessstörungen	niedriger Chemikalienverbrauch	hoher Automatisierungsgrad	kurzer Reinigungsyklus	umweltfreundlich	Gesamt

Bild 3.96 Auflistung der zu bewertenden Ergebnisgrößen in den Spalten (y)

Schritt 2: Bewertung der Wichtigkeit der Ergebnisgrößen für den Kunden

Die relevanten Ergebnisgrößen werden dann nach Wichtigkeit (für den Kunden) auf einer Skala von 1 bis 10 bewertet, wobei 1 „wenig wichtig" und 10 „sehr wichtig" bedeutet (Bild 3.97). Bei mehreren Kunden ist auf eine ausgewogene Berücksichtigung der verschiedenen Kundeninteressen zu achten. Zur systematischen Priorisierung kann beispielsweise ein paarweiser Vergleich (siehe Kapitel „Paarweiser Vergleich") durchgeführt werden.

Wichtigkeit für den Kunden (1-10)	10	4	10	5	2	8	8	3	
Input (x) aus Prozess-Mapping	geringe Restverschmutzung	geringe Beschädigungsquote	niedrige Reinigungskosten	wenig Prozessstörungen	niedriger Chemikalienverbrauch	hoher Automatisierungsgrad	kurzer Reinigungsyklus	umweltfreundlich	Gesamt

Bild 3.97 Priorisierung der Ergebnisgrößen (y) auf einer Skala von 1 bis 10

Schritt 3: Auflistung der Prozesseingangsgrößen (x)

Jetzt werden alle z. B. im Rahmen des Prozess-Mapping gesammelten Eingangsgrößen in die Zeilen der C&E-Matrix eingetragen (Bild 3.98). Dabei ist darauf zu achten, dass die Liste der Eingangsgrößen möglichst vollständig ist. Außerdem müssen die Eingangsgrößen klar und eindeutig formuliert sein, da sonst später Unklarheiten bei der Bewertung entstehen.

Prozessschritt	Input (x) aus Prozess-Mapping
Produktträger befüllen	Anz. Teile je Träger
	Zustand Produktträger
	Qualität Bestückungsplan
	Sorgfalt Mitarbeiter
	Schulungsstand Mitarbeiter
Produktträger in Maschine einlegen	Qualität der Waschprogramme
	Verschmutzungsart Teile
	Verschmutzungsgrad Teile
Kurze Vorwäsche mit Stadtwasser	Waschparameter Vorwäsche
Hauptwäsche I mit alkal. Reiniger	Verschmutzungsgrad Bad I
	Wartungszustand Waschanlage
	Art Reiniger Hauptwäsche I
	Waschparameter Haupwäsche I

Bild 3.98 Auflistung der Prozesseingangsgrößen (x) in den Zeilen der C&E-Matrix, Auszug

Schritt 4: Bewertung Einfluss der Inputs auf die Outputs

Jetzt erfolgt die eigentliche quantitative Bewertung. Dabei wird auf einer Skala von 0 bis 10 bewertet, wie hoch der Einfluss der jeweiligen Eingangsgröße (x) auf die jeweilige Ausgangsgröße (y) ist, wobei „0" bedeutet, dass es keinen Einfluss gibt, und „10" bedeutet, dass der Einfluss sehr groß ist. Die Bewertung im Team führt typischerweise zu Diskussionen und abweichenden Einschätzungen. Das kann an einem unterschiedlichen Wissensstand der Experten, aber auch an einer unklaren Formulierung der Eingangsgrößen liegen. Stellen Sie also immer sicher, dass alle Teammitglieder das gleiche Verständnis haben, welche Eingangsgröße bzw. welcher Aspekt davon gerade bewertet wird. Alternativ können Sie, um eine zügigere Bearbeitung zu ermöglichen, auch eine reduzierte Bewertungsskala mit den Stufen 0 – 2 – 5 – 8 (kein, geringer, mittlerer, hoher Einfluss) verwenden (Bild 3.99).

Wichtigkeit für den Kunden (1-10)	10	4	10	5	2	8	8	3
Input (x) aus Prozess- Mapping	geringe Restverschmutzung	geringe Beschädigungsquote	niedrige Reinigungskosten	wenig Prozessstörungen	niedriger Chemikalienverbrauch	hoher Automatisierungsgrad	kurzer Reinigungsyklus	umweltfreundlich
Anz. Teile je Träger	5	8	8	2	8	0	0	5
Zustand Produktträger	2	5	2	8	0	0	0	0
Qualität Bestückungsplan	8	8	5	8	2	0	0	0
Sorgfalt Mitarbeiter	5	8	2	8	0	0	0	0
Schulungsstand Mitarbeiter	2	5	5	8	2	0	2	0
Qualität der Waschprogramme	8	8	5	5	8	5	8	5
Verschmutzungsart Teile	8	2	8	2	8	5	8	8
Verschmutzungsgrad Teile	8	0	8	2	8	5	8	5

Bild 3.99 Bewertung Einfluss des Inputs auf die Outputs mithilfe einer reduzierten Bewertungsskala (Auszug)

Schritt 5: Quantifizierung der Wichtigkeit der Einflussgrößen

Durch Multiplikation der Größe des Einflusses (0 bis 10) eines jeden Inputs mit der Wichtigkeit für den Kunden (1 bis 10) des jeweiligen Outputs, erhält man für jeden Input eine Punktezahl. Je höher diese Produktsumme ist, desto (wahrscheinlich!) wichtiger ist, nach Konsens der beteiligten Experten, der jeweilige Input in Bezug auf das, was für unsere Kunden wichtig ist, nämlich die Ergebnisgrößen. Anders gesagt, je höher die Punktzahl, desto wichtiger ist die jeweilige „Schraube" in dem Prozess (Bild 3.100).

Wichtigkeit für den Kunden (1-10)	10	4	10	5	2	8	8	3	
Input (x) aus Prozess-Mapping	geringe Restverschmutzung	geringe Beschädigungsquote	niedrige Reinigungskosten	wenig Prozessstörungen	niedriger Chemikalienverbrauch	hoher Automatisierungsgrad	kurzer Reinigungsyklus	umweltfreundlich	Gesamt
Anz. Teile je Träger	5	8	8	2	8	0	0	5	203
Zustand Produktträger	2	5	2	8	0	0	0	0	100
Qualität Bestückungsplan	8	8	5	8	2	0	0	0	206
Sorgfalt Mitarbeiter	5	8	2	8	0	0	0	0	142
Schulungsstand Mitarbeiter	2	5	5	8	2	0	2	0	150
Qualität der Waschprogramme	8	8	5	5	8	5	8	5	322
Verschmutzungsart Teile	8	2	8	2	8	5	8	8	322
Verschmutzungsgrad Teile	8	0	8	2	8	5	8	5	305

Bild 3.100 Produktsumme der Eingangsgrößen als wesentliches Ergebnis der C&E-Matrix (Auszug)

Schritt 6: Bewertung der Ergebnisse

Durch Sortierung der Punktewerte oder geeignete Visualisierung wird nun die Rangfolge der Eingangsgrößen ermittelt (Bild 3.101). Im weiteren Verlauf des Projekts sollten zunächst die als wichtig erachteten Eingangsgrößen analysiert werden, da hier die Wahrscheinlichkeit höher ist, dass sie auch tatsächlich einen signifikanten Einfluss auf das Prozessergebnis haben. Da die C&E-Matrix eine subjektive Bewertung vornimmt, ist jedoch nicht ausgeschlossen, dass auch als wenig wichtig bewertete Einflussgrößen in der Realität tatsächlich wichtig sind.

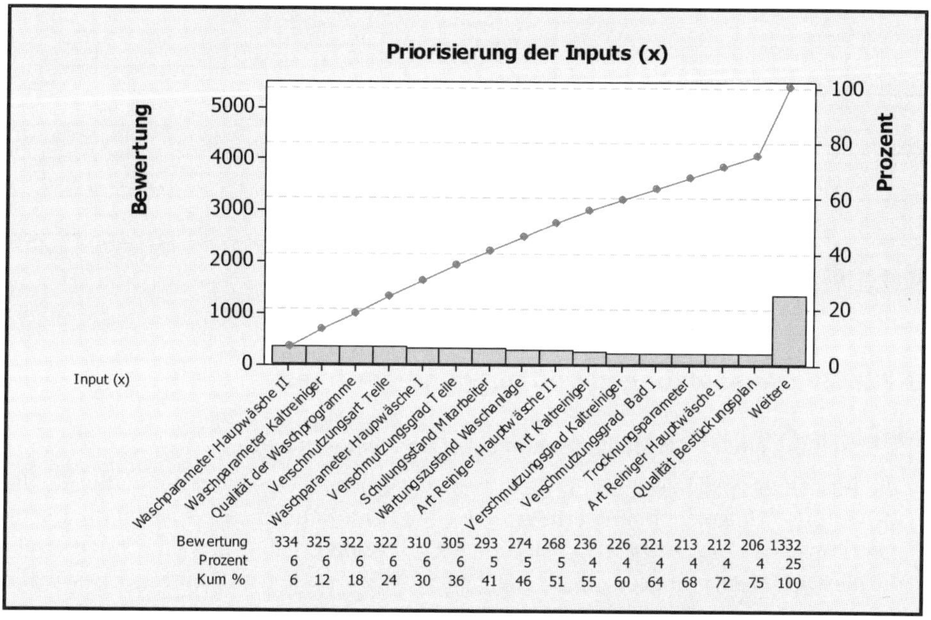

Bild 3.101 Darstellung der Ergebnisse in einem sogenannten Pareto-Diagramm

Schritt 7: Plausibilisierung der Ergebnisse

Meist werden Sie bezüglich der Priorisierung der Eingangsgrößen ein erwartetes Ergebnis erhalten. Bei einem unerwarteten Ergebnis sollten Sie die Bewertungen noch mal überprüfen. Es könnte sein, dass Sie falsch bewertet haben, z. B. wenn Teammitglieder ein unterschiedliches Verständnis davon haben, was als Input gemeint ist.

Die Vorlage der C&E-Matrix ermöglicht auch eine spaltenweise Addition und Multiplikation der Ergebnisse. Das kann optional für eine zusätzliche Plausibilisierung genutzt werden (Bild 3.102). Zunächst wird das Spaltenergebnis dann hoch sein, wenn die Wichtigkeit der Ergebnisgröße für den Kunden hoch ist, weil ja mit diesem Wert multipliziert wird. Sollte das nicht der Fall sein, so haben Sie möglicherweise wichtige Eingangsgrößen vergessen oder aber es gibt tatsächlich nur wenige Eingangsgrößen, die diese wichtige Ergebnisgröße beeinflussen.

Wichtigkeit für den Kunden (1-10)	10	4	10	5	2	8	8	3	
Input (x) aus Prozess-Mapping	geringe Restverschmutzung	geringe Beschädigungsquote	niedrige Reinigungskosten	wenig Prozessstörungen	niedriger Chemikalienverbrauch	hoher Automatisierungsgrad	kurzer Reinigungsyklus	umweltfreundlich	**Gesamt**
Anz. Teile je Träger	5	8	8	2	8	0	0	5	203
Zustand Produktträger	2	5	2	8	0	0	0	0	100
Qualität Bestückungsplan	8	8	5	8	2	0	0	0	206
Sorgfalt Mitarbeiter	5	8	2	8	0	0	0	0	142
Schulungsstand Mitarbeiter	2	5	5	8	2	0	2	0	150
Qualität der Waschprogramme	8	8	5	5	8	5	8	5	322
⋮									⋮
Klarheit der Prüfkriterien	0	0	5	0	0	2	2	0	82
Schulungsstand Mitarbeiter	0	2	5	5	2	5	2	0	143
Standzeit vor Entnahme	2	0	0	2	0	2	2	0	62
	1440	336	1260	465	238	560	824	276	

Bild 3.102 Plausibilisierung der Ergebnisse der C&E-Matrix (Auszug)

3.22.3 Voraussetzungen und notwendiger Input

Die Erstellung einer C&E-Matrix ist erst dann sinnvoll, wenn zuvor

- die für das Projekt relevanten Prozessausgangsgrößen festgelegt wurden, für die die Bewertung erfolgen soll. Das erfolgt in der Regel im Rahmen des Voice-of-the-Customer-Prozesses. Die im CTQ-Treiberbaum aufgelisteten Ergebnisgrößen können direkt in die C&E-Matrix übertragen werden (siehe dazu auch das Kapitel „Voice of the Customer").
- der zu bewertende Prozess oder Prozessteil auch existiert bzw. bei neu zu entwickelnden Prozessen zumindest genau und detailliert genug beschrieben ist, z. B. mithilfe eines Prozess-Mapping.
- eine detaillierte und vollständige Sammlung aller möglicherweise relevanten Prozesseingangsgrößen durchgeführt wurde. Weiterhin müssen die Inputs spezifisch und detailliert beschrieben sein, so dass bei der Bewertung klar ist, was jeweils bewertet wird.

Für die Durchführung der Bewertung ist die Teilnahme der jeweiligen Prozessexperten unerlässlich, da das gesamte vorhandene Prozesswissen für die Bewertung erforderlich ist.

3.22.4 Vorgehensweise bei der Anwendung

Die Erstellung einer C&E-Matrix setzt, wie schon beschrieben, voraus, dass eine detaillierte und vollständige Liste der zu bewertenden Prozesseingangsgrößen sowie eine Liste der Ausgangsgrößen vorliegen. Die Durchführung der Bewertung sollte möglichst in einem Team von Fachexperten erfolgen, in dem das gesamte vorhandene Wissen über den Prozess repräsentiert ist. Ein Teammitglied fungiert als Moderator. Achten Sie darauf, dass alle Teammitglieder gleichberechtigt sind bei der Bewertung. Die Erstellung erfolgt dann schrittweise wie beschrieben. Die Bewertungen können direkt in die bereits vorbereitete Matrix (z.B. Excel-Template) eingegeben werden. Bei abweichenden Einschätzungen verschiedener Teammitglieder sollte eine **kurze** Diskussion über die Ursachen der unterschiedlichen Bewertungen geführt und möglichst ein Konsens erzielt werden. Der Moderator muss auf eine stringente und zügige Abarbeitung der vielen Bewertungen achten, da sonst das Ausfüllen der Matrix unverhältnismäßig lange dauert. Ausufernde Diskussionen sind zu vermeiden. Eine mögliche Ursache häufiger Diskussionen liegt in einer nicht präzisen Beschreibung der Eingangsgrößen. Am Ende werden die Ergebnisse nochmals auf Plausibilität geprüft. Versuchen Sie, die gesamte Bewertung möglichst in einer Teamsitzung durchzuführen.

3.22.5 Verwendung des Ergebnisses

Ziel der C&E-Matrix ist eine Priorisierung der gesammelten Prozesseingangsgrößen nach Wichtigkeit. Durch die systematische Vorauswahl wird eine schnellere und bessere Fokussierung auf die Analyse der voraussichtlich tatsächlich relevanten Einflussgrößen erreicht. Bei einem bereits vorhandenen Prozess erfolgt die Analyse typischerweise durch eine systematische Datenerhebung. Dazu werden die priorisierten Eingangsgrößen aus der C&E-Matrix direkt in einen Datenerhebungsplan (siehe Kapitel „Datenerhebungsplan“) eingetragen. Die Auswertung der gesammelten Daten erfolgt dann in einer sogenannte Multi-Vari-Studie (siehe Kapitel „Multi-Vari-Studie“).

Falls noch kein Prozess vorhanden ist, kommt man oft mit der Aufstellung und Durchführung eines systematischen Versuchsplans (Design of Experiments, DoE) schneller zu einem Verständnis der Ursache-Wirkungs-Beziehungen. Aus der C&E-Matrix erhält man wichtige Hinweise, welche Einflussgrößen im DoE untersucht werden sollten (Bild 3.103).

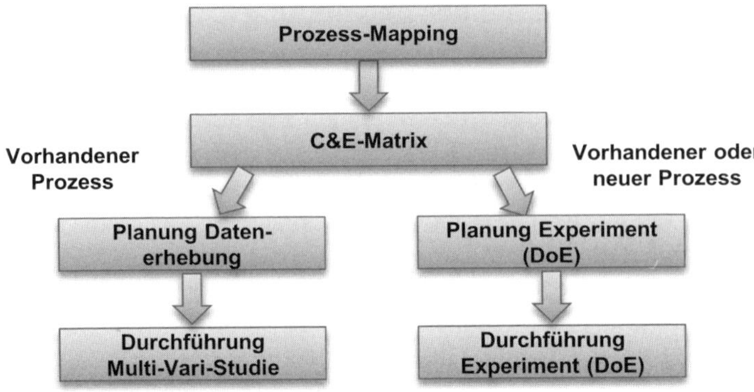

Bild 3.103 Weiterverwendung der Ergebnisse aus der C&E-Matrix

3.22.6 Vor- und Nachteile

Die wesentlichen Vorteile einer C&E-Matrix sind:

- sorgfältige Auswahl und Priorisierung der kundenrelevanten Ausgangsgrößen (y, CTQ),
- strukturierte und systematische Bewertung der Prozesseingangsgrößen (x),
- Quantifizierung der Ergebnisse,
- automatische Erstellung einer detaillierten Dokumentation,
- kompakter Austausch des Prozesswissens im Bewertungsteam.

Die wesentlichen Nachteile einer C&E-Matrix sind:

- subjektive Bewertung der Zusammenhänge, nur aus dem derzeit vorhandenen Prozesswissen abgeleitet; daher sind Fehleinschätzungen möglich,
- bei sorgfältiger Anwendung relativ aufwendig,
- Gefahr von ausufernden Diskussionen.

3.22.7 Praxisbeispiel

Bild 3.104 zeigt ein Beispiel für die C&E-Matrix zur Entwicklung eines Reinigungsprozesses.

Ursache- Wirkungsmatrix (C&E- Matrix)											
	Datum:	1.2.2014	Projekt:		optimierter und automat. Endreinigungsproz.						
	Abteilung:	Entwicklung	Teilnehmer:		Frau Jung, Hr. Dr. Schiller, Hr. Schmitz						
		Wichtigkeit für den Kunden (1-10)	10	4	10	5	2	8	8	3	
	Prozessschritt	Input (x) aus Prozess-Mapping	geringe Restverschmutzung	geringe Beschädigungsquote	niedrige Reinigungskosten	wenig Prozessstörungen	niedriger Chemikalienverbrauch	hoher Automatisierungsgrad	kurzer Reinigungsyklus	umweltfreundlich	Gesamt
1	Produktträger befüllen	Anz. Teile je Träger	5	8	8	2	8	0	0	5	203
2		Zustand Produktträger	2	5	2	8	0	0	0	0	100
3		Qualität Bestückungsplan	8	8	5	8	2	0	0	0	206
4		Sorgfalt Mitarbeiter	5	8	2	8	0	0	0	0	142
5		Schulungsstand Mitarbeiter	2	5	5	8	2	0	2	0	150
6	Produktträger in Maschine einlegen	Qualität der Waschprogramme	8	8	5	5	8	5	8	5	322
7		Verschmutzungsart Teile	8	2	8	2	8	5	8	8	322
8		Verschmutzungsgrad Teile	8	0	8	2	8	5	8	5	305
9	Kurze Vorwäsche mit Stadtwasser	Waschparameter Vorwäsche	2	8	2	2	2	0	2	2	108
10	Hauptwäsche I mit alkal. Reiniger	Verschmutzungsgrad Bad I	5	0	5	8	5	5	2	5	221
11		Wartungszustand Waschanlage	8	5	5	8	2	8	2	0	274
12		Art Reiniger Hauptwäsche I	8	2	5	0	5	0	5	8	212
13		Waschparameter Haupwäsche I	8	5	8	2	5	5	8	2	310
14	Spülbad 1	Verschmutzungsrad Spülbad 1	2	0	2	0	5	0	0	0	50
15		Parameter Spülbad 1	2	0	2	2	5	0	2	2	82
16	Hauptwäsche II mit saurem Reiniger	Verschmutzungsgrad Bad II	5	0	2	2	2	0	5	2	130
17		Art Reiniger Hauptwäsche II	8	2	5	2	8	2	8	8	268
18		Waschparameter Haupwäsche II	8	5	8	2	8	5	8	8	334
19	Spülbad 2	Verschmutzungsrad Spülbad 2	2	0	2	2	2	0	2	2	76
20		Parameter Spülbad 2	2	2	2	2	2	0	2	2	84
21	Reinigung mit Kaltreiniger	Verschmutzungsgrad Kaltreiniger	8	0	5	0	8	5	2	8	226
22		Art Kaltreiniger	8	0	5	2	8	2	5	8	236
23		Waschparameter Kaltreiniger	8	5	8	2	8	5	8	5	325
24	Trocknung	Restfeuchte	2	0	0	2	2	2	5	0	90
25		Trocknungsparameter	8	2	5	0	2	2	5	5	213
26	Produktträger entladen, Stichproben	Umgebungsbedingungen	2	2	2	5	2	5	0	2	123
27		Klarheit der Prüfkriterien	0	0	5	0	0	2	2	0	82
28		Schulungsstand Mitarbeiter	0	2	5	5	2	5	2	0	143
29		Standzeit vor Entnahme	2	0	0	2	0	2	2	0	62
Gesamt			1440	336	1260	465	238	560	824	276	

Bild 3.104 Beispiel für die C&E-Matrix eines Reinigungsprozesses

3.22.8 Typische Fehler bei der Anwendung

Bei der Erstellung einer C&E-Matrix sollten Sie auf folgende Fehlermöglichkeiten achten:

- Als Prozessergebnisgrößen dürfen nur Outputs des betrachteten Gesamtprozesses und keine Teilergebnisse (z. B. aus den im Prozess-Mapping aufgelisteten Einzelschritten) verwendet werden.
- Die Prozessergebnisgrößen müssen sowohl für die Prozesskunden als auch für das Projektziel relevant sein. Entfernen Sie alle nicht unmittelbar relevanten Ergebnisgrößen.
- Beachten Sie eine gleichmäßige Detaillierung der Ergebnisgrößen. Vermeiden Sie Doppelnennungen, wie zum Beispiel „Qualität“ und „Fehleranteil“, die ja nur zwei verschiedene Begriffe für die gleiche Ergebnisgröße darstellen. Vermeiden Sie auch die Angabe von Sammelbegriffen und deren Untergruppen, also z. B. „Fehleranteil“

einerseits und dann zusätzlich „Bestückfehler“, „Lötfehler“, „Justagefehler“ andererseits. Hier müssen Sie sich für eine konsistente Detaillierungsebene entscheiden.

- Achten Sie darauf, dass die Liste der Inputs wirklich vollständig ist. Es werden nur Inputs aufgelistet, die im Zusammenhang mit dem Projektziel auch relevant sind. Vermeiden Sie die Auflistung von irrelevanten Inputs, also nicht möglichst viele, sondern alle relevanten Inputs sollen gesammelt werden. Im Zweifelsfall nehmen Sie aber lieber eine Eingangsgröße zu viel als eine zu wenig mit auf.
- Achten Sie auf eine detaillierte, spezifische und vollständige Formulierung der Eingangsgrößen. Eine unspezifische und unklare Formulierung führt zu zeitraubenden Diskussionen während der Bewertung.
- Bewerten Sie den Einfluss der Eingangsgrößen in einem typischen Wertebereich, der in der Praxis auch vorkommt und für Ihr Projekt relevant ist. Bewerten Sie nicht, was passieren würde, wenn der jeweilige Input extreme (selten vorkommende) Werte annehmen würde.
- Achten Sie darauf, dass bei der Bewertung alle Teammitglieder gleichberechtigt sind. Das Ergebnis könnte von starken Persönlichkeiten in deren Sinne beeinflusst werden.
- Das Bewertungsniveau könnte sich bei großen C&E-Matrizen im Laufe der ja dann umfangreichen Bewertung ändern. Kontrollieren Sie am Ende der Bewertung, ob Sie die zuerst bewerteten Einflussgrößen immer noch so bewerten würden.

3.22.9 Das Wichtigste in Kürze

Die C&E-Matrix ist eine systematische und strukturierte Vorgehensweise zur Bewertung der Wichtigkeit der gesammelten Prozesseinflussgrößen auf die relevanten Prozessergebnisse. Sie dient zur Vorauswahl der im Rahmen einer späteren, detaillierten Analyse näher zu untersuchenden Prozesseinflussgrößen. Dadurch soll der Analyseaufwand reduziert werden, in dem möglichst vorrangig nur die (wahrscheinlich) wichtigen Eingangsgrößen untersucht werden.

Voraussetzung ist eine vorhergegangene Sammlung aller möglichen Prozesseinflussgrößen (Inputs) sowie der relevanten Prozessergebnisgrößen (Outputs). Dann erfolgt im Expertenteam eine systematische und schrittweise Bewertung des (vermutlichen) Einflusses jeder Eingangsgröße auf jede Ausgangsgröße. Die Tabelle errechnet nun für jede Eingangsgröße einen Punktwert. Je höher der Wert, desto (vermutlich) wichtiger ist die jeweilige Eingangsgröße.

Mit den Ergebnissen aus der C&E-Matrix ist eine bessere Fokussierung der Planung von nachfolgenden Prozessanalysen, zum Beispiel im Rahmen einer Multi-Vari-Studie oder auch eines statistischen Experiments (DoE), möglich. Aufgrund der letztlich doch subjektiven Bewertung sind Fehleinschätzungen allerdings nicht immer auszuschließen.

3.22.10 Verwandte und weiterführende Themen

Fischgrätendiagramm (auch Ursache-Wirkungs-Diagramm oder Ishikawa-Diagramm oder Fishbone)

Das Fischgrätendiagramm wird meist zur Visualisierung und Klassifizierung von möglichen Problemursachen benutzt (Bild 3.105). Dabei werden die zuvor in einem Brainstorming gesammelten Ursachen nach bestimmten, häufig vorkommenden Kategorien geordnet. Bei den Kategorien spricht man auch von den sechs „Ms", nämlich „Mensch", „Maschine", „Material", „Messung", „Methode", „Mitwelt" (oder auch Milieu/Umwelt). Die einzelnen Kategorien werden dann grafisch wie die Gräten eines Fischs angeordnet. Das zu lösende Problem wird am Kopf des Fischs platziert. Das Fischgrätendiagramm eignet sich nur für eine begrenzte Anzahl von Eingangsgrößen und führt die Bewertung nur bezüglich einer Ergebnisgröße durch.

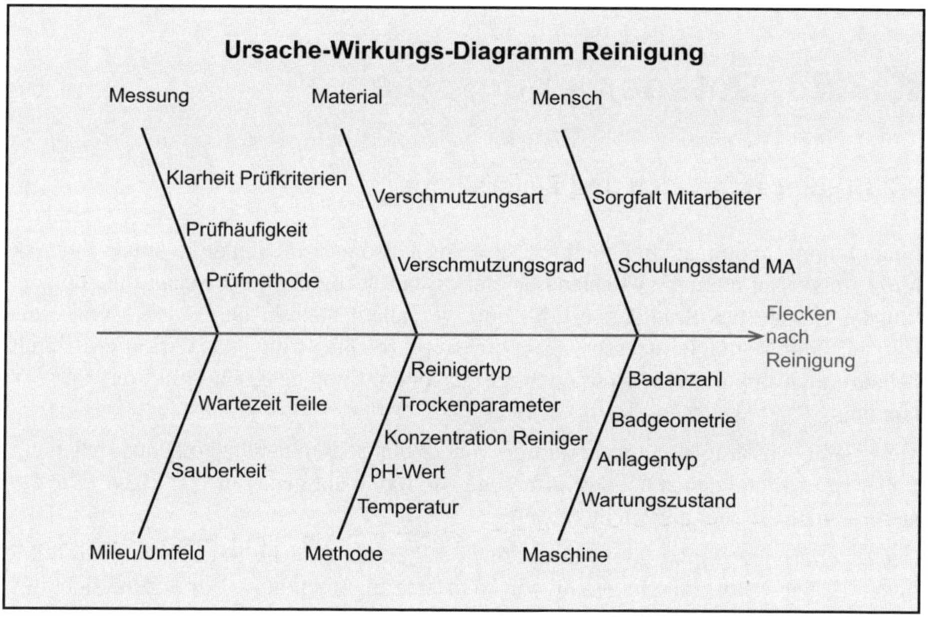

Bild 3.105 Beispiel für ein Ursache-Wirkungs-Diagramm für einen Reinigungsprozess

Quality Function Deployment (QFD)

Das QFD (siehe Kapitel „Quality Function Deployment") erlaubt ebenfalls eine systematische Bewertung. Dort werden jedoch weniger Ursache-Wirkungs-Beziehungen analysiert, sondern beispielsweise Zusammenhänge zwischen Kundenanforderungen und zugehörigen Messgrößen bzw. Messgrößen und den zur Erfüllung notwendigen Funktionen. QFD wird eher bei Produktentwicklungsprojekten eingesetzt.

Nutzwertanalyse

Auch bei der Nutzwertanalyse (siehe Kapitel „Nutzwertanalyse“) erfolgt eine systematische Bewertung in Form einer Matrix. Ziel ist hier die Priorisierung von verschiedenen Produktkonzepten bezüglich der Erfüllung der Kundenanforderungen.

3.22.11 Arbeitshilfe

HINWEIS: Es stehen Ihnen zur Verfügung

- Beispiel C&E-Matrix „Christbaumständer“
- Beispiel C&E-Matrix „Fahrradlampe“

3.23 Datenerhebungsplan

3.23.1 Einsatzbereich und Zielstellung

Einen Datenerhebungsplan benötigen Sie an mindestens zwei Stellen in einem Entwicklungsprojekt: zum einen spätestens bei der Vorbereitung des Nachweises, ob alle Leistungsmerkmale des Produkts erfüllt sind, vor allem aber in der Entwicklung eines Herstell- oder Montageprozesses, als Vorarbeit für die Ermittlung der Wirkung von Stellhebeln (auch: Input, Prozessparameter, Störgrößen, Eingangsgrößen) auf das Prozessergebnis.

Meist sind Messung und Aufbereitung von Daten zeitaufwendig und dadurch teuer. Daher ist es wichtig, sich bei der Aufnahme von Daten auf genau die richtigen zu fokussieren – nicht zu viel und nicht zu wenig.

Der Datenerhebungsplan dient Ihnen für die Planung, welche Daten, wie viele Daten über welchen Zeitraum wie genau, von wem aufzunehmen sind. Der Datenerhebungsplan erfüllt dabei zwei Zwecke: Zum einen strukturiert und detailliert er die von Ihnen zu erfassende Information, zum anderen dient er als Verifizierung dafür, dass Sie auch tatsächlich die richtigen messbaren Eingangsgrößen für die relevanten Ergebnisgrößen ermittelt haben.

3.23.2 Aufbau und Beschreibung

Der Datenerhebungsplan gliedert sich eigentlich in drei Teile, die aufeinanderfolgend ausgefüllt werden (Bild 3.106) und klären sollen, 1) welche Daten sollen gemessen werden, 2) welchen Umfang umfasst die Datenaufnahme und 3) wer unterstützt dabei in welchem Umfang.

Nachdem er dazu dient, die Wirkung der Eingangsgrößen auf die Ergebnisgrößen des Prozesses oder Produkts zu betrachten, werden diese im Datenerhebungsplan mit berücksichtigt.

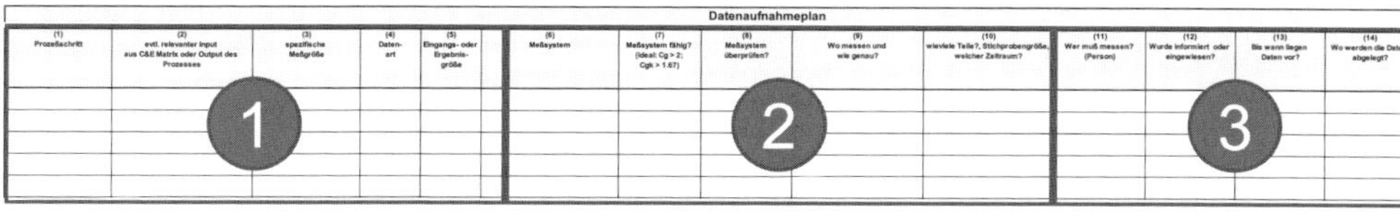

Bild 3.106 Der Datenerhebungsplan (Vorlage aus dem beiliegenden Material) und die drei Phasen der Planung der Datenerhebung

Schritt 1: Welche Daten sollen aufgenommen werden?

Die Frage, welche Daten aufzunehmen sind, muss im Vorfeld der Datenaufnahme sorgfältig mit den Experten festgelegt werden. Idealerweise können Sie auf ein vorher erstelltes Prozess-Mapping (siehe Kapitel „Prozess-Mapping") und eine anschließende C&E-Matrix als Vorarbeit zur Priorisierung der zu sammelnden Eingangsgrößen zurückgreifen. Aus der C&E-Matrix übernehmen Sie die Prozessschritte (Spalte 1) und die innerhalb der Prozessschritte als möglicherweise relevante Stellhebel identifizierten Merkmale (2) beziehungsweise die relevanten Ergebnisgrößen des Prozesses. Danach identifizieren Sie die für dieses Merkmal spezifische Messgröße (Spalte 3) und deren Datenart (Spalte 4).

Dieses Detail ist wichtig für die spätere Darstellung von Wirkzusammenhängen durch grafische oder statistische Verfahren (siehe Kapitel „Grafische und statistische Werkzeuge").

Tragen Sie in Spalte 5 ein, ob es sich um eine Ergebnisgröße oder eine Eingangsgröße handelt. In Ihrer Vorlage sind Spalte 3 und Spalte 5 zur Erleichterung mit Auswahlfeldern belegt, so dass Sie nur zwischen attributiv, diskret und variabel (Spalte 3) und Eingangsgröße oder Ergebnisgröße (Spalte 5) wählen müssen. In Bild 3.107 ist der erste Teil des Datenerhebungsplans dargestellt.

Datenerhebungsplan				
(1) Prozessschritt	(2) evtl. relevanter Input aus C&E-Matrix oder Output des Prozesses	(3) spezifische Messgröße	(4) Daten-art	(5) Eingangs- oder Ergebnis größe

Bild 3.107 Erster Teil des Datenerhebungsplans: Was soll gemessen werden?

Werden sehr unspezifische Merkmale als Stellhebel in Spalte 2 genannt, dann wirkt die Übersetzung in die Messgrößen in Spalte 3 als Korrektiv. Selbst unspezifisch benannte Einflussgrößen besitzen konkrete und spezifisch messbare Merkmale. Diese sind die eigentlichen Einflussgrößen auf ein Prozessergebnis oder einen Produkterfolg, die Sie protokollieren müssen.

Ein Beispiel: Nehmen Sie an, als Einflussgröße wurde „Sägeblatt" genannt; einige spezifische Messgrößen an diesem Sägeblatt sind Länge, Einsatzdauer, Dicke, Zahntiefe, Zahnfrequenz, Dickenschwankung, Spannung und viele andere mehr. Diese müssen Sie protokollieren, um deren Wirkung auf das Ergebnis zu ermitteln.

Schritt 2 : Planung der Messung und Umfang

Im zweiten Abschnitt tragen Sie ein, welches Messsystem benötigt wird (Spalte 6) und ob dieses Messsystem für die anstehenden Messungen fähig ist (Spalte 7). Falls Sie sich nicht sicher sind, dass das Messsystem tatsächlich fähig ist (siehe Kapitel „Allgemeines zur Analyse von Messsystemen"), sollten Sie eine Messsystemanalyse vor der eigentlichen Datenaufnahme durchführen (Spalte 8). In den folgenden Spalten definieren Sie, welche Informationen und Vorgaben nötig sind, um exakt zu definieren, wo genau und wie genau die Daten aufzunehmen sind (Spalte 9). Achten Sie darauf, dass Sie möglichst eine Messvorschrift für die Kollegen erarbeitet haben. Aus der statistischen Aussage, die Sie treffen wollen, ermitteln Sie die benötigte Stichprobengröße und bis wann die Messungen durchgeführt werden. Gerade der letzte Punkt - bis wann? - ist für Messungen in einem Fertigungsumfeld wesentlich, weil jede Messung für diese Kollegen einen Zusatzaufwand darstellt. Wenn der Zeitraum überschaubar ist und ein festgesetztes Ende hat, dann steigt die Akzeptanz für bestimmte Extraaktivitäten.

In Bild 3.108 ist der zweite Abschnitt des Datenerhebungsplans gezeigt.

Datenerhebungsplan				
(6) Messsystem	(7) Messsystem fähig? (ideal: $C_g > 2$; $C_{gk} > 1.67$)	(8) Messsystem überprüfen?	(9) Wo messen und wie genau?	(10) Wie viele Teile?, Stichprobengröße, welcher Zeitraum?

Bild 3.108 Zweiter Teil des Datenerhebungsplans: Wie soll gemessen werden?

Schritt 3: Weiß jeder, was er tun soll?

Der dritte Abschnitt ist für die Planung wesentlich. In ihm notieren Sie, wer die Messungen durchführt (Spalte 11) und ob die Person über die Aufgabe informiert wurde (Spalte 12). Am Ende tragen Sie ein, bis wann die Ergebnisse vorliegen sollen (Spalte 13) und wo sie gespeichert werden (Spalte 14).

In Bild 3.109 ist der dritte Abschnitt des Datenerhebungsplans aus der Vorlage im beiliegenden Material gezeigt.

Datenerhebungsplan			
(11) Wer muss messen? (Person)	(12) Wurde informiert oder eingewiesen?	(13) Bis wann liegen Daten vor?	(14) Wo werden die Daten abgelegt?

Bild 3.109 Dritter Teil des Datenerhebungsplans: Wer macht was bis wann?

3.23.3 Voraussetzungen und notwendiger Input

Aus Prozess-Mapping und C&E-Matrix haben Sie die möglichen Einflussgrößen erhalten und priorisiert, die in der Datenerhebung ermittelt werden sollen. Für einen gut strukturierten Datenerhebungsplan ist die darauf folgende Konkretisierung der Merkmale und Messgrößen notwendig, das heißt die Übersetzung der Einflussgröße in spezifische Merkmale, die Sie am besten messen, zumindest aber beurteilen können.

Sie müssen auf die notwendigen Informationen zurückgreifen können, welches Messmittel Sie benötigen und ob dieses überhaupt fähig ist. Zudem sollten Sie sich darüber klar werden, wer die Messungen durchführt und wie die Person in die Lage versetzt wird, die Messung korrekt durchzuführen. Wie lang eine Messung dauert, wer sie gegebenenfalls auswertet und in einen Kontext setzt, sind ebenfalls wichtige Informationen für die Projekt- und Kapazitätsplanung.

3.23.4 Vorgehensweise bei der Anwendung

Für die Ausarbeitung des Datenerhebungsplans empfiehlt sich eine gemeinsame Besprechung mit den relevanten Experten. Hier können Sie nochmals Konsens über die spezifischen Messgrößen erreichen und darüber, auf welchem Messsystem diese bestimmt werden. Sie können dann noch rechtzeitig eine Messsystemanalyse initiieren.

Die Teamsitzung hat zudem den Vorteil, dass relevante Information ohne Umwege diejenigen erreicht, die auch die Messung durchführen sollen. Diese können dann realistisch Aufwand und Dauer einschätzen.

Zudem können ein gemeinsamer Speicherort und die Darstellungsform der Daten festgelegt werden.

3.23.5 Verwendung des Ergebnisses

Der Datenerhebungsplan ist wesentlich für die korrekte Aufnahme der Daten und deren Auswertung nach grafischen und statistischen Methoden. Sie dokumentieren damit Ihre grundlegende Kenntnis der möglichen Wirkzusammenhänge im Rahmen der Produkt- und Prozessentwicklung.

Er ermöglicht es zunächst allen Beteiligten zu erkennen, welche Messungen notwendig sind und wie diese durchzuführen sind. Zudem macht er eventuell noch notwendige Vorarbeiten deutlich. Die Transparenz und die bewusste zeitliche Begrenzung der Datenaufnahme fördern die Durchführungsqualität.

Für den Projektleiter leiten sich aus dem Datenerhebungsplan wesentliche Planungsdaten ab, zum Beispiel zu Aufwänden und zeitlichen Abläufen. Er kann damit die notwendigen Informationen an Stakeholder weitergeben oder Mitarbeiter anfordern, die die Datenaufnahme durchführen sollen.

3.23.6 Vor- und Nachteile

Der Datenerhebungsplan bietet folgende Vorteile:

- Sie binden vor der Datenaufnahme alle wesentlichen Beteiligten ein und erarbeiten zusammen einen Überblick über die vorhandene und noch zu beschaffende Information.
- Sie ermitteln genau die Daten und nur die Menge an Daten, die für die Beantwortung der zuvor als relevant erachteten Fragen notwendig sind.
- Sie haben einen Konsens geschaffen zu den nächsten Schritten in der Analyse der Wirkzusammenhänge.
- Sie haben en passant das zu Beginn der Entwicklung vorhandene Wissen über Wirkzusammenhänge in Produkt oder Prozess gebündelt.
- Sie wissen danach, welchen Messungen Sie vertrauen dürfen, und können notwendige Messsystemanalysen transparent darstellen und notwendige Ressourcen beantragen.
- Lücken in der Prozessabsicherung werden sichtbar.

Der Datenerhebungsplan birgt auch einige Nachteile:

- Sie benötigen eine gewisse Zeit und auch etwas Aufwand, um die erforderlichen Informationen zu sammeln, bevor die eigentlichen Messungen starten können.
- In Projektplänen ist die Planung der Datenaufnahme oft nicht abgebildet, so dass Sie mit Widerständen rechnen müssen.

3.23.7 Praxisbeispiel

In Bild 3.110 ist auszugsweise der Datenerhebungsplan für einen Montageprozess aus den beiliegenden Beispielen gezeigt.

Datenerhebungsplan

(1) Prozessschritt	(2) evtl. relevanter Input aus C&E-Matrix oder Output des Prozesses	(3) spezifische Messgröße	(4) Datenart	(5) Eingangs- oder Ergebnisgröße	(6) Messsystem	...
Montage Elektronk	Montagezeit Elektronik	Mittelwert und Streuung Montagezeit Elektronik-Baugruppe in min	variabel	Ergebnisgröße	Startknopf mit integriertem Scanner an Arbeitsplatz	
Montage Elektronk	Zuverlässigkeit Funktionsprüfung	Schalter, Lampen, USB-Anschluss einmalig geprüft	attributiv	Eingangsgröße	Funktionstestgerät an Arbeitsplatz	
Montage Elektronk	Zuverlässigkeit Funktionsprüfung	Anschluss Bauteil	attributiv	Eingangsgröße	Zustand neu/alt	
Montage Gehäuse	Montagezeit Gehäuse	Mittelwert und Streuung Montagezeit Gehäuse in min	variabel	Ergebnisgröße	integrierter Scanner an Arbeitsplatz	
Montage Gehäuse	Stabilität Verbindungen Elektronikbaugruppe	Zugfestigkeit bis Abriss Bauteile	variabel	Eingangsgröße	Zughaftfestigkeitstester	
Montage Gehäuse	Stabilität Verbindungen Elektronikbaugruppe	Anzahl Biegung bis Bruch Lötstellen	diskret	Eingangsgröße	Zählung Biegungen Bauteile	
Montage Gehäuse	Kratzer/Bruchresistenz Kunststoffteile	Kratzbeständigkeit punktuelle Belastung	diskret	Eingangsgröße	nach DIN 53218 (Normlicht etc.)	
Montage Elektronik	Anlieferzustand Bauteil (Grate, Sauberkeit, ...)	Grate Platine	attributiv	Eingangsgröße	visuelle Begutachtung lt. Fehlerkatalog, Aufschrieb in Checksheet	
		Sauberkeit Platine	attributiv	Eingangsgröße	visuelle Begutachtung lt. Fehlerkatalog, Aufschrieb in Checksheet	

Bild 3.110 Datenerhebungsplan eines Montageprozesses (Auszug)

Sie erkennen zum Beispiel anhand der Eingangsgröße „Stabilität Verbindungen Elektronikbaugruppe" die zu ermittelnde spezifische Messgröße „Zugfestigkeit", welcher Datentyp vorliegt – variabel –, mit welchem Messgerät gemessen werden soll, ob das Messsystem fähig ist und ob es überprüft werden muss – in diesem Fall lautet die Entscheidung „ja".

3.23.8 Typische Fehler bei der Anwendung

Es gibt einige typische Fehler, die bei der Erstellung des Datenerhebungsplans auftreten können:

- Die Messgröße wird nicht ausreichend spezifisch gemacht, so dass keine geeigneten Messwerte ermittelt werden können.
- Die Wichtigkeit einer zuverlässigen Messung wird oft unterschätzt und damit wird die tatsächliche Messfähigkeit der benötigten Messsysteme überschätzt. Damit unterbleiben wichtige Messsystemanalysen und eventuell notwendige Verbesserungen. Als Folge werden Wirkzusammenhänge übersehen.
- Oft wird übersehen, dass eine Messung variabler Daten im Allgemeinen eine wesentlich höhere Aussagefähigkeit bietet als eine „gut/schlecht"-Beurteilung.
- In vielen Fällen wird nicht das gemessen, was wichtig ist, sondern was einfach zu messen ist.

3.23.9 Das Wichtigste in Kürze

In einem Datenerhebungsplan wird festgelegt, welche relevanten Daten für eine Prozessanalyse oder die Analyse der kritischen Parameter eines zu entwickelnden Produkts erhoben werden müssen.

Dabei wird im Detail festgelegt, welche Daten, wie lange und wie genau zu erfassen sind, und alle zu erfassenden Randbedingungen werden definiert.

Die Erstellung des Datenerhebungsplans sollte im Team erfolgen, um die notwendige Information schnell und vollständig zu erfassen. Der Datenerhebungsplan unterteilt sich in drei wesentliche Abschnitte:

- Welche Daten sollen aufgenommen werden?
- Was ist über die Zuverlässigkeit bekannt und welchen Umfang besitzt die Messreihe?
- Weiß jeder, was er tun soll?

Der Datenerhebungsplan legt die Basis, die im Produkt oder Prozess herrschenden Wirkzusammenhänge zu erkennen und die relevanten Parameter für die Kundenzufriedenheit auch einstellen zu können.

3.23.10 Verwandte und weiterführende Themen

Messsystemanalyse

Mit den Informationen des Datenerfassungsplans planen Sie die notwendigen Messsystemanalysen. Mit diesen ermitteln Sie die Messfähigkeit des Systems und können daraus die Zuverlässigkeit der Messung ableiten.

Datenaufnahmeformular

Bevor Sie die Daten tatsächlich messen, schaffen Sie sich auf Basis des Datenerfassungsplans eine Struktur, in der Sie die Eingangs- und Ergebnisgrößen zusammen darstellen. Diese Struktur kann eine einfache Liste auf einem Blatt sein, in die ein Mitarbeiter die Daten von Hand einträgt, eine Excel-Liste, in die die Daten eingetragen werden, oder eine Eingabemaske für eine vorher programmierte Datenbank. In allen Fällen muss der eindeutige Bezug der Eingangsgröße zur Ergebnisgröße gewahrt bleiben, damit Ursache-Wirkungs-Zusammenhänge erkannt werden können.

Multivari-Studie und Design of Experiment

Das Datenaufnahmeformular kann auf zwei Weisen verwendet werden. Zum einen können die Daten in einer Beobachtungsstudie aufgenommen werden. Bei einer Beobachtungsstudie werden die Messwerte so protokolliert, wie sie während des Prozesses ohne Eingriffe des Personals auftreten. Damit können Ursache-Wirkungs-Zusammenhänge grafisch und statistisch in Form einer Multi-Vari-Studie ermittelt werden. Nachteil ist, dass häufig nur Werte innerhalb enger Grenzen auftreten und zahlreiche Rauscheffekte einen Nachweis von Wirkungen erschweren.

Zum anderen können Daten mit einem gezielten Experiment über die eigentlichen Spezifikationsgrenzen hinaus bewusst so eingestellt werden, dass sich der grafische und statistische Nachweis mittels relativ weniger Datenpunkte anschaulich darstellen lässt; die zweite Methode ist bekannt als Design of Experiment (DoE) und benötigt einiges Vorwissen (siehe „Statistische Versuchsplanung (DoE)").

3.23.11 Arbeitshilfe

HINWEIS: Es stehen Ihnen zur Verfügung

- Vorlage Datenerhebungsplan
- Beispiel Datenerhebungsplan „Christbaumständer"
- Beispiel Datenerhebungsplan „Fahrradlampe"

Weiterführende Literatur

Kaufmann, U.: Praxisbuch Lean Six Sigma, Carl Hanser Verlag, München 2012.

Lunau, S.; Roenpage, O.; Staudter, C.; Meran, R.; John, A.; Beernaert, C.: Six Sigma + Lean Toolset, Springer Verlag, Berlin 2007.

Wappis, J.; Jung, B.: Taschenbuch Null-Fehler-Management, Umsetzung von Six Sigma, Carl Hanser Verlag, München 2013.

3.24 Grafische und statistische Werkzeuge

3.24.1 Einsatzbereiche und Zielstellung

Der intensive Einsatz grafischer und statistischer Werkzeuge bringt in allen Phasen der Entwicklung einen großen Nutzen. Besonders vorteilhaft können Sie damit die Fragenstellungen zu den wesentlichen Leitfragen „Wie können wir das erreichen?" und „Wie sieht die optimale Lösung aus?" beantworten (siehe auch Kapitel 2.2 und 2.3).

Sie sollten sich im eigenen Interesse solcher Hilfsmittel bedienen, da Sie sonst keinen belastbaren Nachweis führen können, warum Sie bestimmte Informationen oder Faktoren im weiteren Verlauf der Entwicklung nicht mehr berücksichtigen und andere sehr wohl. Gerade vor dem Hintergrund zunehmender Gewährleistungs- und Rückverfolgbarkeitsanforderungen sind solche belastbaren Nachweise von Wirkketten von großem Wert.

Sie identifizieren mit diesen Werkzeugen gerade bei kleinen Stichproben in einer Frühphase der Entwicklung durch den grafischen und statistischen Nachweis von Ursache-Wirkungs-Zusammenhängen die wesentlichen Parameter für den Produkterfolg. Im optimalen Fall erhalten Sie auch gleich einen berechenbaren (funktionalen) Zusammenhang zwischen den beeinflussbaren Stellhebeln und den für das Produkt gewünschten Wirkungen.

Aus solchen nachgewiesenen Zusammenhängen können Sie dann verlässliche Spezifikationsgebäude (Stichwort: Design for Manufacturability and Assembly, DFMA) ermitteln und schneller auf Änderungen der Kundenanforderungen reagieren.

3.24.2 Das Wichtigste in Kürze

Die Grundannahme von Six Sigma beruht darauf, dass Sie eine vermutete Ursache-Wirkungs-Beziehung nachweisen oder widerlegen möchten. Sie verwandeln damit Daten- oder Messpunkte in Wissen über den aktuellen Zustand oder ein Systemverhalten.

Die Vorarbeit für die Bestimmung der aktuellen Situation oder für den Nachweis der Wirkung eines Stellhebels auf das Ergebnis eines Prozesses oder Produkts ist die Aufnahme der richtigen Daten, zum Beispiel mittels eines Datenerhebungsplans (siehe Kapitel „Datenerhebungsplan").

Die Art aufgenommener Datenpunkte können Sie sehr stark vereinfachend in zwei Gruppen teilen: sogenannte attributive Daten, auch Merkmalsdaten genannt, wie Geschlecht, Haarfarbe, Maschinennummer oder Schicht und sogenannte variable Daten oder Messdaten wie Drehzahl, Lautstärke, Durchmesser oder Zeit.

Die diskreten Daten oder auch Zähldaten wurden zur stark vereinfachenden Darstellung den variablen Daten zugerechnet. Diskrete Daten sind immer ganzzahlig, zum Beispiel Anzahl fehlerhafte Teile pro Lieferlos, Anzahl Anrufe pro Stunde oder Anzahl Atomzerfälle pro Sekunde.

Aus den aufgenommenen Daten leiten Sie zum einen sogenannte Schätzwerte ab. Diese beschreiben die Lage (attributiv: Anteil [%], variabel: Mittelwert, Median), die Sie aus der Stichprobe ermittelt haben. Zum anderen leiten Sie aus variablen Stichprobendaten die „Streubreite" der Verteilung (auch: Standardabweichung, Varianz, Spannweite) ab. Diese aus der Stichprobe bestimmten Werte sind die beste Angabe, die Sie haben, um auf die tatsächlichen Werte der sogenannten Grundgesamtheit zurückzuschließen. Anhand bestimmter Regeln, die in diesem Buch nicht weiter behandelt werden sollen, ermitteln Sie die Bereiche, in denen die wahren Werte der Grundgesamtheit mit hoher Wahrscheinlichkeit zu finden sind.

Gerade die Standardabweichung ist ein wichtiger Kennwert, da damit die grundlegende Vorhersagbarkeit oder auch Planungssicherheit eines Einstellparameters oder eines Ergebnisses festgelegt wird.

Bevor Sie in einem Projekt überhaupt Aktivitäten zur Beherrschung oder Verbesserung eines Prozesses oder Produktverhaltens unternehmen, machen Sie sich in einer grafischen und statistischen Standortbestimmung klar, wo Sie überhaupt stehen und ob das Ergebnis ausreicht.

Sie möchten also mithilfe von grafischen und statistischen Methoden zwei Dinge analysieren: 1) zur Standortbestimmung, wie gut Sie ein System derzeit beherrschen, und 2) ob und wie stark ein oder mehrere Stellhebel zum einen die Lage eines Ergebnisses beeinflussen oder aber den Streubereich.

Methoden der Standortbestimmung

Stichprobendaten stellen Sie mithilfe von für die jeweilige Datenart geeigneten Grafiken dar (Tabelle 3.12). Dann ermitteln Sie in der sogenannten „beschreibenden Statistik" die Kennzahlen, die die Stichprobe beschreiben: für attributive Daten zum Beispiel „Anteil fehlerhafter Teile [%]" und für variable Daten zum einen die Lage – gekennzeichnet durch Mittelwert oder Median – und den Streubereich, der durch Standardabweichung, Varianz oder Spannweite beschrieben wird.

Im Rahmen der Standortbestimmung sollten Sie zudem eine Messsystemanalyse durchführen, bevor Sie zum Beispiel die Lage und den Streubereich eines Prozessergebnisses mit den Toleranzen vergleichen (siehe Kapitel „Allgemeines zur Analyse von Messsystemen" und „Prozessfähigkeitsanalyse").

Tabelle 3.12 Einige Grafiken und Kennwerte für die beschreibende Statistik von Stichproben

Datenart	Grafische Methoden zur Darstellung	Übliche Kennwerte
Attributiv	Einfaches Pareto-Diagramm, einfaches Tortendiagramm, Balkendiagramm	Anteil [%] Anzahl
Variabel	Histogramm Einfacher Boxplot (Box-Whisker-Diagramm) Einfaches Einzelwertdiagramm	Lage: Mittelwert, Median Streubereich: Spannweite, Standardabweichung, Varianz

Methoden der Bestimmung einer Wirkkette

Nach der Standortbestimmung können Sie weiterhin mit grafischen und statistischen Methoden nachweisen, ob und wie stark ein oder mehrere Stellhebel die Lage des Ergebnisses oder aber den Streubereich beeinflussen. Das Denkmodell der Wirkung von attributiven oder variablen Stellhebeln auf attributive oder variable Ergebnisgrößen ist in Bild 3.111 dargestellt.

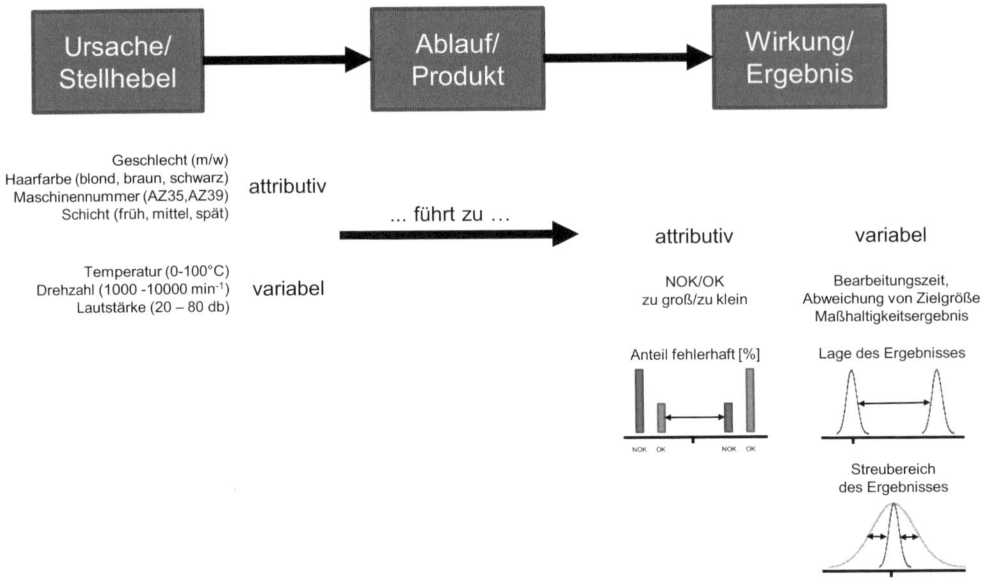

Bild 3.111 Stark vereinfachte Darstellung der Wirkung attributiver oder variabler Stellhebel auf attributive oder variable Ergebnisgrößen

Attributive Stellhebel können Sie nur in bestimmten Stufen schalten, variable Stellhebel hingegen lassen sich auf einer Skala beliebig einstellen. Das Gleiche gilt für die Ergebnisgrößen: Es gibt attributive Ergebnisgrößen wie „gekauft/nicht gekauft", „OK/NOK", „zu groß/zu klein" und variable Ergebnisgrößen wie Bearbeitungszeit, Abweichung von einer Zielgröße oder Form-, Lage- und Maßhaltigkeitsergebnisse.

Stellhebel- und Ergebnisgrößen können jeweils als attributive oder variable Daten vorliegen. Daraus ergeben sich vier mögliche Kombinationen.

Ihre Aufgabe besteht nun darin, die korrekte Kombination der Datenarten zu bestimmen, um daraufhin zunächst eine geeignete grafische Methode auszuwählen, mit der Sie die Wirkkette darstellen können. Einige typische Darstellungsmöglichkeiten sind für jede Kombination in Bild 3.112 angegeben.

Bei großen Stichproben ist die Darstellung von Zusammenhängen mittels der in Bild 3.112 angegebenen Grafiken leicht möglich und auch relativ eindeutig. Schwierig wird es hingegen bei kleinen Stichproben, bei denen die Zufälligkeit der Stichprobe einen vergleichsweise höheren Einfluss besitzt als bei großen Stichproben.

Gerade hier sind die statistischen Methoden zum Nachweis von Wirkzusammenhängen besonders wertvoll und nutzbringend. Einige sehr häufig anzutreffende statistische Methoden sind in Bild 3.113 dargestellt.

Einige wichtige grafische Methoden zur Darstellung der Wirkkette

		Wirkung/Ergebnis (y): Attributiv	Wirkung/Ergebnis (y): Variabel
Ursache/Stellhebel (x)	Attributiv	Pareto-Diagramm Tortendiagramm Balkendiagramm	Boxplot Einzelwertdiagramm Multi-Vari-Diagramm Haupteffektediagramm
Ursache/Stellhebel (x)	Variabel	Boxplot (x und y vertauscht)	Streudiagramm Zeitreihendiagramm

Bild 3.112 Wichtige grafische Methoden für die Darstellung der Wirkung eines Stellhebels auf eine Ergebnisgröße anhand der Kombination der Datenarten

Einige wichtige statistische Methoden zum Nachweis der Wirkkette

		Wirkung/Ergebnis (y): Attributiv	Wirkung/Ergebnis (y): Variabel
Ursache/Stellhebel (x)	Attributiv	Test auf Anteile Chi²-Statistik Logistische Regression	T-Test F-Test, Levene´s Test Varianzanalyse (ANOVA) Mann-Whitney-Test
Ursache/Stellhebel (x)	Variabel	Logistische Regression	Korrelation Regression Zeitreihenanalyse

Bild 3.113 Einige wichtige statistische Methoden für den Nachweis der Wirkung eines Stellhebels auf eine Ergebnisgröße anhand der Kombination der Datenarten

Der zeitlich beschränkte Charakter einer Datenaufnahme bedingt, dass Sie niemals alle Daten erfassen können, sondern Sie arbeiten mit sogenannten Stichproben. Aufgrund der Unsicherheit der Stichprobe besitzen die aus dem Stichprobenverhalten abgeleiteten Aussagen über Ursache-Wirkungs-Beziehungen ebenfalls eine Unsicherheit. Diese Unsicherheit ist in Bild 3.114 dargestellt und wird in der sogenannten schließenden Statistik betrachtet. Einige Methoden der schließenden Statistik sind in Bild 3.113 gezeigt.

Die praktische Frage (Bild 3.114) lautet: Sind die Bohrlöcher bei Maschine AZ39 tatsächlich tiefer? – Ist der beobachtete Unterschied zufällig oder systematisch? – Rein grafisch lässt sich diese Aussage nicht leisten, sie erkennen lediglich, dass die Messwerte mit dem Merkmal „Bohrtiefe AZ39" im Schnitt niedriger zu sein scheinen als die Messwerte mit dem Merkmal „Bohrtiefe AZ35".

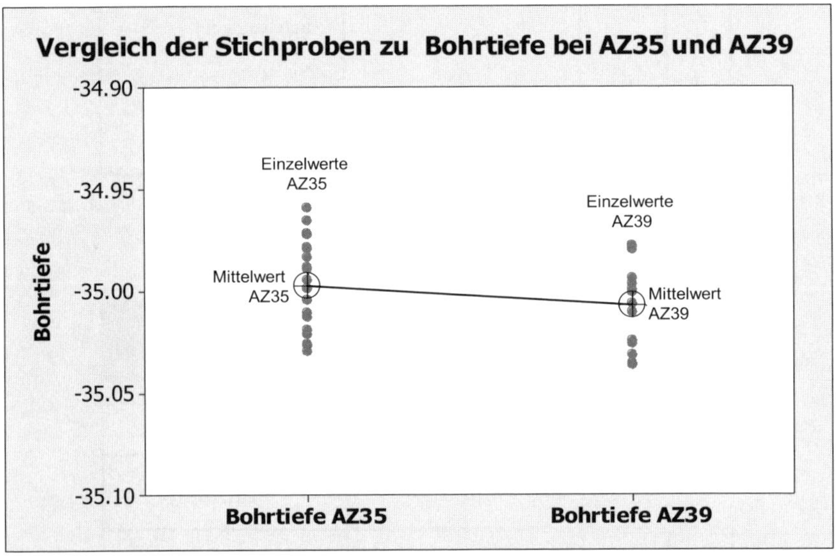

Bild 3.114 Vergleichendes Einzelwertdiagramm der Wirkung eines attributiven Stellhebels (hier: Maschine; AZ35, AZ39) auf ein variables Ergebnis (hier: Maßhaltigkeit; Bohrtiefe)

Die Beantwortung dieser Frage nur aufgrund der Grafik ist nicht leicht: Zum einen liegt der Mittelwert aus der Stichprobe der Bohrtiefe von Maschine AZ39 tiefer als bei Maschine AZ35, zum anderen überlappt sich der Wertebereich der beiden Stichproben stark – eine typische Situation, die nur durch statistische Hilfsmittel und einen sogenannten Hypothesentest aufgelöst werden kann.

Die Vorgehensweise beim Hypothesentest ist im Prinzip immer gleich und in Tabelle 3.13 prinzipiell und anhand des Beispiels aus Bild 3.114 beschrieben. Beim Hypothesentest können Sie nur eine Entscheidung zwischen zwei Aussagen treffen:

- „Es gibt keinen Unterschied zwischen den Kennwerten der Stichproben: Der Stellhebel hat keinen Einfluss!" (Null-Hypothese) oder

- „Ein Unterschied zwischen den Kennwerten der Stichproben wurde nachgewiesen: Der Stellhebel besitzt einen Einfluss!“ (Alternativ-Hypothese).

Im ersten Fall wäre der Unterschied zwischen den Mittelwerten der Stichproben, den Sie in Bild 3.114 sehen, zufällig und im zweiten Fall wäre er systematisch.

Die Kernidee bei jedem Hypothesentest ist, dass Sie behaupten, es gibt keinen Unterschied zwischen den Kennwerten der Stichproben (der Unterschied ist „0“; die sogenannte Nullhypothese; H_0). Dann versuchen Sie zu beweisen, dass der Unterschied zwischen den Stichproben bezüglich Lage oder Streubereich der Messwerte (hier: Mittelwert, Standardabweichung) tatsächlich vorhanden ist (Alternativhypothese; H_a) und nicht nur aufgrund von zufälliger Stichprobenstreuung zustande gekommen ist.

Die Entscheidungshilfe, anhand derer Sie sich orientieren, ob Sie ausreichend Beweise gesammelt haben, ist das sogenannte alpha-Risiko. Das alpha-Risiko besagt, Sie gehen bewusst das Risiko ein zu behaupten, ein Stellhebel besitzt einen Einfluss auf die Lage oder Streubreite einer Grundgesamtheit, in Wahrheit besitzt er sie aber nicht; der beobachtete Unterschied wurde nur vorgegaukelt. Aus der Teststatistik, die Sie bei der Durchführung von Hypothesentests erhalten, errechnen Sie den sogenannten alpha-Fehler (auch: p-Wert). Das ist der Fehler, den Sie tatsächlich machen, wenn Sie behaupten, ein Stellhebel habe einen Einfluss. Ist nun das Risiko, das Sie bereit sind einzugehen (das alpha-Risiko) größer als der Fehler, den Sie tatsächlich machen würden, so behaupten Sie eine signifikante Veränderung. Ist der Fehler (p-Wert) größer als das von Ihnen akzeptierte Risiko einer Fehlentscheidung (alpha-Risiko), dann behaupten Sie, dass der beobachtete Unterschied zufällig zustande kam (Bild 3.115).

Als Standard für das alpha-Risiko hat sich ein Wert von 5 % herauskristallisiert; dieser ist aber individuell bei jeder Problemstellung neu festzulegen. Ein alpha-Risiko von 5 % bedeutet, dass Sie bei einer von zwanzig Entscheidungen irrtümlich behaupten, einen Unterschied bewiesen zu haben, obwohl keiner vorhanden ist. In diesem Fall geben Sie eventuell Geld für eine Verbesserung aus und es bringt keinen Nutzen.

Andersherum können Sie auch den Fall erleben, dass Sie behaupten, ein Stellhebel habe keinen Einfluss, obwohl er in Wahrheit einen Einfluss auf Lage oder Streubreite der Grundgesamtheit besitzt. Die Wahrscheinlichkeit für diesen Fall ist das sogenannte beta-Risiko; in diesem Fall verpassen Sie die Chance auf eine Verbesserung.

Tabelle 3.13 Prinzipielle Vorgehensweise beim Hypothesentest und am Beispiel der Wirkung eines attributiven Stellhebels (hier: Maschine; AZ35, AZ39) auf ein variables Ergebnis (hier: Maßhaltigkeit; Bohrtiefe)

Schritt	Prinzipielle Aussage	Aussage am Beispiel
Praktische Frage	Hat der Stellhebel einen Einfluss auf die Ergebnisgröße?	Sind die Bohrlöcher bei Maschine AZ39 tatsächlich tiefer?
Statistische Frage	Verursacht der Stellhebel bei einem Wechsel von einem Zustand in einen anderen Zustand einen Unterschied in der Lage/Breite der Ergebnisgröße?	Liegt der Mittelwert der Bohrtiefen bei AZ39 niedriger als bei AZ35?
Auswahl und Durchführung des Hypothesentests (s. Bild 3.112)	Auswahl des Hypothesentests anhand Datenarten und Vorbedingungen H_0: Der Stellhebel hat keinen Einfluss auf Lage/Breite, der beobachtete Unterschied ist zufällig und eigentlich „0". H_a: Der Stellhebel hat einen Einfluss auf Lage/Breite, der beobachtete Unterschied ist systematisch. α-Risiko: wird typischerweise zu 5 % angenommen α-Fehler (p-Wert): wird aus sogenannter Teststatistik berechnet Ist der berechnete Fehler (α-Fehler) größer oder kleiner als das Risiko einer Fehlentscheidung (α-Risiko), das Sie bereit sind einzugehen? Entscheidung: Größer: kein Unterschied; H_0 Kleiner: systematischer (signifikanter) Unterschied; H_a	Auswahl des Hypothesentests: t-Test für zwei Stichproben H_0: $\mu(AZ35) = \mu(AZ39)$. H_a: $\mu(AZ35) > \mu(AZ39)$. α-Risiko: 5 % (angenommen) α-Fehler (p-Wert): 20 % (berechnet) Der berechnete α-Fehler ist größer als das akzeptierte Risiko einer Fehlentscheidung (α-Risiko). Entscheidung: kein Unterschied, H_0
Statistische Antwort	H_0: Auf Basis der Stichprobe kann kein signifikanter Unterschied in der Lage/Breite der Ergebnisgröße ermittelt werden. H_a: Auf Basis der Stichprobe wird ein signifikanter Unterschied in der Lage/Breite der Ergebnisgröße behauptet.	Aufgrund der Stichprobe lässt sich kein Unterschied in den Mittelwerten zwischen AZ35 und AZ39 feststellen.
Praktische Antwort	H_0: Der Stellhebel beeinflusst Lage/Breite der Ergebnisgröße NICHT signifikant. H_a: Der Stellhebel verursacht einen Unterschied in der Lage/Breite der Ergebnisgröße.	AZ39 bohrt genauso tiefe Löcher wie AZ35!

Weil Sie aber auf Basis von Stichproben arbeiten, kann es immer wieder vorkommen, dass eine Stichprobe „seltsam“ ist. Dadurch ergeben sich zwei grundsätzliche Fehler, die in Bild 3.115 dargestellt sind.

		Wahrheit (unbekannt)	
		Stellhebel hat keinen Einfluss	Stellhebel hat Einfluss
Entscheidung (bekannt)	Stellhebel hat keinen Einfluss	Kein Problem – korrekte Entscheidung	beta-Risiko Typ-2-Fehler Kundenrisiko Sie behaupten irrtümlich, ein Stellhebel habe keinen Einfluss, obwohl dieser eigentlich vorhanden ist. Die Chance auf eine Verbesserung wird verpasst.
	Stellhebel hat Einfluss	Alpha-Fehler Typ-1-Fehler Produzentenrisiko Sie behaupten irrtümlich, ein Stellhebel habe einen Einfluss, obwohl dieser nicht vorhanden ist. Sie nehmen Geld in die Hand und es bringt nichts.	Kein Problem – korrekte Entscheidung

Bild 3.115 Grundsätzliche Fehler und ihre Folgen bei der Durchführung von Hypothesentests – die Wahrheitstafel

Die Besprechung der statistischen Werkzeuge kann an dieser Stelle nur unvollständig bleiben, ebenso wie zahlreiche weitere Aspekte wie die Berechnung von notwendigen Stichprobengrößen oder das sogenannte beta-Risiko. Zu allen Aspekten gibt es umfangreiche Literaturwerke.

3.24.3 Verwendung der Ergebnisse

Die Ergebnisse der statistisch fundierten Untersuchungen können Sie in mehrfacher Hinsicht nutzen. Zum einen haben Sie die Möglichkeit, durch nachgewiesene Ursache-Wirkungs-Beziehungen Spezifikationen, Dokumentation und Nachweispflichten nur auf die relevanten Daten zu beschränken

Im Rahmen von Design of Experiment (DoE) können Sie mit der optimalen Einstellung der Parameter für einen maximalen Kundenutzen bei minimaler Streuung sorgen und so auch Merkmale für eine Kaufentscheidung besonders herausarbeiten.

3.24.4 Arbeitshilfe

HINWEIS: Es steht Ihnen zur Verfügung

- Beispiel grafische und statistische Werkzeuge „Fahrradlampe"

Zahlreiche Computerprogramme erleichtern die Anwendung der statistischen Werkzeuge deutlich und helfen teilweise auch bei der Interpretation der Ergebnisse.

Weiterführende Literatur

Dietrich, E.; Schulze, A.: Statistische Verfahren zur Maschinen- und Prozessqualifikation, Carl Hanser Verlag, München 2009.

Elser, T.: Statistik für die Praxis, Wiley VCH Verlag GmbH, Weinheim 2004.

Hartung, J.: Statistik, Oldenbourg Verlag, München 2009.

Klein, B.: Statistische Tolerierung, Carl Hanser Verlag, München 2002.

Kleppmann, W.: Taschenbuch Versuchsplanung, Carl Hanser Verlag, München 2009.

Monka, M.; Schöneck, N. T.; Voss, W.: Statistik am PC, Carl Hanser Verlag, München 2008.

yan, T. P.: Statistical Methods For Quality Improvement, John Wiley & Sons, New York 2011.

3.25 Multi-Vari-Studie

3.25.1 Einsatzbereich und Zielstellung

Mit dem Begriff Multi-Vari-Studie wird eine systematische Vorgehensweise zur Untersuchung von Prozess- oder Produkteinflussgrößen auf interessierende Prozess- oder Produktergebnisse bezeichnet. Ziel ist es, die wesentlichen Einflussgrößen auf das betrachtete System zu identifizieren, also aus den vielen möglichen (trivial many) Einflussgrößen die meist wenigen wirklich wichtigen (vital few) herauszufinden. Idealerweise lässt sich ein möglichst quantitatives Funktionsmodell y = f(x) ermitteln (Bild 3.116).

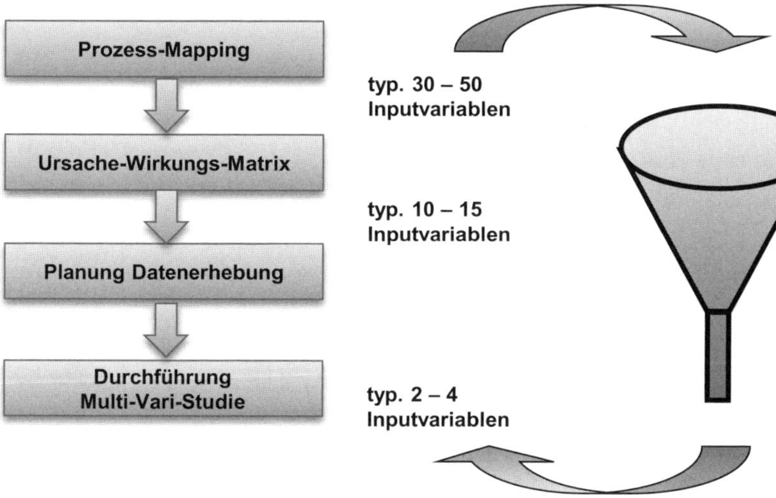

Bild 3.116 Systematische Filterung der Prozesseingangsgrößen über mehrere Stufen, um die tatsächlich wichtigen zu finden

Dabei geht man davon aus, dass die Mehrzahl der Prozesseinflussgrößen typischerweise in drei Kategorien eingeteilt werden können:

- Einflussgrößen innerhalb einer Einheit (within subgroup),
  beispielsweise verschiedene Durchmesser auf einer Welle, verschiedene Nester in einem Werkzeug, Schichtdicke an verschiedenen Stellen auf einem Teil,
- Einflussgrößen zwischen den Einheiten (between subgroup),
  beispielsweise Unterschiede zwischen Maschinen, Bedienern, Werkzeugen, Verkaufsregionen etc.,
- zeitliche Einflussgrößen,
  beispielsweise Unterschiede zwischen Schichten, Wochentagen, Wochen etc.

Bei dieser Einteilung in bestimmte logische Gruppen spricht man auch von sogenannten „rationalen Untergruppen". Erwünschtes Ergebnis wäre, wenn die Streuung innerhalb der Untergruppe relativ klein und die Streuung zwischen den Untergruppen relativ groß ist. Das würde die Identifikation der Einflussgrößen erleichtern. In der Praxis legen Sie im Vorfeld der Datenerhebung fest, welche dieser Untergruppen relevant sein könnten und untersucht werden sollen (siehe auch Kapitel „Datenerhebungsplan").

Mithilfe von verschiedenen grafischen und statistischen Analysen, unter anderem auch dem sogenannten Multi-Vari-Bild, lassen sich die wichtigen Einflussgrößen erkennen. Dabei geht es sowohl um die Analyse des Einflusses auf die Lage (Mittelwert) als auch auf die Streuung (z. B. Standardabweichung) eines Prozesses (siehe auch Kapitel „Grafische und statistische Werkzeuge").

Eine Multi-Vari-Studie kann nur dann eingesetzt werden, wenn bereits ein laufender Prozess vorhanden ist, in dem auch genügend viele Messungen gemacht werden können. Falls noch kein Prozess vorhanden ist oder nur sehr wenige Messungen möglich sind, empfiehlt sich stattdessen die Durchführung eines statistischen Experiments (siehe Kapitel „Statistische Versuchsplanung").

3.25.2 Aufbau und Beschreibung

Die Durchführung einer Multi-Vari-Studie gliedert sich in drei logische Blöcke:

- Erstellung des Datenerhebungsplans,
- Durchführung der Datenerhebung,
- systematische Auswertung der gesammelten Daten.

Der Datenerhebungsplan (siehe Kapitel „Datenerhebungsplan") sollte tatsächlich als Dokument im Vorfeld der eigentlichen Datenaufnahme erstellt werden.

Dann erfolgt die eigentliche Datenerhebung gemäß dem im Datenaufnahmeplan vorgegebenen Rahmen und Umfang.

Die gesammelten Daten werden dann sowohl auf grafischem als auch auf statistischem Wege ausgewertet. Als wichtigstes grafisches Werkzeug für die Auswertung dient das sogenannte Multi-Vari-Bild. Dabei macht man sich die Einteilung der Einflussgrößen in geeignete rationale Untergruppen zu Nutze.

Bild 3.117 zeigt ein Beispiel für ein Multi-Vari-Bild. Nehmen wir an, ein Prozess erzeugt kontinuierlich Teile einer bestimmten Dimension. Sie gehen davon aus, dass jede Stunde fünf Teile, die unmittelbar nacheinander gefertigt wurden, aus dem Prozess entnommen und gemessen werden. Im Bild 3.117 sehen Sie zwei mögliche Arten des Prozessverhaltens, dargestellt als Multi-Vari-Bild.

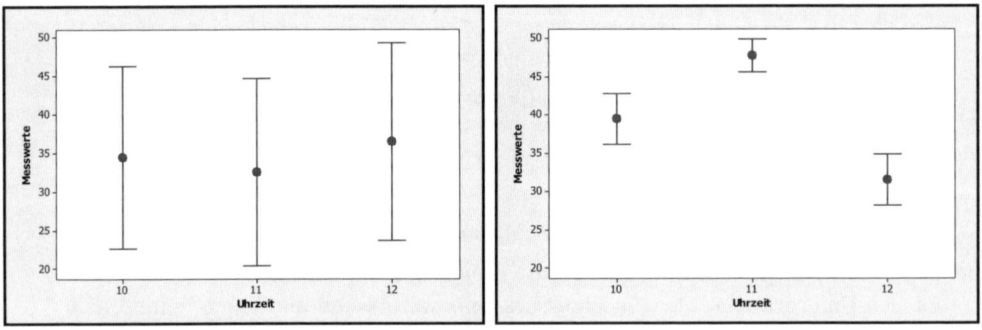

Bild 3.117 Die beiden Multi-Vari-Bilder zeigen unterschiedliches Prozessverhalten. Typischerweise hat das auch unterschiedliche Ursachen

Die Bilder zeigen jeweils den Mittelwert und die Spannweite der Messergebnisse um 10:00 Uhr, 11:00 Uhr und 12:00 Uhr. Man sieht im linken Bild deutlich, dass sich der Mittelwert zu verschiedenen Zeiten nur wenig unterscheidet, die Streuung des Prozesses von Teil zu Teil jedoch sehr hoch ist. Im rechten Bild hingegen ist die Streuung zu einer bestimmten Uhrzeit relativ gering, dafür sind aber die Unterschiede der Mittelwerte zu den verschiedenen Zeiten sehr groß. Typischerweise sind die Ursachen für das Prozessverhalten im linken und rechten Bild unterschiedlich, so dass bestimmte Einflussgrößen jeweils ausgeschlossen werden können.

Im Bild 3.118 wurde zusätzlich jedes Teil auch noch an drei verschiedenen Positionen A, B, und C vermessen.

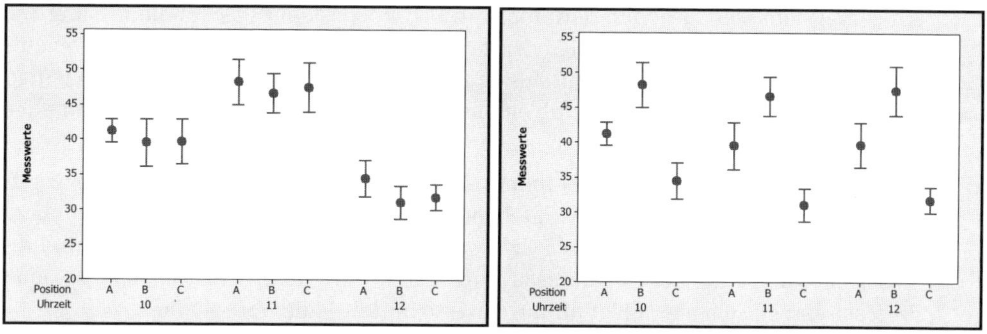

Bild 3.118 Die beiden Multi-Vari-Bilder zeigen unterschiedliches Prozessverhalten. Typischerweise ist das ein Hinweis auf unterschiedliche Ursachen der Streuung

Das linke Bild zeigt nach wie vor eine zeitliche Abhängigkeit des Mittelwerts, wohingegen das rechte Bild eine klare Abhängigkeit der Messwerte von der Position darstellt. Auch hier ist somit jeweils eine Eingrenzung der wesentlichen Einflussgrößen möglich.

Nach der grafischen Identifizierung möglicher Einflussgrößen empfiehlt sich zusätzlich eine Überprüfung auf statistische Signifikanz mittels geeigneter statistischer Verfahren (siehe Kapitel „Grafische und statistische Werkzeuge"), z. B. Hypothesentests.

3.25.3 Voraussetzungen und notwendiger Input

Wichtigste Voraussetzung für eine Multi-Vari-Studie ist das Vorliegen geeigneter Daten oder zumindest die Möglichkeit, diese Daten mit vertretbarem Aufwand in einer Beobachtungsstudie zu erheben.

Grundsätzlich kann die Multi-Vari-Studie auch mit „historischen" Daten durchgeführt werden. Dabei sind jedoch folgende Punkte zu beachten:

- Sind die Daten für eine Analyse überhaupt brauchbar? Überprüfen Sie Ihre Daten auf Vollständigkeit, Plausibilität und besonders bezüglich Ausreißer. Sind die Randbedingungen, unter denen die Daten aufgenommen wurden, definiert und vollständig erfasst?
- Sind alle oder zumindest wesentliche der zu untersuchenden Einflussgrößen überhaupt in den Daten enthalten? Sie können beispielsweise nur dann nach Maschine, Werkzeug, Schicht etc. analysieren, wenn diese Informationen auch eindeutig zugeordnet werden können. Häufig ist in historischen Daten nur das erfasst, was einfach messbar ist, und nicht das, was eigentlich wichtig wäre für die Lösung der Aufgabenstellung.
- Sind die Daten repräsentativ? Überprüfen Sie, ob Ihre historischen Daten überhaupt eine zuverlässige Aussage bezüglich Ihres jetzigen oder auch zukünftigen Prozesses erlauben. Prozesse oder Randbedingungen könnten sich inzwischen geändert haben.

Meist wird jedoch eine neue Datenerhebung notwendig sein. Die zu erhebenden Angaben und Messgrößen müssen vorher sorgfältig ausgewählt und im Rahmen eines Datenerhebungsplans genau definiert werden. In der Praxis kann die Datenerfassung für bestimmte Größen sehr aufwendig oder gar nicht durchführbar sein. Da die Datenaufnahme meist für die Beteiligten mit Zusatzaufwand verbunden ist, sind eine frühzeitige Information und Ressourcenplanung empfehlenswert. Bei mangelnder Bereitschaft der Beteiligten sind die Erfolgsaussichten gering.

Weiterhin ist Voraussetzung, dass innerhalb einer bestimmten Zeit der Prozess genügend oft durchgeführt wird, damit die benötigte Anzahl von Messungen (Stichprobengröße) innerhalb einer vertretbaren Erfassungsdauer gesammelt werden können. Prozesse, die nur selten oder sporadisch durchgeführt werden, oder vollkommen neue Prozesse eignen sich eher nicht für die Analyse mittels Multi-Vari-Studie.

3.25.4 Vorgehensweise bei der Anwendung

Erstellung des Datenerhebungsplans

Entscheidend für den Erfolg einer Multi-Vari-Studie ist die Auswahl der zu erfassenden Eingangsgrößen. Typischerweise wurden die zu messenden Eingangsgrößen zunächst mithilfe eines Prozess-Mapping (siehe Kapitel „Prozess-Mapping“) identifiziert und dann anhand einer C&E-Matrix (siehe Kapitel „C&E-Matrix“) priorisiert. Welche Daten erfasst werden sollten, leitet sich aus den zuvor gesammelten Fragen und Hypothesen ab.

Nun muss festgelegt werden, welche Eingangsgrößen wie genau und auch wie lange gemessen werden. Dazu sollten Sie einen detaillierten Datenerhebungsplan erstellen. Dieser Datenerhebungsplan enthält dann alle spezifischen Informationen und Beschreibungen, die für eine vollständige und richtige Aufnahme der Daten notwendig sind. Bild 3.119 zeigt einen Auszug aus einem solchen Datenerhebungsplan.

(1) Prozessschritt	(2) evtl. relevanter Input aus C&E-Matrix oder Output des Prozesses	(3) spezifische Messgröße	(4) Datenart	(5) Eingangs- oder Ergebnisgröße	(6) Messsystem	(7) Messsystem fähig? (ideal: $C_g > 2$; $C_{gk} > 1{,}67$)
Sauberkeitskontrolle	Output	Anzahl sichtbarer Partikel/Fehler je Einheit lt. Grenzmust. in dpu	attributiv	Ergebnisgröße	Visuelle Kontrolle lt. Fehlerkatalog	unklar
Produktträger entladen	Output	MW Personenzeit je Reinigungszyklus un min.	variabel	Ergebnisgröße	Zeitmessung mit Stoppuhr	ja
Hauptwäsche II	Waschparameter Hauptwäsche II	Waschtemperatur in °C	variabel	Eingangsgröße	Temperatursensor	vermutl. fähig
Hauptwäsche II	Waschparameter Hauptwäsche II	pH-Wert	variabel	Eingangsgröße	Handmessgerät pH-Meter	unklar
Hauptwäsche II	Waschparameter Hauptwäsche II	Drehzahl Umwälzpumpe U/min	variabel	Eingangsgröße	Anzeige Drehzahl Umwälzpumpe	unklar

Messsystem überprüfen?	Wo messen und wie genau?	Wie viele Teile?, Stichprobengröße, welcher Zeitraum?	Wer muss messen? (Person)	Wurde informiert oder eingewiesen?	Bis wann liegen Daten vor?
ja	Visuelle Kontrolle an Arbeitsplatz Sauberkeitskontrolle	100% Kontrolle über zwei Wochen	Maschinenbediener	Schulung nach Messsystemanalyse	14.03.2014
nein	Betätigung der Stoppuhr vor jedem manuellen Eingreifen	Jeder Waschvorgang über zwei Wochen	Maschinenbediener	Schulung in allen Schichten erfolgt	14.03.2014
nein	Temperatursensor Bad II	Jeweils Anfang und Ende Waschvorgang Bad II über zwei Wochen	Maschinenbediener	Schulung in allen Schichten erfolgt	14.03.2014
nein	Mit Handmessgerät am Badauslauf	Jeweils Anfang und Ende Waschvorgang Bad II über zwei Wochen	Maschinenbediener	Schulung in allen Schichten erfolgt	14.03.2014
nein	Aufschreibung Anzeige Drehzahl Umwälzpumpe	Während Waschvorgang Bad II über zwei Wochen	Maschinenbediener	Schulung in allen Schichten erfolgt	14.03.2014

Bild 3.119 Beispiel für einen Datenerhebungsplan (Auszug)

Achten Sie darauf, dass zu Beginn der Datenerhebung alle notwendigen Vorbereitungen abgeschlossen und alle beteiligten Mitarbeiter sorgfältig eingewiesen sind. Definieren Sie bereits jetzt genau, wie die Daten später ausgewertet werden sollen. Legen Sie auch den Umgang mit möglichen Störeinflüssen während der Datenaufnahme vorher fest, da dadurch Verfälschungen der Ergebnisse entstehen könnten.

Durchführung der Datenerhebung

Überprüfen Sie bereits am Anfang der Datenerhebung sorgfältig, ob alle Beteiligten die Aufnahme der Daten gemäß Planung durchführen. Bei der Datenerhebung gemachte Fehler können später nicht mehr oder nur mit großem Zusatzaufwand korrigiert werden.

Beachten Sie auch die für eine statistisch abgesicherte Aussage benötigte Mindeststichprobengröße. Dazu sei auf die einschlägigen Berechnungsverfahren hingewiesen.

Versuchen Sie möglichst, die Daten gleich in der Form und auch in dem System zu erfassen, das Sie nachher für die Auswertung benutzen, z. B. Excel-Tabelle oder Erfassung in einem Statistikprogramm. Eine für die spätere Auswertung vorteilhafte Form der Datensammlung sieht so aus: Jede Eingangs- und Ergebnisgröße steht in einer eigenen Spalte. Jede Spalte ist eindeutig bezeichnet. Zeitlich nacheinander aufgenommene Messwerte stehen untereinander, jeder Messwert einer Ergebnisgröße besitzt in der Zeile einen vollständigen Datensatz aller Eingangsgrößen.

Systematische Auswertung der gesammelten Daten

Ziel der Auswertung ist es, den Daten möglichst alle enthaltenen Informationen zu „entlocken" und diese nutzbar und verständlich zu machen. Dazu sollten die Daten immer über zwei verschiedene aufeinanderfolgende Wege analysiert werden:

a) zuerst grafische Analyse,

b) danach statistische Analyse.

Beginnen Sie immer zuerst mit der grafischen Analyse. Dabei erhalten Sie sehr schnell einen guten Überblick über Ihre Daten. Erst danach untersuchen Sie Ihre Daten mit den statistischen Analysewerkzeugen.

Um bei der Vielzahl der möglichen Analysen den Überblick zu behalten, sollten Sie sowohl für die grafische als auch für die statistische Analyse folgendes weitere Prinzip beachten (siehe auch Kapitel „Grafische und statistische Werkzeuge"):

a) Untersuchen Sie zuerst die Prozessergebnisgrößen (Outputs, y) alleine,

b) anschließend die Prozesseingangsgrößen (Inputs, x) alleine

c) und erst danach den Zusammenhang zwischen den Eingangsgrößen und Ergebnisgrößen, $y = f(x)$.

Sowohl für die grafische als auch für die statistische Analyse stehen eine Vielzahl von Analysewerkzeugen zur Verfügung. Welches das geeignete Analysewerkzeug ist, hängt im Wesentlichen von zwei Faktoren ab:

- Von der Datenart
  Liegen die gemessenen Daten als attributive Daten (Merkmale) vor, wie z. B. Maschine, Monat, Mitarbeiter, Materialtyp etc. oder als variable Daten (Messwerte), wie z.B. Schichtdicke, Durchlaufzeit, Gewicht, Durchmesser etc.
- Vom Ziel der Analyse
  Typische Fragestellungen, die bei einer Datenanalyse auftreten, sind beispielsweise:
  - Wie ist die Verteilung von gesammelten Messwerten?
  - Wie ist der zeitliche Verlauf von gesammelten Messwerten?
  - Wie ist der Zusammenhang zwischen Ergebnisgrößen und Eingangsgrößen?

Tabelle 3.14 zeigt mögliche Grafiken und statistische Kennzahlen, die für die Analyse der Verteilung von Daten benutzt werden können.

Tabelle 3.14 Geeignete grafische und statistische Werkzeuge für die Analyse der Verteilung von Daten

Grafiken für attributive Daten	Grafiken für variable Daten	Geeignete statistische Kennzahlen
Pareto-Diagramm	Histogramm	Mittelwert
Balkendiagramm	Box-Plot	Median
Tortendiagramm		Standardabweichung
		Spannweite
		c_p
		c_{pk}

Tabelle 3.15 zeigt geeignete Grafiken und statistische Werkzeuge für die Analyse des zeitlichen Verlaufs von Daten.

Tabelle 3.15 Geeignete grafische und statistische Werkzeuge für die Analyse des zeitlichen Verlaufs von Daten

Geeignete Grafiken	Geeignete statistische Werkzeuge
Zeitreihendiagramm	Trendanalyse
verschiedene Regelkarten	Autokorrelationsanalyse

Tabelle 3.16 zeigt die geeigneten grafischen Werkzeuge und Tabelle 3.17 die entsprechenden statistischen Werkzeuge für die Analyse des Ursache-Wirkungs-Zusammenhangs zwischen den Eingangsgrößen (x) und Ergebnisgrößen (y) eines Prozesses, abhängig von der jeweiligen Datenart.

Tabelle 3.16 Geeignete grafische Werkzeuge für die Analyse des Zusammenhangs zwischen Eingangsgrößen (x) und Ergebnisgrößen (y), abhängig von der jeweiligen Datenart

		Ausgangsgröße, Wirkung, Ergebnis, y	
		Attributiv	Variabel
Eingangsgröße, Ursache, Stellhebel, x	Attributiv	Pareto-Diagramm Tortendiagramm Balkendiagramm	Box-Plot Einzelwertdiagramm Multi-Vari-Bild Haupteffektediagramm
	Variabel	Box-Plot (x und y vertauschen)	Streudiagramm (x-y-Diagramm)

Tabelle 3.17 Geeignete statistische Werkzeuge für die Analyse des Zusammenhangs zwischen Eingangsgrößen (x) und Ergebnisgrößen (y), abhängig von der jeweiligen Datenart

		Ausgangsgröße, Wirkung, Ergebnis, y	
		Attributiv	Variabel
Eingangsgröße, Ursache, Stellhebel, x	Attributiv	Test auf Anteile Chi^2-Statistik Logistische Regression	T-Test F-Test, Levene's Test Varianzanalyse (ANOVA) Mann-Whitney-Test
	Variabel	Logistische Regression	Korrelation Regression Zeitreihenanalyse

Vergleichen Sie dazu auch das Kapitel „Grafische und statistische Werkzeuge" in diesem Buch.

Behandlung von Ausreißern

Zu Beginn der Datenanalyse sollten Sie Ihre Daten sorgfältig nach Ausreißern untersuchen. Das kann am besten auf grafischem Wege, z. B. über Histogramm oder Zeitreihendiagramme erfolgen. Eine statistisch ausgefeilte Methode, Ausreißer zu identifizieren, stellen Regelkarten (siehe Kapitel „Regelkarten") dar. Identifizierte Ausreißer dürfen jedoch nicht einfach so aus den Daten entfernt werden, denn sie könnten wichtige Hinweise auf mögliche Problemursachen liefern. Sind die Ausreißer eindeutig als Messfehler oder Eingabebefehle identifiziert, so sollten die Messwerte richtiggestellt werden. Falls die korrekten Werte nicht ermittelt werden können, werden die Ausreißer aus den Daten entfernt. Kann keine Klärung der Ausreißer herbeigeführt werden, so empfiehlt sich eine doppelte Analyse der Daten, einmal mit den Ausreißern und einmal ohne die Ausreißer. Falls Sie in beiden Fällen zu den gleichen Schlussfolgerungen gelangen, ist der Einfluss der Ausreißer nicht erheblich. Gelangen Sie jedoch zu unterschiedlichen Schlussfolgerungen, ist eine genauere Klärung der Ausreißer zwingend erforderlich.

3.25.5 Verwendung des Ergebnisses

Das wesentliche Ergebnis der Multi-Vari-Studie ist die Verifizierung oder Falsifizierung des vermuteten Ursache-Wirkungs-Zusammenhangs der zuvor für die Analyse festgelegten Eingangs- und Ausgangsgrößen.

Dabei sollte einmal eine grafische Visualisierung der gefundenen Zusammenhänge vorliegen und weiterhin auch der Nachweis der statistischen Signifikanz über ein geeignetes statistisches Verfahren (siehe Tabelle 3.16 und Tabelle 3.17).

Aus den Ergebnissen der statistischen Analyse ist auch eine Aussage darüber möglich, ob bzw. zu welchem Anteil die im Rahmen der Multi-Vari-Studie untersuchten Eingangsgrößen die Ergebnisgrößen beeinflussen (sogenannte Bestimmtheitsmaß). Idealerweise erhält man sogar ein konkretes mathematisches Modell y = f(x).

Wurden nach Einschätzung der Experten die wesentlichen wichtigen Einflussfaktoren identifiziert, folgt als nächster Schritt die Optimierung der Einflussfaktoren. Wie sollen die wichtigen Einflussfaktoren eingestellt werden, damit möglichst optimale Prozessergebnisse erzielt werden und der Prozess möglichst robust gegen Störgrößen wird oder auch möglichst kostengünstig gestaltet werden kann?

Sollten nach der Multi-Vari-Studie die wesentlichen Einflussfaktoren nach wie vor nicht identifiziert sein, so ist zu klären:

- ob noch andere Eingangsgrößen zu untersuchen sind,
- ob sich die untersuchten Eingangsgrößen während der Datenaufnahme nicht oder nur gering verändert haben,
- ob durch nicht fähige Messsysteme die Daten zu stark streuen.

3.25.6 Vor- und Nachteile

Die wesentlichen Vorteile einer Multi-Vari-Studie sind:

- Bei Vorliegen von ausreichend vielen und ausreichend guten historischen Daten kann die Analyse schnell und mit wenig Aufwand durchgeführt werden. Eine eventuell zeitraubende Datenaufnahme ist unnötig.
- Der Prozess wird durch die Datenaufnahme nicht gestört, da die Eingangsgrößen nur gemessen, aber nicht verändert werden.
- Man erhält eine Analyse des tatsächlichen Prozesses.
- Meist ist sie kostengünstiger durchführbar als ein Experiment.

Die wesentlichen Nachteile einer Multi-Vari-Studie sind:

- Sie ist nur anwendbar, wenn der Prozess bereits existiert und ausreichend häufig durchgeführt wird.
- Oft ist nur eine begrenzte Aussage über den Effekt der untersuchten Einflussgrößen möglich, da Einflussgrößen typischerweise nur wenig streuen. Der experimentelle Bereich ist sehr begrenzt. Über die Einflussgrößen, die sich während der Datenaufnahme nicht ändern, ist keinerlei Aussage möglich.

- Verfügbarkeit, Qualität und Eignung historischer Daten sind oft eingeschränkt.
- Die Datensammlung dauert oft länger als ein geplantes Experiment.

3.25.7 Praxisbeispiel

In dem nachfolgenden Beispiel betrachten wir eine Multi-Vari-Studie für einen Reinigungsprozess. Wir möchten die wesentlichen Einflussgrößen auf das Reinigungsergebnis, gemessen als „Anzahl sichtbare Partikel je Einheit" ermitteln.

Bild 3.120 zeigt einen Auszug aus dem über die Sammlung und systematische Bewertung aller möglichen Einflussgrößen mittels Prozess-Mapping und C&E-Matrix entstandenen Datenerhebungsplan.

(1) Prozessschritt	(2) evtl. relevanter Input aus C&E-Matrix oder Output des Prozesses	(3) spezifische Messgröße	(4) Daten-art	(5) Eingangs- oder Ergebnis-größe	(6) Messsystem	...
Sauberkeitskontrolle	Output	Partikel/Fehler je Einheit lt. Grenzmust. in dpu	attributiv	Ergebnisgröße	Visuelle Kontrolle lt. Fehlerkatalog	...
Produktträger entladen	Output	MW Personenzeit je Reinigungszyklus un min.	variabel	Ergebnisgröße	Zeitmessung mit Stoppuhr	...
Hauptwäsche II	Waschparameter Hauptwäsche II	Waschtemperatur in °C	variabel	Eingangsgröße	Temperatursensor	
Hauptwäsche II	Waschparameter Hauptwäsche II	pH-Wert	variabel	Eingangsgröße	Handmessgerät pH-Meter	...
Hauptwäsche II	Waschparameter Hauptwäsche II	Drehzahl Umwälzpumpe U/min	variabel	Eingangsgröße	Anzeige Drehzahl Umwälzpumpe	...
Reinigung mit Kaltreiniger	Waschparameter Kaltreiniger	Waschtemperatur in °C	variabel	Eingangsgröße	Temperatursensor	...
Reinigung mit Kaltreiniger	Waschparameter Kaltreiniger	Verschmutzungsgrad Reinigungsbad in %	variabel	Eingangsgröße	Laboranalyse	...
Produktträger in Maschine einlegen	Qualität Waschprogramme	Anzahl erforderl. Änderungen je Wochen	diskret	Eingangsgröße	Zählung mit Strichliste	...
Produktträger in Maschine einlegen	Verschmutzungsart Teile	Art und Größe der Verschmutzung	attributiv	Eingangsgröße	Visuelle Kontrolle lt. Fehlerkatalog Aufschreibung in Liste	...
Hauptwäsche I	Waschparameter Hauptwäsche I	Waschtemperatur in °C	variabel	Eingangsgröße	Temperatursensor	...

Bild 3.120 Auszug aus einem Datenerhebungsplan für einen Reinigungsprozess

Dann erfolgt die eigentliche Datenaufnahme. Versuchen Sie, die gesamten Daten möglichst direkt in eine konsistente Datentabelle einzutragen, um Eingabefehler oder Übertragungsfehler zu vermeiden (Bild 3.121).

Datum	Sauberkeit [dpu]	Anz. Einheiten	Anzahl Fehler	Personenzeit [min]	Temp_Bad_II [°C]	ph_Bad_II	...
03.03.2014	0,050	40	2	5	80	3,81	...
03.03.2014	0,175	40	7	5	78	4,17	...
03.03.2014	0,350	40	14	7	76	4,00	...
03.03.2014	0,025	40	1	6	79	3,61	...
03.03.2014	0,025	40	1	5	79	3,50	...
03.03.2014	0,025	40	1	5	80	3,79	...
03.03.2014	0,175	40	7	12	79	3,53	...
04.03.2014	0,050	40	2	5	76	3,79	...
...	...	...	...	...	...	...	...

Bild 3.121 Auszug aus der gemäß Datenerhebungsplan erstellten Datentabelle

Nach der Datenaufnahme erfolgt die systematische Datenanalyse. Dazu werden zunächst die Ergebnisgrößen für sich alleine untersucht, z.B. bezüglich Verteilung, Ausreißer, Prozessfähigkeit. Anschließend empfiehlt sich die Analyse des zeitlichen Verhaltens der Ergebnisgrößen (Bild 3.122).

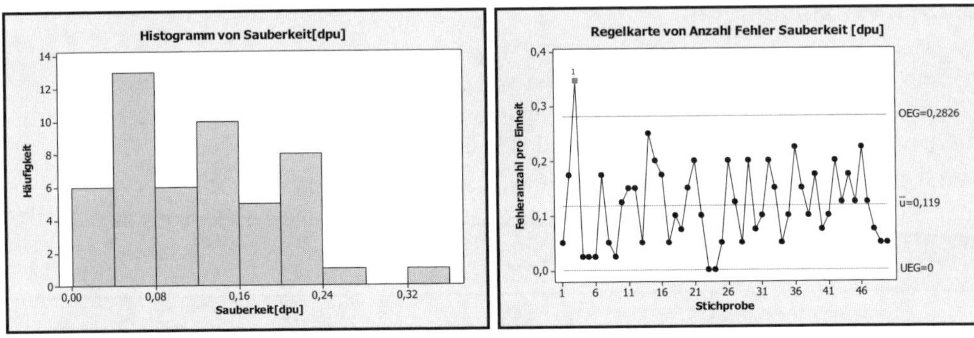

Bild 3.122 Beispiel für eine grafische Analyse der Verteilung und des zeitlichen Verlaufs einer Prozessergebnisgröße

Dann werden alle Prozesseingangsgrößen, auch jeweils einzelnen, untersucht, zum Beispiel auf Verteilung, Ausreißer oder auch zeitlichen Verlauf (Bild 3.123).

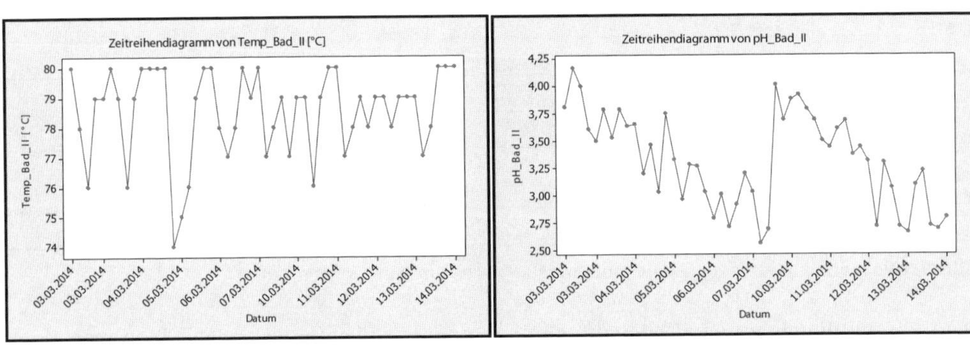

Bild 3.123 Beispiel für eine grafische Analyse des zeitlichen Verlaufs von verschiedenen Prozesseingangsgrößen

Schließlich werden im letzten Analyseschritt die Zusammenhänge zwischen den Eingangsgrößen und Ausgangsgrößen untersucht. Idealerweise kann zusätzlich zur grafischen Analyse eine statistische Analyse erfolgen, die auch ein mathematisches Modell des Zusammenhangs liefert. Bild 3.124 zeigt auf der linken Seite ein X-Y-Diagramm des Zusammenhangs zwischen der Temperatur des Reinigungsbads und der gemessenen Sauberkeit der Teile. Je höher die Temperatur, desto geringer die Fehleranzahl. Die zugehörige statistische Analyse links unten zeigt, dass der Zusammenhang statistisch signifikant ist (siehe Kapitel „Grafische und statistische Werkzeuge"), abzulesen an dem sogenannten P-Wert, der hier nicht weiter erläutert werden soll. Auf der rechten Seite zeigt ein Multi-Vari-Bild den Einfluss verschiedener Schichten und verschiedener Reinigungsanlagen auf die Fehlerzahl. Die statistische Analyse im Bild rechts unten zeigt, dass nur der Einfluss der Anlage nachgewiesen werden kann, nicht jedoch der Einfluss der Schicht. Die kleinen Schichtunterschiede in der Grafik sind nicht statistisch signifikant.

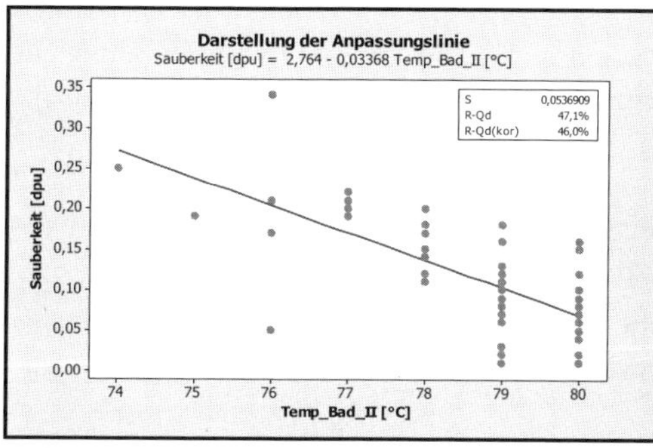

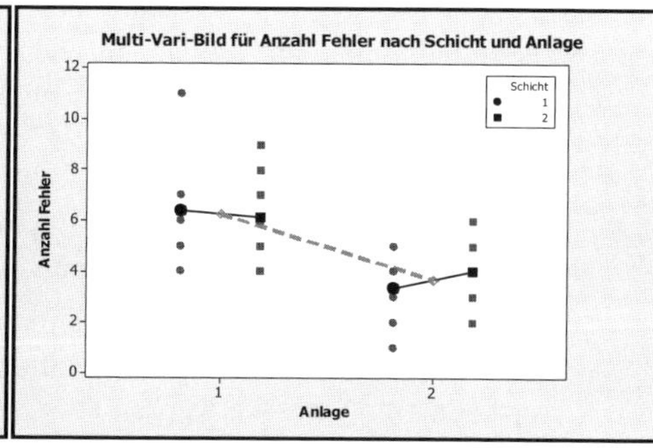


```
Die Regressionsgleichung lautet
Sauberkeit[dpu] = 2,76 - 0,0337 Temp_Bad_II [°C]

Prädiktor               Koef    SE Koef       t      p
Konstante             2,7638     0,4048    6,83  0,000
Temp_Bad_II [°C]   -0,033684   0,005155   -6,53  0,000

S = 0,0536909    R-Qd = 47,1%    R-Qd(kor) = 46,0%
```

```
Varianzanalyse für Anzahl Fehler

Quelle   DF       SS      MS      F      p
Anlage    1   52,531  52,531  19,12  0,000
Fehler   30   82,438   2,748
Gesamt   31  134,969

S = 1,65768    R-Qd = 38,92%    R-Qd(kor) = 36,89%
```

Bild 3.124 Beispiel einer grafischen und statistischen Analyse der Zusammenhänge zwischen den Eingangsgrößen und Ausgangsgrößen

3.25.8 Typische Fehler bei der Anwendung

Typische Fehler, die bei der Planung, Durchführung und Auswertung einer Multi-Vari-Studie gemacht werden, sind:

- Die ausgewerteten historischen Daten sind nicht repräsentativ für den derzeitigen oder zukünftigen Prozess.
- Es wird kein detaillierterer Datenerhebungsplan erstellt, es wird nicht genauestens definiert, was wie zu erfassen ist, die Randbedingungen werden nicht detailliert festgelegt.
- Die Datensammlung wird nicht bis zum geplanten Ende durchgeführt, damit sind die Daten unvollständig und die statistische Aussagesicherheit ist nicht gegeben.
- Die zu sammelnden Eingangsgrößen werden falsch oder unvollständig ausgewählt oder sind nicht relevant für die interessierende Fragestellung. Hier sollten die im Prozess-Mapping gesammelten Einflussgrößen nochmals auf Vollständigkeit hin überprüft werden. Außerdem sollten die Bewertungen im Rahmen der C&E-Matrix noch mal verifiziert werden.
- Ausreißer in den analysierten Daten bleiben unentdeckt und führen zu fehlerhaften Schlussfolgerungen. Ausreißer in den Daten, die wichtige Informationen enthalten könnten, werden ohne genaue Prüfung vor der Analyse einfach entfernt.
- Die gesammelten Daten passen nicht zu den geplanten Auswertungen.

- Die Zeiträume für die Sammlung der Eingangsgrößen und Ausgangsgrößen passen nicht zusammen, so dass später kein Zusammenhang mehr hergestellt werden kann.
- Die Datenanalyse wird nicht systematisch und vollständig durchgeführt, so dass mögliche Zusammenhänge unentdeckt bleiben.
- Die aufgenommenen Eingangsgrößen haben sich während der Datenaufnahme nur gering geändert. Wenn sich die Eingangsgrößen während der Datenaufnahme nur wenig ändern, kann deren Einfluss auf das Ergebnis nicht ermittelt werden, selbst wenn die Eingangsgröße grundsätzlich einen großen Einfluss hätte. In diesem Fall wäre die gezielte Änderung der Eingangsgröße im Rahmen eines statistischen Experiments (siehe Kapitel „Statistische Versuchsplanung") empfehlenswert.
- Durch nicht fähige Messsysteme entsteht zu viel Streuung in den Daten.
  Vor Beginn der Datenaufnahme sollte sichergestellt werden, dass jede Variable ausreichend gut gemessen werden kann.

3.25.9 Das Wichtigste in Kürze

Die Multi-Vari-Studie ist eine strukturierte und systematische Vorgehensweise für die Sammlung und Analyse von Prozessdaten, mit dem Ziel, aus den vielen möglichen Einflussgrößen die tatsächlich wichtigen für die interessierende Ergebnisgröße zu finden.

Sie kann nur an einem bereits existierenden Prozess, der ausreichend viele Messungen ermöglicht, durchgeführt werden.

Im Vorfeld der eigentlichen Messungen wird ein detaillierter Datenerhebungsplan angefertigt, in dem genau festgelegt wird, was zu messen ist, wie zu messen ist und wie viele Daten aufzunehmen sind.

Typischerweise können wichtige Prozesseinflussgrößen in die drei Kategorien

- Einflüsse innerhalb einer Untergruppe,
- Einflüsse zwischen Untergruppen,
- zeitliche Einflüsse

eingeteilt werden.

Die aufgenommenen Daten werden dann systematisch analysiert. Dabei empfiehlt sich sowohl eine grafische als auch eine statistische Analyse. Weiterhin empfiehlt sich zunächst eine Analyse und Auswertung jeder Eingangs- und Ausgangsgröße alleine und erst dann die Analyse von möglichen Ursache-Wirkungs-Zusammenhängen zwischen Eingangs- und Ausgangsgrößen. Durch die Verwendung geeigneter grafischer (z. B. Multi-Vari-Bild) und statistischer (z. B. Varianzanalyse) Werkzeuge, wird eine Identifikation der wesentlichen Einflussgrößen ermöglicht. Idealerweise erhält man ein mathematisches Modell $y = f(x)$.

Ist die Durchführung einer Multi-Vari-Studie nicht möglich oder unpraktikabel, kann als Alternative eine statistische Versuchsplanung (DoE) durchgeführt werden.

3.25.10 Verwandte und weiterführende Themen

Statistische Versuchsplanung (DoE)

Die Durchführung experimenteller Versuche hat die gleiche Zielsetzung wie die Multi-Vari-Studie, nämlich den Nachweis von Ursache-Wirkungs-Beziehungen. Allerdings werden dort nicht wie bei der Multi-Vari-Studie tatsächliche Prozessdaten erfasst, sondern die ausgewählten Eingangsgrößen gezielt in einem Experiment variiert. Dadurch sind eine schnellere Analyse und die Untersuchung in einem weiteren experimentellen Bereich möglich. Der Aufwand ist aber häufig auch höher.

3.25.11 Arbeitshilfe

HINWEIS: Es steht Ihnen zur Verfügung

- Beispiel Multi-Vari „Christbaumständer“

Weiterführende Literatur

Breyfogle, F. W.: Implementing Six Sigma, John Wiley & Sons, New York 2003.

Hartung, J.: Statistik, Oldenbourg Verlag, München 2009.

Wappis, J.; Jung, B.: Taschenbuch Null-Fehler-Management, Umsetzung von Six Sigma, Carl Hanser Verlag, München 2013.

3.26 Statistische Versuchsplanung (Design of Experiment, DoE)

Jeden Tag werden in Firmen, Hochschulen oder Behörden zahlreiche Untersuchungen zum Nachweis von Wirkzusammenhängen unternommen. Beim Nachweis solcher Ursache-Wirkungs-Beziehungen haben Sie grundsätzlich die Wahl zwischen zwei Strategien:

- Beobachtungsstudien oder
- Experimente.

Bei Beobachtungsstudien versuchen Sie die hypothetische Ursache-Wirkungs-Beziehung nachzuweisen, indem Sie vorhandene oder während des Herstellprozesses entstehende Daten beobachten und in einen Zusammenhang bringen. Die Auswertung erfolgt dann mittels grafischer und statistischer Methoden (siehe Kapitel „Multi-Vari-Studie“ sowie „Grafische und statistische Werkzeuge“).

Bei Experimenten versuchen Sie ein bestimmtes Produktverhalten oder Prozessergebnis durch die gezielte Veränderung der vermuteten oder identifizierten Stellhebel absichtlich herbeizuführen. Mit einem Experiment können Sie das Verhalten eines bestehenden Prozesses analysieren und optimieren, das Verhalten der Ergebnisgröße für einen neuen Prozess ermitteln oder aber die kritischen Stellhebel für die Funktionalität eines Produkts feststellen.

Bild 3.125 zeigt, wie sich Beobachtungsstudien und Experimente in der Nutzung des Wertebereichs eines Stellhebels unterscheiden.

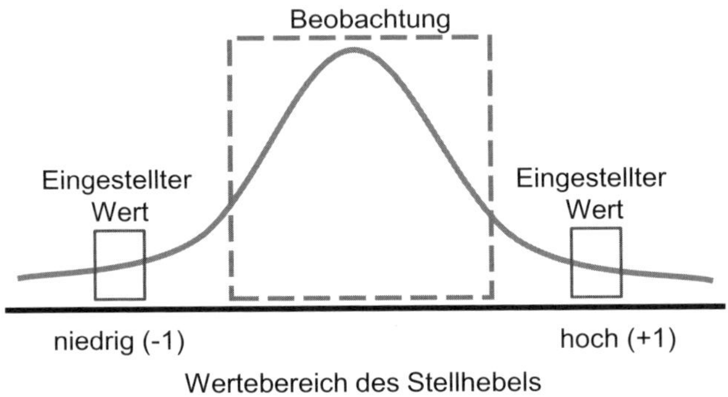

Bild 3.125 Der Stellhebel schwankt bei Beobachtungsstudien im Rahmen der Vorgaben zufällig und wird bei DoE bewusst eingestellt.

Beobachtungsstudien besitzen daher gegenüber Experimenten einige Nachteile: Zum einen sind die ermittelten Daten oft stark verrauscht, da sie der natürlichen und nichtnatürlichen Prozessschwankung unterliegen. Zum anderen ist die Auftretenswahrscheinlichkeit von Datenpunkten dort am höchsten, wo ihre Aussagekraft am niedrigsten ist – um den Mittelwert herum.

Bei Experimenten erhöhen Sie die Aussagekraft der Datenpunkte, indem Sie bewusst Werte in (auch extremen) Randbereichen der Verteilung der Stellhebel wählen. Falls Sie das Produktverhalten oder Prozessergebnis mit einer solchen extremen Einstellung des Stellhebels in eine bestimmte Richtung „drücken" können, dann können Sie daraus auch ableiten, wie es sich vermeiden lässt.

Ein weiterer Nachteil von Beobachtungstudien gegenüber Experimenten und gerade DoE liegt darin, dass der zulässige Einstellbereich der Stellhebel nur einen Bruchteil des tatsächlichen Wertebereichs abbildet. In diesem schwanken die Werte des Stellhebels dann zufällig. Somit ist der Wertebereich der Ergebnisgröße ebenfalls begrenzt, der Einfluss eines möglichen Stellhebels kann nicht aufgelöst werden. Bild 3.126 zeigt schematisch den Unterschied zwischen der Auflösung einer Beobachtungsstudie und eines geplanten Experiments.

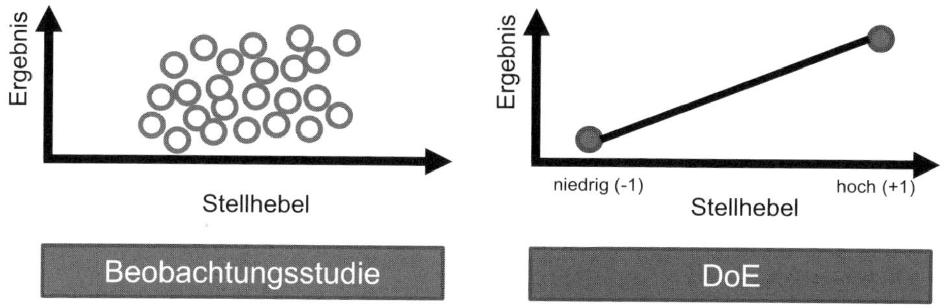

Bild 3.126 Bei Beobachtungsstudien verursacht die zufällige Schwankung des Stellhebels eine Streuung in der Ergebnisgröße und bei DoE erhält man durch die Einstellung eine deutlich sichtbare Systemantwort.

Um bestimmte Effekte auflösen zu können, wird bei Beobachtungsstudien die erforderliche Datenmenge daher oftmals sehr groß; zudem sind dann häufig bestimmte Daten nicht oder nur unvollständig vorhanden oder müssen erst aufwendig aus unterschiedlichsten Quellen zusammengetragen und strukturiert werden. Ein geplantes Experiment ist in solchen Fällen oft schneller und aussagekräftiger.

Traditionelle Experimentiertechniken basieren vor allem auf den Vorgehensweisen „Versuch und Irrtum" und „Ändere einen Stellhebel und lasse alle anderen konstant" (one factor at a time; OFAT):

- Bei „Versuch und Irrtum" werden die Stellhebel willkürlich irgendwo in den Parameterraum gesetzt und man beobachtet, was rauskommt. Diese Vorgehensweise wird gern genutzt, wenn man überhaupt nichts über den Parameterraum weiß. Ihr (einziger) Vorteil ist, dass sie zufällig sehr schnell zu einem ausreichenden Ergebnis führen kann.
- Bei OFAT werden die Änderungen bewusst gesetzt und man verändert einen Stellhebel so lange systematisch, bis sich keine Verbesserung mehr ergibt. Alle anderen Stellhebel bleiben dabei konstant.

„Versuch und Irrtum" und OFAT können aufgrund ihrer Eingängigkeit bei kleinen Mengen an Stellhebeln Vorteile gegenüber einem DoE, einer auf statistischen Kriterien beruhenden Versuchsplanung und Auswertung, besitzen. Sie haben aber gewichtige Nachteile:

- Schon bei einer relativ kleinen Menge an Stellhebeln wird der experimentelle Aufwand bei „Versuch und Irrtum" oder OFAT unüberschaubar und gerade für Experimente in fertigungsnahen Bereichen mit beschränkten Maschinenressourcen nicht mehr planbar.
- Sie können keine Aussage über Wechselwirkungen machen, sondern nur über die Wirkung der Stellhebel selber; in der Sprache des DoE heißen diese Haupteffekte. Eine Wechselwirkung zwischen zwei Stellhebeln besteht, wenn ein Stellhebel die Wirkung des anderen Stellhebels auf die Ergebnisgröße beeinflusst.
- Bei OFAT können Sie sehr schnell auf unerwartete Ergebnisse reagieren, was die Systematik einer Versuchsplanung torpediert.

- Sie erhalten keine einfach zugängliche Aussage über ein mathematisches Modell und damit bleibt der Reaktionsraum der Ergebnisgröße unbekannt.
- Sie können keine Aussage darüber treffen, wie gut Sie die Verhaltensweise eines Systems beschreiben und vor allem vorhersagen können.

3.26.1 Einsatzbereich und Zielstellung

Im Rahmen einer Entwicklung lässt sich ein DoE immer dort vorteilhaft einsetzen, wo es gilt, Wirkzusammenhänge zwischen mehreren Stellhebeln und einer oder mehreren Ergebnisgrößen zu analysieren. Dies kann geschehen beim Testlauf eines Funktionsmusters, bei der Analyse der Lösungsvarianten, bei der Analyse von Designvarianten, bei der Toleranzanalyse und an vielen Stellen mehr. Durch moderne Statistikprogramme sind auch die Auswertung der gewonnenen Daten und die Interpretation der Ergebnisse deutlich vereinfacht.

Das Ziel des DoE ist es, schnell und sicher ein belastbares Modell zu Ursache-Wirkungs-Beziehungen zu erreichen. Damit können Sie dann im Rahmen einer gewissen Ungenauigkeit ein Produkt- oder Prozessverhalten vorhersagen oder aber das Spezifikationsgebäude robust gestalten.

3.26.2 Aufbau und Beschreibung

Die Vorstellungswelt bei der Durchführung eines DoE entspricht der Denkweise von Six Sigma, dem Nachweis und der Kontrolle einer Ursache-Wirkungs-Beziehung. Dazu sind einige Vorbemerkungen angebracht.

Grundsätzliche Aspekte zu Begrifflichkeiten und Aufbau eines DoE

In Tabelle 3.18 sind einige Begrifflichkeiten aus dem Bereich des DoE erklärt.

Der grundlegende systematische Aufbau eines DoE kann anhand geometrischer Muster erklärt werden. Durch den Aufbau spannen Sie einen orthogonalen Raum in steigender Dimensionalität auf, was anhand Bild 3.127 erklärt werden soll.

Tabelle 3.18 Wesentliche Begrifflichkeiten beim DoE

Begriff in diesem Buch	Begrifflichkeit bei DoE	Erklärung
Stellhebel/ Ursache/Input/ Eingangsgröße/x	Faktor	Stellhebel, der bewusst auf niedrige/hohe Werte eingestellt wird
Einstellung eines Stellhebels	Faktorstufe	Die bestimmte Einstellung eines Faktors als „niedrig (−1)“ oder „hoch (+1)“
	Kovariable	Ein Faktor, der nicht eingestellt, aber mitgemessen und mitgeschrieben werden kann
Ergebnisgröße/y	Response	Die Antwort des Systems auf die Änderung der Faktoren
Parameterraum/ Stellhebelbereich	Design	Der durch die Kombination der Stellhebel und ihrer Einstellungen festgelegte Ablauf des Experiments
	Experimenteller Bereich	Der Raum, der durch die Kombinationen der Faktoren des Designs abgedeckt wird
	Vollfaktorielles Design	Alle Kombinationen der Faktorstufen eines Designs werden durchgeführt.
	Teilfaktorielles Design	Systematisch reduzierte Kombinationen der Faktorstufen werden durchgeführt.
	Faktorstufenkombination	Individuelle Kombination der Faktorstufen eines Experiments
Ergebnis/ Wirkung	Effekt	Änderung des Mittelwerts der Ergebnisgröße über zwei Stufen eines Faktors oder zwischen experimentellen Einheiten
	Haupteffekt	Die Änderung bei der Ergebnisgröße ist direkt mit der Änderung der Einstellung eines Faktors verknüpft.
	Wechselwirkung	Die Änderung bei der Ergebnisgröße wird nur durch die Kombination der Einstellungen von zwei oder mehr Faktoren erzielt.
	Koeffizient	Multiplikator für jeden Faktor des mathematischen Modells, mit dem der Einstellungswert multipliziert wird, um den Erwartungswert für die Faktorstufenkombination vorherzusagen
	Mathematisches Modell	Die Berechnungsformel für die Ergebnisgröße
	Residuum/ Residuen	Der Anteil der Veränderung der Messwerte, der nicht durch die Einstellung der Faktoren erklärt werden kann (Restrauschen, weißes Rauschen)
	Block	Ein Stellhebel, der nicht eingestellt oder gemessen werden kann; typischerweise „Schicht“ oder „Charge“; das Experiment wird dann systematisch in den sich ändernden Blöcken dieses Stellhebels durchgeführt.
	Kovariable	Ein Stellhebel, der nicht eingestellt, aber gemessen werden kann; Umgebungstemperatur, Luftdruck oder Regenmenge sind Beispiele für typische Kovariablen.

Anzahl Faktoren	Einstellungen	Kombination der Einstellungen	Grafische Darstellung

1

Stellhebel
Faktor A
-1
+1

Stellhebel
Faktor A
-1
+1

2

Stellhebel	Stellhebel
Faktor A	Faktor B
-1	-1
+1	+1

Stellhebel	Stellhebel
Faktor A	Faktor B
-1	-1
+1	-1
-1	+1
+1	+1

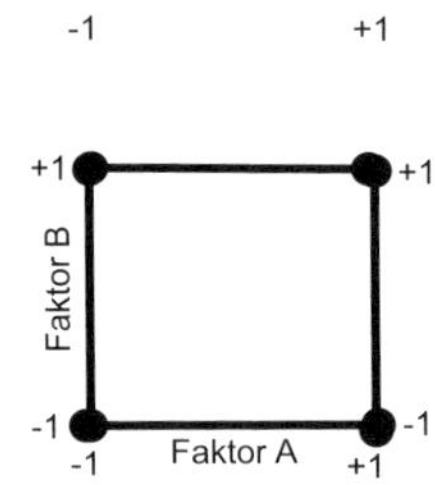

3

Stellhebel	Stellhebel	Stellhebel
Faktor A	Faktor B	Faktor C
-1	-1	-1
+1	+1	+1

Stellhebel	Stellhebel	Stellhebel
Faktor A	Faktor B	Faktor C
-1	-1	-1
+1	-1	-1
-1	+1	-1
+1	+1	-1
-1	-1	+1
+1	-1	+1
-1	+1	+1
+1	+1	+1

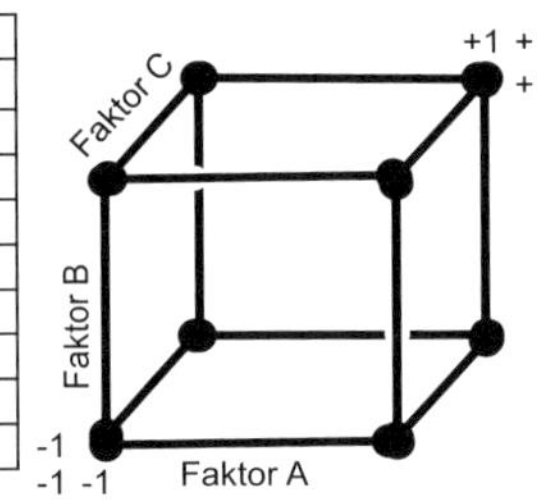

Bild 3.127 Systematischer Aufbau des experimentellen Raums abhängig von der Anzahl der Faktoren

Wenn Sie die Wirkung eines Stellhebels überprüfen, so stellen Sie mindestens zwei Werte ein, einen niedrigen Wert (schematisch: – 1) und einen hohen Wert (schematisch: + 1). Zwischen diesen beiden Werten können Sie eine Linie ziehen, die in einem zweidimensionalen Koordinatensystem der Abszisse (x-Achse) entspricht. In der Schreibweise des DoE ist das ein 2^1-faktorielles Experiment – ein Experiment, in dem „1“ Faktor in „2“ Einstellungen vorkommt.

Wenn Sie die Wirkung von zwei Faktoren untersuchen, so kommen diese Faktoren jeder für sich auch in zwei Einstellungen vor, was einem 2^2-faktoriellen Experiment entspricht, einem Experiment mit vier möglichen Kombinationen. Diese Kombination der Einstellungen der Stellhebel (sogenannte Faktorstufenkombination) kann auch als Rechteck dargestellt werden.

Bei drei Faktoren in jeweils zwei Einstellungen spricht man von einem 2^3-faktoriellen Design. Dabei spannen die Stellhebel bereits einen Würfel aus den acht Faktorstufenkombinationen zur vollständigen Beschreibung auf.

Bei noch mehr Faktoren versagt die Beschreibung in der uns bekannten dreidimensionalen Vorstellungswelt, die Mathematik aber kann dies problemlos bewältigen.

Bei mehr Faktoren stehen wir aber vor dem Dilemma, dass bei sogenannten vollfaktoriellen Experimenten die Anzahl der Experimente exponentiell zunimmt (Tabelle 3.19).

Tabelle 3.19 Anzahl der Experimente zwei- und dreistufiger faktorieller Designs bei Zunahme der Faktoren

2 Einstellungen pro Stellhebel		3 Einstellungen pro Stellhebel	
Anzahl Stellhebel (Faktoren)	Anzahl möglicher Kombinationen der Einstellungen	Anzahl Stellhebel (Faktoren)	Anzahl möglicher Kombinationen der Einstellungen
2	4	2	9
3	8	3	27
4	16	4	81
5	32	5	243
6	64	6	729

Der Aufwand für die Auswertung dieser Masse an Daten ist aufgrund der modernen Rechnersysteme und Statistikprogramme begrenzt. Die Problematik der hohen Versuchsanzahlen besteht darin, Zeit, Aufwand und Kosten für die erforderlichen Versuche bereitzustellen und die Durchführung genau zu planen und zu verfolgen.

Das Ziel ist also, die Anzahl der benötigten Experimente möglichst gering zu halten, aber die Aussagekraft des Experiments nicht wesentlich zu schmälern. Dazu existieren bestimmte Regeln, die aus den vollfaktoriellen Experimenten sogenannte teilfaktorielle Experimente machen.

Bei teilfaktoriellen Experimenten wird nur ein genau definierter Anteil der Faktorstufenkombinationen durchgeführt, so dass sich die Anzahl der benötigten Experimente zum Beispiel halbiert oder viertelt.

Lassen Sie sich bei der Planung und Durchführung eines DoE helfen, wenn Sie es noch nie selber durchgeführt haben. Es gibt zahlreiche Fallstricke, die den Wert der Ergebnisse schmälern.

Wie führen Sie ein DoE durch und werten es aus?

Für die Planung, Durchführung und Auswertung eines DoE hat sich ein Ablauf bewährt, der stark an den „normalen" Ablauf eines Verbesserungsprojekts erinnert.

Zunächst beschreiben Sie das praktische Problem und das Ziel des Experiments. Dann ermitteln Sie die relevanten Stellhebel (Faktoren) und diskutieren die möglichen Einstellungen. Diese Einstellungen sind per Definition attributiv; Sie können sowohl attributive Daten (alt/neu; Lieferant 1/Lieferant 2) als auch feste Werte auf einer Werteskala (Temperatur, Drehzahl, ...) benutzen.

Nachdem Sie sich über den Unterschied (Effekt) in der Ergebnisgröße klar geworden sind, den Sie nachweisen möchten, bestimmen Sie die notwendige Stichprobengröße für jede Faktorstufenkombination und stellen das Design auf. Achten Sie darauf, dass die einzelnen Durchgänge (soweit experimentell durchführbar) in zufälliger Reihenfolge abgebildet sind. Binden Sie alle erforderlichen Personen ein und erklären Sie den Ablauf genau, um eigenmächtiges Handeln zu verhindern. Reservieren Sie die erforderliche Maschinenzeit. Führen Sie das Experiment anhand des vorgegebenen Plans vollständig und ohne Abweichung durch.

Nachdem die Messwerte ermittelt wurden, ermitteln Sie die mathematischen Zusammenhänge zunächst für alle Faktoren und reduzieren dann das Modell durch Entfernen der Faktoren, die für das Prozessergebnis oder die Produktleistung keinen statistisch signifikanten Einfluss besitzen.

Danach überprüfen Sie, ob das mathematische Modell korrekt ist und testen die praktische Bedeutung, indem Sie mit den ermittelten und den optimalen Einstellungen einen sogenannten Betätigungslauf durchführen.

Dann übersetzen Sie das Modell in allgemein verständliche Anweisungen für zum Beispiel Konstruktion oder Prozesseinstellung und beobachten die Leistung nach Einführung der Änderung.

Bei Bedarf können Sie noch weitere, auf dem aktuellen Design aufbauende Experimente zur Optimierung durchführen.

Verschiedene Arten von DoE für unterschiedliche Zwecke

Im Laufe einer Entwicklung tauchen aufeinander aufbauende Fragestellungen auf:

- Welche Stellhebel beeinflussen die Prozessleistung oder das Produktverhalten überhaupt?
- Welche Stellhebel sind zum Beispiel im Betriebsbereich für das Produkt oder den Prozess relevant?
- Wie müssen die relevanten Stellhebel eingestellt werden, damit die Ergebnisgrößen wie zum Beispiel Streuung, Lebensdauer oder Robustheit gegen unkontrollierbare Einflüsse optimal sind?

Die Frage mit der daraus abgeleiteten Aufgabe, der Durchführung mittels eines geeigneten Experiments und des Ergebnisses ist in Tabelle 3.20 grob skizziert.

Die beigefügten Vorlagen orientieren sich an den am häufigsten angewandten DoE-Typen. Dies sind:

- vollfaktoriell: drei Faktoren mit zwei Einstellungen; insgesamt acht Faktorstufenkombinationen,
- vollfaktoriell: drei Faktoren mit zwei Einstellungen, die in zwei Blöcke aufgeteilt sind; insgesamt acht Faktorstufenkombinationen,
- teilfaktoriell: vier Faktoren mit zwei Einstellungen; insgesamt acht Faktorstufenkombinationen von 16 möglichen,

Für die Verwendung weiterer Versuchspläne empfehlen wir die Benutzung einer entsprechenden Statistiksoftware.

Tabelle 3.20 Frage und nützliche Typen von Experimenten

Frage	Aufgabe	Durchführung (nützliche Typen von Experimenten)	Ergebnis und Nutzen
Welche Stellhebel beeinflussen überhaupt die Ergebnisgröße?	Bei bisher wenig Wissen über das System die Stellhebel identifizieren, die bei großen Änderungen das Ergebnis beeinflussen	Plackett-Burman-Versuchspläne (bis zu 47 Faktoren mit 48 Versuchen); teilfaktorielle Versuchspläne mit hoher Reduktion (z. B. sechs Faktoren mit 16 Versuchen)	Nachweis von Haupteffekten; Reduktion der möglichen Stellhebel; Reduktion des Aufwands für die nächste experimentelle Stufe
Welche Stellhebel sind im Betriebsbereich relevant?	Die Stellhebel identifizieren, die für das Erreichen des Optimums wichtig sind	Teilfaktorielle Versuchspläne mit niedriger Reduktion (z. B. sechs Faktoren mit 32 Versuchen); vollfaktorielle Versuchspläne	Erste Hinweise zum mathematischen Modell; weitere Reduktion der Stellhebel; Information, ob sich das Optimum im untersuchten Bereich befindet; Kenntnis über den unverstandenen Anteil
Wie müssen die relevanten Stellhebel eingestellt werden, damit die Ergebnisgrößen optimal sind?	Die Einstellungen der Stellhebel identifizieren, um das Optimum zu erreichen	Wirkungsflächendesigns; Mischungsdesigns; Dreiecksmethode	Mathematisches Modell des Ergebnisraums; optimale Einstellungen der Stellhebel; Berechenbarkeit des Ergebnisses und Prozessfähigkeit; Beschreibung nichtlinearer Systeme

3.26.3 Voraussetzungen und notwendiger Input

Bei der Vorbereitung des Experiments sollten Sie besonderen Wert auf die Bestimmung der möglicher Einflussfaktoren und vor allem der sie beschreibenden Messgrößen legen (siehe Kapitel „Datenerhebungsplan"). Gerade hier besteht die Gefahr, dass Sie wesentliche Stellhebel übersehen und dann nur eine beschränkte Aussagefähigkeit besitzen.

Diese Faktoren (Stellhebel, Eingangsgrößen) müssen voneinander unabhängig und unabhängig einstellbar sein. Die Unsicherheit der zur Auswertung benutzten Messgeräte muss bekannt sein; wenn Sie diese Information nicht haben, sollten Sie vor dem Start des DoE bei entsprechender Wichtigkeit des Faktors noch eine Messsystemanalyse durchführen.

Zudem sollten Sie zumindest die mögliche Prozessstreuung abschätzen oder aus vorhandenen Daten folgern können. Sie leiten daraus unter anderem ab, welchen Effekt Sie überhaupt erkennen können. Dann sollten Sie mit den Experten den tatsächlich zur Verfügung stehenden oder physikalisch sinnvollen Variationsraum für die Stellhebel abklären.

Vor der Durchführung des DoE müssen Sie allen Beteiligten die Vorgehensweise nochmals deutlich machen und warum es gerade in dieser Versuchsserie darauf ankommt, sich genau an die Vorgaben zu halten. Jetzt ist spätestens der Zeitpunkt gekommen, nochmals Korrekturen am Aufbau des Experiments vorzunehmen, falls dies notwendig sein sollte.

Sie sollten vor dem Start ausreichend Material, Rohstoff, Maschinenkapazität oder Prüfkörper für jede Faktorstufenkombination zur Verfügung haben; die Anzahl haben Sie vor dem Start des Experiments durch eine Stichprobenberechnung ermittelt.

3.26.4 Vorgehensweise bei der Anwendung

Nach der Vorbereitung des Experiments wissen Sie, welche Ergebnisgrößen Sie ermitteln und wie diese zu messen sind. Zudem wissen Sie, mit welchen Stellhebeln (Faktoren) Sie das Prozessergebnis gezielt verändern möchten und in welchen Einstellungen diese vorliegen.

Das Schema einer Eingabetabelle für ein Experiment und die Reihenfolge der Eingaben anhand einer der beigefügten Vorlagen ist in Bild 3.128 gezeigt.

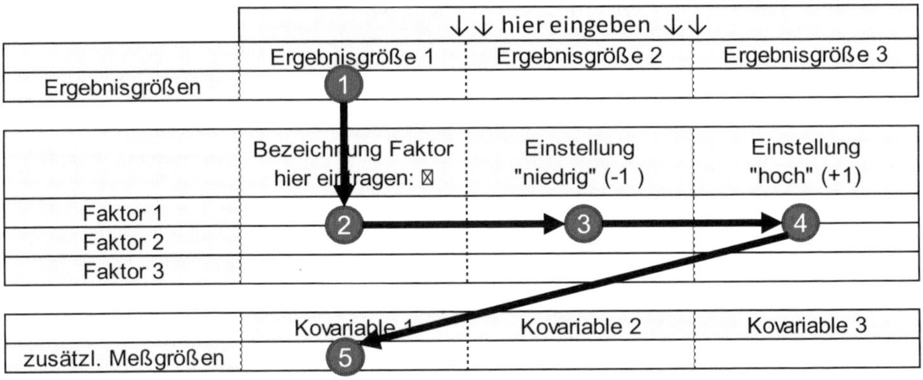

Bild 3.128 Dateneingabe für Ergebnisgrößen, Stellhebel (Faktoren) und Kovariablen anhand der Vorlage

Unter (1) tragen Sie in die Vorlage die Bezeichnungen für bis zu drei zu beobachtende Ergebnisgrößen ein. Danach tragen Sie unter (2) die Bezeichnungen für die drei Faktoren ein, deren Wirkung auf die Ergebnisgrößen Sie im Rahmen des Experiments untersuchen möchten. Diese Faktoren haben Sie im Vorfeld des Experiments ermittelt.

Für jeden der Faktoren tragen Sie unter Punkt (3) die niedrige Einstellung ein und unter Punkt (4) die hohe Einstellung. Achten Sie darauf, dass die Werte für die Einstellungen zum einen weit genug auseinander liegen, damit Sie postulierte Einflüsse auf die Ergebnisgröße auch entdecken können, und zum anderen aber nicht zu extrem sind, damit keine unerwarteten Effekte auftreten.

Unter Punkt (5) benennen Sie dann noch optional die Kovariablen, die Sie während des Experiments beobachten möchten, die Sie aber nicht aktiv kontrollieren können.

In Bild 3.129 ist schematisch dargestellt, wie die Werte aus der Eingabetabelle in Bild 3.128 in die experimentelle Tabelle übernommen werden. Die tabellarische Auflistung gibt den Rahmen für die zufällige Reihenfolge, in der die Experimente durchzuführen sind. Die sorgfältig ausgefüllte Tabelle bietet mit den im Laufe des Experiments eingetragenen Daten die Grundlage für die spätere grafische Auswertung.

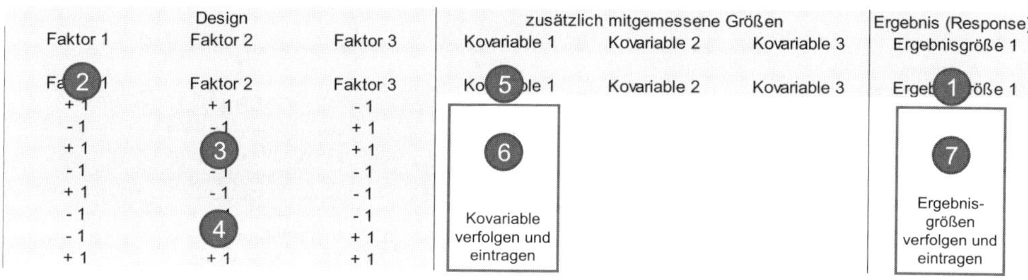

Bild 3.129 Die experimentelle Tabelle: Zuvor eingetragene Ergebnisgrößen, Kovariablen und Faktoren und deren Einstellungen werden übernommen; Kovariablen und Ergebnisgrößen werden im Laufe des Experiments eingetragen

Die Eintragungen (1), (2) und (5) aus der Dateneingabe werden in die Kopfzeilen übernommen und die Eintragungen (3) und (4) für die niedrigen (– 1) und hohen (+ 1) Einstellungen kommen in die Tabelle der Faktorstufenkombination.

Im Laufe der zeilenweisen Abarbeitung des Experiments von oben nach unten werden die gemessenen Werte für Kovariablen unter Punkt (6) und die für die Ergebnisgröße unter Punkt (7) eingetragen. Die Vorlage bietet jeweils Raum für bis zu drei Kovariablen und bis zu drei Ergebnisgrößen.

Die Ergebnisgrößen, die Sie unter (7) eintragen, können Einzelwerte sein, Mittelwerte aus mehreren Messungen oder aber auch eine Standardabweichung aus mehreren wiederholten Messungen.

Nach der Durchführung des Experiments und dem Eintragen der gemessenen Ergebnisgrößen werden mehrere Mittelwerte berechnet: Zum einen wird für jede Ergebnisgröße der Gesamtmittelwert über alle Datenpunkte ermittelt. Danach wird für alle betrachteten Faktoren jeweils für die niedrige (– 1) und hohe (+ 1) Einstellung der individuelle Mittelwert ermittelt. Aus den Unterschieden der Mittelwerte der einzelnen Faktoren für die niedrige (– 1) und hohe (+ 1) Einstellung wird dann die individuelle Wirkung des Faktors auf die betrachtete Ergebnisgröße bestimmt.

Alle diese Mittelwerte werden dann in ein Diagramm übertragen, was sich schematisch anhand Bild 3.130 für zwei Stellhebel „Faktor 1" und „Faktor 2" zeigen lässt.

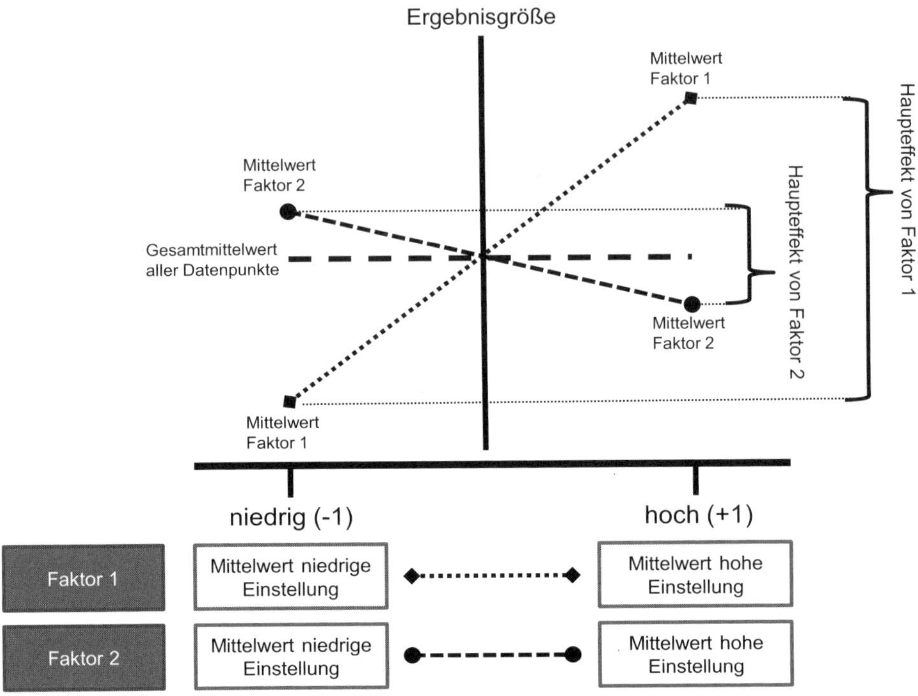

Bild 3.130 Schema für die Bestimmung des Einflusses der Faktoren durch Auftragen der Mittelwerte für niedrige (– 1) und hohe (+ 1) Einstellungen

Der Gesamtmittelwert aller Datenpunkte ist als waagrechte Linie aufgetragen. Die Mittelwerte der Datenpunkte mit der Einstellung „niedrig (– 1)“ der Faktoren 1 und 2 befinden sich auf der linken Seite der Ordinate für die Ergebnisgröße; die Mittelwerte der Einstellung „hoch (+ 1)“ stehen auf der rechten Seite. Die Datenpunkte der Mittelwerte für Faktor 1 und Faktor 2 für niedrige und hohe Einstellung sind jeweils durch eine Gerade verbunden.

Im Schema von Bild 3.130 liegt der Mittelwert aller Messwerte der Ergebnisgröße mit Einstellung „niedrig (– 1)“ für Faktor 1 deutlich unterhalb des Gesamtmittelwerts, der Mittelwert aller Messwerte mit Einstellung „hoch (+ 1)“ für Faktor 1 liegt deutlich oberhalb. Die Interpretation lautet dann, dass bei Faktor 1 ein Wechsel von der niedrigen zur hohen Einstellung die Messwerte der Ergebnisgröße im Mittel erhöht. Für Faktor 2 gilt das Gegenteil, hier erniedrigen sich die Messwerte der Ergebnisgröße im Mittel beim Wechsel von der niedrigen zur hohen Einstellung.

Der Unterschied zwischen den Mittelwerten symbolisiert den berechneten Haupteffekt. Je größer dieser Unterschied ist, desto steiler ist die Gerade, die die Mittelwerte der niedrigen und hohen Einstellung verbindet. Bei Faktoren, die nur einen geringen oder gar keinen Einfluss auf das Prozessergebnis besitzen, ist die Steigung nahezu null. Im Schema von Bild 3.130 besitzt also Faktor 1 einen deutlich größeren Einfluss als Faktor 2. Faktor 1 hat bezüglich der Ergebnisgröße eine größere Bedeutung als Faktor 2.

Zu guter Letzt sollten Sie sich auch vergewissern, welchen Einfluss die im Laufe des Experiments aufgenommenen Kovariablen auf das Prozessergebnis ausüben. Bei einem starken Einfluss auf das Ergebnis sollten Sie einen deutlichen Trend erkennen können. In Bild 3.131 ist schematisch ein Einfluss einer Kovariable auf die Ergebnisgröße des Experiments dargestellt; bei zunehmenden Werten der Kovariable nehmen die Werte der Ergebnisgröße ab – rein vom Augenschein her kann ein Zusammenhang postuliert werden, der dann statistisch nachgewiesen werden sollte.

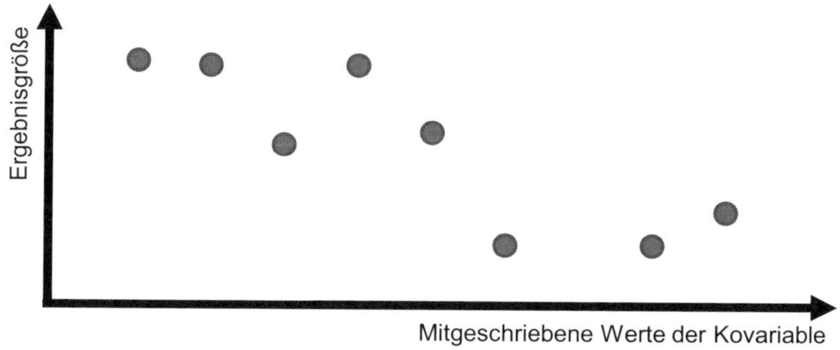

Bild 3.131 Darstellung des Einflusses einer während eines Experiments verfolgten Kovariable auf das Prozessergebnis

In den Vorlagen des Begleitmaterials werden nur die grafischen Auswertungen und die Haupteffekte behandelt. Für die Betrachtung von Wechselwirkungen sowie eine korrekte statistische Auswertung sind Vorkenntnisse nötig, die den Rahmen der Betrachtung dieses Buchs sprengen würden. Bei Bedarf sollten Sie professionelle Hilfe in Betracht ziehen. Die Daten aus der Vorlage können jedoch jederzeit in eine geeignete Statistiksoftware übernommen und dort weiter ausgewertet werden.

3.26.5 Verwendung des Ergebnisses

Ein DoE hat im Wesentlichen drei Ergebnisse zur Folge:

- die Kenntnis über die Stellhebel, mit denen Sie das Ergebnis beeinflussen können, und die Stellhebel, die keinen Einfluss besitzen und aus der weiteren Betrachtung ausgeschlossen werden können,
- die Kenntnis des (mathematischen) Modells und damit der Wirkweise der signifikanten Faktoren,
- die Kenntnis über die Zusammenhänge zwischen den Stellhebeln und ob die Wirkung eines Stellhebels von der Einstellung eines anderen Stellhebels beeinflusst wird (sogenannte Wechselwirkungen). Im ersten Fall können Sie die Anzahl der im weiteren Projektverlauf zu betrachtenden Einflussgrößen deutlich reduzieren, was bei späterer Prozess- oder Ergebniskontrolle Vorteile bringt.

Im zweiten Fall können Sie mit dem Modell die Lage oder Genauigkeit der Ergebnisgröße vorhersagen und somit gezielt das gewünschte Prozessergebnis hervorrufen. Dies gilt auch im Verbund mit mehreren Ergebnisgrößen, die Sie dann gemeinsam optimieren können, so dass die Kundenanforderungen optimal erfüllt sind. Durch die genaue Kontrolle der Stellhebel haben Sie somit die Möglichkeit, bestimmte Stellhebel so einzustellen, dass sie keinen Einfluss mehr auf die Ergebnisgröße besitzen (Stichwort: robuste Prozesse durch Ausnutzen von Wechselwirkungen).

Die Vorlagen im Begleitmaterial sind allein auf die grafische Darstellung der sogenannten Haupteffekte ausgelegt, was in zahlreichen Fällen ausreicht. Die tiefgehende statistische Analyse zur Ermittlung des Beitrags der einzelnen Parameter oder des Einflusses von Wechselwirkungen zwischen Faktoren kann mit entsprechenden Statistikprogrammen und vielen anderen erfolgen.

Diese Programme verfügen dann auch über die Möglichkeit, weiterführende experimentelle Designs aufzubauen, um bei nichtlinearen Systemen optimale Arbeitspunkte systematisch zu ermitteln.

3.26.6 Vor- und Nachteile

DoE bietet deutliche Vorteile:

- In einem DoE variieren Sie mehrere Eingangsgrößen auf einmal und beobachten die Wirkung auf die Ergebnisgröße(n). Damit sind Sie eigentlich wesentlich näher am „normalen" Prozess, in dem alle Eingangsgrößen ebenfalls unabhängig voneinander streuen.
- In einem DoE können Sie die Wirkung der Einstellungen der Faktoren auf mehrere Ergebnisgrößen auf einmal beobachten. Dies erhöht Ihre experimentelle Effizienz, da Sie das untersuchte System ganzheitlich betrachten.
- Durch die Variation der Stellhebel auf einmal können Sie erkennen, ob die Wirkung bestimmter Faktoren von der Einstellung anderer Faktoren abhängt (sogenannte Wechselwirkung); DoE ist die einzige Methode, die diese wertvolle Information liefert.
- Die statistische Auswertung der Ergebnisse liefert Ihnen die Information, wie viel Prozent des Ergebnisses Sie erklären können und zu wie viel Prozent das Ergebnis vom Zufall abhängt. Mit dieser Information können Sie dann entweder in der Entwicklung fortfahren oder aber Sie sind gezwungen, weitere bisher unbekannte Einflussgrößen zu identifizieren.
- Bei der Durchführung einer Serie von Experimenten können Sie diese so gestalten, dass sie aufeinander aufbauen, damit kann bereits erhaltene Information durch die zunehmende und systematische Abdeckung des Parameterraums weiter genutzt werden. Sie haben somit die Möglichkeit, den Reaktionsraum der Ergebnisgröße zunehmend vollständig und umfassend zu beschreiben.
- Bei der Analyse der Wirkung auf mehrere Ergebnisgrößen erhalten Sie auch mehrere mathematische Modelle, so dass Sie ein Optimum für die Erreichung der Ergebnisgrößen berechnen können.

Die Nachteile eines DoE sind:

- Der Nachteil eines DoE ist, dass die Planung und die Einbindung aller betroffenen Mitarbeiter mitunter einen größeren zeitlichen Umfang annehmen als gedacht. Oftmals ist diesen die Vorgehensweise der gleichzeitigen Änderung aller Stellhebel unbekannt und sie nehmen eine ablehnende Haltung ein.
- Ein weiterer Nachteil ist, dass Sie das vollständige Bild erst am Ende aller Experimente bewerten und vor allem darstellen können, manche eiligen Zeitgenossen aber unbedingt Zwischenergebnisse darstellen müssen oder möchten.
- Noch ein Nachteil eines DoE ist, dass der geplante Aufwand ab Beginn deutlich sichtbar ist. Bei der Argumentation des gesamten Experiments in Bezug auf anfallende Aufwände können aber nur wenige Abstriche gemacht werden. Hier hilft eventuell eine schrittweise Vorgehensweise über die aufeinanderaufbauende Schachtelung teilfaktorieller Versuchspläne.

3.26.7 Praxisbeispiel

Anhand des Beispiels im beiliegenden Material sind Ergebnisgrößen und Stellhebel mitsamt zugehörigen Einstellungen sowie betrachtete Kovariablen beschrieben (Bild 3.132). Für jeden Messwert der Ergebnisgröße wurden zehn Wiederholungen gemittelt.

	↓↓ hier eingeben ↓↓		
	Ergebnisgröße 1	Ergebnisgröße 2	Ergebnisgröße 3
Ergebnisgrößen	IPY [%]	Montagezeit [min]	Streuung Montage

	Bezeichnung Faktor hier eintragen: ↓	Einstellung "niedrig" (-1)	Einstellung "hoch" (+1)
Faktor 1	Montage-Wkz	alt	neu
Faktor 2	Anschluss Fkt.prüfg.	alt	neu
Faktor 3	Positionierung Kit	oben links	mittig

	Kovariable 1	Kovariable 2	Kovariable 3
zusätzl. Messgrößen	Steckzahl (Start)	Helligkeit (lm)	

Bild 3.132 Eingabe der Ergebnisgrößen und Stellhebel (Faktoren) und Kovariablen im Praxisbeispiel

Im ersten Eingabeblock wurde für die Ergebnisgröße 1 „IPY [%]" (IPY: in process yield; Ausbeute des Prozessschritts), für Ergebnisgröße 2 „Montagezeit [min]" als Mittelwert mehrerer Messungen und für Ergebnisgröße 3 die „Streuung Montagedauer" eingetragen.

Im zweiten Eingabeblock sind die Bezeichnungen der Stellhebel (Faktoren) eingetragen, die im Experiment gezielt eingestellt werden sollten, und deren jeweiligen Einstellungen. Faktor 1 beschreibt die Art des Montagewerkzeugs (Montage-Wkz) mit den Einstellungen „alt" für das alte Werkzeug und „neu" für das angeblich verbesserte Werkzeug.

Als Faktor 2 wurde der Anschluss der Funktionsprüfung (Anschluss Fkt.prüfg) mit den Bezeichnungen „alt“ für den alten Zustand und „neu“ für den veränderten Zustand gewählt. Faktor 3 beschreibt nun das Ergebnis eines Rüstworkshops, in dem festgestellt wurde, dass eine veränderte Positionierung des angelieferten Bausatzes eine Verbesserung bringen könnte; die beiden Einstellungen „oben links“ und „mittig“ beschreiben diese Alternativen.

Das Ergebnis des Experiments ist beispielhaft anhand der Ergebnisgröße 1 (IPY [%]) in Bild 3.133 beschrieben.

	Design		zusätzlich mitgemessene Größen			Ergebnis (Response)
Faktor 1	Faktor 2	Faktor 3	Kovariable 1	Kovariable 2	Kovariable 3	Ergebnisgröße 1
Montage-Wkz	Anschluss Fkt.prüfg.	Positionierung Kit	Steckzahl (Start)	Helligkeit (lm)	Kovariable 3	IPY [%]
neu	neu	oben links	350	300		98
alt	alt	mittig	378	320		92
neu	alt	mittig	388	320		97
alt	alt	oben links	398	300		93
neu	alt	oben links	412	280		97
alt	neu	oben links	422	310		98
alt	neu	mittig	456	330		98
neu	neu	mittig	512	300		99

Bild 3.133 Tabelle der aus den Eingaben übernommenen Ergebnisgrößen, Kovariablen und Faktoren sowie der Werte der Ergebnisgröße IPY [%] (in process yield) und der Kovariablen, die während des Experiments bestimmt wurden

Sie erkennen die Werte einer der drei Ergebnisgrößen, IPY[%] sowie die Notizen zu den Kovariablen, Steckzahl und Helligkeit.

Zunächst werden für die einzelnen Einstellungen der Faktoren die Mittelwerte berechnet und aus den Unterschieden der Mittelwerte wird der Haupteffekt abgeleitet (Bild 3.134).

Auswertung für Ergebnisgröße 1	Mittelwert "niedrig"	Mittelwert "hoch"	Haupteffekt
	-1	1	
Gesamtmittelwert	96.5	96.5	
Montage-Wkz	95.25	97.75	2.5
Anschluss Fkt.prüfg.	94.75	98.25	3.5
Positionierung Kit	96.5	96.5	0

Bild 3.134 Berechnung der Haupteffekte (Änderung der Mittelwerte der Ergebnisgröße beim Wechsel von „niedrig“ nach „hoch“)

Sie erkennen daraus mehrere Dinge: 1) Der IPY [%] liegt im Mittel bei 96,5 %. Der Haupteffekt des Faktors „Anschluss Fkt.prüfg.“ liegt bei 3.5. Das heißt, der Wechsel von der Einstellung „alt“ zur Einstellung „neu“ erhöht IPY [%] im Mittel um 3,5 %.

Der Einfluss des Faktors „Anschluss Fkt.prüfg.“ ist größer als der des Faktors „Montage-Wkz“. Beim Wechsel von der Einstellung „alt“ zur Einstellung „neu“ des „Montage-Wkz“ erhöht sich die Ausbeute IPY [%] nicht so stark, nur um im Mittel 2,5 %.

Der Haupteffekt des Faktors „Positionierung Kit" ist „0". Der Faktor „Positionierung Kit" beeinflusst damit IPY [%] gar nicht, „Anschluss Fkt.prüfg." hat einen größeren Einfluss auf IPY [%] als der Faktor „Montage-Wkz".

Als Grafik lässt sich dies wie in Bild 3.135 zeigen.

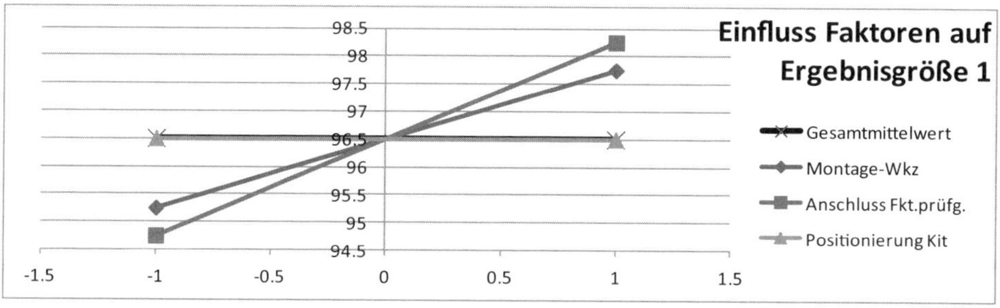

Bild 3.135 Darstellung des Einflusses der Stellhebel auf den Gesamtmittelwert und der Haupteffekte

Für eine möglichst hohe IPY [%] könnte die Empfehlung lauten:

- „Anschluss Fkt.prüfg." ist mit der Einstellung „neu" besser; die Funktionsprüfung sollte mit dem neuen Anschluss durchgeführt werden.
- „Montage-Wkz" ist in der Einstellung „neu" besser; die Montage sollte zukünftig mit dem neuen Werkzeug durchgeführt werden.
- „Positionierung Kit" besitzt keinen Einfluss auf die Ergebnisgröße IPY [%]; IPY [%] ist robust gegen die Positionierung des Kits.

Zum Schluss wird noch die Wirkung der Kovariablen „Steckzahl" und „Helligkeit" auf die Ausbeute IPY [%] ermittelt (Bild 3.136). Rein grafisch lässt sich weder ein Trend dafür ablesen, dass die Helligkeit die Ausbeute im betrachteten Bereich beeinflusst noch dass die Steckzahl der Funktionsprüfung eine Wirkung auf die Ausbeute besitzt.

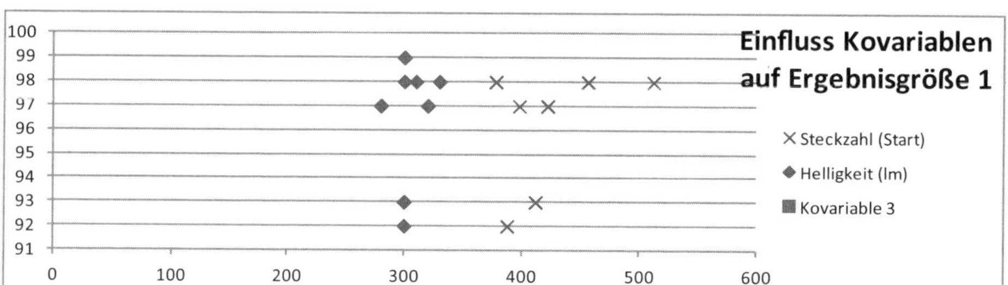

Bild 3.136 Darstellung des Einflusses der Kovariablen auf die Ergebnisgröße ohne Berücksichtigung der Einstellungen der Faktoren

3.26.8 Typische Fehler bei der Anwendung

- Bei der Durchführung und Planung eines DoE geschehen immer wieder typische Fehler.
- Die Planung des Experiments wird nicht sorgfältig genug vorbereitet. Es wurden nicht die richtigen Faktoren identifiziert und nicht die richtigen Einstellwerte, so dass die Ergebnisse in einem nicht interessierenden Bereich liegen oder aber gar keine messbaren Ergebnisse zustande kommen.
- Bei der Planung wird nicht berücksichtigt, wie stark das Messsystem streut. Die Folge ist, dass entweder die aufzulösenden Effekte zu klein gewählt werden oder aber die Stichprobengröße für die erforderliche Auflösung zu gering ist. Die Folge ist dann, dass der Einfluss eines oder mehrerer Stellhebel übersehen wird.
- Ein DoE wird trotz experimentellem Plan nicht so durchgeführt, wie es vorgesehen ist. Die Ursache dafür kann mangelnde Aufklärung bei zum Beispiel Maschinenbedienern sein, die ihnen seltsam erscheinende Kombinationen eigenmächtig und aus besten Absichten heraus „korrigieren“ und dies nicht notieren. Eine andere Ursache kann die übereifrige Reaktion auf unerwartete Ereignisse sein, die dann in einer Neueinstellung der Stellhebel mündet, was die Auswertung erschwert oder aber die Ergebnisse wertlos machen kann, wenn die Änderungen nicht penibel festgehalten werden.
- Es werden wichtige Einflussgrößen aufgrund von Schwierigkeiten zur Bestimmung von Messgrößen einfach ausgelassen.
- Ein DoE wird an einem speziell gefertigten Referenzteil durchgeführt und dann werden die Ergebnisse auf Serienteile übertragen, ohne den Unterschied zwischen Serien- und Referenzteil zu kennen.
- Die erforderliche Maschinenkapazität oder Teile/Materialien stehen nicht zur Verfügung, weil die Maschinenbediener nicht eingeweiht wurden. Die Folge ist, dass das Experiment zu lange dauert oder nicht vollständig durchgeführt werden kann und die Ergebnisse an Wert verlieren.
- Die Anzahl der Prüflinge wurde unterschätzt, weil entweder die Streuung des Prozesses oder die des Messmittels unbekannt ist. Durch Nachbestellen von Prüflingen kann sich die Durchführungszeit eines DoE deutlich erhöhen und die Ergebnisse verlieren an Wert.
- Das Design des Experiments ist zu kompliziert gewählt. Dadurch schleichen sich leicht Fehler ein und die Durchführungszeit nimmt überhand.
- Die Zielstellung des DoE wurde nicht eindeutig definiert, so dass es zu Fehlauswertungen kommt.
- Die einzelnen Durchgänge des Experiments werden nicht in Zufallsreihenfolge abgearbeitet. In der Folge kann sich durch Überlagerung eines zeitlichen Trends eine Fehlinterpretation eines Faktors ergeben.
- Es wird kein Bestätigungsexperiment zur optimalen Einstellung durchgeführt, was gerade bei komplexeren Zusammenhängen zu Fehlinterpretationen und schließlich falschen Prozesseinstellungen führen kann.

- Aus den Berechnungsformeln wird über den im Experiment betrachteten Bereich extrapoliert. Die Folge ist, dass Sie Faktoren eventuell über unbekannte Phasengrenzen hinweg einstellen und sich somit ein völlig unbekanntes Verhalten ergibt, was sogar schwere Maschinenschäden oder Unfälle zur Folge haben kann.

3.26.9 Das Wichtigste in Kürze

Die statistische Versuchsplanung (Design of Experiment, DoE) hilft, gezielt, dokumentiert und nachvollziehbar die wesentlichen Einflussgrößen zu identifizieren, zu reduzieren und für das Prozessergebnis oder die Produktleistung die optimalen Einstellungen der Stellhebel zu finden.

Mithilfe der statistischen Datenanalyse erhalten Sie typischerweise ein Modell, mit dem die Reaktion der Ergebnisgröße auf bestimmte Einstellungen der Stellhebel vorausbestimmt werden kann.

Die Kombination aus DoE und statistischer Auswertungen ist nach unserem Kenntnisstand die einzige Methode, mit der Wechselwirkungen zwischen Faktoren eindeutig bestimmt werden können und die aufzeigt, wie viel des Verhaltens eines Systems in einem Parameterraum noch nicht verstanden ist.

Sie erhalten zwar eine Formel zur Berechnung des Systemverhaltens, diese ist aber nur innerhalb der Grenzen des Experiments streng gültig, da Sie eventuell den Wechsel von Aggregatzuständen und dergleichen nicht berücksichtigen.

3.26.10 Verwandte und weiterführende Themen

Multi-Vari-Studie

In einer Multi-Vari-Studie werden die Daten eines bestehenden Prozesses nach einem Datenerhebungsplan (siehe Kapitel „Datenerhebungsplan“) systematisch beobachtet, gesammelt und dann analysiert. Im Gegensatz zum Experiment ist die Multi-Vari-Studie eine Beobachtungsstudie. Dabei untersuchen Sie das Verhalten der Ergebnisgröße bei der (zufälligen) Änderung der Stellhebel und Störgrößen im Rahmen der vorhandenen Streubreiten. Sie nutzen grafische und statistische Methoden (siehe Kapitel „Grafische und statistische Werkzeuge“), um festzustellen, wie sich die Änderung in den Stellhebeln und Störgrößen auf Lage (Mittelwert, Median) oder Breite der Ergebnisgröße (Standardabweichung, Varianz, Spannweite) auswirkt. Die häufigste Datenkombination in Multi-Vari-Studien ist „attributiver Stellehebel“ und „variable Ergebnisgröße“.

Conjoint-Analyse

Die Conjoint-Analyse ist eine direkte Anwendung der DoE-Denkweise auf Fragestellungen des Marketings: „Welche Kombination an Produktmerkmalen ist besonders attraktiv und ruft am ehesten eine Kaufentscheidung hervor?“

Der Begriff „Conjoint“ ist eine Komposition aus den Anfangssilben von „considered jointly“ und bedeutet „zusammen bewertet“. Hierbei werden verschiedene Produktmerkmale zu einem Produkt kombiniert und von einem Kunden bewertet.

In der DoE-Sprache entspricht jedes Produktmerkmal einem Faktor und die Ausprägung des Produktmerkmals einer Einstellung des Faktors. Sie erhalten daraus eine Faktorstufenkombination und die Bewertung durch einen Probanden, zum Beispiel in einer Befragung, entspricht dann einem experimentellen Durchgang.

Die Auswertung des Conjoint-DoE kann mittels grafischer und statistischer Methoden erfolgen.

3.26.11 Arbeitshilfe

HINWEIS: Es stehen Ihnen zur Verfügung

- Vorlage „DoE-3-Faktoren“
- Vorlage „DoE-3-Faktoren und Block“
- Vorlage „DoE-4-Faktoren-halbe-Fraktion“
- Beispiel DoE „Fahrradlampe“

Diese Vorlagen beziehen sich auf die häufigsten Experimente (vollfaktoriell: drei Faktoren mit zwei Einstellungen; insgesamt acht Faktorstufenkombinationen; vollfaktoriell: drei Faktoren mit zwei Einstellungen, die in zwei Blöcke aufgeteilt sind; insgesamt acht Faktorstufenkombinationen; teilfaktoriell: vier Faktoren mit zwei Einstellungen; insgesamt acht Faktorstufenkombinationen von 16 möglichen) sowie für Messsystemanalyse und Stakeholder-Analyse zur Vorbereitung der Experimente. ■

Weiterführende Literatur

Box, E. P.; Hunter, J. S.; Hunter, W. G.: Statistics for Experimenters, Design, Innovation and Discovery, John Wiley & Sons, New York 2005.

Dietrich, E.; Schulze, A.: Statistische Verfahren zur Maschinen- und Prozessqualifikation, Carl Hanser Verlag, München 2009.

Gamweger, J.; Jöbstl, O.; Strohrmann, M.; Suchowerskyj, W.: Design for Six Sigma, Carl Hanser Verlag, München 2009.

Kleppmann, W.: Taschenbuch Versuchsplanung, Carl Hanser Verlag, München 2009.

Montgomery, D. C.: Design and Analysis of Experiments (7th ed.), John Wiley & Sons, New York 2009.

Schäppi, B.; Andreasen, M. M.; Kirchgeorg, M.; Radermacher, F. J.: Handbuch Produktentwicklung, Carl Hanser Verlag, München 2005.

3.27 Toleranzanalyse

3.27.1 Einsatzbereiche und Zielstellung

Im Rahmen einer Produktentwicklung, aber auch einer Prozessentwicklung ist die Festlegung der erforderlichen Toleranzen ein entscheidender Einflussfaktor, sowohl bezüglich der späteren Funktionsfähigkeit als auch der resultierenden Kosten und somit der Wirtschaftlichkeit des Produkts oder Prozesses (Bild 3.137).

Die akzeptablen Toleranzen für die Ergebnisgrößen (y), also z. B. das akzeptable Spaltmaß einer Autokarosserie oder die Dicke der Lackschicht in einem Lackierprozess, werden typischerweise in einer sehr frühen Entwicklungsphase, möglichst in Abstimmung mit den Kunden, festgelegt. Die benötigten Toleranzen werden dann z. B. in einem QFD 1 (siehe Kapitel „Quality Function Deployment"), einer Design Scorecard (siehe Kapitel „Design Scorecard") oder auch in einem Lastenheft dokumentiert.

Die tatsächlich erzielte Toleranz, oder genauer gesagt Streuung, hängt von einer Vielzahl von Eingangsgrößen (x_1 - x_n) ab. Das was man in der Praxis tatsächlich erhält, ist also eine Streuung der Ausgangsgröße von einem zum nächsten Teil, denn die Toleranz beschreibt nur den Bereich, in dem die Streuung der Ausgangsgröße laut Vorgabe liegen sollte.

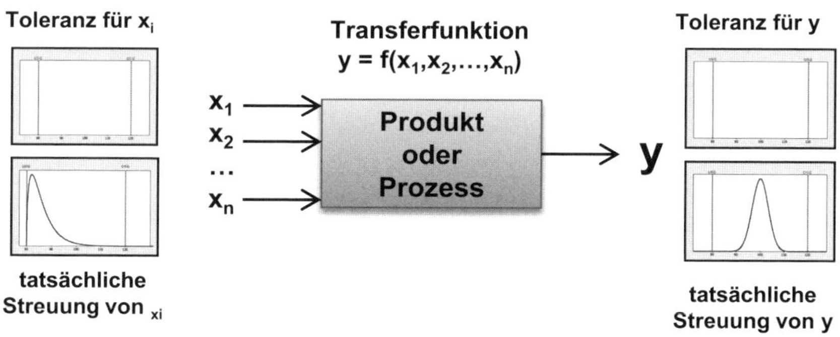

Bild 3.137 Zusammenhang zwischen der Streuung der Ergebnisgröße (y) und der Streuung der Eingangsgrößen (x_1 - x_n)

Ziel der Toleranzanalyse ist es also, zu ermitteln, in welchem Bereich die Stellhebel (x) streuen dürfen, damit die Spezifikationserreichung für die Ergebnisgrößen (y) sichergestellt werden kann. Dazu ist im Rahmen der Entwicklung die Ermittlung der sogenannten Transferfunktion, also des Zusammenhangs zwischen den Eingangsgrößen und den betrachteten Ausgangsgrößen, notwendig.

Abhängig von der Komplexität eines Produkts oder Prozesses, ist es oft kaum möglich, die vollständige Transferfunktion über mehrere Ebenen (Bauteil, Komponente, System oder verschiedene Teilprozesse) zu ermitteln. Allerdings sollte man anstreben, die wesentlichen Einflussgrößen und deren Wirkzusammenhänge zu kennen. Wesentliche Werkzeuge für die Ermittlung sind beispielsweise die statistische Versuchsplanung,

DoE (siehe Kapitel „Statistische Versuchsplanung“) oder auch Simulationsmethoden (siehe Kapitel „Monte-Carlo-Simulation“).

Im Rahmen der Entwicklung sollte versucht werden, das Produkt oder den Prozess so zu gestalten, dass eine Streuung der Eingangsgröße möglichst wenig stark auf die Streuung der Ausgangsgröße wirkt. Dadurch können die Toleranzen der Eingangsgrößen vergrößert werden, was zu erheblicher Kostenreduzierung und geringerer Fehleranfälligkeit führt. Man spricht in diesem Zusammenhang auch von einem „robusten Design“ (siehe Kapitel „Robustes Design“).

3.27.2 Das Wichtigste in Kürze

Historisch gesehen wurde bei der Auslegung von Toleranzen meist so vorgegangen, dass die vorgegebenen Toleranzen der Einzelbauteile so eng gewählt wurden, dass auch im ungünstigsten möglichen Fall, nämlich wenn alle Maße der Einzelteile sich in eine Richtung an der Toleranzgrenze bewegen, die erlaubte Gesamttoleranz nicht überschritten wird. Diese Art der Tolerierung ist allgemein unter dem Begriff „worst case“-Tolerierung bekannt.

Worst-Case-Tolerierung

Der Vorteil dieser Art der Tolerierung ist, dass unter der Voraussetzung „alle Einzelteile können innerhalb der Toleranz gefertigt werden“ die Funktion des Gesamtsystems sicher gewährleistet werden kann. Der große Nachteil besteht jedoch in der damit notwendigen sehr engen Tolerierung der Einzelteile, was in der Praxis dazu führt, dass die sehr engen Toleranzen nicht mehr wirtschaftlich oder sogar gar nicht mehr herstellbar sind.

Wir betrachten beispielsweise eine Einheit, bei der in einem Montageprozess vier Einzelteile T1 bis T4 zusammengefügt werden sollen. Im einfachsten Fall ergibt sich das Gesamtmaß l_{ges} aus der Addition der vier Einzelmaße (Bild 3.138).

$$l_{ges} = l_{Teil1} + l_{Teil2} + l_{Teil3} + l_{Teil4}$$

Die mögliche Gesamttoleranz Δl_{ges} ergibt sich ebenfalls aus der Addition der Einzeltoleranzen, da es sich hier um eine lineare Toleranzüberlagerung handelt.

$$\Delta l_{ges} = \pm(\Delta l_{Teil1} + \Delta l_{Teil2} + \Delta l_{Teil3} + \Delta l_{Teil4})$$

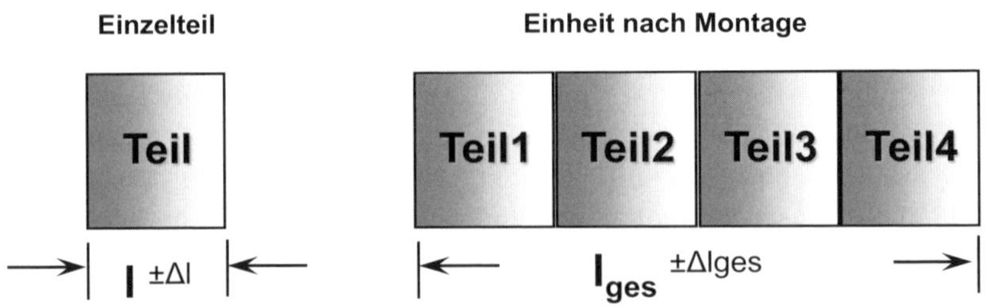

Bild 3.138 Addition der Einzeltoleranzen bei Berechnung nach worst case

Die berechnete Worst-case-Toleranz kommt aber nur zustande, wenn tatsächlich die Maße aller Einzelteile auf der gleichen Seite an der Toleranzgrenze liegen. Je mehr Einzelmaße sich aufaddieren, desto unwahrscheinlicher ist es in der Praxis, dass alle Einzelteile auf der gleichen Seite an der Toleranzgrenze liegen. Das ist umso unwahrscheinlicher, je komplexer die Systeme sind und je mehr verschiedene Zulieferer und verschiedene Herstellungsprozesse an der Fertigung der Einzelteile beteiligt sind. Das ist bei heutigen Systemen aber oft gegeben.

Nicht lineare Toleranzüberlagerung

Ergibt sich das betrachtete Gesamtmaß nicht mehr aus der linearen Addition der Einzelmaße, sondern beispielsweise das Volumen eines Quaders aus der Multiplikation von Länge mal Breite mal Höhe, oder unter Beteiligung von Hebeln, Winkeln etc., so kann die zu erwartende Toleranz näherungsweise über die Bildung der partiellen Ableitungen (sogenanntes Fehlerfortpflanzungsgesetz) berechnet werden.

Die sich ergebende Gesamttoleranz für den worst case kann jetzt wieder aus der Addition der Beträge der ermittelten Einzeltoleranzen berechnet werden. Gerade bei komplexeren Zusammenhängen ist eine analytische Darstellung hier jedoch nur noch mit großem Aufwand möglich.

Einfache quadratische Addition der Toleranzen (Root Sum of Squares, RSS)

Damit wird klar, dass die über eine Worst-case-Berechnung ermittelten Toleranzen praktisch immer größer sind, als für eine Sicherstellung der Funktionsfähigkeit notwendig wäre. Aus wirtschaftlicher Sicht ist die Worst-case-Tolerierung abzulehnen.

Deshalb wurde als Alternative das Root-Sum-of-Squares-Verfahren (RSS) entwickelt, bei dem die Toleranzen nicht linear, sondern quadratisch addiert werden. Für unser Beispiel würde das bedeuten:

$$\Delta_{l_{ges}} = \pm\sqrt{\Delta l_{Teil1}^2 + \Delta l_{Teil2}^2 + \Delta l_{Teil3}^2 + \Delta l_{Teil4}^2}$$

Dieses Verfahren liefert nur dann zutreffende Ergebnisse, wenn folgende Voraussetzungen erfüllt sind:

- Der Mittelwert der betrachteten Einzelkomponenten liegt auf Nennmaß.
- Die Daten der betrachteten Einzelkomponente sind normalverteilt.
- Die verschiedenen Einzelkomponenten sind unabhängig voneinander.

Im Allgemeinen wird bei dem RSS-Verfahren davon ausgegangen, dass die Einzelkomponenten mit einer Wahrscheinlichkeit von 99,73 % innerhalb der Toleranz liegen. Das würde bei der angenommenen Normalverteilung bedeuten, dass die Toleranzgrenzen ± 3 Standardabweichungen vom Mittelwert entfernt sind, was wiederum einer Prozessfähigkeitskennzahl von $C_{pk} = 1$ entspricht.

Das einfache RSS-Verfahren ist weniger konservativ als worst case. Wenn die Mittelwerte jedoch vom Nennmaß abweichen und die tatsächlichen Verteilungen nicht der Normalverteilung entsprechen, liefert dieses Verfahren zu optimistische Toleranzaussagen.

Statistische Tolerierung

Sowohl das Worst-case- als auch das einfache RSS-Verfahren benutzen keine Informationen über die tatsächliche Lage des Mittelwerts und die tatsächliche Verteilung der Maße der jeweiligen Einzelkomponenten. Die tatsächlich entstehende Streuung einer Eigenschaft oder eines Maßes einer betrachteten Ergebnisgröße hängt aber von der tatsächlichen Maßverteilung der verwendeten Komponenten und des funktionalen Zusammenhangs (Transferfunktion) ab.

Wir betrachten zunächst wieder den einfachsten Fall einer linearen Addition der Dimensionen, beispielsweise bei der in Bild 3.138 betrachteten Anordnung zur Montage von vier Einzelteilen.

Die sich ergebende Gesamtlänge l_{ges} errechnet sich analog der Worst-case-Betrachtung zu:

$$l_{ges} = l_{Teil1} + l_{Teil2} + l_{Teil3} + l_{Teil4}$$

Die tatsächliche Streuung der Länge σl_{ges} ergibt sich aus der Addition der Varianzen (= Quadrat der Standardabweichung) der Einzelteile T1 bis T4.

$$\sigma_{l_{ges}} = \sqrt{\sigma_{Teil1}^2 + \sigma_{Teil2}^2 + \sigma_{Teil3}^2 + \sigma_{Teil4}^2}$$

Das gilt aufgrund des sogenannten zentralen Grenzwertsatzes angenähert auch für nicht normal verteilte Einzelverteilungen. Entscheidend für die tatsächliche Streuung der montierten Einheiten ist also nicht die vorgegebene Toleranz der Einzelteile, sondern die tatsächliche Verteilung der Ist-Maße der Einzelteile T1 bis T4.

Nicht lineare Toleranzüberlagerung

Bei einem nicht linearen Zusammenhang kann die Varianz der betrachteten Ausgangsgröße näherungsweise wieder über die Bildung der partiellen Ableitungen berechnet werden:

$$\sigma_{ges}^2 = \sum_{i=1}^{n} \left(\frac{\partial y}{\partial x_i} \sigma_i \right)^2$$

Alternativ liefert die Durchführung einer Monte-Carlo-Simulation zuverlässige Aussagen über die zu erwartende Streuung.

Benutzung in der Praxis

Um in der Praxis aus einer Toleranzanalyse zuverlässige Ergebnisse zu erhalten, können folgende Vorgehensweisen verwendet werden:

- Die in der Regel zu optimistischen Annahmen der einfachen RSS-Toleranzanalyse werden mit einem Korrekturfaktor versehen. In der Literatur werden eine Reihe von Korrekturfaktoren abhängig von den tatsächlich vorkommenden Verteilungen beschrieben. Meist liegen diese Faktoren bei etwa 1,5 oder höher.
- Berechnung der zu erwartenden Streuungen mithilfe einer numerischen Simulation (siehe Kapitel „Monte-Carlo-Simulation“).

Voraussetzung für die Anwendung von Simulationsverfahren ist, dass der funktionale Zusammenhang zwischen den Eingangsgrößen und der Ausgangsgröße bekannt ist. Das ist beispielsweise bei mechanischen Konstruktionen oft gegeben. Eine weitere Voraussetzung ist, dass die Verteilungsmodelle für die Eingangsgrößen ebenfalls bekannt sind. Dazu sind üblicherweise detaillierte Informationen über die verwendeten Fertigungsprozesse notwendig. Simulationsverfahren liefern unter der Voraussetzung korrekter Funktionsmodelle und Verteilungsannahmen im Gegensatz zu der Berechnung über die Fehlerfortpflanzung auch bei nicht linearen Zusammenhängen exakte Ergebnisse. Ein weiterer Vorteil ist der meist geringe Aufwand für die Durchführung der Simulationen.

3.27.3 Verwendung der Ergebnisse

Die Ergebnisse einer Toleranzanalyse erlauben die Optimierung eines Systems unter Kosten- und Funktionsgesichtspunkten. Ausgehend von einer für die Funktion eines Systems benötigten Toleranz der Ausgangsgrößen, können die erforderlichen Toleranzen der die Ausgangsgrößen bestimmenden Eingangsgrößen soweit erweitert und damit kostenoptimiert werden, dass eine Funktion des Systems mit der geplanten Wahrscheinlichkeit sichergestellt wird.

3.27.4 Arbeitshilfe

HINWEIS: Es steht Ihnen zur Verfügung

- Beispiel Toleranzanalyse „Christbaumständer“

Weiterführende Literatur

Gamweger, J.; Jöbstl, O.; Strohrmann, M.; Suchowerskyj, W.: Design for Six Sigma, Carl Hanser Verlag, München 2009.

Klein, B.: Statistische Tolerierung, Carl Hanser Verlag, München 2002.

Taguchi, G.: Taguchi on Robust Technology Development: Bringing Quality Engineering Upstream, ASME Press, New York 1993.

Taguchi, G.; Chowdhury, S.; Wu, Y.: Taguchi's Quality Engineering Handbook, John Wiley & Sons, New York 2004.

VDA: Band 4, Wirtschaftlicher Tolerierungsprozess, 2006.

3.28 Monte-Carlo-Simulation

3.28.1 Einsatzbereiche und Zielstellung

Eine zentrale Aufgabe im Rahmen eines Entwicklungsprojekts ist das Verständnis der Ursache-Wirkungs-Beziehungen zwischen den Eingangsgrößen und den Ergebnisgrößen des betrachteten Systems, also der Transferfunktion y = f(x). Bei der Verwendung von Simulationsverfahren geht man nun von einer bekannten Ursache-Wirkungs-Beziehung - *dem Modell* - aus, um dann zu untersuchen, welche Auswirkung verschiedene Zustände der Eingangsgrößen, beispielsweise bestimmte Toleranzvorgaben oder Verteilungen, auf die Ergebnisgröße haben.

Ist der funktionale Zusammenhang y = f(x) exakt bekannt oder über ein Modell hinreichend gut beschrieben, so kann im Rahmen einer Simulation beispielsweise ermittelt werden, wie stark eine Ergebnisgröße streut, abhängig davon, wie sich die Eingangsgrößen x_1 bis x_n verhalten.

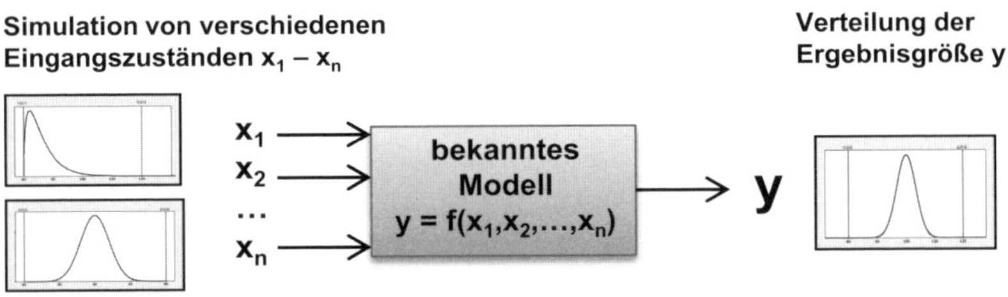

Bild 3.139 Prinzip der Monte-Carlo-Simulation

Damit sind beispielsweise zuverlässige Aussagen über die Einhaltung von vorgegebenen Toleranzen für eine Ausgangsgröße möglich oder aber auch die Bestimmung von zulässigen Toleranzbereichen für die Eingangsgrößen.

Bei nicht allzu komplexen Systemen können diese Zusammenhänge meist als mathematisches Modell vollständig beschrieben werden. Beispielsweise ist die Länge l_{ges} einer Komponente, die aus der linearen Aneinanderreihung der Einzelteile T1 - T4 besteht, über die einfache Funktion

$$l_{ges} = l_{Tei1} + l_{Teil2} + l_{Tei3} + l_{Teil4}$$

definiert. Auch bei elektronischen Schaltungen können interessierende Parameter, z.B. eine Ausgangsspannung, abhängig vom Aufbau der gewählten Schaltung über eine mathematische Beziehung meist eindeutig definiert werden.

Bei komplexeren Systemen sind die Ursache-Wirkung-Beziehungen oft nur mehr oder weniger vollständig bekannt und werden mithilfe von Modellen beschrieben. Entscheidend für die spätere Aussagekraft einer durchgeführten Simulation ist die Übereinstimmung des verwendeten Modells mit der Wirklichkeit.

3.28.2 Das Wichtigste in Kürze

Voraussetzung für die Anwendung der Monte-Carlo-Simulation ist also das Vorliegen eines geeigneten Funktionsmodells y = f(x), wie im Bild 3.139 beschrieben. Somit können wir den Ergebniswert y für jeden beliebigen Wert der Eingangsgrößen x_1 - x_n berechnen. Allerdings werden in unserem realen System die Werte der Eingangsgrößen x_1 - x_n nicht konstant sein, sondern einer Streuung unterliegen, was dann ebenfalls zu einer Streuung in unserer Ergebnisgröße y führt.

Mithilfe der Monte-Carlo-Simulation werden jetzt an den Eingangsgrößen zufällige Zustände (daher auch der Name „Monte Carlo" in Bezug auf das bekannte Spielcasino) simuliert und die jeweiligen Ergebnisse y berechnet. Auf dem Rechner lassen sich damit in kürzester Zeit sehr viele verschiedene Zustandskombinationen ermitteln. Üblicherweise wird das Verhalten der Eingangsgrößen über Verteilungsmodelle (z. B. Normalverteilung, Gleichverteilung) dargestellt. Für jeden Berechnungsschritt wird dann aus dem jeweils verwendeten Verteilungsmodell ein zufälliger Wert entnommen und damit die Ergebnisgröße y berechnet. Da diese Berechnung viele Tausende Male wiederholt wird, ergibt sich somit ebenfalls eine Verteilung für die Ergebnisgröße y. Durch Veränderung der Verteilungsmodelle der Eingangsgrößen können jetzt im Prinzip beliebige Zustände, wie z. B. Wechsel eines Lieferanten, Verschleiß eines Werkzeugs, simuliert werden.

Im folgenden Beispiel gehen wir davon aus, dass vier gleichartige Einzelteile T1 bis T4 in einem Montageprozess zusammengefügt werden. Wir sind an der Länge l_{ges} der montierten Einheit interessiert. Für diesen sehr einfachen Fall ist das Funktionsmodell exakt bekannt:

$$l_{ges} = l_{Tei1} + l_{Teil2} + l_{Tei3} + l_{Teil4}$$

Die Auswirkungen verschiedener „Qualitäten" der Einzelteile auf die Streuung der Länge l_{ges} der montierten Einheit können simuliert werden. Bild 3.140 zeigt, wie die vier gleichartigen Teile T1 bis T4 zu einer Einheit montiert werden. Die Dimensionen der Einzelteile T1 bis T4 sind laut Zeichnung jeweils 5 mm ± 0,1 mm. Die montierte Einheit benötige für die Sicherstellung der Funktion eine Dimension von 20 mm ± 0,2 mm. Bei der sogenannten Worst-case-Betrachtung (siehe Kapitel „Toleranzanalyse"), also der Addition aller Einzeltoleranzen in eine Richtung, wäre die geforderte Toleranz der montierten Einheit von ± 0,2 mm nicht einzuhalten. Also würde typischerweise die Toleranz für die Einzelteile weiter reduziert, was sicher eine Kostensteigerung zur Folge hätte.

Bild 3.140 zeigt im unteren Bereich die Simulationsergebnisse. Für die Einzelteile T1 bis T4 wurde in diesem Simulationslauf davon ausgegangen, dass der Herstellprozess normal verteilte Ergebnisse mit Mittelwert = Zielwert = 5 mm liefert. Ferner wurde angenommen, dass 99,73 % der Einzelteile die Toleranz von ± 0,1 mm einhalten, was genau einer Prozessfähigkeit von C_{pk} = 1 entsprechen würde (siehe Kapitel „Prozessfähigkeitsanalyse").

Die Ergebnisse der Monte-Carlo-Simulation aus hier gewählten 25 000 Durchläufen für das Beispiel im Bild 3.140 ergeben eine Wahrscheinlichkeit von etwa 0,26 %, die Toleranz von ± 0,2 mm für die Gesamtlänge l_{ges} nicht einzuhalten.

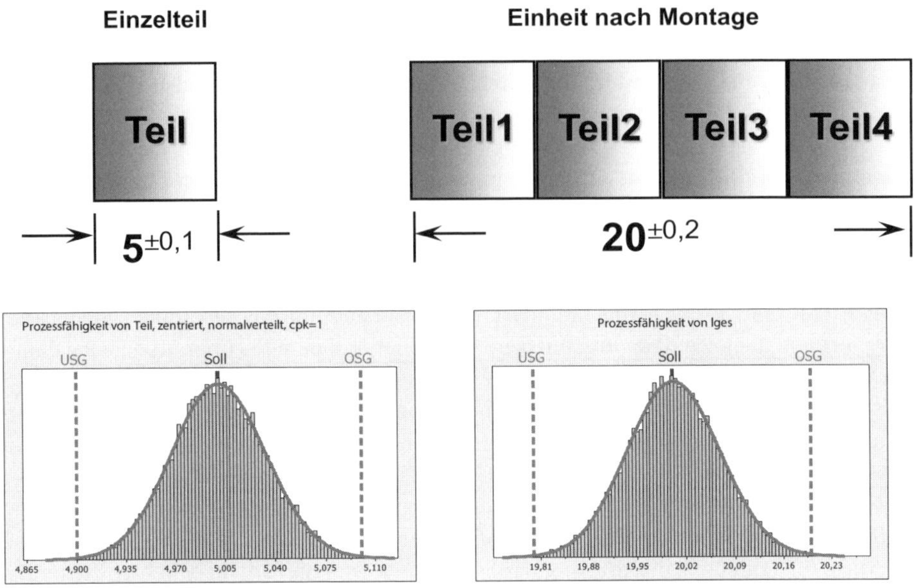

Bild 3.140 Beispiel für eine Monte-Carlo-Simulation bei einem einfachen Montageprozess

Ein alternatives Simulationsszenario liegt vor, wenn für die Einzelteile T1 bis T4 keine zentrierte Normalverteilung, sondern eine Gleichverteilung der Maße innerhalb des Toleranzbereichs angenommen wird. Solche Verteilungen könnten sich annähernd beispielsweise durch einen kontinuierlichen Werkzeugverschleiß ergeben.

Bild 3.141 zeigt die verwendeten Verteilungsmodelle für die Einzelteile links unten und die Simulationsergebnisse rechts unten. Obwohl jetzt kein Einzelteil außerhalb der vorgegebenen Toleranzen lag, zeigt eine Prozessfähigkeitsanalyse der Simulationsergebnisse eine Wahrscheinlichkeit von etwa 8,2 %, dass die Toleranz der Gesamtlänge l_{ges} nicht eingehalten werden kann. In diesem Fall führt die erhöhte Streuung der Einzelteile auch zu einer erhöhten Streuung der Gesamtlänge der montierten Einheit. Bemerkenswert ist auch, dass die Verteilung der Werte der Gesamtlänge l_{ges} nahezu normal verteilt ist, obwohl die Eingangsgrößen gleich verteilt sind. Dies ist jedoch aufgrund einer statistischen Gesetzmäßigkeit, dem sogenannten zentralen Grenzwertsatz, auch zu erwarten.

Für die Durchführung von komplexeren Monte-Carlo-Simulationen in beispielsweise Mechanik, Elektrotechnik oder auch Fabrikplanung stehen eine Vielzahl von spezialisierten Softwareprodukten zur Verfügung.

Entscheidend für die Aussagekraft der Ergebnisse sind die Übereinstimmung des verwendeten Modells mit der Realität sowie die Qualität der simulierten Verteilungsmodelle. Wenn diese die Wirklichkeit gut widerspiegeln, liefert die Monte-Carlo-Simulation auch zuverlässige Ergebnisse.

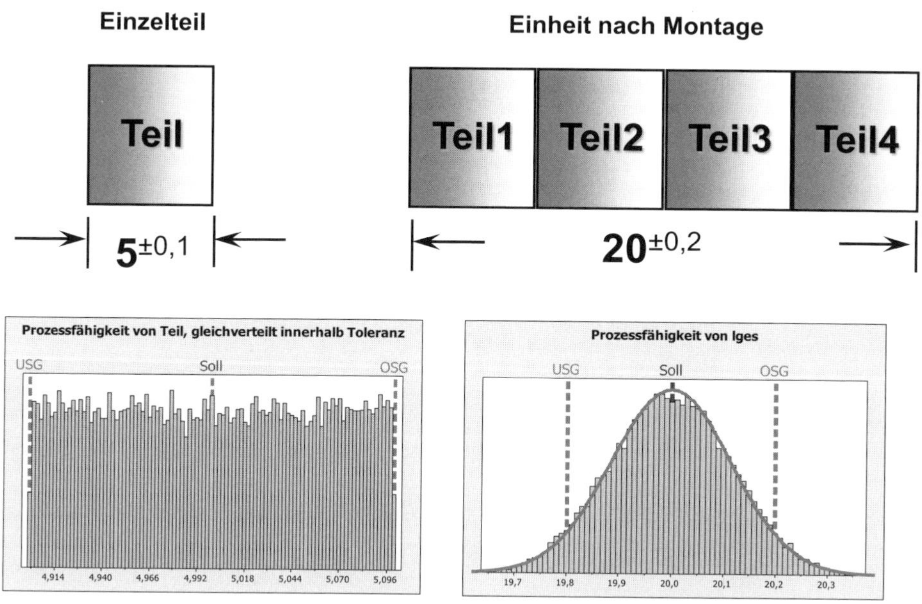

Bild 3.141 Beispiel für eine Monte-Carlo-Simulation bei einem einfachen Montageprozess

Bei entsprechender Modellkenntnis und Informationen über die zu erwartenden Verteilungen der Eingangsgrößen kann die Simulation bereits sehr früh im Entwicklungsprozess durchgeführt werden. Dadurch sind zuverlässige Aussagen über die Funktionsfähigkeit von Designkonzepten lange vor Vorliegen geeigneter Funktionsmuster oder Prototypen möglich, was eine erhebliche Beschleunigung und Kostenreduzierung im Entwicklungsprozess ermöglicht, zumal Änderungen am Design in einer frühen Entwicklungsphase noch viel schneller und kostengünstiger durchgeführt werden können.

3.28.3 Verwendung der Ergebnisse

Die Ergebnisse einer Monte-Carlo-Simulation finden in verschiedenen Entwicklungsphasen Anwendung.

In einer frühen Entwicklungsphase können damit schnell und kostengünstig verschiedene Designkonzepte verifiziert und verglichen werden, noch bevor überhaupt Funktionsmuster, Prototypen oder Werkzeuge vorhanden sind. Allerdings setzt dies eine Kenntnis der Ursache-Wirkungs-Zusammenhänge sowie der geplanten Prozesse voraus.

Im weiteren Verlauf der Entwicklung können dann mithilfe der Monte-Carlo-Simulation sehr einfach die zulässigen Toleranz- und Streuungsbereiche für die Eingangsgrößen, abhängig von den vorgegebenen Toleranzen der Ergebnisgrößen, ermittelt werden. Gerade bei häufig vorkommenden nicht linearen Zusammenhängen (vergleiche dazu Kapitel „Toleranzanalyse“) liefert die Simulation einfachere und genauere Ergebnisse als die meist komplexe Näherungsberechnung über die Fehlerfortpflanzungsmethode.

Die Ergebnisse von Monte-Carlo-Simulationen werden auch außerhalb der typischen Produktentwicklung, zum Beispiel bei der Fabrikplanung, aber auch bei betriebswirtschaftlichen oder soziologischen Fragestellungen häufig angewandt.

3.28.4 Arbeitshilfe

HINWEIS: Es steht Ihnen zur Verfügung

- Beispiel Toleranzanalyse „Christbaumständer"

Weiterführende Literatur

Gamweger, J.; Jöbstl, O.; Strohrmann, M.; Suchowerskyj, W.: Design for Six Sigma, Carl Hanser Verlag, München 2009.

Schäppi, B.; Andreasen, M. M.; Kirchgeorg, M.; Radermacher, F. J.: Handbuch Produktentwicklung, Carl Hanser Verlag, München 2005.

3.29 Robustes Design

3.29.1 Einsatzbereiche und Zielsetzung

Ein wesentliches Entwicklungsziel neben der Erfüllung der Kundenanforderungen ist, Produkte oder Prozesse auch so zu gestalten, dass sie möglichst unempfindlich gegenüber allen in der Praxis auftretenden Störeinflüssen sind, und das möglichst bei minimalen Kosten. Man spricht dann von einem robusten Design (Bild 3.142). Wesentlich entwickelt und geprägt wurde die Philosophie des robusten Designs von dem Japaner Genichi Taguchi.

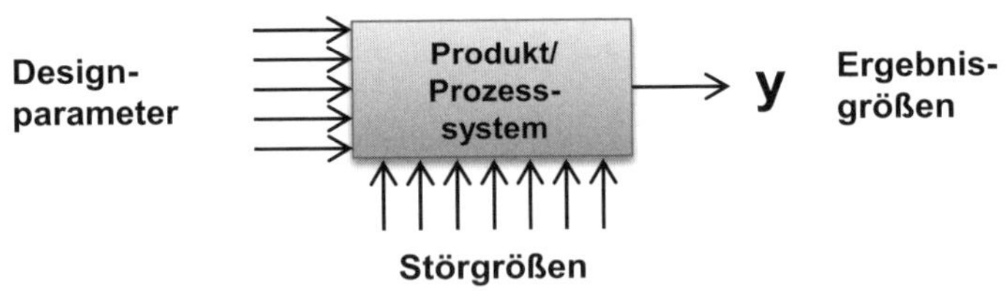

Bild 3.142 Zusammenhänge zwischen den Designparametern und Störgrößen und den Ergebnisgrößen im Produkt- oder Prozesssystem

Gemäß der Philosophie von Taguchi ist jede Abweichung vom Zielwert mit erhöhten Kosten verbunden, auch wenn diese Abweichung noch innerhalb des vorgegebenen Toleranzbereichs ist. Diesen Zusammenhang hat Taguchi auch mathematisch beschrieben, in der sogenannten Verlustfunktion (Taguchi loss function). Danach lässt sich der

Anstieg der (Fehler-)Kosten in Abhängigkeit von der Abweichung vom Zielwert durch eine quadratische Funktion darstellen (Bild 3.143).

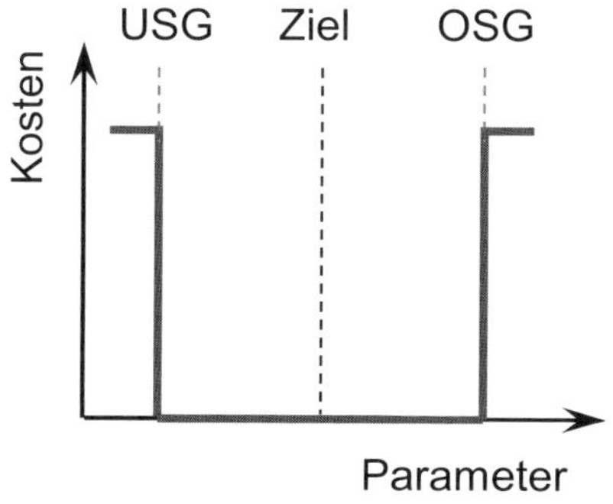

Historische Denkweise: Sprungfunktion, innerhalb der Toleranz entstehen keine Zusatzkosten, außerhalb der Toleranz steigen Kosten sprunghaft an.

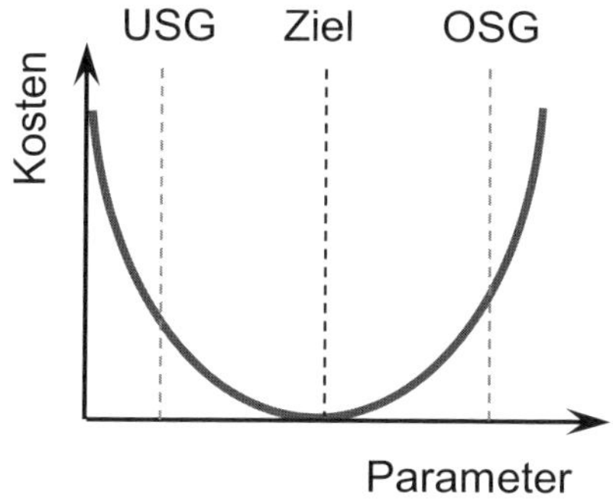

Neue Denkweise: Die Kosten steigen quadratisch mit der Entfernung zum Zielwert, auch bereits innerhalb der Toleranz.

Bild 3.143 Vergleich der historischen Denkweise „Sprungfunktion“ mit der Verlustfunktion von Taguchi

3.29.2 Das Wichtigste in Kürze

Taguchi schlägt zur Gestaltung von robusten Prozessen und Produkten für die Vorgehensweise im Entwicklungsprozess folgende drei Stufen vor:

1. Systemdesign:
   Dabei wählen die Entwickler aus den erarbeiteten Designkonzepten dasjenige aus, das die Kundenanforderungen und Randbedingungen, aber auch Bedingungen an die Unempfindlichkeit (= Robustheit) am besten erfüllt. Vergleichen Sie dazu auch die in diesem Buch beschriebenen Methoden „Pugh-Matrix“ und „Nutzwertanalyse“ zur Auswahl optimaler Konzepte.
2. Parameterdesign:
   In diesen Schritt werden dann zunächst die Zusammenhänge zwischen den Designparametern und auch Störgrößen (x) und den Ergebnisgrößen (y) möglichst vollständig ermittelt. Für die Designparameter werden die optimalen Sollwerte derart bestimmt, dass das System optimal funktioniert und möglichst unempfindlich gegenüber Störeinflüssen wird.
3. Toleranzdesign:
   Schließlich werden für die Designparameter die Toleranzen festgelegt. Dabei wird der tatsächliche Einfluss der Designparameter auf die Systemfunktion berücksichtigt. Ein Parameter, der keinen großen Einfluss auf die Funktion hat, wird einen breiten Toleranzbereich erhalten. Nur die wirklich kritischen Parameter erhalten engere Toleranzen. Damit wird eine wesentliche Kostenoptimierung erzielt.

Um ein Design robust gegen den Einfluss von Störgrößen zu machen, muss zunächst herausgefunden werden, wie die Eingangsparameter und Störgrößen überhaupt auf das System wirken. Dazu gibt es eine Reihe verschiedener Möglichkeiten und Methoden, wie z. B. die statistische Versuchsplanung DoE (siehe Kapitel „Statistische Versuchsplanung") oder Simulationsmethoden (siehe Kapitel „Monte-Carlo-Simulation"). Durch die Anwendung dieser Methoden können auch bestimmte Systemeigenschaften wie zum Beispiel Wechselwirkungen oder Nichtlinearitäten gefunden und dann für die Gestaltung robuster Produkt- und Prozessdesigns genutzt werden.

Bei der Gestaltung von robusten Designs können beispielsweise folgende Grundprinzipien verwendet werden:

Nutzung der Sensitivitäten

Je nachdem, wie empfindlich eine Ergebnisgröße auf eine Änderung der Eingangsgröße wirkt, kann die Toleranz der Eingangsgröße enger oder weiter gewählt werden. Wirken bestimmte Eingangsgrößen sehr sensitiv, so kann beispielsweise durch konstruktive Änderungen die Sensitivität reduziert werden. Dies ist im Bild 3.144 exemplarisch dargestellt.

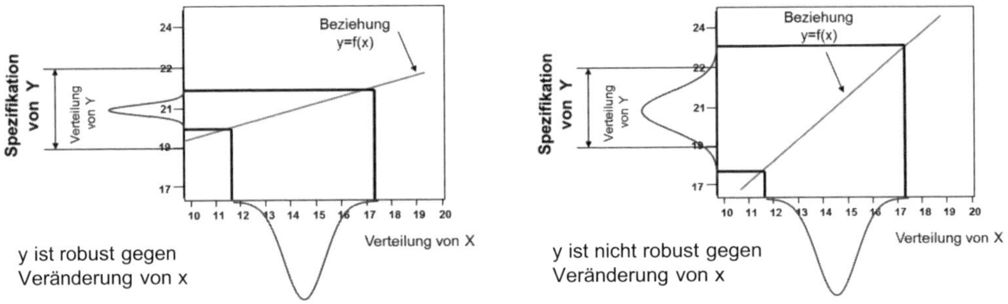

Bild 3.144 Veränderung der Sensitivität zur Erzielung eines robusten Designs

So könnte beispielsweise die Höhenänderung einer Aräometer-Spindel (Messgerät zur Dichtemessung in Flüssigkeiten) bei Dichteänderung durch konstruktive Änderung des Spindeldurchmessers variiert werden. Damit reagiert das Messgerät mehr oder weniger sensitiv gegen Dichteänderung.

Nutzung von Nichtlinearitäten

Ist eine Ergebnisgröße nichtlinear von einer Eingangsgröße abhängig, so gibt es Bereiche, in denen die Ausgangsgröße sehr sensitiv reagiert, und Bereiche, in denen sie weniger sensitiv reagiert. Versuchen Sie, das System durch konstruktive Maßnahmen so zu gestalten, dass eine relativ große Änderung der Störgröße, und wenn sinnvoll auch der Eingangsgröße, nur eine kleine Änderung der Ergebnisgröße verursacht.

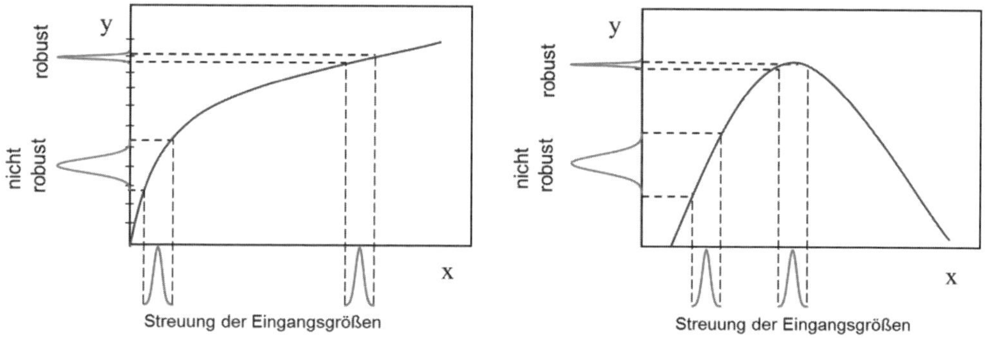

Bild 3.145 Nutzung von Nichtlinearitäten zur Erzielung eines robusten Designs

Weiterhin sollten Sie versuchen, Ihr System am Optimum zu betreiben. Es liefert dann die besten Ergebnisse. Typischerweise sind Systeme am Optimum zusätzlich noch sehr robust. Die rechte Grafik im Bild 3.145 veranschaulicht diesen Zusammenhang. Am Optimum führt eine Änderung einer Eingangsgröße x nur zu einer geringen Änderung der Ausgangsgröße y.

Nutzung von Wechselwirkungen

Unter einer Wechselwirkung versteht man die kombinierten Effekte von zwei oder mehr Einflussgrößen x_1 bis x_n auf die Ergebnisgröße y. Das heißt, dass ein bestimmter Effekt nur dann auftritt, wenn mehrere Einflussgrößen in einer bestimmten Kombination wirken. Wechselwirkungen führen dazu, dass die Komplexität von Systemen steigt. Allerdings bieten Wechselwirkungen auch vielfältige Möglichkeiten, um Systeme robust zu machen. Sie benötigen zur Analyse Ihrer betrachteten Systeme geeignete Vorgehensweisen und Werkzeuge, wie z. B. die Methode der statistischen Versuchsplanung (DOE), um solche Wechselwirkungen überhaupt zu entdecken und zu charakterisieren. Beachten Sie bitte, dass die in der Praxis auch häufig vorkommenden Abhängigkeiten von zwei oder mehreren Eingangsgrößen miteinander nichts mit den hier betrachteten Wechselwirkungen (also der kombinierten Wirkung von Eingangsgrößen *auf die betrachtete Ergebnisgröße*) zu tun haben.

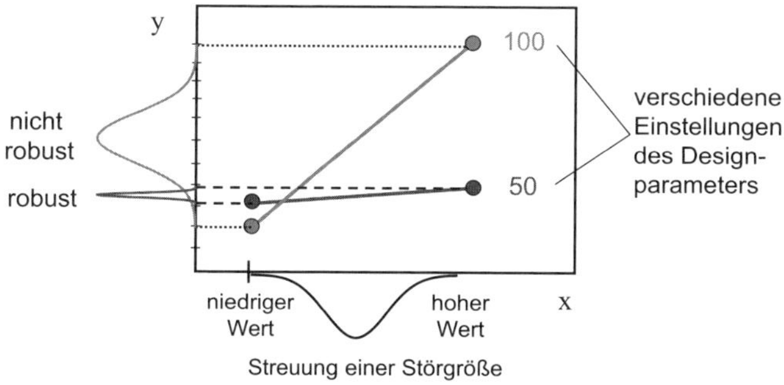

Bild 3.146
Gezielte Einstellung eines Designparameters, um das System robust gegen die Streuung einer Störgröße zu machen

Bild 3.146 zeigt ein System, bei dem beispielsweise eine Wechselwirkung zwischen einem Designparameter und einer Störgröße besteht. Diese Wechselwirkung kann jetzt gezielt genutzt werden, um die Robustheit des Systems gegenüber dieser Störgröße zu erhöhen. Wird der Designparameter auf den Wert 50 eingestellt, so ist das System unempfindlich gegen Streuung der Störgröße. Würde das System stattdessen beim Wert 100 betrieben, so würde eine Änderung der Störgröße eine große Änderung der Ergebnisgröße nach sich ziehen. Die robuste Situation kann bei 50 in der Praxis nur dann genutzt werden, wenn dabei ein akzeptabler y-Wert erreicht wird.

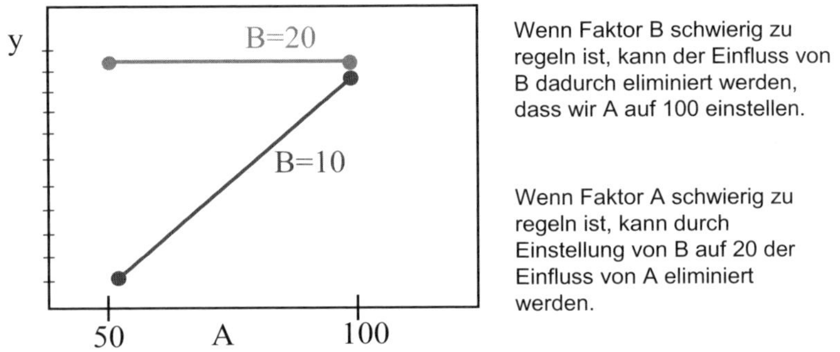

Bild 3.147 Nutzung von Wechselwirkungen zwischen Designparametern, um das System robust zu machen

Bild 3.147 zeigt ein Beispiel einer Wechselwirkung von zwei Designparametern. Wäre jetzt in der Praxis ein Parameter relativ leicht einstellbar, der andere jedoch schwer, so könnte, wie in der Grafik beschrieben, durch geeignete Wahl der Einstellwerte für A und B das System robust gemacht werden.

Liegen Wechselwirkungen wie im Bild 3.148 gezeigt vor, so könnte das System ebenfalls durch geschickte Wahl der Einstellparameter von A und B robust sowohl in Bezug auf die Lage des Mittelwerts als auch in Bezug auf die Streuung gemacht werden.

Es hängt von der Art der jeweiligen Wechselwirkungen ab, ob sie zur Erhöhung der Robustheit genutzt werden können. Es könnte genauso möglich sein, dass die Wechselwirkungen so ausgeprägt sind, dass sie sich negativ auf die Robustheit des Systems auswirken.

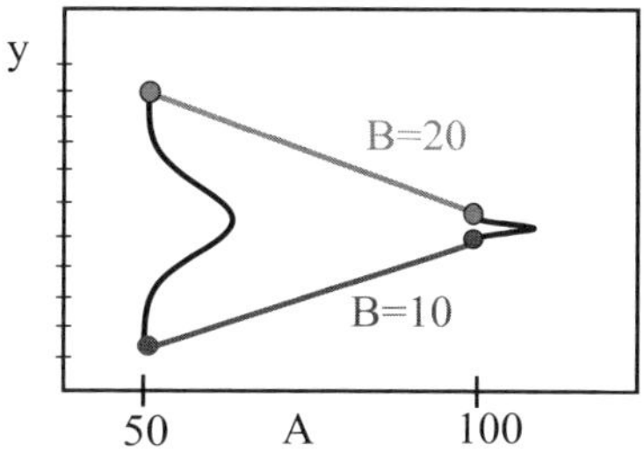

Einfluss auf die Streuung: Wenn wir Faktor A auf 100 einstellen, können wir die Streuung der Ergebnisgröße verringern, bei Streuung von B zwischen 10 und 20.

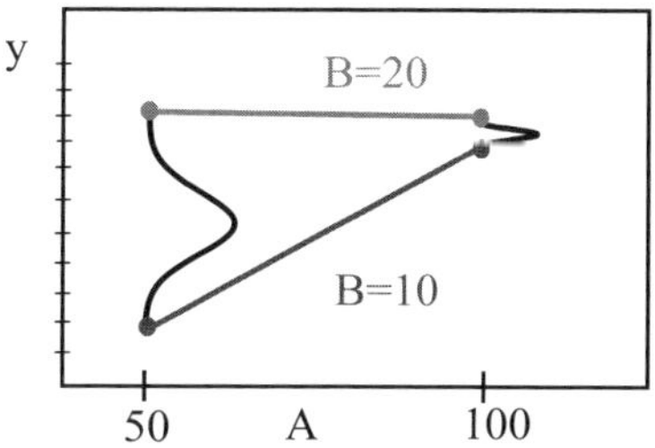

Einfluss auf Streuung und Mittelwert. Wenn wir Faktor A auf 100 einstellen, können wir die Streuung und die Mittelwertverschiebung der Ergebnisgröße reduzieren, bei Streuung von B zwischen 10 und 20.

Bild 3.148
Reduzierung der Streuung der Ergebnisgröße durch Nutzung von Wechselwirkungen

3.29.3 Verwendung der Ergebnisse

Die Ergebnisse einer Untersuchung der Robustheit eines Systems oder Prozesses gegenüber den Einfluss- und Störgrößen dienen dazu:

- Die Funktion des Systems oder Prozesses unter allen im Rahmen des üblichen Betriebs vorkommenden Einflüssen der Eingangsgrößen oder Störgrößen sicherzustellen. Damit wird der störungsfreie Betrieb eines Prozesses oder auch die fehlerfreie Funktion eines Produkts über den ganzen geplanten Lebensdauerzyklus sichergestellt.
- Wesentliche Einsparpotenziale zu realisieren. Bei einer weitgehend robusten Auslegung des Systems oder Prozesses können erhebliche Kosten gespart werden, weil Toleranzen für Eingangsgrößen oft größer ausgelegt werden können. Bei einer größeren Robustheit gegen Störgrößen eröffnet das beispielsweise auch die Möglichkeit, billigere (das heißt in der Praxis meist stärker streuende) Rohstoffe oder weniger kontrollierte Umgebungsbedingungen (also beispielsweise den Verzicht auf eine teure Klimatisierung) einzusetzen.

Weiterführende Literatur

Gamweger, J.; Jöbstl, O.; Strohrmann, M.; Suchowerskyj, W.: Design for Six Sigma, Carl Hanser Verlag, München 2009.

Taguchi, G.: Taguchi on Robust Technology Development: Bringing Quality Engineering Upstream, ASME Press, New York 1993.

Taguchi, G.; Chowdhury, S.; Wu, Y.: Taguchi's Quality Engineering Handbook, John Wiley & Sons, New York 2004.

VDA: Band 4, Wirtschaftlicher Tolerierungsprozess. 2011.

3.30 Lebensdaueranalyse

3.30.1 Einsatzbereiche und Zielsetzung

Die Lebensdaueranalyse dient meist der Abschätzung, ob ein Produkt die gesetzten Anforderungen bezüglich seiner Haltbarkeit oder Lebensdauer erfüllt. Durch den Einsatz verschiedener statistischer Methoden versucht man, aus einer häufig recht geringen Anzahl Prüflingen, z. B. aus einem Dauertest, eine möglichst präzise und zuverlässige Abschätzung der späteren Produktlebensdauer zu erhalten. Die Testmöglichkeiten sind in der Praxis durch die oft langen Laufzeiten eines Dauertests und die damit verbundenen hohen Kosten limitiert. Um schneller Informationen über die zu erwartende Lebensdauer zu erhalten, wird häufig eine beschleunigte Lebensdauerprüfung durchgeführt. Dabei werden die Produkte im Test bewusst mit zusätzlichem Stress (z. B. erhöhte Temperatur, erhöhte Spannung, mechanische Schwingungen) beaufschlagt. Bei komplexeren Systemen kann deren Lebensdauer bei Vorliegen der Verteilungen und Lebensdauerdaten der Einzelkomponenten abgeschätzt werden. Dadurch wird eine gezielte Lebensdauerplanung für das System möglich. Außerdem sind Aussagen bezüglich geeigneter Garantiemodelle, Wartungszyklen, Ersatzteilbedarfe und dergleichen möglich.

3.30.2 Das Wichtigste in Kürze

Als Überlebenswahrscheinlichkeit $R_{(t)}$ (engl.: reliability) bezeichnet man die Wahrscheinlichkeit, dass eine Einheit eine vorgegebene Lebensdauer t überlebt. Als Ausfallwahrscheinlichkeit $F_{(t)}$ (engl.: failure) wird umgekehrt die Wahrscheinlichkeit, dass eine Einheit bis zur Lebensdauer t ausgefallen ist, bezeichnet. Es gilt:

$$R_{(t)} = 1 - F_{(t)}, \qquad \text{sowie:} \quad R_{(t)} + F_{(t)} = 1$$

Als Ausfallrate λ bezeichnet man den Anteil an Einheiten, die in einem bestimmten Zeitintervall Δt ausfallen. Bei konstanter Ausfallrate λ (=Zufallsausfälle) folgen die Lebensdauern einer Exponentialverteilung. In der Praxis ist die Ausfallrate eines Produkts häufig nicht konstant. Ist das Produkt neu, so treten meist gehäuft Ausfälle auf, sogenannte Frühausfälle. Dann folgen oft eine Phase mit relativ konstanter Ausfallrate und schließlich wieder eine Phase mit erhöhter Ausfallrate, wenn das Produkt zunehmend Alterungs- und Verschleißausfälle zeigt. Dieses charakteristische Ausfallverhalten wird oft mit dem Begriff „Badewannenkurve“ bezeichnet (Bild 3.149).

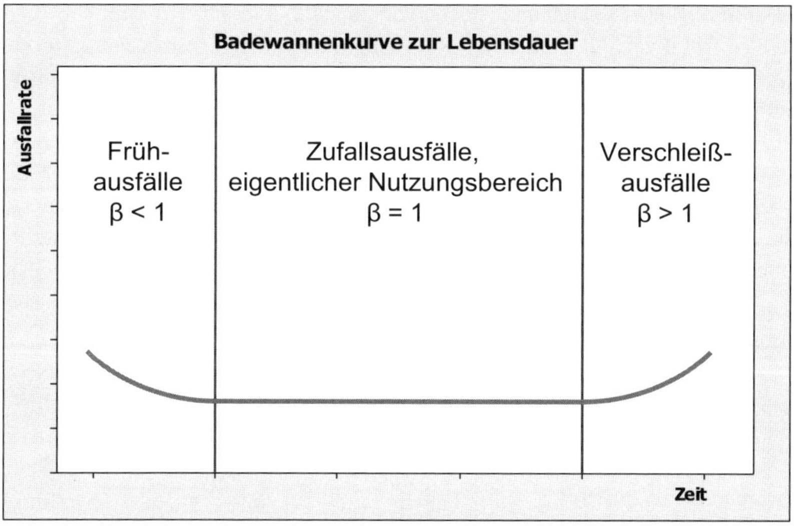

Bild 3.149 Darstellung eines typischen Lebensdauerverhaltens, sogenannte „Badewannenkurve"

Für die mathematische Beschreibung dieses Verhaltens eignet sich die Weibull-Verteilung (Bild 3.150).

$$F(t) = 1 - e^{(\alpha t)^{\beta}}$$

mit: F(t): Ausfallwahrscheinlichkeit zum Zeitpunkt t
α: Skalenparameter, auch Skala oder charakteristische Lebensdauer genannt
β: Formparameter, auch Form oder Ausfallsteilheit genannt

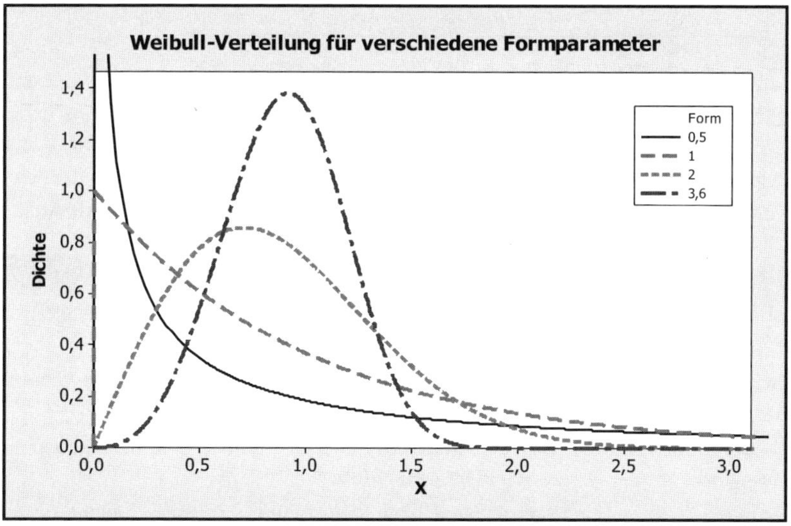

Bild 3.150 Weibull-Verteilung für verschiedene Formparameter β. Für β = 1 ergibt sich eine Exponentialverteilung, für β = 3,6 ergibt sich angenähert eine Normalverteilung.

Liegen Daten, z. B. aus Lebensdauertests, vor, so sollte zunächst untersucht werden, ob die Daten Weibull-verteilt sind. Dies kann mit geeigneter Statistiksoftware erfolgen. Wenn ja, können die Parameter α und β für die Weibull-Verteilung ermittelt werden. Der Parameter α wird auch als charakteristische Lebensdauer bezeichnet. Es ist der Zeitraum bis zum Ausfall von 63,2 % der Einheiten. Für die charakteristische Lebensdauer ist auch der Buchstabe T gebräuchlich. Ein weiterer wichtiger Parameter ist die mittlere Lebensdauer MTTF (mean time to failure). Bild 3.151 zeigt ein Beispiel für die Ermittlung wichtiger Parameter einer Lebensdauerverteilung. Tabelle 3.21 stellt die im Zusammenhang mit Lebensdaueranalysen häufig verwendeten Begriffe im Überblick dar.

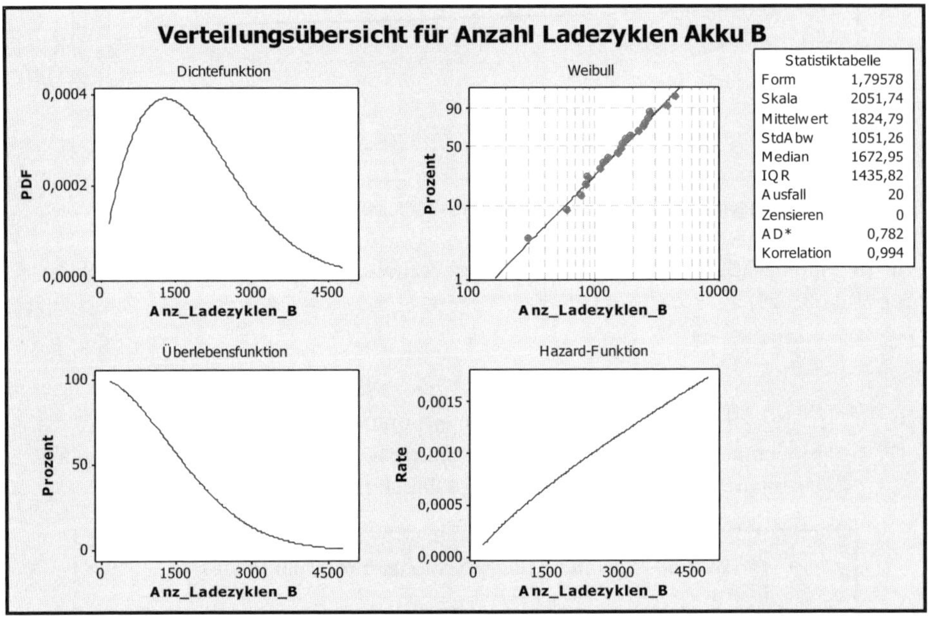

Bild 3.151 Beispiel für die Ermittlung wichtiger Parameter einer Lebensdauerverteilung, wie z. B. charakteristische Lebensdauer α (hier „Skala“ genannt) und Formparameter β, hier „Form“ genannt

Tabelle 3.21 Definition häufig verwendeter Begriffe bei Lebensdaueranalysen

Begriff	Bedeutung
Lebensdauer	Die Zeit (oder andere Maßeinheit) bis zum Ausfall einer Einheit
Ausfallwahrscheinlichkeit F(t)	Wahrscheinlichkeit, dass eine Einheit bis zu einer Lebensdauer t ausfällt
Überlebenswahrscheinlichkeit R(t)	Wahrscheinlichkeit, dass eine Einheit eine vorgegebene Lebensdauer t überlebt
Ausfallrate $\lambda_{(t)}$	Wahrscheinlichkeit, dass eine zur Zeit t noch nicht ausgefallene Einheit im folgenden kleinen Zeitintervall ausfällt

Begriff	Bedeutung
Skala, charakteristische Lebensdauer, α, T	Lebensdauer, bis zu der 63,2 % der Einheiten ausgefallen sind
Form, Ausfallsteilheit, β, b	Formparameter
MTTF, mean time to failure	Mittlere Lebensdauer

3.30.3 Verwendung der Ergebnisse

Ist das Verteilungsmodell für Lebensdauerdaten ausreichend gut bekannt, lassen sich daraus bestimmte Aussagen ableiten, z. B. kann prognostiziert werden, nach welcher Zeit x % der Produkte ausgefallen sein werden. Somit sind Abschätzungen über die Einhaltung der Lebensdaueranforderungen oder auch Kalkulationen bezüglich Garantiekosten mit einer bestimmten statistischen Wahrscheinlichkeit möglich (Bild 3.152).

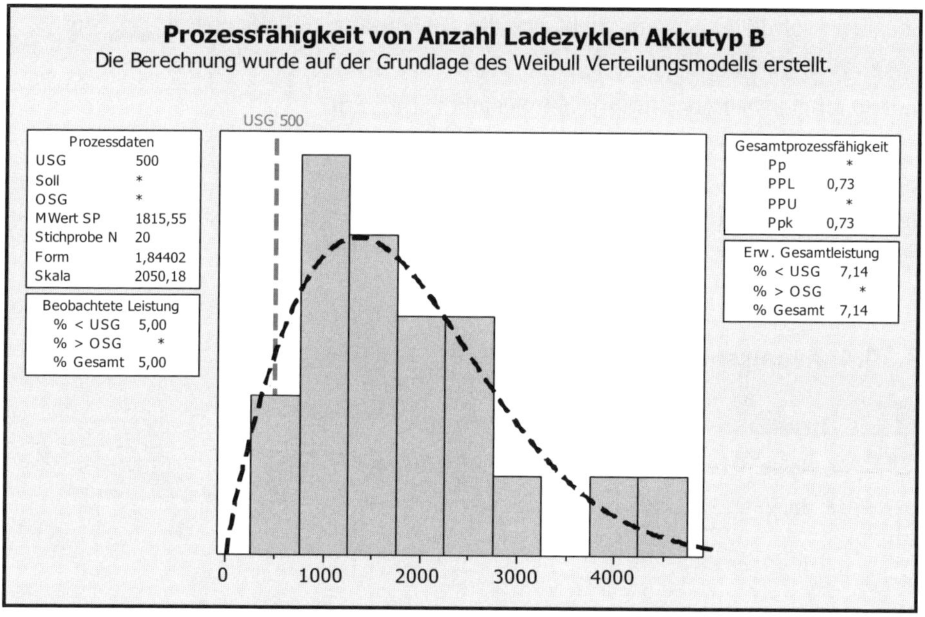

Bild 3.152 Beispiel einer Prozessfähigkeitsanalyse mit Lebensdauerdaten. Wir erwarten, dass 7,14 % der Einheiten die geforderte Lebensdauer von > 500h nicht einhalten.

Bei der Lebensdauerplanung komplexer Systeme kann die zu erwartende Lebensdauer des Gesamtsystems abgeschätzt werden, wenn die Lebensdauern der einzelnen Komponenten bekannt sind. Je nach Auslegung des Systems unterscheidet man serielle und parallele Systeme. Bei einem seriellen System fällt das gesamte System aus, sobald eine Komponente ausgefallen ist (Bild 3.153). Bei einem parallelen System fällt das System erst dann aus, wenn alle parallelen Komponenten ausgefallen sind (z. B. System mit Redundanz wie Verkehrsampel mit zwei Rotlichtern).

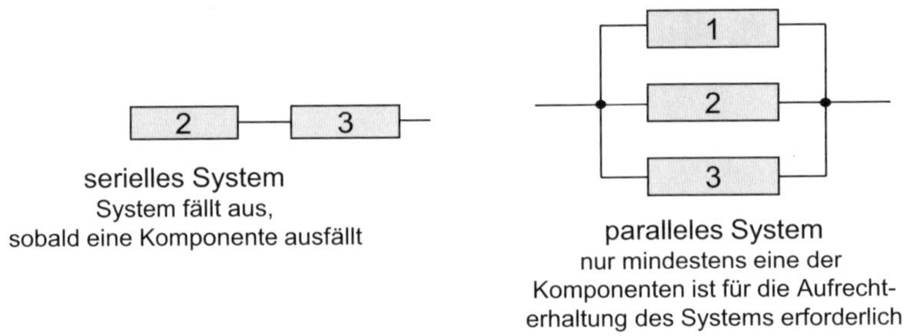

Bild 3.153 Serielles und paralleles System bei der Lebensdauerplanung von Systemen

Auf diese beiden Grundsysteme lassen sich im Prinzip alle komplexeren Systeme (mit einigen wenigen Ausnahmen) zurückführen. So kann bei einem seriellen System beispielsweise die zu erwartende Überlebenswahrscheinlichkeit $R_{(t)gesamt}$ wie folgt abgeschätzt werden:

$$R_{(t)gesamt} = R_{(t)1} * R_{(t)2} * \ldots * R_{(t)n}$$

Bei einem parallelen System ergibt sich die Ausfallwahrscheinlichkeit $F_{(t)gesamt}$ zu:

$$F_{(t)gesamt} = F_{(t)1} * F_{(t)2} * \ldots * F_{(t)n}$$

und damit die Überlebenswahrscheinlichkeit $R_{(t)gesamt}$ zu:

$$R_{(t)gesamt} = 1-((1-R_{(t)1})*(1-R_{(t)2})* \ldots *(1-R_{(t)n}))$$

Somit können, je nach Konfiguration und Auslegung des Systems, die benötigten Lebensdaueranforderungen an die Einzelkomponenten bestimmt werden, damit für das Gesamtsystem eine vorgegebene Lebensdaueranforderung erfüllt wird.

3.30.4 Arbeitshilfe

HINWEIS: Es stehen Ihnen zur Verfügung

- Beispiel Lebensdaueranalyse „Fahrradlampe“
- Beispiel Lebensdaueranalyse „Fahrradlampe“ (MPJ-Format)

Weiterführende Literatur

Gamweger, J.; Jöbstl, O.; Strohrmann, M.; Suchowerskyj, W.: Design for Six Sigma, Carl Hanser Verlag, München 2009.

Hartung, J.: Statistik, Oldenbourg Verlag, München 2009.

Yang, G.: Life Cycle Reliability Engineering, John Wiley & Sons, New York 2007.

3.31 Regelkarten (SPC)

3.31.1 Einsatzbereiche und Zielstellung

Die Regelkarte (auch unter den Begriffen Kontrollkarte und SPC, Statistical Process Control, bekannt) visualisiert den zeitlichen Verlauf einer Messgröße. Bei einem „normalen" Prozessverlauf sollte die Messgröße in einem bestimmten Bereich, der sogenannten natürlichen Streuung, schwanken. Treten unerwartete Einflüsse oder Störungen auf, sogenannte spezielle Ereignisse, so führt das häufig zu einer erhöhten Prozessstreuung. Regelkarten können, basierend auf statistischen Prinzipien, solche speziellen Ereignisse zuverlässig identifizieren. Deshalb spricht man bei Regelkarten auch von statistischer Prozesskontrolle. Bei der Überwachung von kritischen Prozessparametern oder Produktspezifikationen erlaubt die Regelkarte ein zielgerichtetes Eingreifen. Durch eine statistische Bewertung der Messdaten wird genau richtig, also weder zu früh, noch zu spät, eingegriffen. In der Praxis stellt nämlich nicht nur das zu späte Eingreifen in einen Prozess ein Problem dar, sondern oft auch das zu frühe Eingreifen, was dann zu einer Überregulierung und im schlimmsten Falle zum „Aufschaukeln" des Prozesses führt.

3.31.2 Das Wichtigste in Kürze

Jede Prozess- oder Produktcharakteristik unterliegt unvermeidlich einer gewissen Streuung. Normalerweise liegt diese Streuung innerhalb einer gewissen Bandbreite, der natürlichen Streuung. Die Grenzen dieser Bandbreite werden auch als Eingriffsgrenzen oder Regelgrenzen oder auch Kontrollgrenzen bezeichnet (englisch: control limits).

Die Eingriffsgrenzen dürfen nicht mit den Spezifikationsgrenzen verwechselt werden. Eingriffsgrenzen sind im Gegensatz zu Spezifikationsgrenzen keine Sollwerte oder Vorgaben, sondern werden aus den gemessenen Werten der darzustellenden Prozessgröße errechnet. Als Definition der natürlichen Streuung und somit als Lage der Eingriffsgrenzen ist der Bereich von ± 3 Standardabweichungen ($\pm 3\sigma$) um den Mittelwert festgelegt. In Bild 3.154 ist eine typische Situation einer Regelkarte dargestellt.

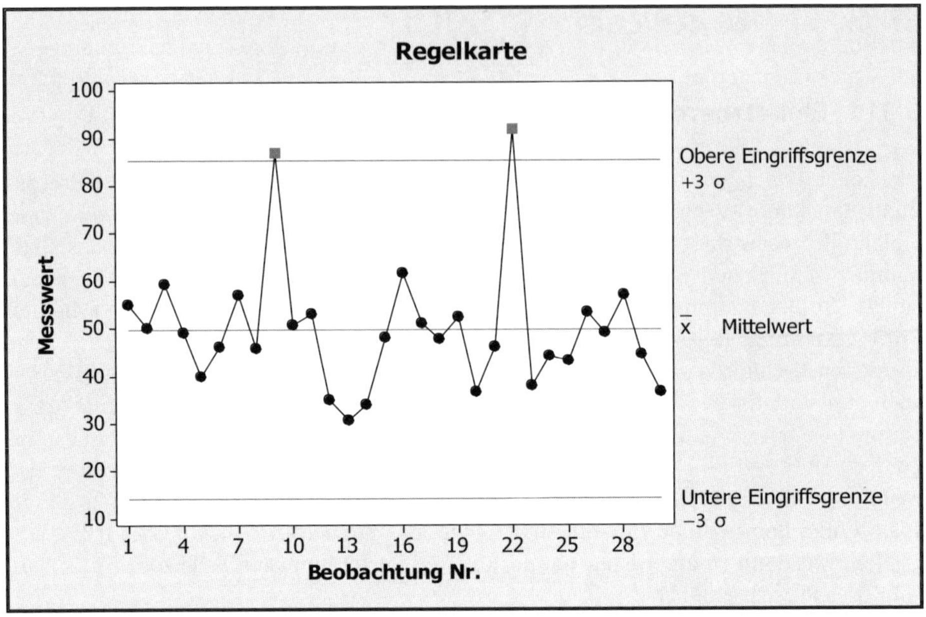

Bild 3.154 Beispiel einer Einzelwertregelkarte. Die Messpunkte außerhalb der Eingriffsgrenzen zeigen sogenannte spezielle Ereignisse

Je nach überwachter Messgröße können sich die Spezifikationsgrenzen und Eingriffsgrenzen unter Umständen erheblich unterscheiden. Daraus ergeben sich wesentliche Konsequenzen für die Prozessführung. Oft wird erst dann in einen Prozess eingegriffen, wenn die Spezifikationsgrenzen verletzt sind oder eine Verletzung droht. Da aber vielfach kein Bezug zwischen den Spezifikationsgrenzen und der natürlichen Prozessstreuung (= Eingriffsgrenzen) besteht, führt das, je nach Lage der Grenzen, entweder zu einer Überregulierung durch zu frühes Eingreifen und damit zu einer Streuungserhöhung oder aber dazu, dass erst viel zu spät eingegriffen wird, obwohl der Prozess längst „weggelaufen“ ist.

Bild 3.155 a) zeigt eine Situation, bei der ohne Regelkarte möglicherweise erst bei Verletzung der Spezifikationsgrenze ein Eingriff erfolgen würde, obwohl die Regelkarte bereits spezielle Ereignisse zeigt. Die Grafik im Bild 3.155 b) hingegen zeigt einen Prozess, der sich innerhalb der Eingriffsgrenzen bewegt, also natürliche Streuung zeigt. Allerdings verletzt der Prozess die (aus Prozesssicht ja willkürlichen) Spezifikationsgrenzen. Erfolgt jetzt ein Eingriff in den Prozess, ohne die tatsächlichen Ursachen der Streuung zu beheben, führt das zu einer Erhöhung der Streuung, also genau zum gegenteiligen Ergebnis.

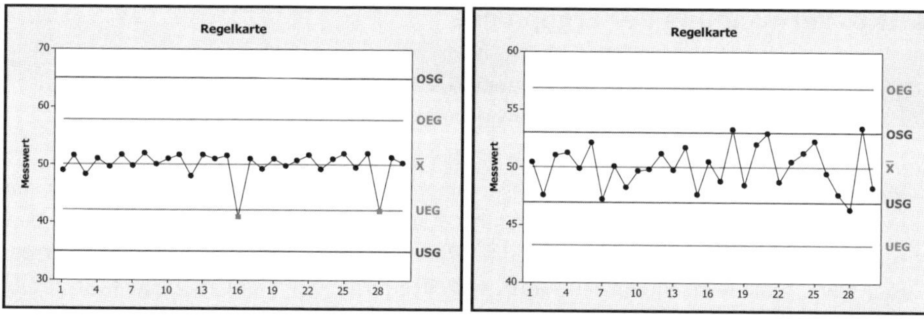

a) Potenzielles Risiko, dass zu spät eingegriffen wird. Die „außer Kontrolle"-Situation des Prozesses würde ohne Regelkarte nicht erkannt, da der Prozess ja noch innerhalb der Spezifikationsgrenzen ist.

b) Potenzielles Risiko, dass zu früh eingegriffen wird, da Prozess zwar außer Spezifikation, aber dennoch natürliche Streuung vorliegt. Reaktion auf Einzelereignis außer Spezifikation führt ggf. zu Streuungserhöhung.

Bild 3.155 Nutzung der Regelkarten zur Erkennung von speziellen Ereignissen und zielgerichtetem Handeln zur Prozessregelung, wobei OSG und USG die Spezifikationsgrenzen des Prozesses und OEG und UEG die berechneten Eingriffsgrenzen der Regelkarte darstellen

Durch Nutzung der Regelkarten wird eine praxisgerechte und optimierte Prozessregelung ermöglicht, wobei spezielle Ereignisse zuverlässig erkannt werden. Die tieferliegenden Ursachen solcher speziellen Ereignisse müssen separat untersucht werden, da die Regelkarte diese nur anzeigen, nicht jedoch deren Ursache identifizieren kann.

Bei der praktischen Nutzung der Regelkarten ist die zielgerichtete Auswahl der geeigneten Regelkarte aus einer Vielzahl möglicher Regelkarten erforderlich. Wichtigstes Auswahlkriterium ist die vorliegende Datenart (Bild 3.156).

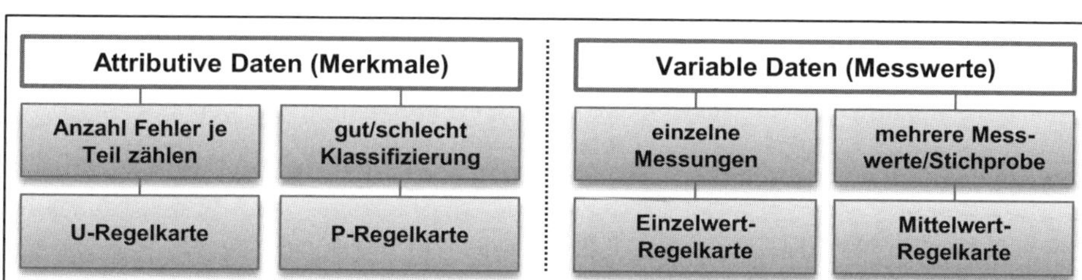

Bild 3.156 Übersicht einiger häufig verwendeter Regelkarten

Regelkarten sollten vor allem bei kritischen Prozessparametern oder Produktcharakteristiken eingesetzt werden. Die Kosten für Regelkarten hängen im Wesentlichen von den Kosten der benötigten Messungen ab. Sind die Messwerte sowieso vorhanden, z. B. da eine 100 %-Kontrolle durchgeführt wird, entstehen kaum Zusatzkosten. Müssen jedoch zusätzlich teure Messungen durchgeführt werden, können die Aufwände für eine Regelkarte auch erheblich sein. Um eine zeitnahe Reaktion sicherzustellen, sollten die Messwerte umgehend in die Regelkarten eingetragen werden. Wie in der Praxis auf ein spezielles Ereignis zu reagieren ist, sollte in geeigneten Kontrollplänen (siehe Kapitel „Kontrollplan") verbindlich festgelegt werden.

3.31.3 Verwendung der Ergebnisse

Ursprünglich wurden Regelkarten mit dem Ziel der Prozessüberwachung entwickelt. In der Praxis gibt es zwei wesentliche Anwendungsgebiete:

- Prozesscharakterisierung:
  Meist im Vorfeld einer Prozessverbesserungsmaßnahme falls der Prozess bereits vorhanden ist und Messwerte verfügbar sind. Für die Ableitung von geeigneten Verbesserungsmaßnahmen ist das Verständnis der tatsächlich vorliegenden Prozessstreuung elementar. Je nachdem, ob natürliche Streuung oder nicht natürliche Streuung vorliegt, sind unterschiedliche Vorgehensweisen zielführend.

  Geeignete Reaktion auf spezielle Ereignisse (*nicht natürliche Streuung, vgl.* Bild 3.155 *a*):
  Tatsächliche Ursachen für diese speziellen Ereignisse suchen und nachhaltig beseitigen. Ansonsten kann der Prozess grundlegend unverändert bleiben.

  Geeignete Reaktion, wenn Prozess natürliche Streuung zeigt, aber natürliche Streuung zu groß ist (*vgl.* Bild 3.155 *b*):
  In der Regel ist hier eine grundlegende systematische Prozessanalyse und Prozessverbesserung erforderlich, da der Prozess die Anforderungen (z. B. die gesetzten Toleranzen) grundsätzlich nicht erfüllen kann. Dies ist meist schwieriger als die Beseitigung von speziellen Ereignissen. Ist eine Erweiterung der Toleranzgrenzen möglich (siehe auch Kapitel „Toleranzanalyse“ und „Monte-Carlo-Simulation“), kann das Problem unter Umständen aber einfach gelöst werden.
- Prozessüberwachung:
  Oft nach einer Prozessverbesserungsmaßnahme oder nach einer Prozessneuentwicklung. Die „klassische“ Anwendung der Regelkarten liegt in der Überwachung von kritischen Produkt- und Prozesscharakteristiken. Zeigt die Regelkarte ein spezielles Ereignis, so sollte zeitnah die Ursache ermittelt und nachhaltig behoben werden.

3.31.4 Arbeitshilfe

HINWEIS: Es steht Ihnen zur Verfügung
- Beispiel Regelkarten „Christbaumständer“

Weiterführende Literatur

Gamweger, J.; Jöbstl, O.; Strohrmann, M.; Suchowerskyj, W.: Design for Six Sigma, Carl Hanser Verlag, München 2009.

Ryan, T. P.: Statistical Methods For Quality Improvement, John Wiley & Sons, New York 2011.

Verband der Automobilindustrie e. V.: VDA Band 4, Sicherung der Qualität in der Prozesslandschaft, Heinrich Druck + Medien, 2011.

Wheeler, D. J.: Understanding Variation, The Key To Managing Chaos, SPC Press Inc. 2000.

3.32 Kontrollplan

3.32.1 Einsatzbereiche und Zielstellung

Kontrollpläne werden oft im Zusammenhang mit Regelkarten verwendet. Sie enthalten alle zu überprüfenden Merkmale, deren Spezifikationen sowie die zu ergreifenden Maßnahmen, falls ein überwachter Parameter die Regelgrenzen einer Regelkarte verletzt. Damit soll sichergestellt werden, dass Prozessabweichungen zeitnah erkannt und gezielte und *geeignete* Gegenmaßnahmen ergriffen werden. Kontrollpläne können entweder in die im Rahmen einer Qualitätsprüfung standardmäßig vorliegenden Prüfpläne integriert oder als gesonderte Dokumente erstellt werden.

3.32.2 Das Wichtigste in Kürze

Bereits frühzeitig in der Entwicklung sollten die zur Sicherstellung der Produkt- und Prozessqualität benötigten Prüfungen geplant werden. Dazu werden gewöhnlich entsprechende Prüfpläne erstellt, in denen die zu prüfenden Merkmale, Spezifikationen und weitergehende Informationen bezüglich Stichprobengröße und Durchführung der jeweiligen Prüfungen enthalten sind. Meist werden die Prüfergebnisse bezüglich Einhaltung der Kundenspezifikationen oder aber auch gegenüber meist mehr oder weniger willkürlich festgelegten internen Spezifikationen (manchmal auch „Angstspezifikationen“) bewertet und daraus wird gegebenenfalls ein Prozesseingriff abgeleitet.

Wenn eine ausreichend gute Prozessfähigkeit vorliegt (siehe Kapitel „Prozessfähigkeitsanalyse“), bewegt sich die natürliche Prozesssteuerung in einem deutlich engeren Bereich als die Toleranzbreite. Durch den Einsatz von Regelkarten (siehe Kapitel „Regelkarten“) kann die Einhaltung dieses Streubereichs effizient überwacht werden. Allerdings erfüllen die Regelkarten ihren Zweck nur dann, wenn nach Auftreten eines speziellen Ereignisses zeitnah reagiert wird. Es sollte deshalb bereits im Vorhinein festgelegt sein, was genau zu tun ist, wenn ein spezielles Ereignis vorliegt. Hierzu dient ein entsprechender Kontrollplan (Bild 3.157).

Neben den Informationen über das zu prüfende Merkmal und die jeweiligen Spezifikationen enthält der Kontrollplan auch detaillierte Informationen zur Art der Messung und zur festgelegten Stichprobengröße. Weiterhin werden die Prüfhäufigkeit sowie die Verantwortlichkeiten dokumentiert. Die Informationen bezüglich der zu ergreifenden Maßnahmen, falls der Prozess außer Kontrolle ist, können direkt im Kontrollplan oder auch in einem zusätzlichen Dokument, wie zum Beispiel einer Checkliste oder einem Ablaufdiagramm/Prozessflow, abgelegt werden. Deswegen wird der Kontrollplan im Englischen auch als Out of control action plan (OCAP) bezeichnet.

Kontrollplan

Prozess:	Endreinigung Kunststoffteile	**Ersteller:**	Hr. Huber	**Prüfplan Nr.:**	1303/14
Abteilung:	Kunststofffertigung	**Freigabe:**	Fr. Müller	**Version:**	2.0
Kunde:	Endmontage	**Freigabe:**		**Datum:**	09.06.2014

Nr.	**Prozess/ Prozessschritt**	**Zu prüfendes Merkmal**	**Input**	**Output**	**Spezifikation**			**Art der Messung und Strichprobengröße**	**Häufigkeit der Messung**	**Verant-wortlich für Regelkarte**	**Zu ergreifende Maßnahmen, wenn Prozess außer Kontrolle**
					USG	**Ziel**	**OSG**				
1	Teileentnahme nach Reinigung	Visuelle Sauberkeitskontrolle		x		0	0,2 dpu	visuelle Kontrolle gemäß Grenzmusterkatalog, 15 Teile je Charge	jede Charge	Hr. Meier	Anlage stoppen, Schichtführer informieren, Anlage überprüfen, Teile erneut reinigen
2	Reinigung, Produktträger in Maschine einlegen	Verschmutzungsart und -grad der zu reinigenden Teile	x				lt. Katalog	Überblicksmäßige visuelle Kontrolle vor Einlegen in die Maschine	jeder Produktträger	keine Erfassung in der Regelkarte	Teile sperren, Fertigung sofort informieren, gesamten Lagerbestand visuell kontrollieren
3	Hauptwäsche I mit alkalischem Reiniger	Temperatur Reinigungsbad in °C	x		56	60	64	Temperatursensor Bad I	Anfang und Mitte jeder Schicht	Hr. Schmidt	Schichtführer informieren, Anlage überprüfen, ggf. Teile erneut reinigen
4	Hauptwäsche I mit alkalischem Reiniger	Verschmutzungsgrad Reinigungsbad	x				lt. Katalog	täglich 6:00 Uhr visuelle Kontrolle	einmal täglich	keine Erfassung	Bad mit neuem Reiniger befüllen. In Maschinenbuch eintragen
5	Reinigung, Hauptwäsche II	ph-Wert Reinigungsbad	x		1,5	2	2,5	Handmessgerät pH-Meter	Anfang und Mitte jeder Schicht	Hr. Schmidt	Je nach pH-Wert Reiniger zudosieren oder Bad verdünnen
6	Reinigung, Kaltreiniger	Verschmutzungsgrad Reinigungsbad	x				2%	Probenahme täglich 6:00 Uhr, Analyse im Betriebslabor	einmal täglich	Hr. Schmidt	kompletter Austausch Kaltreiniger

Bild 3.157 Beispiel eines Kontrollplans für einen Reinigungsprozess

3.32.3 Verwendung der Ergebnisse

Hauptnutzen des Kontrollplans ist die klare und detaillierte Beschreibung der zu ergreifenden Maßnahmen bei einer „nicht unter Kontrolle"-Situation bei Prozessüberwachung mittels Regelkarten. Durch das enge Zusammenspiel von Regelkarte und Kontrollplan werden die zu ergreifenden Maßnahmen genau festgelegt und kompakt dokumentiert. Damit werden auch die Prozessqualität und letztlich die Prozesskosten optimiert.

3.32.4 Arbeitshilfe

HINWEIS: Es stehen Ihnen zur Verfügung

- Vorlage Kontrollplan
- Beispiel Kontrollplan „Christbaumständer"
- Beispiel Kontrollplan „Fahrradlampe"

Weiterführende Literatur

Dudas, L. (Hrsg.): Engineering the future, Sciyo, 2010.

Index

Q

R

S

T

U

V

W

Z

Die Autoren

Dr. Stephan Back verantwortet derzeit als Trainer und Coach bei einem renommierten, international tätigen deutschen Industrieunternehmen die Einführung, Weiterentwicklung und Integration von Six Sigma- und Design for Six Sigma-Methoden in allen Bereichen der betrieblichen Tätigkeit. Die systematische Entwicklung der Schnittstelle zu Lieferanten hin zu einer verschwendungsfreien Zusammenarbeit liegt ihm dabei besonders am Herzen. Davor bekleidete er nach seiner Promotion in Chemie mehrere Positionen in Entwicklung und Projektleitung.

Seit dem Jahr 2008 berät und begleitet er kleine und mittlere Unternehmen verschiedener Branchen bei der Einführung und Anwendung der Six Sigma- und Design for Six Sigma-Methodik in nebenberuflicher Tätigkeit. Er ist Lehrbeauftragter für Six Sigma an diversen süddeutschen Hochschulen.

Dr. Stephan Back ist Gründungsmitglied und Master Black Belt im European Six Sigma Club Deutschland e. V. und gestaltet dort u. a. die Weiterentwicklung von Six Sigma und Design for Six Sigma.

Hermann Weigel ist seit dem Jahr 2000 selbstständiger Berater, Trainer und Coach in den Bereichen Six Sigma und Design for Six Sigma. Er berät große und mittelständische Unternehmen verschiedener Branchen bei der Implementierung der Six Sigma- und Design for Six Sigma-Methodik. Ein Schwerpunkt seiner Tätigkeit liegt auf der Ausbildung von Führungskräften und Entwicklern in der erfolgsorientierten Anwendung der Design for Six Sigma-Methodik. Als DFSS-Methodencoach hat er zahlreiche Entwicklungsprojekte in verschiedenen Unternehmen zum Erfolg geführt.

Nach seinem Studium der physikalischen Technik war er 15 Jahre lang in verschiedenen Bereichen eines internationalen Industrieunternehmens als Prozessingenieur, Entwicklungsingenieur, Projektleiter und Entwicklungsleiter tätig. Zuletzt verantwortete er dort die unternehmensweite Einführung der Six Sigma-Methodik.

Hermann Weigel ist Gründungsmitglied und Senior Master Black Belt im European Six Sigma Club Deutschland e. V. Dort beschäftigt er sich u. a. mit der Weiterentwicklung von Six Sigma und Design for Six Sigma.